工业和信息化部"十四五"规划教材
国家一流高校思政示范培育课程教材
国家一流学科核心课程教材
国家级一流本科专业建设点核心课程教材
新工科电子信息科学与工程类专业一流精品教材

视频通信

◎ 张文军　解　蓉　宋　利　翟广涛　徐异凌　编著

電子工業出版社
Publishing House of Electronics Industry
北京 · BEIJING

内 容 简 介

本书是工业和信息化部“十四五”规划教材，注重教学体系的科学性，从系统角度介绍视频通信的基本理论和应用技术。全书共 10 章，主要内容包括：视频通信的历史演进和系统组成，视频信号的形成、编码和传输 3 部分的基本原理与共性技术，视频压缩和传输的相关标准与协议，电视广播、流媒体和视频会议 3 种典型视频通信系统，以及未来视频通信的媒体新形态、网络新架构和智能化新体系介绍等。本书配套电子课件、习题参考答案等。

本书可作为高等学校电子、通信、集成电路等专业相关课程高年级本科生和研究生的教材，也可供相关领域的工程技术人员学习、参考。

图书在版编目（CIP）数据

视频通信 / 张文军等编著. —北京：电子工业出版社，2024.1

ISBN 978-7-121-47086-8

Ⅰ. ①视… Ⅱ. ①张… Ⅲ. ①图像通信—高等学校—教材 Ⅳ. ①TN919.8

中国国家版本馆 CIP 数据核字（2024）第 005570 号

责任编辑：王羽佳　　　　特约编辑：武瑞敏
印　　刷：天津千鹤文化传播有限公司
装　　订：天津千鹤文化传播有限公司
出版发行：电子工业出版社
　　　　　北京市海淀区万寿路 173 信箱　邮编　100036
开　　本：787×1 092　1/16　印张：17　字数：435.2 千字
版　　次：2024 年 1 月第 1 版
印　　次：2025 年 2 月第 2 次印刷
定　　价：69.90 元

凡所购买电子工业出版社图书有缺损问题，请向购买书店调换。若书店售缺，请与本社发行部联系，联系及邮购电话：（010）88254888，88258888。

质量投诉请发邮件至 zlts@phei.com.cn，盗版侵权举报请发邮件至 dbqq@phei.com.cn。

本书咨询联系方式：（010）88254535，wyj@phei.com.cn。

前　　言

自电视诞生开始，视频通信已有百余年发展史，经历了从黑白到彩色、从模拟到数字、从单向广播到双向互联等发展飞跃。数字电视广播是视频通信开始进入数字时代的标志，宽带互联网和智能手机催生了视频通信的网络直播和全民点播时代。

随着智能化时代来临，人工智能和云网融合技术日益成熟，对视频通信产生了深远影响，超高清、自由视点、全息、元宇宙等新的视频形态不断拓展，视频通信将变得更加智能、便捷和高效，应用领域更加广泛，成为人们日常生活和工作中不可缺少的工具和助手。可以认为，在未来相当长的一个时期内，视频通信代表着网络信息通信的技术水平和发展驱动力。掌握视频通信技术已成为21世纪信息网络领域人才必备的基本素质之一。

视频通信是电子、通信、集成电路等专业重要的专业基础课程，涵盖视频信息可视化表达与质量评价、压缩编码处理与网络传输等关键技术。在电子、通信、计算机等学科深度融合和交叉的合力支撑下，原有多种传输网络和信息处理技术之间的藩篱已被完全打破，视频通信技术不断发展演进。为进一步加强视频通信基础教学工作，适应高等学校正在开展的课程体系与教学内容的改革，积极探索适应21世纪人才培养的教学模式，我们编写了这本基础教材。

本书有如下特色。

- 系统性介绍：视频通信是系统性学科，随着通信网络技术的不断演进，现代视频通信技术并不局限于经典通信原理课程概念，同时也覆盖计算机网络传输等课程内容。基于此，本书从系统角度出发，进阶式介绍视频通信的基础、系统和应用，注重教学体系科学性，落实先修、后续课程衔接，传授并形成完整知识体系结构。
- 篇章式结构：本书在章节编排上充分考虑不同层次读者的需求。其中，第1～6章作为基础篇，重点介绍基本原理、共性技术和标准协议；第7～9章作为系统篇，重点阐述典型系统应用；第10章作为拓展篇，介绍最新发展趋势及研究热点。本书既可用于本科和研究生专业基础教育，也可作为工程技术人员的参考书。
- 总结共性技术：过去几十年视频通信爆发式增长，技术迭代迅速。无论是视频编码还是网络传输都已出现多代国际标准、国家标准、团体标准和企业方案。为此，本书从“共性技术”入手，总结分析多代编码、通信技术的共性基础技术，从发展角度阐述各相关标准和方案的背景、特点，以及异同点。帮助读者建立“共性”及“发展”的概念，掌握现有技术的同时，启发进一步研究和创新的新思路。
- 加强创新实践：本书加入国际最新科研成果及应用范例，增加工程实例讲解，配套设计独立工程实践与科研模块，有效衔接理论学习与工程实践，强化培养学生的系统工程思维。

本书是工业和信息化部“十四五”规划教材。本书注重教学体系科学性，从系统的角度介绍视频通信的基本理论和应用技术。全书共10章，主要内容包括：第1章讲述视频通信的历史演进和系统组成，第2、3、5章分别讲述视频信号的形成、编码、传输三部分的基本原理和共性技术，第 4、6 章分别讲述视频压缩标准和传输协议，第 7～9 章分别讲述电视广播系统、流媒体系统、视频会议系统 3 种典型的视频通信系统，第 10 章讲述未来视频通信的媒体新形态、网络新架构和智能化新体系等。

通过学习本书，你可以：

- 了解视频通信的缘起、现状、发展与未来。
- 认识视频通信系统的组成、架构与关键技术。
- 建立视频通信技术“共性”与“发展”的概念。
- 工程实例化教学，培养系统工程思维。
- 亲手定制你想要的视频节目。
- 让你的图像和视频“瘦身”。
- 学会“修复”和“隐藏”视频中的差错。
- 进行简单的视频传输系统开发。

本书在已有代表性教材的基础上，博采众长、填补空白；结合作者 15 年视频通信领域授课经验，以及 30 年来在该领域国内外标准制定等科研成果积累，形成系统化、工程应用导向型教学内容，基本原理和关键技术介绍深入浅出，实现算法及应用位于国际前沿。

教学中，授课教师可以根据教学对象和学时等具体情况对书中的内容进行删减和组合，也可以适当扩展，参考学时为 32～48 学时。为适应教学模式、教学方法和手段的改革，本教材配有电子课件、习题参考答案等教学辅助资源，请登录华信教育资源网（http://hxedu.com.cn）注册下载。

本书由张文军担任主编工作，负责组织编写和统稿。第 1、7 章由张文军编写，第 2 章由翟广涛编写，第 3 章由解蓉编写，第 4、9、10 章由宋利编写，第 5、6、8 章由徐异凌编写。徐胤、何大治、鲁国、吴泳澎也为本书的编写做了大量工作。在本书的编写过程中，电子工业出版社的王羽佳编辑为本书的出版做了大量工作。在此一并表示感谢！

本书的编写参考了大量近年来出版的相关技术资料，吸取了许多同行专家和团队同事的宝贵经验，在此向他们深表谢意。

由于视频通信技术发展迅速，作者学识有限，书中误漏之处难免，望广大读者批评指正。

目 录

第1章　概　　论

“通信”是指人-机-物之间通过某种行为或媒介进行的信息交流与传递，是人类生存和发展的基本需求，经历了声音、语言、文字、图像、视频等一系列信息形态。其中，“视频”是利用人的视觉获取的可视信息（可扩展为视听信息）集合，占人类获取外界信息总量的绝大部分，具有直观性、确切性、高效性和广泛性。“视频通信”是指利用计算机网络或其他传输通道进行视频信息交流的技术和系统，涉及视频的信号采集、内容制作、压缩编码、码流传输、接收与显示等信息处理全流程，常常与“多媒体通信”互用。

传统的电视广播是最早的典型视频通信系统，网络视频直播和点播是当今网络化社会普遍的视频通信方式。视频通信不仅占据信息网络80%左右的日常数据流量，而且需要为用户随时随地提供兼备高带宽、低延迟和个性化的可视信息服务。随着智能化时代的到来，超高清、自由视、全息、元宇宙等新的视频形态不断拓展，可以认为，在未来相当长的一个时期内，视频通信代表着网络信息通信的技术高端和发展驱动力。

视频通信是系统性学科，是电子信息类重要专业基础课程，涉及通信和计算机领域，涵盖视频信息可视化表达与质量评测、压缩编码处理和网络传输传送等主要关键技术。过去几十年视频通信爆发式增长，技术迭代迅速，无论是压缩编码还是网络传输都已出现多代技术标准和众多协议规范，给初学者造成较大困扰。为此，本书从“共性技术”和“关键标准”入手，总结分析多代编码与传输的共性技术基础和相互关系，阐述代表性标准方案产生背景、特点及相互异同，进阶式介绍视频通信的基础理论、技术方法、系统标准和典型应用。

本章首先简要回顾视频通信系统诞生及演进历史，重点说明视频通信在模拟、数字和网络化3个发展阶段中的历史性重要事件，并结合智能技术的引入分析未来发展趋势；接下来，从视频表示、编码和传输三部分介绍视频通信系统组成，着重分析点对点通信的“信道传输”串行处理概念，以及多点互联通信的“网络传送”分层处理概念，力图使读者能够对视频通信的缘起、发展、现状和未来有系统性了解，对后续各章内容安排与关系定位有整体化印象。

1.1　视频通信历史演进

视频（Video）泛指将一系列静态影像以电信号的方式加以捕捉、记录、处理、储存、传送与重现的各种技术，是指含有可视信息（可扩展为视听信息）的连续图像序列。连续的图像变化每秒超过24帧（Frame）画面以上时，根据视觉暂留原理，人眼无法辨别单幅静态画面，看上去是平滑连续的视觉效果，这样连续的画面称为视频。视频技术最早是为了当时的模拟电视系统而发展的；后来的数字视频已发展出多种不同格式，便于记录和使用；现有的网络视频主要以串流媒体形式存在于互联网之上，便于使用计算机接收与播放。

视频通信（Video Communication）是传送和接收视频信号或称为视频信息的通信。它与声音通信方式不同，传送的不仅是声音，而且还有看得见的图像、文字、图表等信息，这些可视信息通过视频通信设备变换为电信号进行传送，在接收端再把它们真实地再现出来。可以说视频通信是利用视觉信息的通信，或称它为可视信息通信（Visual Communication），是对视频信号进行采集、处理、传输、接收与呈现的一系列相关技术、标准和系统。

自电视发明开始，视频通信已有百余年发展史，经历了从机电到电子、从模拟到数字、从单向广播到双向互联等几次发展飞跃。数字电视广播对模拟电视广播替代是视频通信开始进入数字时代的标志，宽带互联网和智能手机催生了视频通信的网络直播和点播时代。随着云网结合和智能技术的不断发展，视频通信将探索建立虚实结合的沉浸式视频新形态，以及突破传统编码传输架构的语义通信新体系。

下面将结合模拟、数字和网络时代一些重要历史事件来勾勒视频通信发展历程，并通过观察智能时代不断出现的一些视频新形态和通信新体系来探究视频通信发展趋势。

1.1.1 发展历程

1. 电视的诞生

电视的发明以及模拟电视广播的建立，是视频通信的发展源点。电视是当时信息科学技术领域最先进研究成果的集合体，是信息传播变革中影响最大的研究成果，也是模拟时代最典型、最成功、应用最广泛的可视通信系统。

模拟时代是指信息以模拟信号传递的时代，模拟电视从图像信号的产生、传输、处理到图像的复原，整个过程都是在模拟信号体制下完成的，传送的是声音或图像信号的连续变化物理量。电视的发展如图 1-1 所示，模拟电视摄像机和接收机经历了从机电系统到电子系统，电视信号内容经历了从黑白到彩色，电视信号传输经历了从有线传输到卫星传输等一系列发展历程。最后借助卫星模拟广播传输使得电视走向全球化，实现了将视频信号通过广播信道（接力）传输到全世界千家万户，成为 20 世纪消费电子产业的主导力量。

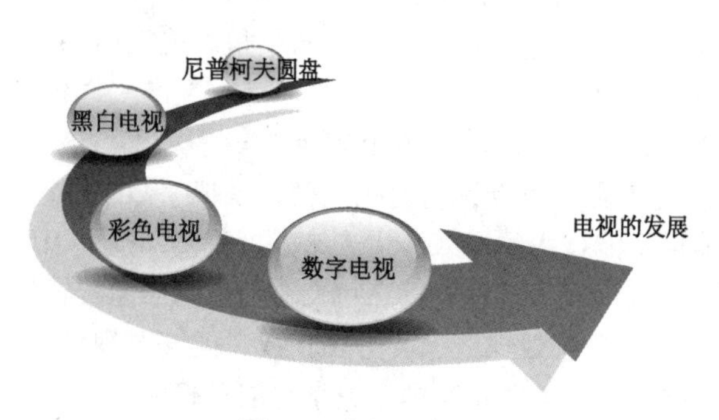

图 1-1 电视的发展

1883 年圣诞节，德国人尼普科夫（P.Nipkow）发明了尼普柯夫圆盘，这是电视的基础构想。当时，使用机械扫描方法，做了首次发射图像传送的实验。每幅画面有 24 行扫描线，图像相当模糊。尼普柯夫圆盘上螺旋形排列着一些孔洞，当这个盘子旋转时，通过每个孔洞可以浏览一幅图像的一行，光线透过这个孔洞照在这幅图像便完成了一次行扫描，硒光电池将图像的反射光转变成电信号，下一个孔洞顺序扫描紧挨着的那部分图像，直到完整的图像全部被扫描。

1908 年，英国肯培尔·斯文顿、俄国罗申克夫提出电子扫描原理，奠定了近代电视技术的理论基础。1923 年，美籍苏联人兹沃尔金（V.K.Zworykin）发明静电积贮式摄像管，后来又发明电子扫描式显像管，这是近代电视摄像术的先驱。

1925 年，英国的贝尔德（J.L.Baird）根据尼普科夫圆盘发明机械扫描式电视摄像机和接收机。当时画面分辨率仅 30 行扫描线，扫描器每秒只能 5 次扫过扫描区，画面本身仅有 2 英寸高、1 英寸宽。1926 年，贝尔德向英国报界做了一次播发和接收电视表演，标志着电视的正式诞生。1927—1929 年，贝尔德通过电话电缆首次进行机电式电视试播和短波电视试验，英国广播公司开始试验播发电视节目。

1936 年 11 月 2 日是一个值得纪念的日子，位于英国市郊亚历山大宫的英国广播公司电视台开始正式播出。这是世界上第一座正式开播的电视台，人们把这一天作为电视广播的开端。英国正式开播的电视在开始时仍为机电系统，4 个月后被电子系统取代。

1941 年，美国国家电视标准委员会确定美国的电视技术标准为每秒 30 帧、每帧 525 行。同年 7 月 1 日，美国联邦通信委员会正式批准建立美国第一座电视台，即全国广播公司的纽约 WNBT 电视台。

1958 年 5 月 1 日，中国第一座电视台（早期称北京电视台，1978 年 5 月 1 日改称中央电视台）使用二频道试播黑白电视，9 月 2 日正式播出。发射天线架设在北京广播大厦塔楼顶，高度为 80m，覆盖半径 25km。中央电视台开播不久，从苏联进口了 200 部黑白电视机，随后天津广播器材厂很快试制出“北京”牌电视机。

1958 年 10 月 1 日上海电视台开始试播，12 月 20 日哈尔滨电视台（今天的黑龙江电视台）开始试播。1961 年年底，全国共建地方电视台 19 座。1959 年，无锡市建立中国第一座电视转播台，用差转的方式转播上海电视台节目。

2. 黑白到彩色

电视经历了一个由黑白到彩色的发展过程。黑白电视信号只含有亮度信息。为了实现向后兼容，彩色电视机把彩色电视信号分为两个通道来处理，一个亮度通道，这个通道的工作原理与黑白电视机是一样的；一个色度通道，处理彩色信息；然后再把处理后的亮度信号与色度信号合成就能显现出彩色图像。

美国是世界上最早播出彩色电视节目的国家。1953 年，美国提出 NTSC（National Television System Committee）制。1954 年美国全国广播公司、哥伦比亚广播公司，采用 NTSC 制式首次播出彩色电视节目。1956 年，法国提出 SECAM（SEquential CouleurAvecMemoire）制。1960 年，联邦德国提出 PAL（Phase Alternation Line-by-Line）制。为便于转播和交换节目，各国曾多次讨论统一电视制式问题，但由于政治及经济等方面的原因，始终未能达成一致。于是，国际上便形成 3 种彩色电视制式同时并存的局面。彩色电视机在哪国使用必须符合该国的黑白体制、彩色制式及频道划分，还要注意电源标准（有 110V/60Hz 与 220V/50Hz 之分），这样才能保证接收机安全可靠地接收到良好的彩色图像和伴音。

1960 年 5 月 1 日，我国在北京建成了第一个彩电试验台，用 NTSC 制进行了试播。1969 年彩电研究再度开展并决定暂用 PAL 制，1982 年正式决定 PAL/D 制为中国彩色电视的标准制式。1973 年 5 月 1 日，中央电视台用 8 频道在北京地区试播，同年 10 月 1 日正式播出。从 1977 年 7 月 25 日起，中央电视台的第一套节目全部改为彩色播出。

3. 区域到洲际

电视的传输通过架设广播电视塔和铺设闭路电视线路等进行地面无线传输或有线传输，难以实现国际间跨域各大洲的远距离传输。1962 年，美国发射“电星一号”通信卫星，进行了横跨大西洋的电视节目传送试验，这是一颗低轨道卫星，使用起来受到许多限制。1963 年，美国发射了世界第一颗同步通信卫星“同步二号”。1964 年，国际通信卫星组织的第一颗商用通信卫星“国际通信卫星一号”启用，使世界正式进入卫星通信时代，国际间进行电视节目的传送和转播成为现实。1969 年 7 月 20 日，阿波罗 11 号的整个登月过程就是通过卫星传送到 49 个国家，有 7.2 亿人同时收看到这个节目。

卫星电视转播的出现，使得电视节目能够在覆盖范围上得到大幅度的扩展。卫星传输具有很高的带宽和可靠性，既让电视节目信号得以高质量传输，同时也增加了电视节目数量，极大地扩展了电视行业的全球影响力。

4．模拟到数字

20 世纪 70 年代，日本首先提出了高清晰度电视（High Definition Television，HDTV）的概念，并在 20 世纪 80 年代中后期先后产生了日本的 MUSE（Multiple SUB-Nyquist Sampling Encoding）和欧洲的 HD-MAC（High Definition-Multiplexed Analog Components）两大著名的模拟（或模拟/数字混合）高清晰度电视体制。虽然模拟体制实现相对较为简单，但传输过程受外界干扰较严重，且通信系统质量难以持续提高。在数字化浪潮下，所有信息和信号都用数字表达，数字技术能够使信息处理及传输更灵活、高效和便捷。因此，视频通信系统从模拟时代逐步走向数字时代。

数字电视是指从演播室到发射、传输、接收的所有环节都使用数字信号格式，或者对电视信号进行数字编解码处理和数字调制解调的全新电视系统。数字电视广播率先成为视频通信在数字时代提供高质量视听服务的成功案例。美国 1991 年提出全数字式高清晰度电视系统概念，并于 1995 年底制定数字高清晰度电视地面广播 ATSC（Advanced Television Systems Committee）标准，该标准在美国、加拿大、韩国等获得广泛应用。欧洲 1997 年颁布数字电视地面广播 DVB-T（Digital Video Broadcasting - Terrestrial）标准，使得数字电视在欧洲和世界许多国家得以普及，并为数字广播和移动电视等新领域的发展奠定了基础。在前期走过一段时间的模拟体制弯路之后，日本于 2003 年颁布了自己的数字电视地面广播 ISDB-T（Integrated Services Digital Broadcasting - Terrestrial）标准，在日本和巴西等拉美国家和地区推广和使用。

我国 1994 年确立了自主发展数字高清晰度电视技术和产业的国家战略。1998 年 9 月完成首套数字高清电视功能样机系统的自主研制。1999 年 10 月 1 日，中央电视台使用改进后的第二代功能样机系统（见图 1-2），进行了国庆五十周年庆典 HDTV 实况转播试验。我国 2006 年正式颁布数字电视地面广播国家标准 DTMB（Digital Terrestrial Multimedia Broadcasting），该标准通过技术创新，技术性能和综合成本已超越当时国外标准，2008 年起在中国、古巴、老挝、巴基斯坦等国家和地区广泛使用。

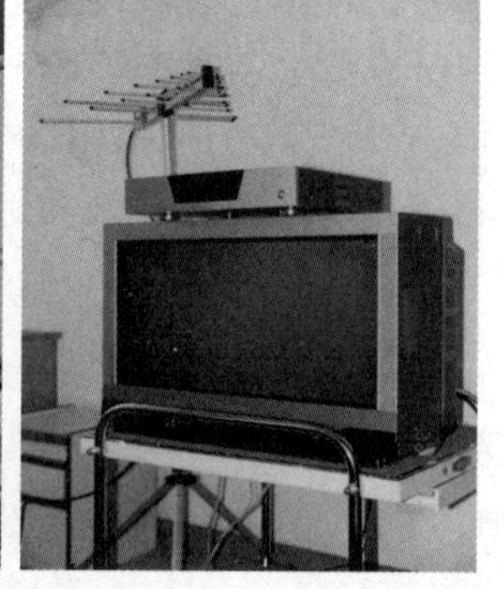

图 1-2 第二代 HDTV 功能样机（系统含 7 个子系统和 13 种自研设备）

5．走向网络融合

电视行业开辟了视频通信的先河，并在数字化时代得到了广泛应用，数字电视成功将视频信号传输到千家万户。然而，数字电视是一种单向广播式视频通信系统，由于缺乏反向通道，难以满足实时双向传输及个性化视频服务需求。

最早的双向视频通信系统是窄带可视电话，也称为会议电视。它是由电信行业主导发展的一种双向实时视频通信系统，是利用电视技术和设备，通过电信网络进行传输的一种视频通信方式。1964年，美国贝尔实验室推出了一款Picture Phone MOD-I型可视电话机，实现了黑白静止图像的传送，这是世界上最早的模拟可视电话。中国最早的可视电话业务开始于1990年9月。该领域也经历了从模拟可视电话到数字会议电视两个阶段。由于传输线路不能满足声音与图像信息的大流量传送要求，因此早期模拟可视电话具有信号差、传输速率慢的缺陷。随着数字化时期信息通信网络的持续快速建设，通信水平和带宽大幅提高，在电信行业诸多通信业务中，会议电视业务日益增长。

自20世纪90年代中期以来，基于TCP/IP协议的Internet网络规模、用户数量以及业务量呈指数型增长，计算机互联网的飞速发展对电视行业和电信产业都产生了巨大而深刻的影响。利用数字视频信号的可存储性和可加工性，通过网络接口，可方便地与计算机、通信设备对接，实现双向互动式交流。早期通过互联网传输视频，需要先将视频信号下载到本地计算机才能观看；结合视音频技术和网络技术的流媒体系统，实现了在网络上连续实时地传输和播放视频，成为网络化时期的典型视频通信系统。互联网电视、网络视频会议、视频点播和视频直播业务是网络化时代新兴的视频通信方式，是计算机技术、网络通信技术、多媒体技术、电视技术和数字压缩技术等多领域融合的产物。

移动宽带互联时代，用户收视方式已发生巨大变化。电视机、计算机和手机等多种终端可以关联呈现，广播电视网、移动通信网和宽带互联网等多种网络可以协同传输，可实现多屏同步呈现、多人互动收看等新型应用，视频通信迈向多样化和个性化。

1.1.2 发展趋势

随着智能化时代的到来，人工智能和云网融合技术的日益成熟、应用领域的不断扩大，对视频的呈现形态和通信方式带来了全新机遇，对视频通信产生了深远影响，将使得视频通信变得更加智能、便捷和高效，应用领域更加广泛，成为人们日常生活和工作中不可缺少的工具和助手。

人工智能技术在图像识别与处理、内容分析与生成等领域的成功应用，使得点云、数字人、多视点、元宇宙、VR/AR等视频新形态不断涌现，带来更多虚实结合的沉浸式视频新体验。云边端协作计算、多网协同传输等云网融合技术，催生更多新型媒体网络架构。深度学习技术在语义理解、压缩编码、网络传输等方面的重要进展，孕育出视频语义通信新体系。

作为与人类社会发展息息相关的技术，进入视频通信阶段后的通信技术，在以更高的效率带来更加清晰、更高质量、更身临其境的视听体验的基础发展路径之上，面向未来具有广阔的发展空间。

一方面，通信基础设施快速普及，视频通信网络将实现对大众的全面覆盖，随着用户精神文化需求水平的提升，通信需求逐步呈现出多样化发展态势。需求的分层将带来使用场景的分化。因此，通信技术将迎来服务形态和场景的高度个性化发展阶段，不仅承载的内容更加丰富，技术也必须具有兼容性与可扩展性，能够在满足大众普遍服务的基础上，灵活叠加面向多元化、高质量服务的能力。

另一方面，随着数字化后多种网络和底层技术之间的藩篱被打破，电子、通信、计算机等学科的深度融合为新业务的出现提供了可能，在多种技术交叉合力的支撑下，通信技术将进一步与人类的需求产生互动，从视听领域深入人类生活的方方面面，在被用户需求所牵引的同时，通过不断“试错”的新业务培养和塑造用户全新的使用习惯与偏好。

可以预见，在视频通信环境包围中成长起来的用户将开辟出新的通信方式乃至生活方式，为技术发展创造出新的可能。

1.2 视频通信系统的组成

若不包括发端的视频摄录设备以及收端的显示设备，视频通信系统从发端到收端，按照系统功能划分，一般由如图 1-3 所示的 6 个顺序功能模块组成，包括视频表示、压缩处理和码流传输 3 个环节。其中视频表示包括发端视频信号的感知与摄取、收端的显像与呈现；压缩处理主要是为了将海量视频信号进行存储和传输需进行的压缩编码和压缩解码；码流传输包括将压缩视频通过广播、电信、互联网等各种通道进行传输的码流发送与码流接收。按照通信系统发端和收端的组成方式划分，发端首先由感知与摄取模块得到原始视频的数据表达，由于视频数据的海量性，必须经过压缩编码大大减少视频数据的码率才能进行存储和传输，最后利用码流发送将压缩后的视频码流利用各种通道进行传输；收端是发端的逆过程，相应包括码流接收、压缩解码、显像与呈现。

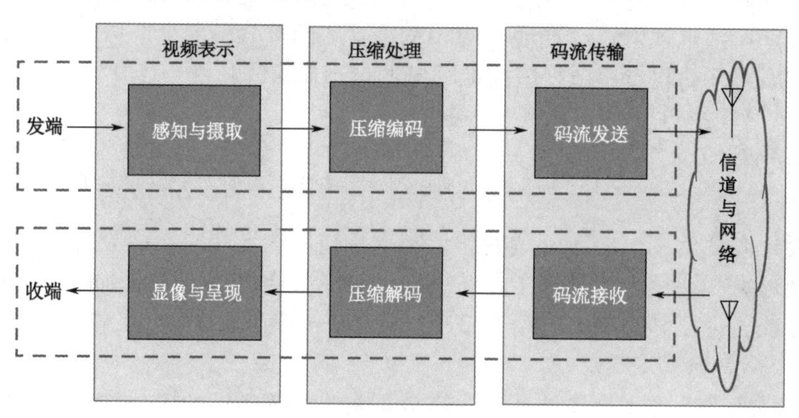

图 1-3 视频通信系统主要组成示意图

1.2.1 视频表示

视觉是人类最重要的信息来源，人眼是视频通信系统的最终接收者，也是其服务质量的最终评判者，这是视频通信系统区别于一般的信号处理系统的重要特性。因此，如何根据视觉原理，对视频信号进行高效的数据表示，是视频通信的前提和基础；符合视觉特性的视频质量评价是视频通信系统设计优化的指导和依据。

1. **视觉原理**

视觉原理是视频信号处理的基本原理，是视频通信系统的基础。视频信号的感知与摄取、显像与呈现都基于色彩原理，视频通信系统的压缩处理、码流传输，以及质量评价都应充分结合人眼视觉特性。

视觉原理是指人类对于视觉信息的感知和理解过程中所应用的一些基本原理和规律，主要包括光的特性、彩色视觉原理，以及形状、大小、颜色、明暗度等基础因素对于视觉感知的影响等。基于这些原理和规律，才能将视频信号进行建模和表达，才使得视频信号的高效处理、存储和传输成为可能。

视频通信系统不需要将视频信号的光谱分布不失真地传到接收端，只需要在接收端给人相同的视觉感觉，也就是说，对人眼的视觉特性了解和利用得越充分，越能够对视频通信系统的处理和传输等环节进行系统优化。例如，人眼重现景像的亮度不需要等于实际景像的亮度，只需要具有相同的对比度和亮度差别级数，就能给人以真实感觉；根据人眼对彩色的分辨力比灰度的分辨力低的特性，在给定亮度分辨率要求时可降低彩色分辨率；根据人眼的视觉惰性和闪烁感觉，视频可分解为一序列静止图像等。这些特性影响着人类的视觉感知和认知过程，也为视频通信系统的处理和传输、收端视频信号的显示和呈现，提供了一些规律和指导。

2．信号表示

视频通信系统中的信号表示是根据视觉特性对视频信号进行采集，通过光电传感器将现实中的场景转换得到数字视频信号，才能进行后续的数字处理、存储、传输和呈现的。数字视频信号的采集主要包括采样和量化两个步骤。

采样是指在时间轴上周期性地取样，将模拟信号按照一定的时间间隔进行离散化处理。视频信号的采样通常包括时间和空间上的双重采样，首先获取静止图像帧的过程实际上是在时间上按照帧率对场景进行离散化；然后再将每帧图像在空间上按照一定的行间隔和列间隔进行离散化，每个采样点称为像素。采样间隔越小，采样精度越高，视频的分辨率和质量会更高，但也会增加存储和传输数据量。

量化是指将采样后的数值映射到一定的取值范围内，转换为有限的离散数值。视频信号的量化，实际上是对每个采样点（像素）的幅值进行离散化，通常是将视频的每个像素的彩色值映射到8位、10位或更多位数的二进制数值范围内，如8位量化将每个像素的彩色值映射到0～255之间的整数取值。同样，量化位数越多，图像质量会更好，但同时也会增加视频信号的数据量。

采样和量化涉及数字视频信号的精细程度和数据量大小的权衡。在实际应用中，可根据需要的视频品质和数据处理要求，选择不同的采样周期和量化级别，以达到比较合适的数字化视频信号表现效果。在视频通信系统中，视频信号有很多种不同的格式，这些格式对体现图像的分辨率、色彩还原、刷新率等方面有不同程度的要求和限制。

3．质量评价

视频质量评价是指对数字视频的质量进行测试和评估的过程，通过视频质量评价，可以对视频通信系统的质量和性能进行全面的评估和优化，并给出针对性的优化方案，常常用于视频优化和视频编码算法的性能提升，提供更好的数字视频体验。由于人是视频通信系统的接收者，因此主观质量评价是“金标准”，但因为主观评价费时费力，所以必须要开发客观评价算法。

主观质量评价是通过主观的视觉感受来评价视频的质量，常用的方法是通过视听试验，由参试者对多组具有不同压缩等级或码率的视频图像进行评分。参试者对视频的主观感受通常从图像的亮度、饱和度、清晰度、受损率等方面来综合评价，从而对视频的质量做出量化的评价。

客观质量评价是通过对数字视频中的各项指标和参数的分析来评估视频质量与系统性能。客观质量评价通常从视频的压缩比、码率、画质损失、噪声等方面进行分析，可以分为全参考、半参考和无参考等方法。

1.2.2 压缩处理

数字化后的原始视频信号数据量巨大，且随着视频应用向更高分辨率、更高帧率、更多视角发展，视频数据量将持续增长，必须进行视频压缩编码处理，才能支持后续的存储和传输。视频压缩技术是将数字视频信号压缩到更小的数据率（码率），从而减少传输时所需带宽或存储时所需空间的技术。视频压缩比一般指压缩后的数据量与压缩前的数据量的比值。面向电视、电信和互联网等多个行业，出现了电视广播、视频会议、互联网点播和直播等多种典型的视频通信系统，在多种多样的应用环境下，视频压缩比的范围可从几十倍到上千倍。

随着视频应用领域的不断拓展、视频形态的不断更新、传输网络的不断融合、终端设备的不断变换，视频压缩技术也一直在不断演变和进步，究其原理，都建立在信息论的数据压缩原理基础之上。为实现各大企业和厂商的推广应用，国际国内标准化组织制定了很多视频压缩标准，汇集了同时期最先进的视频压缩工具，归纳共性，都采用预测编码、变换编码、熵编码这 3 种关键技术，以便在尽可能保证视觉质量的前提下尽量减少视频信号数据率。

1．数据压缩原理

数据压缩的核心原理是利用数据中的冗余和统计特征，采用相应的压缩算法和编码方法，实现对数据的高效压缩。视频数据压缩编码主要是通过去除活动图像的空间相关性、时间相关性及符号相关性来实现，也建立在信息论的基础之上。

率失真理论是信息论中的重要内容，是信息传输和处理的重要指导理论。香农提出了熵的定义，用来衡量信息的不确定性，它表示一条信息所含有的信息量大小，以比特（bit）为单位，是信息论的核心概念之一。率失真理论研究的是在信息传输中，数据的压缩和重构问题，在信息传输的过程中，由于信道等原因，数据传输可能会有丢失或略微损失。为了解决这个问题，香农提出了率失真理论。率失真理论主要包括失真度量和率失真函数，失真度量通常用于描述原始信号与重建信号之间的差异程度；率失真函数是表达失真度量与压缩比之间的关系，给出了在有信息损失的条件下压缩能够达到最低码率的理论极限。

2．预测编码

自然界中的视频信号在时间和空间上存在大量的相关性，预测编码技术可以极大地减少这种时空相关性，是目前广泛使用的视频压缩技术。其基本思想是利用已经编码的时空相邻的像素来预测将要编码的像素，然后将预测值与实际值之间的预测误差进行编码。预测误差与原始像素值相比具有较小的相关性和较低的能量，可大大节省码率。

视频编码的预测技术可分为帧内预测和帧间预测。帧间预测方法通过利用相邻前一帧（或多帧）和当前帧之间的相关性来压缩视频数据。具体来说，先做运动估计，通过搜索某一像素块在前一帧中的最佳匹配，找到该像素在前一帧中的位置，得到运动矢量。然后把该像素在前一帧中的像素值作为预测值，用预测值和当前帧对应位置的像素值的差值（预测误差）来表示，称为运动补偿。帧间预测的关键技术有块匹配法运动估计、前向后向和双向预测、亚像素精度运动估计等。

帧内预测方法利用当前帧内各像素之间的空间相关性实现数据压缩。简单来说，帧内预测是在当前帧中找到和当前像素有相同或相似特征的周围像素作为参考，通过相邻像素之间的加权平均来得到当前像素的预测值，最后用预测值和当前像素值之间的差值来表示。

3. **变换编码**

变换编码是静止图像压缩技术的基石，在视频压缩中也非常重要。基于变换的压缩编码方法是通过将信号从时域转换到频域，再通过量化来保留高能量的系数，舍弃能量较低的系数，从而实现对信号的压缩。离散余弦变换（DCT）和量化是信号变换编码过程中的重要步骤。

DCT 变换被广泛用于压缩图像。基于信号中的空间相关性，通过将图像划分成若干个像素块，对每个像素块进行 DCT 变换，并将变换后的系数按照从低频到高频的顺序进行排列，得到不同的频率分量。对自然图像信号而言，低频分量对应图像的轮廓，高频分量对应图像的细节。根据人眼视觉特性，人眼对图像轮廓等低频分量更敏感，对图像细节和纹理等高频分量不太敏感。因此，在实际应用中，会选择某种量化矩阵对 DCT 变换后的系数矩阵进行量化，去除图像的高频细节部分，减少信息中不必要的冗余，从而达到图像压缩的目的，也就是说，量化是将 DCT 变换后的系数进行舍弃精度并压缩编码的过程。

4. **熵编码**

经过预测编码和变换编码后的视频信号的各样本值和符号之间的相关性与冗余性已经大大减少，但只要各符号的概率不相等，就仍然存在冗余。熵编码就是去除信源符号在信息表达上的表示冗余，进一步进行数据压缩。熵编码是一种无损数据压缩方法，它的主要思想是将频繁出现的符号通过较短的码字表示，而将不太常见的符号用更长的码字表示。

熵编码首先需要对待压缩的数据进行统计分析，得到每个字符（或者符号）在数据流中出现的概率。然后建立编码字典，对于出现频率较高的字符，可以给予一个较短的编码，而对于出现频率较低的字符则可以用较长的编码来表示，这种建立编码字典的过程称为编码算法，其中比较常用的方法有霍夫曼编码和算术编码等。

1.2.3 码流传输

压缩后的视频通过多种途径从发端传输到收端，在传输过程中不可避免会出现数据的出错和丢失等问题，视频传输技术致力于将压缩后的视频数据无失真、快速高效地传输到收端。面向不同的应用领域，视频传输技术有所区别。早期的电视广播系统是通过有线电视、卫星电视和地面无线传输等专用电视信道进行单向广播传输的；可视电话是通过电缆、无线、光纤等专用电信网络信道进行双向实时通信的。随着互联网时代的兴起，电视和电信网络信道逐渐融合到计算机网络传输中，传统信源信道通信技术也纳入计算机网络的分层传输体系架构中。可以说，随着通信网络技术的不断演进，“传输”并不局限于经典通信原理课程的概念，也涉及计算机网络课程的内容。因此，现代视频通信技术既包括经典的端到端信源信道通信技术，也覆盖以分层架构和协议为重点的计算机网络传输技术。为便于读者更好地理解视频传输技术的发展与联系，可以从以下两个视角来进一步阐述。

1. **信源信道视角**

按照传统的通信原理视角，视频通信系统可分为信源处理和信道传输两部分。信源处理主要包括视频信号的摄取与表示、分解提取与显示、视频的压缩编码与解压缩；信道传输主要包括适应不同物理信道介质特性的信道编码技术和调制解调技术。

信道编码：传输过程中信道受到不同程度的噪声和干扰，会造成信源数据的差错，需要进行传输控制技术来提高抗干扰能力，以免造成传输失败。信道编码又称为纠错编码，是在传输过程中发生错误后能在收端自行发现或纠正的码，是常用的传输控制方法之一，在视频通信中也得到日益广泛的应用。为使一种码具有检错或纠错能力，需对原码字增加多余的码元，以扩大码字之间的差别。码字到达收端后，可以根据编码规则是否满足以判定有无错误；当不能满足时，按一定规则确定错误所在位置并予以纠正。纠错并恢复原码字的过程称为译码，是纠错码实现中最复杂的部分，也是纠错码能否应用的关键。纠错能力、编码效率和解码复杂性是衡量纠错码性能的重要因素。

调制解调：经过信道编码保护之后的信号仍是基带信号，需要通过调制技术生成适配于各种信道特性的调制信号（也称为已调信号或频带信号），才能进行信道传输。调制是将要传输的模拟或数字基带信号转换成适于信道传输的调制信号，即用基带信号控制载波信号的参量变化，形成已调信号传输。或者说，是将基带信号的频谱搬移到信道通带中或者其中的某个频段上的过程。调制的种类很多，按调制信号的形式可分为模拟调制和数字调制，按载波信号的种类可分为脉冲调制、正弦波调制和强度调制（如对非相干光调制）等。其中，正弦波调制可以通过使高频载波随基带信号幅度的变化而改变载波的幅度、频率或者相位来实现，即幅度调制、频率调制和相位调制 3 种基本方式，后两者合称为角度调制，还有一些变异的调制，如单边带调幅、残留边带调幅等。此外还有复合调制、多重调制、单载波调制、多载波调制等。不同的调制方式有不同的特点和性能，适配于不同的信道特性。调制过程用于通信系统的发端，目的是在占用尽量少的信道资源的情况下更高效、更稳定地传输信号。在收端需将收到的已调信号还原成原始基带信号，也就是将基带信号从载波中提取出来，该过程称为解调，是调制的逆过程。

电视系统是典型的传统视频通信系统，按传输方式分为地面广播、有线电视网传输和卫星传输 3 种方式。以欧洲 DVB 标准（Digital Video Broadcasting）为例，DVB-S（Digital Video Broadcasting - Satellite）、DVB-C（Digital Video Broadcasting - Cable）和 DVB-T（Digital Video Broadcasting - Terrestrial）分别针对卫星、有线和地面 3 种传输方式。DVB-S 采用正交相移键控（Quadrature Phase Shift Keying，QPSK）调制技术，一个信道最多可传输 6 路、8 路，甚至 10 路节目；DVB-C 采用 QAM（Quadrature Amplitude Modulation）正交幅度调制，带宽为 8MHz，码率为 38Mbit/s；DVB-T 采用 OFDM（Orthogonal Frequency Division Multiplexing）正交频分复用调制，带宽为 5～31Mbit/s，实际使用 22～25Mbit/s。

2. 计算机网络视角

从计算机网络视角，视频通信系统按照计算机网络分层体系架构可划分为若干功能，进行垂直分层、顺序处理，每层功能相对独立又相互配合。实现每层功能的规则称为协议，是在网络中实现通信时必须遵守的约定，对信息传输的速率、传输代码、代码结构、传输控制步骤、出错控制等做出规定并制定出标准。协议被誉为计算机网络的灵魂。不同的分层结构和每层协议的集合构成了不同的网络结构。

如图 1-4 所示，计算机网络视频通信系统的组成，大体上可分为三部分：① 应用层中发端的视频采摄与压缩和收端的视频解码与播放；② 传输层、网络层和链路层构成的封包化网络传送；③ 物理层的信号物理传输。其中，应用层的视频采摄、压缩、解码与播放，物理层的信号物理传输分别对应传统的信源和信道的处理过程。

计算机网络视频通信的关键技术在于中间传输层、网络层和链路层构成的封包化网络传送。其中，传输层负责在网络中应用程序之间的数据传输和错误恢复；网络层负责制定数据传输的规则和路由信息，把数据包从发送端到接收端的各个网络节点传输；链路层负责在单个物理链路上传输数据，并确保各个节点间的通信正常。其核心包括封装格式、媒体同步、拥塞控制、差错保护等，以确保视频数据经过各种不可靠的网络传输后（数据丢失或错误、网络拥塞和死锁等），尽可能地正确还原。

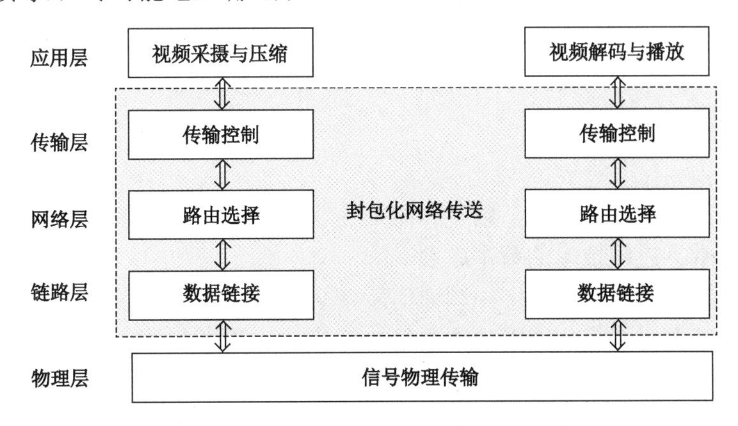

图 1-4 计算机网络视频通信系统组成示意图

计算机传输网络有多种分类方式，按照传输模式可分为广播式网络和点对点网络；按照地理范围可分为个人网（PAN）、局域网（LAN）、城域网（MAN）、广域网（WAN）和互联网（Internet）；按照交换功能可分为电路交换网、分组交换网、报文交换网、混合交换网；按照网络使用者可分公用网和专用网；按照传输介质可分为有线网、光纤网和无线网等。各种网络都采用分层的体系结构，每层根据本层的服务和功能制定出不同的网络协议。

视频在计算机网络上的传输，包括文件、流传输、实时传输 3 种方式。① 文件方式即要求用户将整个音视频文件下载到本地后，再进行本地播放，延迟较大，需要占用本地存储资源。② 流传输将音视频经过特殊的压缩方式分成一个个压缩包，用户连续、实时地请求压缩包。用户只需经过几秒或几十秒的启动延迟即可利用相应播放器对流式的视频包解压后进行播放，同时后续部分也将在后台同步继续下载。这种利用“流式传输”思想传输的多媒体，称为流媒体，典型的协议有 DASH（Dynamic Adaptive Streaming over HTTP）、MMT（MPEG Media Transport）等。③ 视频的实时传输是指发送端将采摄到的视频以极低的延迟传输到接收端呈现，端到端延迟通常不超过几百毫秒，如视频会议、远程医疗等应用。典型的协议有 RTP/RTCP（Real-time Transport Protocol / Real-time Transport Control Protocol）、WebRTC（Web Real-Time Communications）等。

1.3 本书章节安排

本书将围绕视频通信系统组成中视频信号的形成与表达、压缩编码与解码、码流发送与接收这三大模块依次分别介绍。全书可分为基础篇、系统篇和拓展篇三大篇章，分层次、递进式对上述模块展开论述。在基础篇中，第 2 章、第 3 章和第 5 章将分别介绍视频信号形成、编码、传输三部分的基本原理和共性技术；第 4 章和第 6 章分别以视频编码标准和视频传输协议来介绍如何面向不同应用领域，汇集各种先进的共性核心技术，来分别形成视频压缩和传输的工具集合并制定规范。在系统篇中，第 7～9 章将分别以电视广播系统、流媒体系统、视频会议系统这 3 种典型的视频通信系统为例，对视频通信各模块及其相互间关系进行系统性介绍，阐明各关键技术在实际应用中的工程背景，从全系统的角度思考相关的各关键技术在提高全系统性能和满足不同应用需求中的作用。第 10 章将探讨未来视频通信系统的媒体新形态、网络新架构和智能化新体系。

习　题

1．举例说明视频通信在模拟、数字和网络化 3 个发展阶段的标志性应用。
2．简述视频数据压缩技术的基本原理。
3．与模拟视频通信相比，数字视频通信所带来的根本性变化是什么？
4．调研文献，探讨网络化智能视频通信的新特点、新能力。

参考文献

[1] 周圣君. 通信简史[M]. 北京：人民邮电出版社，2022.
[2] 蔡安妮. 多媒体通信技术基础. 第 4 版[M]. 北京：电子工业出版社，2017.
[3] 高文，赵德斌，马思伟. 数字视频编码技术原理. 第 2 版[M]. 北京：科学出版社，2018.
[4] 朱秀昌，唐贵进. IP 网络视频传输——技术、标准和应用[M]. 北京：人民邮电出版社，2017.
[5] Yao Wang, Jorn Ostermann, Ya-Qin Zhang. 视频处理与通信[M]. 北京：电子工业出版社，2003.
[6] Barz H W, Bassett G A. Multimedia Netwoks: Protocols, Design, and Applications[M]. Wiley, 2016.
[7] Fischer W. Digital Television: A Practical Guide for Engineers[M]. Springer，2004.
[8] Zhang W J, Guan Y F, Liang W Q, et al. An Introduction of the Chinese DTTB Standard and Analysis of the PN595 Working Modes[J]. IEEE Transactions on Broadcasting. 2007,53(1):8-13.
[9] Paul S. Digital Video Distribution in Broadband, Television, Mobile and Converged Networks[M]. Wiley, 2011.
[10] Li Z N, Drew M S, Liu J C. 多媒体技术教程[M]. 于俊清，胡海苗，韦世奎，等译. 北京：机械工业出版社，2019.
[11] Tanenbaum A S, Feamster N, Wetherall D. 计算机网络[M]. 潘爱民，译. 北京：清华大学出版社，2022.
[12] Zhang W J, Wu Y , Hur N , et al. FOBTV: Worldwide Efforts in Developing Next-Generation Broadcasting System[J]. IEEE Transactions on Broadcasting. 2014，60(2): 154-159.
[13] Zhang W J, Huang Y H, He D Z, et al. Convergence of a Terrestrial Broadcast Network and a Mobile Broadband Network[J]. IEEE Communications Magazine. 2018, 56(3):74-81.
[14] 张文军，管云峰，何大治等. 新一代融合媒体网络架构[J]. 通信学报，2019, 40(8):13-21.

第 2 章 视频信号形成

随着电子信息技术的发展，视频已经基本实现了全面数字化，而视频信号处理的第一步通常是将连续的模拟视频信号转换为离散的数字视频信号，然后进行视频信号的处理、存储和传输。人眼视觉的基本特性，视频信号的数字化表示，以及视频信号的质量评价，是本章所要讨论的问题。由于视频信号最终的服务对象是终端用户，视频信号的感知与人眼主观视觉感受密切相关，因此本章首先在 2.1 节介绍人眼视觉的基本原理和特性，从而更好地理解和掌握视频信号的表示和处理。然后在 2.2 节深入介绍视频信号的表示方法，包括视频信号的采集和数字视频的格式，从而对数字视频的采集、处理、显示等有更深入的了解，这也有助于理解后续视频压缩处理的章节内容。最后，视频信号处理的目标是为用户提供高质量的视频服务，如何评价视频的感知质量也是视频通信中至关重要的问题，因此本章将在 2.3 节从主观质量评价和客观质量评价两方面对视频质量评价进行介绍。

2.1 视觉原理

视觉是通过视觉系统的外周感觉器官（眼睛）接受外界环境中一定频率范围内的电磁波刺激，经中枢有关部分进行编码加工和分析后获得的主观感觉。人类从外界获得的信息中，有 80%以上的信息是通过视觉获取的，所以视觉是人类最重要的感知世界的方式。随着数字媒体时代的来临，以图像/视频处理技术为代表的多媒体信号处理技术蓬勃发展。与其他信息相比，图像及视频更直观、具体、生动，并且可以为人们提供更多的信息。本节将探究视觉在感知图像视频信号时的原理以及相关特性。

2.1.1 彩色视觉

物体发出的光线和/或折射的光线必须进入人眼才能被我们感知。视觉原理是指光作用于视觉器官，使其感受细胞兴奋，其信息经视觉神经系统加工后便产生视觉。通过视觉，人可以感知外界物体的大小、明暗、颜色、动静，获得对机体生存具有重要意义的各种信息。视觉是通过视觉系统的外周感觉器官接受外界环境中一定波长范围内的电磁波刺激，经中枢有关部分进行编码加工和分析后获得的主观感觉。

1. **光的特性**

通常人们所说的光指的是可见光，是电磁波的一种。具体来说，电磁波可分为不可见光和可见光。图 2-1 展示了不可见光和可见光波长范围。不可见光包括γ射线、X 射线、紫外线及红外线等。可见光包括紫光、蓝光、青光、绿光、黄光、橙光及红光，它们的波长范围为 380～440nm、440～485nm、485～500nm、500～565nm、565～570nm、590～625nm 及 625～740nm。

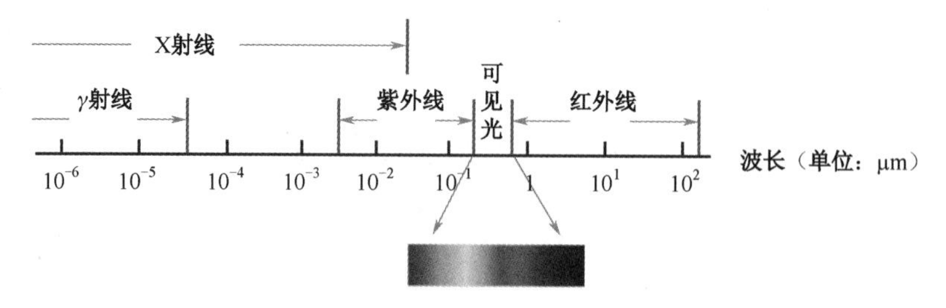

图 2-1　不可见光和可见光波长范围

2．**光敏细胞**

视网膜上存在两种光敏细胞，即视杆细胞和视锥细胞。图 2-2 展示了人眼及视网膜视细胞。

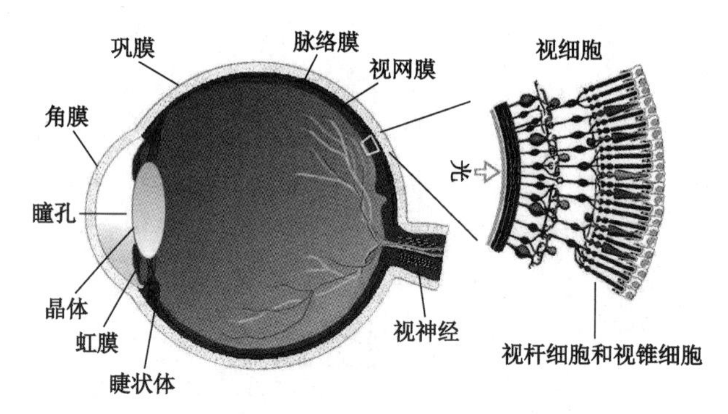

图 2-2　人眼及视网膜视细胞

视杆细胞通常在眼部周边较多，黄斑区较少，它对暗光敏感，但分辨能力差，无色觉，在暗光下只能看到物体粗略的轮廓，并且视物无色觉。视锥细胞主要集中在眼部黄斑位置，尤其黄斑中心较凹的地方，视锥细胞是明视觉器官，主要负责光亮条件下人的视觉活动，既可辨别光的强弱，又可辨别色彩，具有较高的视觉敏感性，能辨别细节。图 2-3 展示了视杆细胞和视锥细胞在视网膜上的分布。

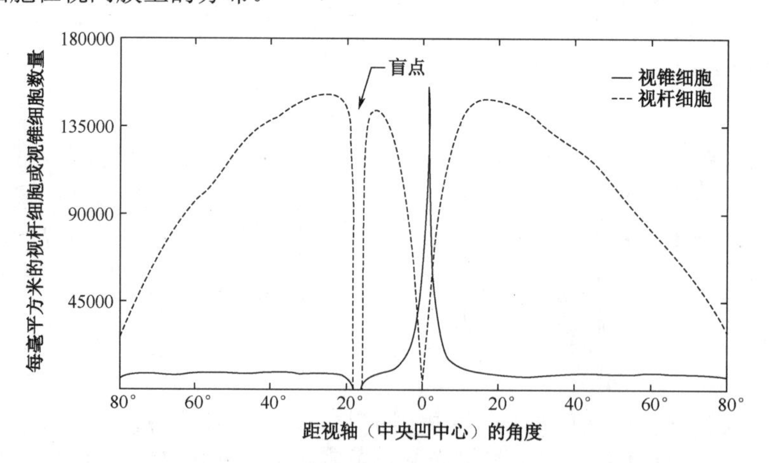

图 2-3　视杆细胞和视锥细胞在视网膜上的分布

人眼视网膜上含有 3 种不同类型的视锥光敏细胞，这 3 种视锥光敏细胞中分别含有 3 种不同的视色素，分别称为蓝、绿、红视色素，通过实验手段测得这 3 种光谱敏感性不同的视色素的光谱吸收峰值分别在 440～450nm、530～540nm 及 560～570nm 处。

在明视觉条件下，人眼对 380～780nm 可见光谱范围的不同波长的辐射，即各种色光具有不同的感受性。这一现象可以用光谱光效率函数来表征，并用光谱光效率曲线来表示。

具体来说，一束光对 3 种光敏细胞的刺激可表示为

$$\Phi_{\mathrm{R}}=\int_{380}^{780}\Phi_{\mathrm{e}}(\lambda)V_{\mathrm{R}}(\lambda)\mathrm{d}\lambda \tag{2-1}$$

$$\Phi_{\mathrm{G}}=\int_{380}^{780}\Phi_{\mathrm{e}}(\lambda)V_{\mathrm{G}}(\lambda)\mathrm{d}\lambda \tag{2-2}$$

$$\Phi_{\mathrm{B}}=\int_{380}^{780}\Phi_{\mathrm{e}}(\lambda)V_{\mathrm{B}}(\lambda)\mathrm{d}\lambda \tag{2-3}$$

式中，$\Phi_{\mathrm{e}}(\lambda)$ 是光的光率谱分布，Φ_{R}、Φ_{G}、Φ_{B} 的比例决定了颜色的类别与深浅，它们的和决定了亮度

$$\Phi_{\mathrm{V}}=\Phi_{\mathrm{R}}+\Phi_{\mathrm{G}}+\Phi_{\mathrm{B}} \tag{2-4}$$

3. 色系与色彩空间

颜色的类别称为颜色的色调，颜色的深浅称为色饱和度，它们和亮度共同组成了色彩三要素。其中颜色的色调和饱和度又统称为色度。人眼对红光、绿光、蓝光最为敏感，绝大多数单色光可以分解成红、绿、蓝 3 种色光，这是色度学的最基本的原理，也称三基色原理。该原理指出，三基色必须相互独立产生，其中任一基色都不能由另外两种基色混合得到；自然界中大多数颜色，都可以用三基色按一定比例混合得到；3 个基色的混合比例，决定了混合色的色调和饱和度；混合色的亮度等于构成该混合色各基色的亮度之和。

由三基色混合获得色彩的方法分为相加混色法（如光的合成）和相减混色法（如染料合成、印刷）。相加混色是指色光的混合，两种以上的光混合在一起，光亮度会提高，混合色的光的总亮度等于相混各色光亮度之和。相加混色具体可以通过空间混色法、时间混色法、生理混色法等方式实现。空间混色法将 3 种基色光投射到同一表面上彼此相距很近的点上，由于人眼的分辨力有限，能产生一种基色光混合的色彩感觉；时间混色法把 3 种基色光轮流投射到同一位置上，只要轮转速率足够快，由于人的视觉惰性，就能达到相加混色的效果；生理混色法则让双眼同时分别观看不同颜色，同时获得两种彩色印象，在大脑中产生相加混色的效果。

图 2-4 所示为相加混色圆图，在色光混合中，三原色是红（Red）、绿（Green）、蓝（Blue），这三色光是不能用其他别的色光相混而产生的，而

红光+绿光=黄光

绿光+蓝光=青光

蓝光+红光=品红光

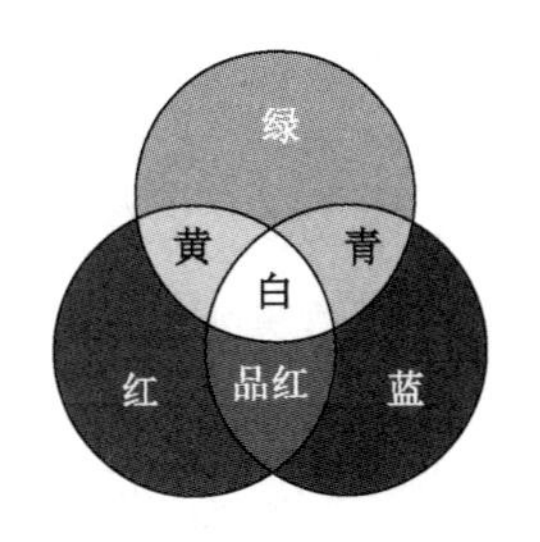

图 2-4　相加混色圆图

其中黄光、青光、品红光为间色光，这被称为 RGB 加色坐标系。如果只通过两种色光混合就能产生白色光，那么这两种光就是互为补色，如红色光与青色光、绿色光与紫色光、蓝色光与黄色光。

相减混色主要利用了滤光特性，即滤除在白光中不需要的颜色，留下所需要的颜色。减法混色主要利用颜料、染料等的吸色性质来实现混色。将黄色（Yellow）、青色（Cyan）和品红（Magenta）3 种基色按不同比例混合，在白光照射下，蓝光、绿光和红光以相应比例被吸收，呈现出不同的颜色。减法混合的三原色是加法混合的三原色的补色，即翠绿的补色红（品红）、蓝紫的补色黄（淡黄）、朱红的补色蓝（天蓝）。用两种原色相混，产生的颜色为

间色：

红色+蓝色=品红色

黄色+红色=橙色

黄色+蓝色=绿色

这是 CMY 减色坐标系。如果两种颜色能产生灰色或黑色，这两种色就是互补色。三原色按一定的比例相混，所得的色是黑色或黑灰色。

在图像处理领域，除了由 RGB 三基色构成的色彩坐标系，还有由色调（Hue）、饱和度（Saturation）和亮度（Intensity）构成的色彩坐标系，即 HSI 坐标系。前者是从物理学角度出发描述颜色，后者是从人眼的主观感受出发描述颜色。HSI 坐标系中各原色之间相隔 120°，各合成色（青、黄和品红）也相隔 120°。沿着黑色和白色连线，亮度（I）会有变化，这个连线被称为亮度轴或灰度轴。图 2-5 展示了色调（H）、饱和度（S）和亮度（I）构成 HSI 色彩空间的坐标系。

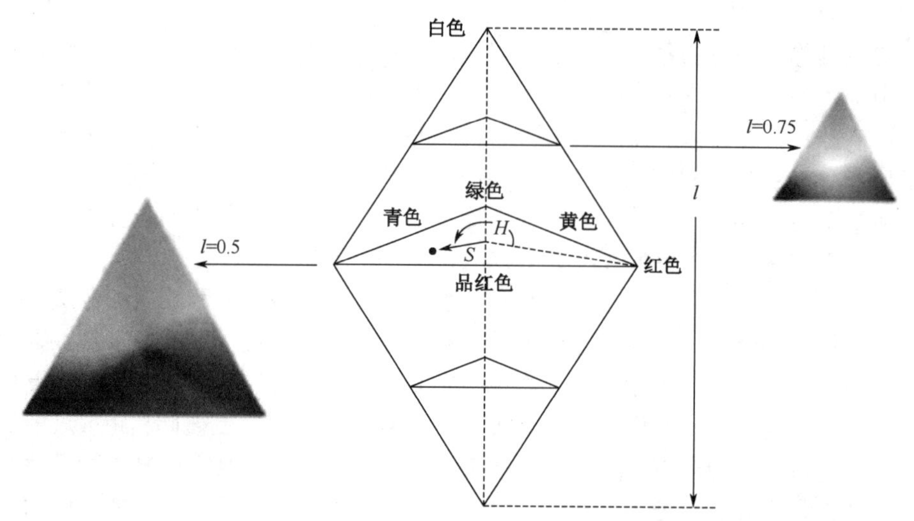

图 2-5 色调（H）、饱和度（S）和亮度（I）构成 HSI 色彩空间的坐标系

4．**配色实验**

RGB 模型采用物理三基色，其物理意义很清楚，但它是一种与设备相关的颜色模型。每种设备（包括人眼和现在使用的扫描仪、监视器和打印机等）使用 RGB 模型时都有不太相同的定义，尽管各自工作都很圆满，且很直观，但不能相互通用。为了从基色出发定义一种与设备无关的颜色模型，1931 年国际照明委员会（Commission Internationale de L'Eclairage，CIE）产生了用红、绿和蓝单光谱基色匹配所有可见颜色的想法，并且做了许多实验，如配色试验。图 2-6 所示为配色实验原理图，左边为红（R）、绿（G）、蓝（B）三原色光，右边为待配色光 C，待配色光可以通过调节三原色的强度来混合形成。

结合实验，CIE 的色彩科学家在 RGB 基础上，通过数学的方法推导出了理论的 RGB 三基色，并以此创建了一个标准的色彩系统。而这一色彩系统的常见展示方式，就是 CIE 色度图，如图 2-7 所示。CIE 色度图中舌形边缘（除底边）代表单色光，每点代表某个波长单色光的颜色，波长为 390～760nm。底边为紫红线；舌形内为复合光；舌形外表示在自然界不存在；E 点代表白光，它的坐标为（0.33，0.33）；舌形线上饱和度最高，越靠近 E 点饱和度越低，且任意两颜色混色，可在色度图上作图求出；任选三点作基色，它能合成的光的颜色定在三角形内。

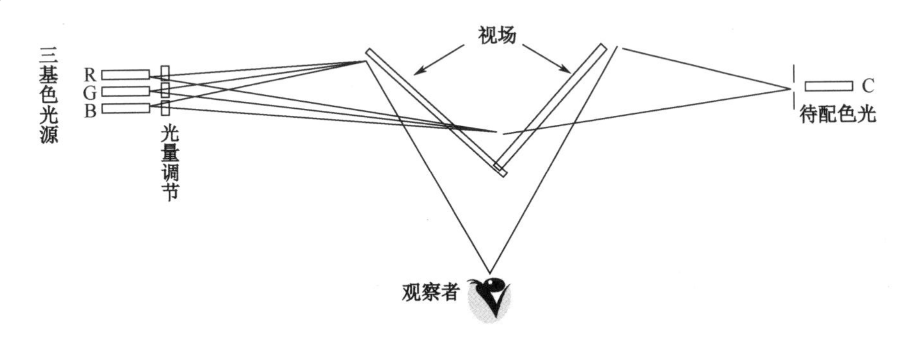

图 2-6　配色实验原理图

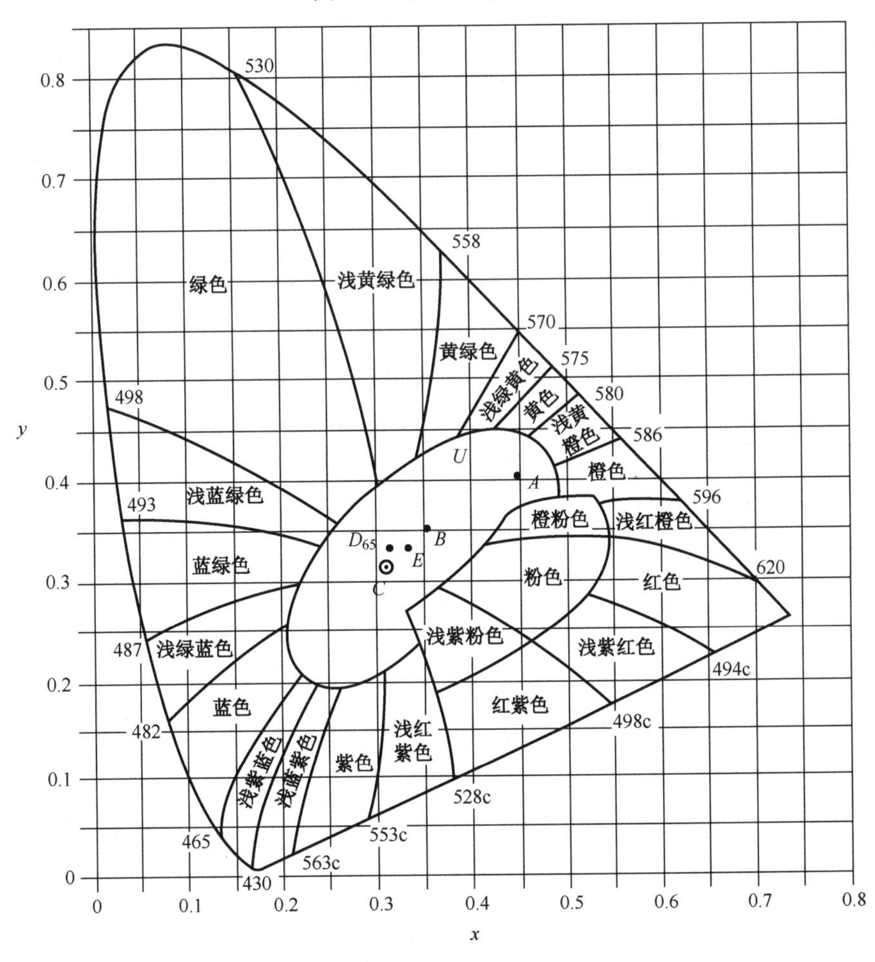

图 2-7　CIE 色度图

2.1.2　人眼视觉特性

人类视觉系统（Human Visual System，HVS）是人类最重要的感觉器官，也通常是图像及视频信息的最终接收者，所以在图像以及视频处理领域，将人眼视觉特性考虑在内将提高系统的处理能力和整体性能。HVS 是一个非常复杂的系统，包括眼睛、通向大脑的视觉通道、称为视觉皮层（Visual Cortex）的部分大脑等组成部分。研究者对于 HVS 还在不断进行更加深入的研究，HVS 的建模及基于 HVS 模型的图像处理在近年来获得广泛的关注。具体来说，已经有诸多人眼视觉特性得到了充分的验证，相关特性和建模在数字视频处理中得到成功应用。

1．**亮度感觉**

人眼的亮度感觉（Visual Brightness）是指人眼在观察景物时所产生的主观明亮程度的感觉。人眼的视觉范围很宽，可以感受到的亮度范围为 10^{-4}～10^{6} cd/m^2。例如，人眼感受到的晴天环境平均亮度为 10000 cd/m^2，黑白和彩色电视机屏幕的典型亮度为 120 和 80 cd/m^2。人眼在观察景物时的亮度感觉并不直接由景物的亮度决定，还与周围环境亮度有关。这是因为眼睛的感光作用会随外界光的强弱而自动调节，这称为眼睛的适应性。所以说，当环境亮度一定时，眼睛的视觉范围又很小，如白天的视觉范围为 200～20000 cd/m^2，而在傍晚的视觉范围为 1～200 cd/m^2，故我们说眼睛的明暗感觉是相对的。

对于一个固定光谱成分的光，在不同适应亮度条件下，其感觉亮度与实际亮度不同，或者在同一亮度条件下，不同光谱成分的光，其亮度感觉也不同，即客观的（计量）亮度与感觉到的亮度之间有差异。在白天正常光照下，人眼对不同波长光的敏感程度，称为明视觉响应，也称日间视觉，用明视觉光谱效率函数描述。这个时候，主要由视锥细胞起作用，既产生明暗感又产生彩色感。当光线暗到一定程度时，只有视杆细胞起作用，分辨不出颜色，只能反映出明暗程度，这称为暗视觉，也称为夜间视觉，是人眼在夜晚或微弱光线下对光的敏感程度。明暗视觉的光谱效率曲线如图 2-8 所示。当人突然从亮场景进入暗场景时，人眼需要经过一定时间后才能逐渐看见在暗处的物体，这种现象称为暗适应；当人突然从暗场景进入亮场景时，也需要稍待片刻才能恢复视觉，这种现象称为明适应。暗适应所需时间较长，而明适应的进程通常很快。

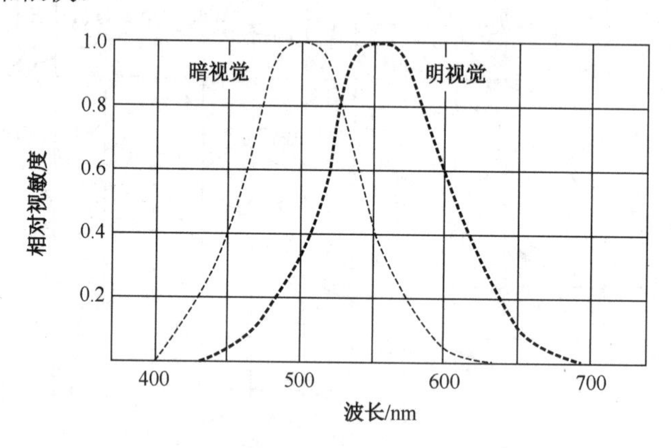

图 2-8　明暗视觉的光谱效率曲线

实验表明，人眼觉察亮度变化的能力是有限的，而且对不同亮度 L 能觉察的最小亮度变化 $\Delta L_{\min}$（称为可见度阈值或亮度辨别阈值）也不同。在一定亮度 L 下，人眼可觉察的最小相对亮度变化 $\frac{\Delta L_{\min}}{L}$ 近似为一常数，称为相对对比度灵敏度阀或费赫涅尔系数（一般为 0.005~0.02）。人眼的亮度感觉差别决定于相对亮度变化，亮度感觉 S 与亮度 L 的对数成线性关系，即亮度增加到 10 倍，亮度感觉才增加 1 倍。这一规律称为韦勃-费赫涅尔定律，即 $S = k\lg(L) + k_0$。在实际中，大多数的目标都处于不均匀的背景中，背景的亮度随时间和空间的变化而变化，在这种情况下，可见度阈值将会增大，这种现象称为视觉掩盖效应。

如上所述，人眼的明暗感觉是相对的，并不由绝对亮度来决定。所以，重现景象的亮度无须与实际景物的亮度相等，只需保持二者的对比度 $C = \Delta L_{max} / \Delta L_{min}$ 不变，重现景象就能给人以真实的感觉。此外，由于人眼觉察亮度差别能力有限，也就是说，人眼能够区分的亮度层次是有限的，因此对视频信号进行数字化时，量化级数就是根据这一特性决定的。

2．**人眼分辨力**

眼睛分辨景物细节的能力有一个极限值，我们将这种分辨细节的能力称为人眼的分辨力。具体地，人眼的空间分辨力定义为人眼能分辨的距离最短两点的视角 θ 的倒数，如图 2-9 所示。

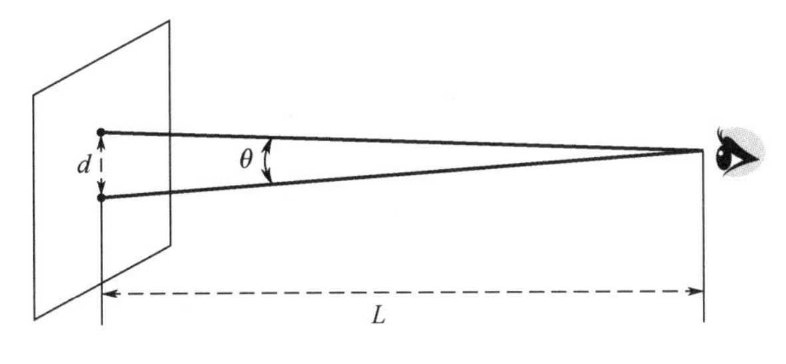

图 2-9　人眼空间分辨力

图中 L 表示人眼与景物之间的距离；d 表示在距离 L 下人眼能分辨的最短距离，θ 表示视角，单位为分（60 分为 1 度），由此可以得到

$$\frac{d}{2\pi L} = \frac{\theta}{360 \times 60} \tag{2-5}$$

进一步可得

$$\theta = 3438\frac{d}{L} \tag{2-6}$$

人眼分辨细节的能力越强，θ 就越小。通常情况下，在中等亮度和中等相对对比度环境下，正常视力的人眼观察静止事物时 θ 大约为 1 分。习惯上，用 $1/\theta$ 来表示人眼的分辨力，也称为视觉锐度（Visual Acuity）。

人眼的分辨力会因观察景物和观察条件的变化而变化，讨论这些影响分辨力的因素对于指导视频信号处理具有重要意义。观看景物的亮度对人眼分辨力有较大影响，当亮度较高和较低时，人眼分辨力都会降低。观察景物的相对对比度，即景物和背景的亮度相对对比度，也会影响人眼分辨力，通常相对对比度越大，分辨力越高。物体运动对于人眼分辨力也有影响，人眼对静止物体的分辨力高，对运动物体的分辨力低，即运动速率越快，人眼分辨力越低。

人眼对彩色的分辨能力比对亮度的分辨能力低，对不同色调的光的分辨能力也各不相同。在同样照度下，人眼对绿色的分辨力最高，红色次之，蓝色最低。如果将人眼对黑白细节的分辨力定为 100%，那么对黑红色的分辨力为 90%，对绿红色的分辨力为 40%，而对绿蓝色的分辨力只有 19%。人眼对不同色调的分辨力如表 2-1 所示。

表 2-1　人眼对不同色调的分辨力

不同色调	黑白	墨绿	黑红	绿红	黑篮	红蓝	绿蓝
相对分辨力/%	100	94	90	40	26	23	19

除了空间分辨力，人眼还存在亮度分辨力、时间分辨力。亮度分辨力是景物在时间和空间上都变换缓慢时，人眼对亮度变化的分辨能力。时间分辨力则是人眼对事物在时间上变化的分辨能力。空间分辨力、亮度分辨力和时间分辨力之间相互影响相互联系，只有在 3 个方面都处在适合的范围内，人眼才能看清。

3．大面积着色原理

人眼视觉特性的研究表明，人眼对黑白图像的细节有较高的分辨力，而对彩色图像的细节分辨力较低，这就是所谓的“彩色细节失明”。因此，当重现彩色图像时，对着色面积较大的各种颜色，全部显示其色度可以丰富图像内容，而对彩色的细节部分，视频内容可不必显示出色度的区别，因为人眼已不能辨认它们之间的色度的区别了，只能感觉到它们之间的亮度不同。这就是大面积着色原理。在视频的编码过程中会利用此特性实现对彩色分量的降采样处理，以减少数据量。

4．谢弗勒尔效应

谢弗勒尔效应，是由法国科学家米歇尔-谢弗勒尔（Michel Eugène Chevreul）在研究染色技术时发现的一种视觉现象：人眼在观看明暗变化的边界时，常在亮部看到一条更亮的条纹，而在暗部看到一条更暗的条纹的一种视觉错觉，如图 2-10 所示。当条纹的边缘比较模糊时（如物体的阴影边缘），又称为“马赫带效应”。

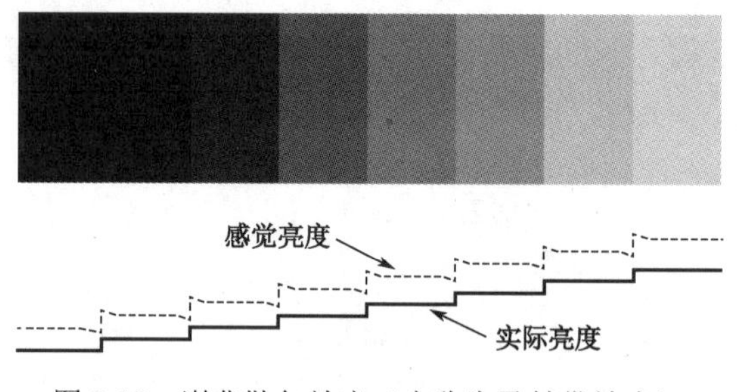

图 2-10　谢弗勒尔效应（也称为马赫带效应）

谢弗勒尔效应或马赫带效应使得边界处亮度对比加强，轮廓表现得特别明显。一般认为这是由视觉系统的侧抑制作用造成的。侧抑制是指相邻的光敏细胞会产生相互抑制的现象，也就是说，当刺激某个细胞产生较大反应之后，然后再去刺激相邻的其他细胞时，该细胞的反应便会减弱。在明暗交界处，亮部一侧的抑制将大于暗部一侧的抑制，从而使人产生亮部边界似乎更暗而暗部边界似乎更亮的错觉。因此，人眼对于物体的亮度感受不仅取决于其绝对物理亮度，还受到其周围环境的影响，而且此效应本身增强了边缘，使得图像中的边缘更容易被人们观察到。

5．视觉惰性和闪烁感觉

当一定强度的光突然作用于人眼时，将产生过渡响应特性，主观亮度感觉将由小到大，达到最大值后再降到一个稳定值。日常生活中的报警灯常采用断续发光或脉冲光，正是利用了这一视觉特性。在视频信号传输过程中，脉冲噪声引起干扰，反映在图像上的能见度大，也是由这种视觉特性决定的。因此，在视频处理中，比较重视消除脉冲干扰噪声。如果作用于人眼的光突然消失，则主观亮度感觉并不会马上消失，还要滞后一段时间才慢慢消失，它是按近似指数规律下降的。如图 2-11 所示，此时人眼的主观亮度感觉总是在时间上滞后于实际亮度的改变，这一特性称为视觉惰性或视觉暂留。

视觉暂留时间一般为 0.05～0.2s。实验表明如果景物以间歇性光亮重复呈现，只要重复频率大于 20Hz，视觉上始终保持留有景物存在的印象（活动图像的帧率至少为 15fps 时，人眼才有图像连续的感觉；活动图像的帧率在 25fps 时，人眼才感受不到闪烁）。人眼感觉的连续性是活动画面有连续感的前提。对于荧光屏幕来说，像素一般是按照一定顺序快速轮流发光的，然而人眼看到的是整个画面在发光，获得一幅幅连续画面的感觉，这个就是视觉暂留效应的结果。

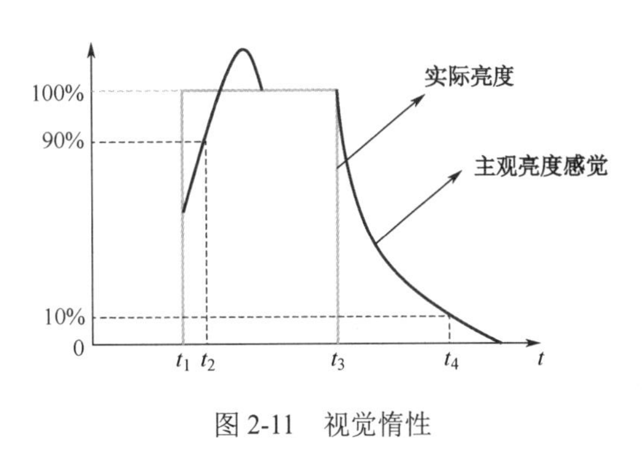

图 2-11　视觉惰性

当人眼受周期性的光脉冲照射时，若光脉冲频率不高，则会产生一明一暗的闪烁感觉，长期观看容易疲劳。如果将光脉冲频率提高到某一定值以上，由于视觉惰性，眼睛便感觉不到闪烁，感到的是一种均匀的、连续的光刺激。刚好不引起闪烁感觉的最低频率，称为临界闪烁频率 f_c。临界闪烁频率 f_c 的值与很多因素有关，其中脉冲光源的实际亮度 L_m 影响较为明显，有如下经验公式

$$f_c = a\lg L_m + b$$

式中，a 和 b 是与许多因素有关的参数。当光脉冲的频率大于临界闪烁频率时，感觉到的亮度是实际亮度的平均值：$S = \frac{1}{T}\int_0^T L(t)\mathrm{d}t$。当光脉冲的频率低于临界闪烁频率时，人眼在周期性的光脉冲刺激下，产生一明一暗的感觉，这种现象称为闪烁。人眼的视觉暂留特性表明了人眼的时间分辨力有限，若以适当频率对静止画面换幅，则静止画面就可以变成连续的活动图像，从而就产生了电影。对于荧光电视屏幕，$a = 9.6$，$b = 26.6$，得出 $f_c \approx 45.8\,\text{Hz}$。这就是电视图像不闪烁的最低重复频率，对电视视频信号的场频的选择提出了基本要求。然而，若将屏幕亮度加大或当显示高亮度的外景（如雪场滑雪）时，此时的 f_c 就可能大于视频信号的场频，所以就会产生闪烁。实验表明，f_c 除了与光脉冲亮度有关，还与其他因素有关。例如，随着观察距离增加，f_c 降低；反之，当观察距离越近，人眼越易感觉到闪烁。又如，f_c 随屏幕面积增加而提高。此外，画面色调也影响 f_c，一般来说，蓝色光栅的 f_c 较低，红色次之，黄色光栅所对应的 f_c 较高。

6．**恰可觉察误差**（Just Noticeable Difference，JND）

JND 用于表示人眼不能觉察的误差的最大阈值，低于这个阈值，人眼便很难觉察到误差。在图像与视频处理领域，JND 可以用来度量人眼对图像及视频中不同区域失真的敏感性，所以被广泛应用于图像及视频的压缩、质量评价、质量增强、数字水印等。这些应用于图像视频编码领域的 JND 模型主要可分为两类：基于像素域的 JND 模型和基于变换域的 JND 模型。像素域的 JND 模型能在像素域上更为直观地给出 JND 阈值，在视频编码时常常用于运动估计及预测残差的滤波。而在变换域中，HVS 的某些特性可以方便地结合到应用中，以增强算法的整体性能。下面将对这两种 JND 模型分别进行介绍。

（1）像素域 JND 模型

像素域的 JND 阈值主要通过以下两种视觉感知效应得到：一是亮度自适应；二是纹理掩蔽效应。其中，亮度自适应揭示了 HVS 对亮度对比更加敏感，而不是绝对亮度值。而纹理掩

蔽效应则提出人眼可见性的降低是由图像区域中纹理不均匀性的增加引起的，并且相比于平坦区域，纹理区域可以隐藏更多的误差。由于上述两种视觉感知效应同时存在于大多数图像及视频中，因此大多数的基于像素域的JND阈值都是通过结合这两种效应得到的。具体如像素域的JND模型可以表示为

$$\mathrm{JND}(x,y)=T^{l}(x,y)+T^{t}(x,y)-C^{lt}\times\min\left\{T^{l}(x,y),\ T^{t}(x,y)\right\} \tag{2-7}$$

式中，$\mathrm{JND}(x,y)$表示在图像像素(x,y)位置的JND阈值，$T^{l}(x,y)$表示亮度自适应的阈值；$T^{t}(x,y)$表示纹理掩蔽效应的阈值；C^{lt}代表了两种效应之间的重叠部分，用来调整两个因素的叠加因素，C^{lt}值越大，亮度自适应和纹理掩盖之间的叠加效果越强。

（2）变换域JND模型

变换域JND模型不仅仅考虑了亮度自适应和纹理掩蔽效应，还将对比度敏感函数考虑在内。以离散余弦变换（Discrete Cosine Transform，DCT）域的JND模型为例，DCT域中的JND通常表示为基本阈值和一些调制因子的乘积。假设k是视频序列中帧的索引，n是帧中块的索引，i和j是DCT系数的索引，然后相应的JND可以表示为

$$T_{\mathrm{JND}}(k,n,i,j)=T_{\mathrm{JND_s}}(k,n,i,j)\times T_{\mathrm{T}}(k,n,i,j) \tag{2-8}$$

$$T_{\mathrm{JND_s}}(k,n,i,j)=T_{\mathrm{Basic}}(k,n,i,j)\times T_{\mathrm{M}}(k,n,i,j) \tag{2-9}$$

$$T_{\mathrm{M}}(k,n,i,j)=T_{\mathrm{lum}}(k,n,i,j)\times T_{\mathrm{masking}}(k,n,i,j) \tag{2-10}$$

式中，$T_{\mathrm{JND}}(k,n,i,j)$、$T_{\mathrm{JND_s}}(k,n,i,j)$和$T_{\mathrm{T}}(k,n,i,j)$分别表示空间-时间JND阈值、空间JND和时间调制因子。$T_{\mathrm{Basic}}(k,n,i,j)$是由空间对比敏感度函数生成的基本阈值。调制因子$T_{\mathrm{M}}(k,n,i,j)$是亮度自适应因子$T_{\mathrm{lum}}(k,n,i,j)$和纹理掩蔽因子$T_{\mathrm{masking}}(k,n,i,j)$的乘积。

图2-12展示了基于像素域方法估计的区域与基于变换域方法估计的区域对比。显然，基于像素域计算的JND值较大的区域，大都集中在平坦、高亮度或较暗的区域；而基于变换域计算的JND值较大的区域大都集中在纹理丰富的位置。

图2-12 基于像素域方法估计的区域与基于变换域方法估计的区域对比

7．频率响应特性

人类视觉频率响应特性指出，人眼对不同空间频率信号的感知能力是不同的。这一感知特性常用对比度敏感函数（Contrast Sensitivity Function，CSF）来描述，具体来说，CSF描述的是对比度灵敏度与空间频率之间的对应关系，代表了HVS对图像中不同的空间频率的响应。图2-13展示了HVS在不同时间频率下的CSF曲线，图中坐标轴使用以10为底的对数尺度（logarithmic scale）表示，可以看出，人眼对不同频率的灵敏度各不相同，频率越高，人眼的分辨能力就越低；频率越低，人眼的分辨能力就越高，并且呈现出一种非线性特性。

人眼对不同频率的灵敏度不同会导致有趣的现象，如图2-14中的黑点大小不同，组成了HEAD字样，而该字样只有在合适的空间距离上（对于人眼呈现合适的空间频率）才可以清

晰看到。

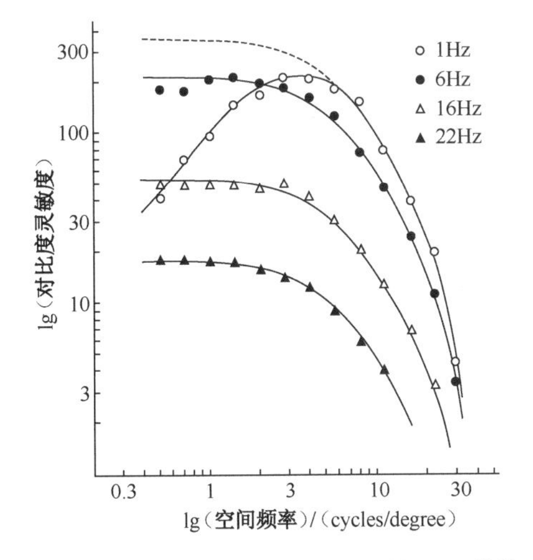

图 2-13　HVS 在不同时间频率下的 CSF 曲线

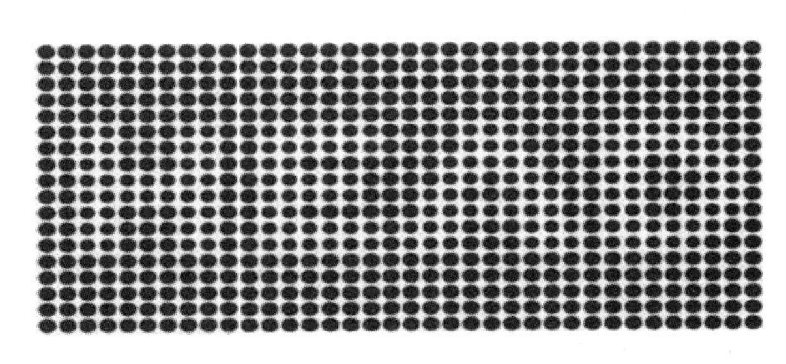

图 2-14　HEAD

在设计能够采集或显示视频的数字成像系统时，还应该考虑视觉系统的时空 CSF（Spatiotemporal CSF）。图 2-15 显示了时空频率视觉灵敏度的经典包络。它们是空间和时间正弦波（及其窗函数）的可分离产物。然而，这种时空 CSF 在空间和时间频率轴上表现为不可分离，这在图 2-15（b）的等高线图中更容易看到。虽然可以理解，该表面仅代表更窄调谐频率机制的层次结构的灵敏度包络，但对于某些成像系统属性（如格式、硬件规格和压缩算法的非自适应量化参数），考虑时空 CSF 仍然是有用的。

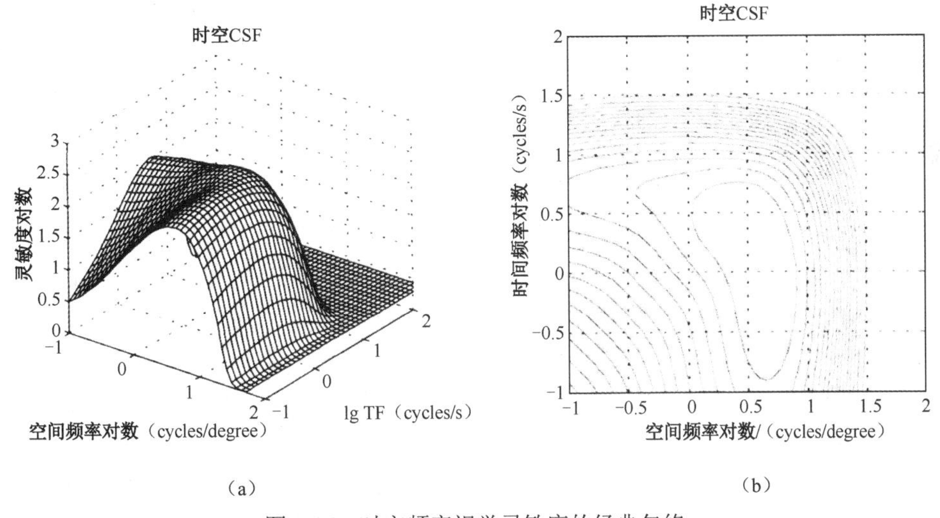

图 2-15　时空频率视觉灵敏度的经典包络

2.2　信号表示

在自然界中，原始所感知和采集到的视频信号均为模拟信号，其在时间上和幅度上均为连续的，但在实际处理、存储和传输过程中则为离散的数字信号。人们通过采样、量化和编码等过程将视频信号数字化，从而适应计算机等数字化设备，并且设立了多种标准，从而统一最终的数字视频格式，方便不同地区之间的视频信号的兼容。

2.2.1 视频基本参数

视频信号本质是由一系列图像帧组成的，包含了一系列基本参数，这些基本参数对于视频信号描述至关重要，因此本节将介绍一些比较重要的视频基本参数，包括空间分辨率、帧率、时空复杂度、色彩格式等。

1．**空间分辨率**

视频的空间分辨率又称为视频解析度、解像度，也就是一个视频图像在单位尺寸内有多少像素点，像素点越多就越清晰，反之则清晰度越低。最常见的分辨率有720P、1080P、2K、4K等，具体阐释如下。

720P指的是1280×720分辨率，由于高清数字电视采用的分辨率为720P或1080P，720P也被称为高清（HD）分辨率。它通常用于小尺寸的显示屏幕，如小型电视、笔记本电脑等，可以提供较为清晰的画质。

1080P指的是1920×1080分辨率，也被称为全高清（Full HD）分辨率。它是目前市场上最常见的分辨率之一，用于较大尺寸的显示屏幕，如电视、电脑显示器等，能够提供高品质的图像。

2K指的是2048×1080分辨率，也被称为数字电影2K分辨率。它是电影制作过程中常用的分辨率之一，通常用于电影院的放映，能够提供高品质的视觉体验。

4K为3840×2160分辨率或4096×2160分辨率。它是目前市场上的高端分辨率之一，能够提供更为清晰、逼真的图像，适用于大型显示屏幕、家庭影院等高端应用场景。目前超高清数字电视所采用的分辨率通常为3840×2160（4K）或7680×4320（8K），这也是国际电信联盟所推荐的超高清电视标准。

2．**时间分辨率（帧率）**

视频其实是由一系列离散的图片组成的，这些离散图像用很快的速率连续切换时，由于闪光融合现象，使得我们感受到的是连续影像。闪光融合是指当刺激不是连续作用而是断续作用时，随着断续频率的增加，感觉到的不再是断续的刺激，而是连续的刺激的一种景象。当每秒钟播放的图片越多，视频的闪光融合率增大，人眼就会将离散的图片感知为连续的视频。闪光融合可以说是视觉惰性的另一种表达形式。例如，一种闪光开始时，由于视觉惰性，人眼并不是可以立马接收光刺激；而在闪光结束时，人眼也不是立刻可以对光刺激停止反应。一般来说，在中等强度的光刺激下，视觉刺激滞后的感觉时间大约为0.1秒。视频每秒包含的帧数也就是视频的帧率（frames per second，fps），每秒包含的图像越多，视频看起来也就越流畅。常用的帧率有很多，如1 fps表示1秒只有一帧，这个数值常用于延迟拍摄；12 fps在动画片中用得比较多，12 fps不会对视频的流畅度有太大的影响同时又能节省成本；24 fps常用于电影中，24 fps是比较适合人眼的观感，如果低于24 fps，人眼看起来就会有卡顿的感觉；30 fps常用于电影中，不同的国家有不同的规格，在观感上与24 fps不会有太大的区别；50～60 fps常用于一些慢动作的视频，上面说到最适合人眼的观感的帧率是24 fps，如果视频的帧率是50 fps，播放速率放慢1/2就是25 fps，这时也是符合人眼的观感的，视频看起来还是流畅的，不会有卡顿的感觉。

但是视频的帧数并不是固定的，可以通过插帧技术来改变。视频插帧在原有视频的每两帧图像中增加一帧，缩短每帧的显示时间，使帧率得到提高，可以有效地提高视频的视觉体验。目前比较流行的插帧方法有 3 种：一是通过复制相近的帧来实现插帧；二是用相邻的两帧进行混合来实现插帧；三是结合图像运动来构造两帧之间的中间帧。从本质上来说，这 3 种插帧方法都是通过构造不存在的帧来实现的。

3．时空复杂度

视频的复杂度描述了视频内容的复杂程度。一般地，视频的复杂度可以用空间复杂度（Spatial perceptual Information，SI）和时间复杂度（Temporal perceptual Information，TI）来衡量。当视频空域上每帧图像的高频信息较多，或者说图像中细节较多时，视频的 SI 值较高；当视频时域上帧间变化的高频信息较多，即帧间变化剧烈时，视频的 TI 值较高。

国际电信联盟电信标准分局（International Telecommunications Union-Telecommunication Standardization Sector，ITU-T）制定了多媒体应用的主观性视频质量评价方法的建议，即 ITU-T P910 标准“Subjective video quality assessment methods for multimedia applications”。从 1996 年制定后其间多次修改，最近的是 2007 版，其中建议了空间复杂度和时间复杂度的计算方法，用于衡量视频复杂度。

空间复杂度的计算是将视频中每帧的亮度分量进行 Sobel 滤波，从而提取图像在每个像素的边缘强度，然后再对整帧图像所有像素的 Sobel 滤波后的边缘强度求标准差，进而得到一帧的空间复杂度，然后再计算整个视频所有帧空间复杂度的均值即可得到视频的空间复杂度值。如果空间复杂度值高，表示在一帧内有大量的细节信息；如果该序列是黑屏或当图像轮廓较为模糊，空间复杂度值会接近 0。

时间复杂度是基于运动差异特征进行计算的，先求相邻帧之间亮度分量的像素值之差，然后再对帧差图像计算标准差，最后再计算整个视频所有帧时间复杂度的均值即可得到视频的时间复杂度值。当视频中运动内容越多，时间复杂度值越高；如果时间复杂度值是 0 表示当前视频序列是静止的。

除了用经典的空间复杂度和时间复杂度为代表的传统复杂度描述，还可以用熵及自由能理论来衡量视频的感知复杂度。熵可以用来衡量一个系统内在的混乱程度。在图像处理中，图像熵表示为图像灰度级集合的比特平均数，单位为比特/像素，描述了图像平均信息量的多少。在视频处理中，求取视频中每帧图像的熵进行平均则可以得到视频的熵。

人类感知的自由能（Free Energy）原理是在脑神经科学领域里被提出的，用于量化人脑的感知、行为和学习的过程。基于自由能的大脑原理的一个基本前提是：认知过程受人脑内部生成模型的控制。当人的大脑感知外界场景时，大脑会在其内部生成模型，主动预测有意义的信息并消除残留的不确定性，以生成一个预测结果，来解释大脑的感知。在图像处理领域中，自由能被证明可以很好地表征图像复杂度特征，并且和图像质量高度相关。同样地，自由能也可以被用于衡量视频的复杂度。

4．色彩格式

根据三基色原理，任何颜色都可以由不同比例的红色、绿色和蓝色组合而成，因此彩色视频信号最原始的表示方法即 RGB 信号。RGB 信号作为分辨率最高、灰度损失最小的彩色信号，其能带来最好的图像色彩体验，但是所需的信息传输量大，同时无法与黑白信号兼容。于是，人们提出利用 YUV 形式传输彩色视频信号，即将 RGB 信号的特定部分叠加到一起构建成亮度 Y；色调与饱和度分别用 Cr 和 Cb 来表示。其中，Cr 反映了 RGB 输入信号红色部分与 RGB 信号亮度值之间的差异，而 Cb 反映的是 RGB 输入信号蓝色部分与 RGB 信号亮度值之同的差异。因此，YUV 又称为 YCrCb。

采用 YUV 颜色编码方式的优势是它的亮度信号 Y 和色度信号 U、V 是分离的。如果只有 Y 信号分量而没有 U、V 分量，那么这样显示的图像就是黑白灰度图像。彩色电视采用 YUV 空间正是为了用亮度信号 Y 解决彩色电视机与黑白电视机的兼容问题，使黑白电视机也能接收彩色电视信号。除此之外，基于 HVS 对亮度比色彩更敏感的原理，YUV 形式把亮度信息 Y 从彩色信息中分离出来，并使之具有更高的清晰度。同时降低色彩信息 U、V 的清晰度，可压缩所需要的传输带宽，在实现视频压缩的同时，人的感知体验不受影响。目前存在以下 3 种不同的彩色视频 YUV 取样格式。

① 4∶4∶4，Y、U 和 V 具有同样的水平和垂直清晰度，在每像素位置，都有 Y、U 和 V 分量，即不论是水平方向还是垂直方向，每 4 个 Y 相应的都有 4 个 U 和 4 个 V。

② 4∶2∶2，Y、U 和 V 具有同样的垂直清晰度，但水平清晰度上 U、V 是 Y 的一半。水平方向上，每 4 个 Y 都有 2 个 U 和 2 个 V。

③ 4∶2∶0，在水平和垂直清晰度方面，U 和 V 都是 Y 的一半。

图 2-16 直观地表示了 YUV 3 种采样格式，以黑点表示采样该像素点的亮度 Y 分量，以空心方块表示采集该像素点的色度 UV 分量，虽然 4∶2∶0 的彩色分量最少，但对人的彩色感觉而言，这种格式与其他两种类似，最适合于进行数字压缩，目前 4∶2∶0 的采样格式已广泛应用于数字电视、会议电视等。

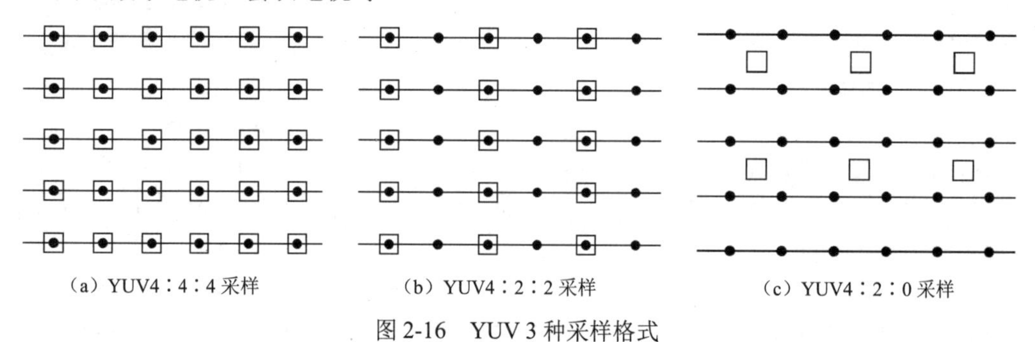

图 2-16　YUV 3 种采样格式

2.2.2　视频信号采集

连续的视频信号无法用计算机等数字化设备进行处理、传输或存储，所以需要把连续（模拟）的视频信号转换为离散（数字）的视频信号，这个转换过程被人们称为视频信号的数字化，其主要涉及两个步骤：采样和量化。通过在不同空间位置对函数进行采样和对样本的函数值进行量化，从而将用二维连续函数表示的模拟图像转换为可以用矩阵表示的数字图像。

1. 采样

图 2-17 展示采样的基本工作过程，图 2-17（a）显示了一个连续的一维信号，沿横轴对一维信号进行等间隔地采样，从而将其坐标值数字化，完成采样操作。拓展到图 2-17（b）所示的二维图像上，则是沿着二维空间的离散网格上对连续图像进行采样，从而将空间位置数字化。这些采样得到的点也被称为像素，每个方向上像素的个数组成了图像的分辨率。

在了解了采样的基本工作过程和机理后，图 2-18 展示空间采样操作对图像视觉效果的影响，其中图 2-18（a）是一张原始图像，图 2-18（b）是经过 1∶2 采样操作后生成的图像，

图 2-18（c）使经过 1∶8 采样操作后生成的图像，而图 2-18（d）是经过 1∶16 采样操作后生成的图像。我们可以看到采样频率越高，采样点数就越密，离散信号越逼近于原信号，但采样率过高会带来冗余信息，增加不必要的计算工作量和存储空间；反之，如果采样频率过低，采样点间隔过远，会导致高频信息损失，离散信号不足以反映原有信号的特征，致使信号无法复原，造成信号混叠。信号混叠指采样信号被还原成连续信号时产生彼此交叠而失真的现象，产生信号混叠时则无法从取样信号还原出原始信号。根据奈奎斯特采样定理，当采样频率大于原信号中最大组成频率的 2 倍时，可以避免混叠，比较好地还原信号。图像采样是视频信号数字化的基础，在对空间坐标采样数字化时，需要通过一定的分析，确定水平和垂直方向上采样点（像素）个数的取值。

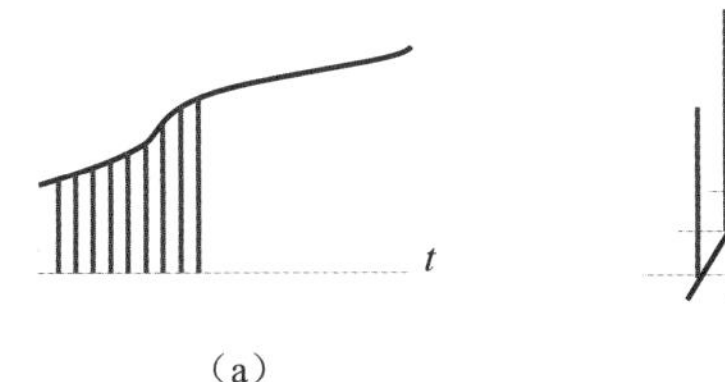

（a）

（b）

图 2-17　采样的基本工作过程

（a）原始图像

（b）1∶2 采样

（c）1∶8 采样

（d）1∶16 采样

图 2-18　空间采样操作对图像视觉效果的影响

首先从一维采样分析入手，假设采样函数为

$$s(x)=\sum_{m=-\infty}^{+\infty}\delta(x-m\Delta x) \tag{2-11}$$

对于 $s(x)=\delta(x-m\Delta x)$ 冲击函数，大家应该知道，当且仅当 $x=m\Delta x$ 时，$s(x)$ 求和公式

中才会有非零项 1。当 m 取正整数 1～N 时，就以 Δx 为间隔取了 N 个1。当用 $s(x)$ 对信号进行采样时，假设原始信号是 $f(x)$，那么采样信号为

$$f_{\mathrm{s}}(x)=s(x)f(x)=\sum_{m=-\infty}^{+\infty}f(x)\delta(x-m\Delta x) \tag{2-12}$$

相当于每隔 Δx 间距，对信号 $f(x)$ 的函数值进行采样。转换到频域中，根据卷积定理，采样信号是原始信号的频谱与采样函数的频谱进行卷积的结果，采样函数 $s(x)$ 的频率域表达式为

$$S(u)=\frac{1}{\Delta x}\sum_{m=-\infty}^{+\infty}\delta\left(u-m\frac{1}{\Delta x}\right) \tag{2-13}$$

由此可以看出，采样信号的频谱是原始信号的频谱按照间隔 $\frac{1}{\Delta x}$ 进行了周期搬迁的结果，如图 2-19 所示。

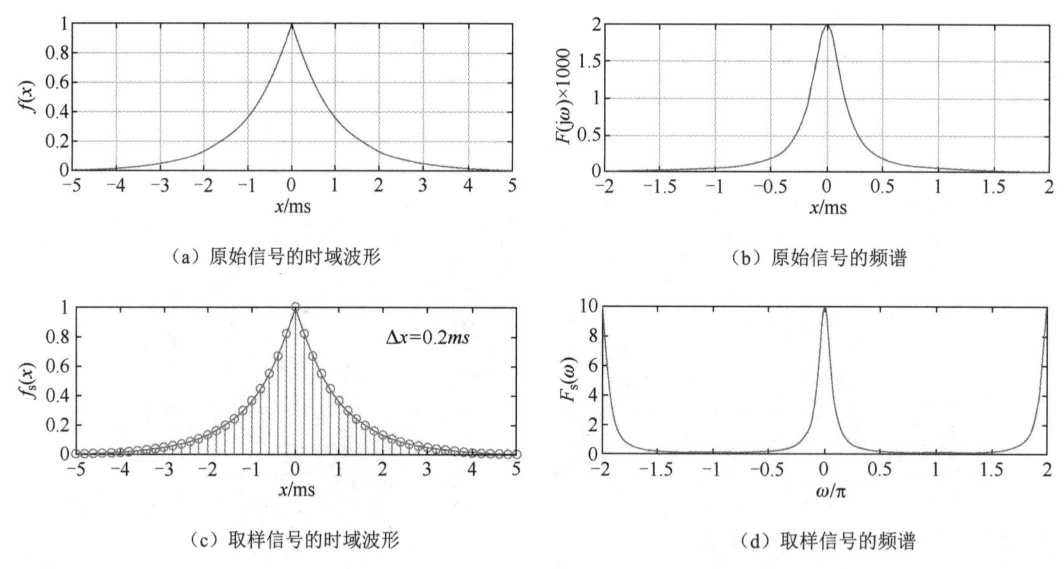

（a）原始信号的时域波形 （b）原始信号的频谱

（c）取样信号的时域波形 （d）取样信号的频谱

图 2-19 原始信号和取样信号的时域波形和频谱

将取样函数拓展到二维情形。这里给出 $\delta(x,y)$ 函数定义为

$$\delta(x,y)=\lim_{n\to\infty}\left[n^2\mathrm{rect}(nx)\mathrm{rect}(ny)\right] \tag{2-14}$$

其中，矩阵函数 $\mathrm{rect}(\alpha)$ 的定义为

$$\mathrm{rect}(\alpha)=\begin{cases}1, & |\alpha|\leqslant\dfrac{1}{2}\\[2ex] 0, & |\alpha|>\dfrac{1}{2}\end{cases} \tag{2-15}$$

对于二维形式的 $\delta(x,y)$ 函数，y 在 $\left[-\frac{1}{2n},\frac{1}{2n}\right]$ 以及 x 在 $\left[-\frac{1}{2n},\frac{1}{2n}\right]$ 范围内时矩阵函数有非零取值 1，如图 2-20 所示。

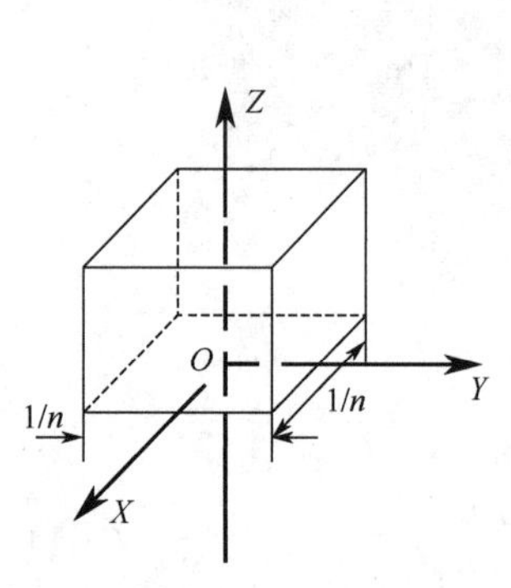

图 2-20 $\delta(x,y)$ 函数示意图

当用 $\delta(x,y)$ 对信号进行采样，假设原始信号为 $f(x,y)$，那么采样后的图像频谱为

$$\begin{aligned} F_s(u,v) &= \iint_{-\infty}^{\infty} \frac{1}{\Delta x}\frac{1}{\Delta y}\sum_{m=-\infty}^{+\infty}\sum_{n=-\infty}^{+\infty}\delta\left(\alpha - m\frac{1}{\Delta x}\right)\left(\beta - n\frac{1}{\Delta y}\right)F(\mu-\alpha)(v-\beta)\mathrm{d}\alpha\mathrm{d}\beta \\ &= \frac{1}{\Delta x}\frac{1}{\Delta y}\sum_m\sum_n\iint_{-\infty}^{\infty}\delta\left(\alpha - m\frac{1}{\Delta x}\right)\left(\beta - n\frac{1}{\Delta y}\right)F(\mu-\alpha)(v-\beta)\mathrm{d}\alpha\mathrm{d}\beta \\ &= \frac{1}{\Delta x}\frac{1}{\Delta y}\sum_m\sum_n F\left(u - m\frac{1}{\Delta x}\right)\left(v - n\frac{1}{\Delta y}\right) \end{aligned} \tag{2-16}$$

由此可以看出，取样后图像 $f_s(x,y)$ 的频谱，是原始模拟图像 $f(x,y)$ 的频谱 $F(u,v)$ 沿着 u 轴和 v 轴分别以 $\frac{1}{\Delta x}$ 和 $\frac{1}{\Delta y}$ 无限周期重复的结果。由此可以得到二维采样定理，若原始图像在水平方向的频率为 ω_u，在垂直方向的频率为 ω_v，只要水平方向的空间采样频率 $\frac{1}{\Delta x} > 2\omega_u$，垂直方向的空间采样频率 $\frac{1}{\Delta y} > 2\omega_v$，即采样点的水平间隔 $\Delta x < \frac{1}{2\omega_u}$，垂直间隔 $\Delta y < \frac{1}{2\omega_v}$，则没有混叠，就可精确地恢复出原始图像。

2. **量化**

在沿着空间位置将图像采样离散化后，还需要将这些采样到的样本的数值进行量化。量化是在样本取值范围内进行分层操作的，量化过程如图 2-21 所示，量化过程将一个连续的波形信号，沿着函数曲线凿成一个个台阶，每个台阶处用一个量化值表示。若量化得越细，量化阶数越多，则量化误差越小，但所用的数据量就越大；若量化阶数较少，则量化误差过大，在图像灰度变换缓慢的区域内将会出现原始图像所没有的伪轮廓。对于图像视频来说，最常用的量化层数是 256 级，相应于灰度值 0～255，对应使用 8bit 保存一个像素的灰度信息。在要求高保真的情境下，量化层数可以增加到 1024 级或 4096 级，即用 10bit 或 12bit 表示一个样本的像素值。

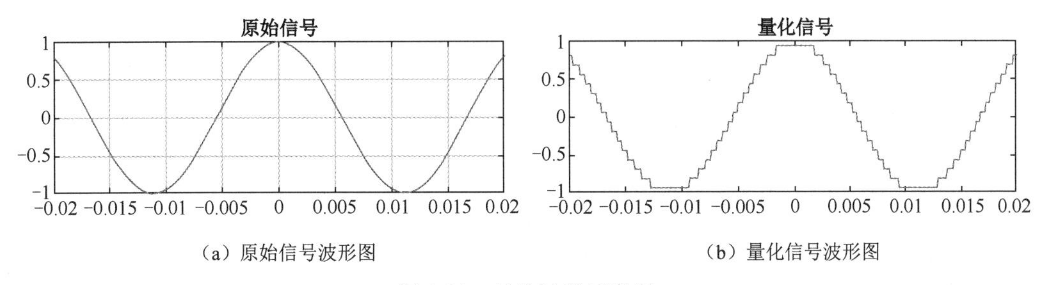

（a）原始信号波形图　　（b）量化信号波形图

图 2-21　量化过程示意图

对于图像，量化过程会产生细节丢失和色块效应，图像像素值量化效果如图 2-22 所示。对于 8bit，即 256 级灰度图像，随着量化步长的增加，图像中的细节变化信息变少，并出现了大部分的平坦区域。

人眼对灰度误差有一个敏感度阈值，当灰度误差小于该阈值时，人眼无法察觉灰度误差，因此当量化阶数多到一定程度，即量化误差小于视觉阈值时，就可以不用提高量化阶数，来减少所需的数据量。目前常用的量化方法有以下两种。

（1）均匀量化

均匀量化是指把输入信号的取值域进行等间隔分割的量化。在采样结束后，得到

$z=f(m,n)$。假设信号 z 的取值范围是 $[z_0,z_k)$，并且信号的取值在该区间内是同样频繁的，也就是说概率密度 $p(z)$ 等于常数 P。

图 2-22　图像像素值量化效果（从左到右，从上到下，图像量化从 8bit 到 1bit）

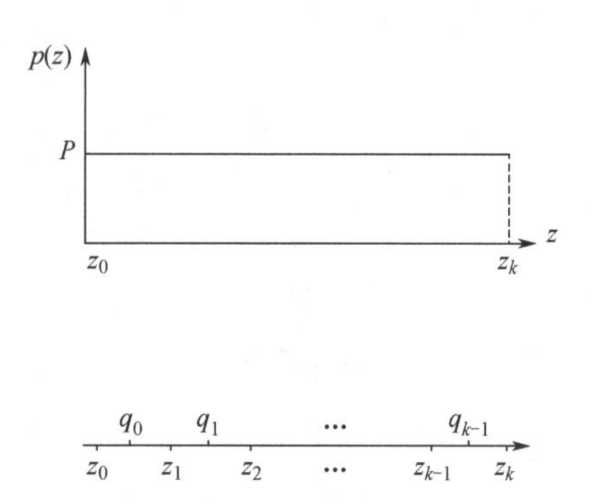

图 2-23　均匀量化

均匀量化如图 2-23 所示，把该取值范围均匀地分成 k 个子区间 $[z_i,z_{i+1})$，$i=0,1,\cdots,k-1$，每个子区间 $[z_i,z_{i+1})$ 由该子区间内一个确定的值 q_i 表示，总共由 k 个确定的 q_i 来表示所有可能出现的值，称为用 k 个层次进行量化。

假设已取样值 $z=f(m,n)$ 被量化成了 $\hat{f}(m,n)$，则

$$\hat{f}(m,n)\in\{q_i\},i=0,1,\cdots,k-1 \tag{2-17}$$

量化过程可以简单描述为：当 $z=f(m,n)\in[z_i,z_{i+1})$ 时，对应的量化值为 $\hat{f}(m,n)=q_i$。在本书中，q_i 可以理解为一个灰度值、一个取样值或一个编码值。均匀量化的优点是编解码过程容易，但要达到相同的信噪比占用的带宽要大。

（2）非均匀量化

目前视频通信系统中大多采用第二种量化方式，非均匀量化，即当样本像素值频繁地在某个取值区间出现，则可以在此区间采用小量化区间的密集量化，而在出现次数较少的区间增大量化区间，从而在不增加量化层次的情况下，减少量化所引入的噪声。假设已有取样值 $z=f(m,n)$，其值分布在 $[z_0,z_k)$ 之中，并已知在 $[z_0,z_k)$ 中取值的概率密度为 $p(z)$。现在从引入的量化误差最小的角度来看应当如何确定非均匀量化方式，即怎么确定每个子区间 $[z_i,z_{i+1})$ 及量化值 q_i。

由于量化过程需要通过一个确定值 q_i 来表示子区间 $[z_i,z_{i+1})$，子区间越大，引入的量化误差也随之越大。因此，为了减少量化误差，当概率密度 $p(z)$ 较小时，可以增大所取的量化区间长度 $z_{i+1}-z_i$；反之，若在某段区间上 $p(z)$ 较大时，则可以缩短所选的量化区间长度 $z_{i+1}-z_i$。也就是说，当 $p(z)$ 不是常数时，非均匀量化可以通过调整每个量化区间的长度，达到统计意义上每个像素平均量化误差最小的目的。

最佳量化器的各子区间边界值 z_i 应当是量化值 q_i 和 q_{i+1} 之间的中间值，而每个 q_i 是子区间 $[z_i, z_{i+1})$ 上由 $p(z)$ 构成的曲边梯形的形心，即

$$z_i = \frac{1}{2}(q_i + q_{i+1}),\ i = 1,2,\cdots,k-1 \tag{2-18}$$

$$q_i = \frac{\int_{z_i}^{z_{i+1}} zp(z)\mathrm{d}z}{\int_{z_i}^{z_{i+1}} p(z)\mathrm{d}z},\quad i = 0,1,\cdots,k-1 \tag{2-19}$$

由此在给定 z_0、z_k、$p(z)$、k 之后，可以按如下顺序求解 z_i 和 q_i：

① 先假定一个 q_0 的值，由式（2-19）取 $i=0$，求出 z_1。由于 z_1 是积分式的上限，因此要采用数值近似计算，逐步逼近 z_1 的解。

② 已知 z_1 和 q_0，在式（2-18）中取 $i=1$，求出 q_1。

③ 由 z_1 和 q_1，在式（2-19）中取 $i=1$，用数值近似计算逐步逼近 z_2 的解。

④ 由 z_2 和 q_1，在式（2-18）中取 $i=2$，求出 q_2。

……

最终求出 q_{k-1}，代入式（2-19），看其是否等于 $\frac{\int_{z_i}^{z_{i+1}} zp(z)\mathrm{d}z}{\int_{z_i}^{z_{i+1}} p(z)\mathrm{d}z}$。若不相等，则重新假定 q_0 值，再回到第①步，继续做下去，求出 q_{k-1}，直到 q_{k-1} 符合要求为止。这种方法也称为 Max 非均匀量化算法。

2.2.3　数字视频格式

人们在现实生活中，通过摄像机所采集到的视频信号通常为连续的模拟视频信号，因此需要经过一系列抽样、量化和编码形成数字视频信号，具体流程如图 2-24 所示。首先将摄像机采集到的 RGB 信号通过矩阵变换转换为亮度 Y 和色度 U、V（色差 Cr 和 Cb）信号，然后通过低通滤波器限定最高频率，将色度（U、V）信号带宽限定到亮度（Y）信号最高频率的一半，从而在不明显降低视频质量的同时减少了视频信号的总带宽，有利于信号存储和传输。通过低通滤波器后的 YUV 信号仍为连续的模拟信号，需要通过模数转换器（A/D 转换器）进行采样和量化操作后得到数字化的 YUV 信号。采样过程需要满足采样定律，即信号的最高频率不超过采样频率的一半，由此可以将亮度（Y）和色度（U、V）信号的采样频率设为其最高频率的 2 倍。量化过程中 A/D 转换器可选择归一量化为 8 位、10 位或更高位数的二进制编码，量化为 8 位适合应用于数字电视信号传输中，而量化为 10 位后码率较高，适合应用于演播室等质量要求较高的场合。

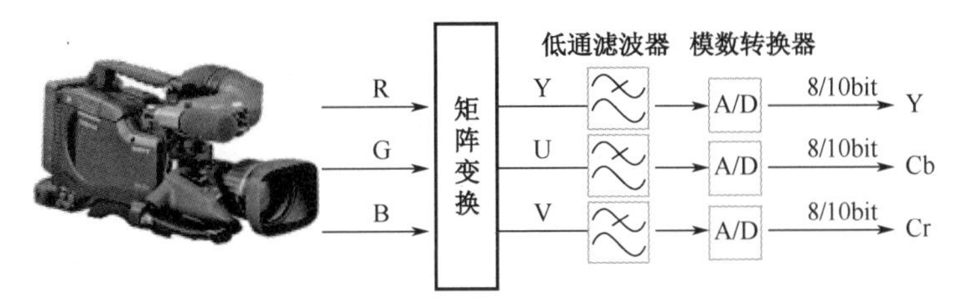

图 2-24　模拟视频信号转换为数字视频信号流程

为了防止不同制式数字视频信号互通所带来的不便，人们建立了统一的数字视频标准，对模拟视频信号转换为数字视频信号的过程进行了规范化，在此将介绍 4 种数字视频格式。

1．**标清数字电视**（SDTV）

为了在世界范围内建立统一的数字视频格式，便于不同电视制式视频之间的互通，国际电联无线电通信部门（International Telecommunications Union-Radio communications Sector，ITU-R）制定了演播室彩色电视信号数字编码的建议，即 ITU-R BT.601-7 标准“Studio encoding parameters of digital television for standard 4∶3 and wide screen 16∶9 aspect ratios”。

ITU-R BT.601 标准采用了对亮度信号（Y）和两个色度信号（U、V）分别编码的分量编码方式，对不同制式的亮度信号（Y）采用统一的 13.5MHz 采样频率。由于色度信号的带宽远比亮度信号的带宽窄，因此相比亮度信号（Y），色度信号（U、V）的采样频率减半，为 6.75MHz。每个数字有效行分别有 720 个亮度采样点和 360×2 个色彩信号采样点。对每个分量的采样点都是均匀量化（8bit 或 10bit 深度）、PCM 编码。这几个参数对 525 行、60 场/秒和 625 行、50 场/秒的制式都是相同的。

2．**高清数字电视**（HDTV）

ITU-R 制定了节目制作和国际节目交换中高清晰度电视标准的参数值的建议，即 ITU-R BT.709-6 标准“Parameter values for the HDTV standards for production and international programme exchange”。

ITU-R BT.709-6 标准中包括隔行（I）采集和逐行（P）采集。隔行采集的图像可采用隔行（I）传输，逐行采集的图像可采用逐行（P）传输或逐行分段帧（progressive segmented frame，psf）传输。psf 传输技术是将逐行扫描采集的一帧图像分为两部分传输，第一部分扫描图像的帧的奇数行，第二部分扫描图像帧的偶数行。因此，psf 可以使逐行扫描信号和大部分的现存的只支持隔行扫描的格式的设备兼容。采样格式可以为 RGB 或 YUV422，其中色度信号（U、V）的采样频率为亮度信号（Y）的一半，即每个数字有效行为 1920×3 个 RGB 信号采样点或有 1920 个亮度信号采样点和 960×2 个色彩信号采样点，并且每个分量的采样点都是均匀量化（8bit 或 10bit 深度）。

3．**超高清数字电视**（UHDTV）

ITU-R 制定了超高清电视系统节目制作和国际交换的参数数值的建议，即 ITU-R BT.2020-2 标准 Parameter values for ultra-high definition television systems for production and international programme exchange。

BT.2020-2 标准中定义了 2 种分辨率格式［3840×2160（4K）和 7680×4320（8K）］、3 种信号格式（RGB、YCbCr 和 YcCbcCrc）及 2 种比特深度（10bit 和 12bit）。其中，RGB 信号格式主要在节目制作时采用，这样能够方便高质量的节目交换，当需要兼容现有的 SDTV 系统及相应的信号处理方法时，可采用非恒定亮度的 YCbCr 格式（参见 ITU-R BT.2246-6 报告）；当需要精确保留亮度信息，或预计后期节目分发的编码效率可能将会提升时，可使用恒定亮度的 YcCbcCrc 格式（参见 ITU-R BT.2246-6 报告）。

4．**高动态范围**（HDR）

HDR 是 High Dynamic Range 的简称，即高动态范围。在图形图像学中，HDR 是用来实现比普通数位图像技术更大动态范围（更大的明暗差别）的一组技术。由于动态范围的扩大，

HDR 技术可提供更多的亮度和细节信息。人眼可观察到的自然场景动态范围可达 10000∶1，而因受采集、显示等技术的限制，消费电子领域的系统一直按照 100∶1 到 300∶1 的低动态范围（Low Dynamic Range，LDR）构建。HDR 图像层次丰富，画面真实感强，图像动态范围大，可更真实地还原出真实场景的光影效果。本节从高动态范围成像、合成、显示及相关标准等方面简要介绍 HDR 技术。

对于一个真实场景，采用普通摄像设备进行拍摄时，无论怎样调节曝光参数都经常会发生曝光不足或曝光过度的情况，这是由于图像传感器的动态范围远小于自然场景中光照的动态范围。在光照值对比明显的场景中，直接用普通相机拍摄的图像往往不能同时涵盖场景中所有的亮度等级。目前，获取 HDR 图像的方法主要先通过调节曝光参数得到一系列曝光度不同的 LDR 图像，然后采用图像融合技术将 LDR 图像序列合成一幅 HDR 图像。

在拍摄图像尤其是视频时，很可能会发生相机运动或场景中物体运动的情况，因此在得到 LDR 图像序列后，需要用图像配准技术进行补偿。若在图像融合之前没有完全消除物体运动带来的影响，在最终合成的 HDR 图像上会产生一种被称为“鬼影”的伪像。得到不同曝光度的 LDR 图像序列并进行配准后，通过图像融合可得到 HDR 图像。

经过图像配准、图像融合及鬼影去除后，曝光度不同的 LDR 图像序列被合成一幅 HDR 图像。显示 HDR 图像或视频有两种方式：一种是将获取的 HDR 视频经过一定的动态范围压缩再显示到普通显示器上，其中色调映射技术可以将自然场景的高动态范围映射变换到普通显示器的动态范围之内，使之能够在普通显示器上显示；另一种方式是在真正的高动态范围显示器上显示，这就要求显示器的动态范围不小于 HDR 视频的动态范围，这样不必经过动态范围压缩即可直接将 HDR 视频在显示器上播放。

ITU-R 同样制定了针对 HDR 视频的建议，即 ITU-R BT.2100 标准“Image parameter values for high dynamic range television for use in production and international programme exchange”。BT.2100 建议中定义了 3 种分辨率的格式[1920×1080（1080P）、3840×2160（4K）和 7680×4320（8K）]、3 种编码信号（RGB、YCrCb 和 YCrcCbc）及 2 种比特量化深度（10bit 和 12bit）。BT.2020 建议和 BT.2100 建议两者基本相同，但它们在可显示的动态范围上有所不同。BT.2100 建议明确指出感知量化（Perceptual Quantization，PQ）和混合对数伽马（Hybrid Log-Gamma，HLG）是高动态范围推荐的两大标准。感知量化主要是通过一种非线性的电光转换函数让画面的亮度范围在指定的色深下取得较大的范围，从而实现 HDR 高动态范围，而混合对数伽马是能够让传统的 SDR 电视也能显示出高动态范围的影像。不难看出，感知量化拥有更好的 HDR 画面表现力，其亮度峰值可达 10000cd/m^2（nits），广泛应用于 UHD 4K 蓝光和 4K 流媒体制作中，而混合对数伽马拥有更高的兼容能力，其亮度峰值是根据显示设备的最高亮度而变化，广泛应用于电视广播领域。

自 2014 年以来，出现了多种 HDR 视频格式，包括 HDR10、HDR10+、杜比视觉和 HL。这些格式的特性各不相同。HDR10 是消费者技术协会于 2015 年 8 月 27 日宣布的开放 HDR 标准。它是 HDR 格式中最广泛的格式，不向后兼容 SDR 显示器。HDR10 的峰值亮度通常为 1000～4000 尼特，最大峰值亮度在技术上被限制为 10000 尼特。杜比视觉是 HDR 视频的端到端生态系统，涵盖内容创建、分发和播放，它能够表示高达 10000 尼特的亮度级别。HDR10+，也称为 HDR10+，是 2017 年发布的 HDR 视频格式，它与 HDR10 相同，但添加了三星开发的动态元数据系统。HLG 格式可用于视频和静止图像，它使用 HLG 传递函数、Rec.2020 基色、10 比特的比特深度，该格式向后兼容 SDR UHDTV，但与未实施 Rec.2020 颜色标准的旧 SDR 显示器不兼容。

图 2-25 给出了 SDR 与 HDR 显示效果的对比图，可以看出 HDR 显示能够在高亮度和低亮度区域呈现出更多细节。高动态范围技术无论在学术研究还是消费电子领域，都有很高的应用前景和学术价值，可广泛应用于交通视频、生物医疗、卫星遥感、游戏等一些需要显示高动态细节图像的行业，是未来消费电子领域发展的必然趋势。

（a）SDR （b）HDR

图 2-25 SDR 与 HDR 显示效果的对比图

2.3 质量评价

信息技术的高速发展使得视频逐渐成为人们传递信息和沟通交流不可或缺的一种方法。在 2.2 节介绍了视频信号的表示方法，然而视频信号在数字视频的采集、处理、显示过程中不可避免地会引入降质，因此研究如何评价视频信号的感知质量，有助于提升视频通信系统的算法性能，从而为接收端用户提供更好的体验质量。本节将详细介绍视频质量评价的标准及方法。视频质量评价方法可分为主观质量评价和客观质量评价两种，其中通过大量的受试者观察得出的视频质量评价为主观评价，通过算法和视觉模型推算出的视频质量评价为客观评价，下面将对这两种方法进行详细的介绍。

2.3.1 主观评价

主观质量评价是指综合大量受试者对视频的评分获得最终质量分数。根据国际电信联盟（International Telecommunication Union，ITU）制定和颁布的相关标准，主观评分过程可以概括以下 5 步。

1. 搭建评价环境

为了开展主观质量评价，需要搭建测试环境以达到相应的观看条件。表 2-2 列出了视频质量评价的典型观测条件。主观质量评价报告应明确评价中使用的实际参数设置。为了进行测试结果的比较，所有的观测条件必须固定且同类测试的实验室都具备相同条件。

表 2-2　视频质量评价的典型观测条件

参数	设置
观测距离①	1～8H②
屏幕最高亮度	100～200 cd/m
非活动屏幕亮度与最高亮度之比	≤0.05
当在完全黑暗的屋内仅显示黑色等级时，屏幕亮度与相应的白色等级峰值之比	≤0.1
画面显示器背景亮度与画面亮度峰值之比③	≤0.2
背景色度④	D65
屋内背景亮度	≤20 Lx

注：① 对于给定屏幕高度，当视觉质量劣化时，对于被试者而言较佳的观测距离可能会增长。考虑到此，进行鉴定测试前要先决定较佳的观测距离。观测距离通常取决于应用。

② H 表示画面高度。要根据屏幕尺寸、应用类型和实验目标来决定观测距离。

③ 该值表示允许最大可察觉失真的设置，对某些应用，允许具有更高值或由应用决定。

④ 对 PC 显示器，背景色度应适应显示器色度。

2．选择测试素材

搭建完测试环境之后需要根据待评价的内容来准备测试素材，如待评价的视频。准备测试素材时可以根据需要评价的问题有所侧重。表 2-3 给出了主观视频质量评价的素材选择标准。

表 2-3　主观视频质量评价的素材选择标准

评价问题	所用的素材
采用普通素材的总体性能	通用的，“严格但并不过分严格”
容量，严格应用（如馈给、后期处理等）	一定范围的，包括对待测应用来说极为严格的素材
“自适应”系统的性能	对于所用“自适应”方案来说极为严格的素材
识别出弱点和可能的改进措施	某种属性的严格素材
识别出影响系统出现可见变化的因素	范围广泛、内容丰富的素材
不同标准之间的转换	对于不同用途（如场频）来说严格的素材

3．邀请受试者

对于试验过程中的受试者数量，ITU 指出观测测试中可能的受试者数量为 4～40 人。出于统计的原因，4 是绝对最小值，而超过 40 也几乎没有意义。特定测试中被试者的实际数量取决于所需的有效性以及将样本推广到更大的人群的需要。一般情况下，至少应有 15 名受试者参与试验。根据待评价问题，受试者可以是专家或非专家，其中专家受试者对测试中包含的视频及质量损伤具有专长，而非专家受试者对测试中包含的视频及质量损伤不具备专长。无论是专家或非专家受试者，都不应该了解测试及待评价问题的详细情况。通常，在视频通信系统开发的早期阶段以及在较大型的试验之前所进行的试点试验中，专家小组（4～8 人）或其他关键性的受试者可给出指示性结果。试验开始前，受试者通常应进行正常视力筛选或被矫正到正常的视力和视觉。

4．进行主观评价

ITU 建议了几种可以用于视频质量评价的测试方法。

一是单激励法。在单激励法中，测试序列一次呈现一个，且受试者需要在等级量表内进行独立评分，该方法明确了在每次呈现之后，受试者都要评估展示的视频序列的质量。

二是带有隐参考的单激励法。该方法同样是一次呈现一个测试序列，且受试者需要在等级量表内进行独立评分的等级判断，该方法同样明确了在每次呈现后，受试者都要求评估展示的视频序列的质量。不同的是，测试中必须包括每个测试序列的参考版本，这被称为隐参考。在进行数据分析时，将计算每个测试序列和其对应的隐参考间的差异质量评分。

三是双激励法。在双激励法中，测试序列成对呈现，每对中第一个刺激通常是源参考，第二个刺激是源参考通过被测系统呈现的测试序列，在这种情况下，要求受试者对照源参考对第二个待评价的刺激进行质量评分。

四是成对比较法。在成对比较法中，测试序列成对呈现，包括相同序列通过两个被测系统后的两种测试序列。被测系统（A、B、C 等）通常有 $n\times(n-1)$种可能的组合形式，如 AB、BA、CA 等，因此所有序列对都能以可能的顺序（如 AB、BA）显示。在这种情况下，要求受试者在每对序列出现后对同一测试场景的这一对序列中哪个序列是首选做出判断。

针对主观评分的标准，ITU 也提出了几种常用的评价标准，包括五级评分的质量尺度和妨碍尺度。表 2-4 展示了主观评价的质量尺度和妨碍尺度对照，受试者可以根据该质量尺度和妨碍尺度进行主观评价。

表 2-4 主观评价的质量尺度和妨碍尺度对照

评分	质量尺度	妨碍尺度
5	非常好	丝毫看不出质量变差
4	好	能看出质量变化但不妨碍观看
3	一般	清楚看出质量变化，对观看稍有妨碍
2	差	对观看有妨碍
1	非常差	非常妨碍观看

实验开始前，应为受试者阐述被测系统的预期应用场景。此外，关于评价类型的描述、质量尺度及刺激的呈现等实验信息应向受试者以书面形式给出。应在正式试验之前向受试者呈现可能会观察到的质量损伤的范围和类型，并且只能包括在实际测试中呈现的视频序列以外的其他序列，而且不能暗示在该过程中看到的最低质量必须对应于尺度中的最低等级。应谨慎回答受试者关于步骤的问题和说明的意义，避免误解的产生，同时只能在项目开始前给出这样的解释。

5. **筛选综合所有观看者评分得到视频的最终质量分数**

在所有测试者完成主观评价之后，需要对评分数据进行筛选，剔除异常测试者及异常评分，然后计算“平均意见分数”（Mean Opinion Score，MOS）或“平均意见分数差值”（Difference Mean Opinion Score，DMOS）作为主观质量评价的结果。其中，MOS 是直接对测试人员的分数取平均值，代表了图像的绝对质量分数，MOS 值越高表示图像的质量越好；而 DMOS 是计算失真图像与参考图像评分之间的差作为图像最后的质量分数，是一种相对质量的体现，DMOS 值越低表示图像的质量越好。

2.3.2 客观评价

主观视频质量评价需要消耗大量的人力及时间精力，很难应用于实际的视频通信系统中，因此近年来只需要通过计算模型便可以估计视频质量的客观质量评价方法受到了研究者的广泛关注。一般地，视频由一系列图像帧构成，因此视频质量评价和图像质量评价有较大的共同性，而视频质量评价也可以在图像质量评价的基础上进一步考虑时序因素来实现。鉴于此，本节将着重介绍图像质量评价，然后再介绍若干有代表性的视频质量评价方法。

根据需要参考图像信息的多少以及是否需要参考图像，客观质量评价算法可分为全参考、半参考和无参考质量评价算法。其中，全参考质量评价算法是利用参考图像的全部信息来估计失真图像的质量；半参考质量评价算法仅仅使用了参考图像的部分信息，如参考图像的一些特征，来对失真图像的质量进行评价；无参考质量评价算法则不需要参考图像任何信息便可以对失真图像的质量进行评价。

1．**全参考质量评价算法**

全参考质量评价算法主要是通过将失真图像与参考图像比对来估计失真图像质量的。典型的全参考质量评价算法流程如图 2-26 所示。

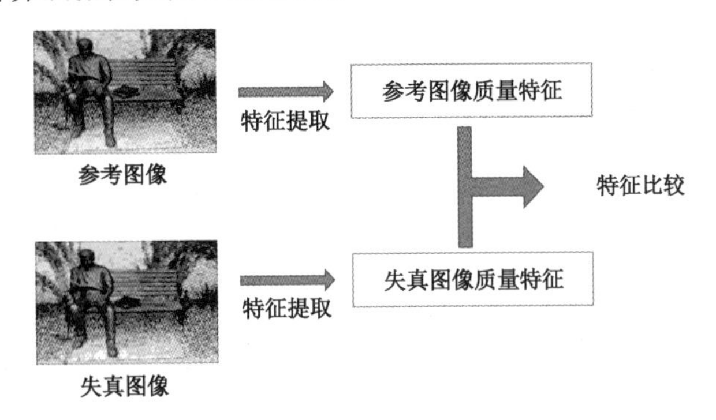

图 2-26　典型的全参考质量评价算法流程

最早和最经典的全参考质量评价算法是基于像素的比较方法。例如，均方误差（Mean Squared Error，MSE）及峰值信噪比（Peak Signal-to-Noise Ratio，PSNR）。均方误差是衡量“平均误差”的一种较方便的方法，给定参考图像 $\boldsymbol{x}$ 及失真图像 $\boldsymbol{y}$，均方误差可以定义为

$$\mathrm{MSE}(\boldsymbol{x},\boldsymbol{y})=\frac{1}{M}\left(x_m-y_m\right)^2 \tag{2-20}$$

式中，m 表示位置坐标索引；M 表示整个图像的像素总数。

峰值信噪比的定义为

$$\mathrm{PSNR}(\boldsymbol{x},\boldsymbol{y})=10\times\lg\left(\frac{L^2}{\mathrm{MSE}(\boldsymbol{x},\boldsymbol{y})}\right) \tag{2-21}$$

式中，L 表示图像的最大动态范围，对于常用的 8 比特图像，L 为 255；PSNR 表示信号最大可能功率和影响它的破坏性噪声功率的比值。

MSE 及 PSNR 因其简单的物理含义和高效的应用效率获得人们的长期青睐。但广泛的研究表明，MSE 及 PSNR 仅仅计算像素级的差异，舍弃了图像内容和位置信息，这使其不能准确计算图像的视觉感知质量。

为了克服 MSE 及 PSNR 在估计图像的感知质量方面的不足，研究者基于人类视觉系统的相关特性，提出了众多图像质量评价方法，其中最具代表性的是结构相似性指标（Structural Similarity index，SSIM）。

$$\mathrm{SSIM}(\boldsymbol{x},\boldsymbol{y})=\frac{\left(2\mu_x\mu_y+c_1\right)\left(2\sigma_{xy}+c_2\right)}{\left(\mu_x^2+\mu_y^2+c_1\right)\left(\sigma_x^2+\sigma_y^2+c_2\right)} \tag{2-22}$$

式中，μ_x是$\boldsymbol{x}$的平均值；μ_y是$\boldsymbol{y}$的平均值；σ_x^2是$\boldsymbol{x}$的方差；σ_y^2是$\boldsymbol{y}$的方差；σ_{xy}是$\boldsymbol{x}$和$\boldsymbol{y}$的协方差；$c_1=\left(k_1L\right)^2$、$c_2=\left(k_2L\right)^2$是用来维持稳定的常数，L是像素值的动态范围，$k_1=0.010$，$k_2=0.03$。结构相似性的 SSIM 范围为-1～1。当两幅图像一模一样时，SSIM 的值等于 1。SSIM 强调自然图像是高度结构化的，并且同一图像相邻像素之间是相关的，而这种关联性表达了场景中物体的结构信息。人类视觉系统在观看自然图像时已经习惯提取这种结构性信息，因此在设计图像质量评价算法时，应当考虑图像的结构性失真。

由于考虑了图像的亮度、对比度、结构等相似性特性，SSIM 取得了比 MSE 及 PSNR 更优秀的性能。自此之后，研究者提出了许多性能优良的全参考质量评价算法，如视觉信噪比（Visual Signal-to-Noise Ratio，VSNR）、多尺度 SSIM（Multi-Scale SSIM，MS-SSIM）、视觉信息保真度（Visual Information Fidelity，VIF）等。

2．半参考质量评价算法

全参考质量评价算法的优点在于其准确度高、可推广性强，但是该算法必须完整获取参考图像。半参考质量评价算法是介于全参考质量评价及无参考质量评价之间的一类算法。不同于全参考质量评价算法，这类算法通常只需要参考图像的部分信息便可以估计失真图像的质量。半参考质量评价算法常用于视觉通信系统中，具体用于监测视觉信息通过复杂网络传输后的损伤。图 2-27 展示了典型的半参考质量评价算法应用场景。

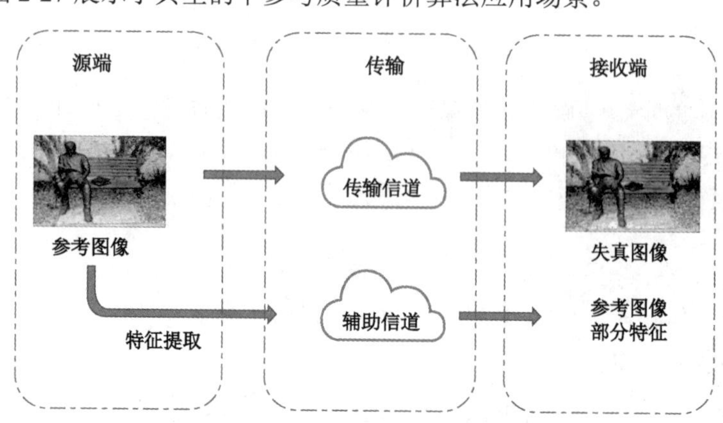

图 2-27　典型的半参考质量评价算法应用场景

在这种应用场景中，参考图像在源端输入，通过传输信道传输到接收端，此时在接收端的图像便是失真图像。在这种场景中，在接收端无法获取参考图像，因此无法采用全参考质量评价算法。而半参考质量评价算法为这类场景提供了一个比较好的解决方案：在源端对参考图像进行特征提取，并且将提取的特征作为辅助信息通过辅助信道进行传输，而在接收端再对失真图像进行特征提取，通过对参考图像和失真图像提取到的特征进行分析和比对，便可以估计失真图像的感知质量。一般可以认为辅助信道是可靠并无损的，即使辅助信息在辅助信道中可能遭受某种损失，部分辅助信息仍然有助于失真图像的质量评价。由于开辟一条辅助信道代价较大，在实际应用中我们也可以采用另外一种方案，即辅助信息同样通过传输信道进行传输，但必须为辅助信息提供更强的保护，减少可能遭受的失真。

半参考质量评价算法中的一个重要参数是参考信息的数据率。当数据率较高时，在接收端将有更多的参考信息可供利用，通常也可以得到更佳的质量评价效果。数据率增高的一个极端情况是将整个参考图像作为辅助信息进行传输，在接收端就可以利用全参考质量评价算法；相反，当数据率较低时，在接收端可供参考的信息更少，得到的质量评价效果通常也更差；而当辅助信息降为零时，在接收端就只能用无参考质量评价算法。

近年来，研究者提出了一些半参考质量评价算法，包括图像质量感知模型 QAIM 先对小波系数的边缘分布进行拟合，然后再计算参考和失真图像的小波系数边缘分布的距离来评价失真图像质量；半参考熵差模型 RRED 估计了参考图像和失真图像之间的信息量变化。

除了利用自然图像统计特征，基于大脑理论和神经科学的最新发展，有学者提出了一种基于自由能的半参考质量评价算法 FEDM。热力学第二定律指明了孤立系统的无序化趋势，该定律指出非平衡状态系统的熵会随着时间的推移而增加，直到熵达到最大值，此时系统达到平衡状态。自由能原理表明，生物体可以以某种方式违反热力学第二定律，将其内部状态保持在低熵水平，这一目标通过避免在不同环境下遇到“吃惊”（Surprise）来实现，而“吃惊”的上限即为自由能，自由能的最小化隐含了最小化“吃惊”的含义。自由能原理说明了以下事实：人脑试图用一个内部生成模型来解释看到的场景，而大脑不可能对所有场景都持有一个通用的生成模型，所以在外部视觉输入和它的生成模型可解释部分之间总会有差异，而场景的视觉质量就可以通过场景和它的预测之间的一致性来定义。

从这个角度出发，假设视觉感知的内部生成模型 $\mathcal{G}$ 是参数化的，它通过调整参数向量来解释感知场景。给定一个视觉刺激或图像 I，其“吃惊”（用熵衡量）可以通过参数 $\boldsymbol{\theta}$ 和联合分布 $P(I,\boldsymbol{\theta}\mid\mathcal{G})$ 计算为

$$-\lg P\left(I|\mathcal{G}\right)=-\lg\int P\left(I,\boldsymbol{\theta}|\mathcal{G}\right)\mathrm{d}\boldsymbol{\theta} \tag{2-23}$$

然而，联合分布 $P\left(I,\boldsymbol{\theta}|\mathcal{G}\right)$ 的精确数学表达式仍然远远超出目前对大脑工作细节的了解水平。为了克服这一困难，在分母和分子中引入伪项 $Q(\boldsymbol{\theta}\mid I)$

$$-\lg P\left(I|\mathcal{G}\right)=-\lg\int Q(\boldsymbol{\theta}\mid I)\frac{P\left(I,\boldsymbol{\theta}|\mathcal{G}\right)}{Q(\boldsymbol{\theta}\mid I)}\mathrm{d}\boldsymbol{\theta} \tag{2-24}$$

这里，$Q(\boldsymbol{\theta}\mid I)$ 是给定图像的模型参数的辅助后验分布。它可以被认为是大脑可以计算的模型参数 $P\left(\boldsymbol{\theta}|I,\mathcal{G}\right)$ 的真实后验的近似后验。

于是，自由能可以定义为

$$F\left(\boldsymbol{\theta}\right)=-\int Q\left(\boldsymbol{\theta}|I\right)\frac{P\left(I,\boldsymbol{\theta}|\mathcal{G}\right)}{Q\left(\boldsymbol{\theta}|I\right)}\mathrm{d}\boldsymbol{\theta} \tag{2-25}$$

由于自由能是图像数据和大脑生成模型的最佳解释之间的差异度量，因此，它本身就是图像心理视觉质量的自然代理。因此，将参考图像 I_r 与其失真图像 I_d 之间的感知距离定义为两个图像在自由能中的绝对差：

$$\mathcal{D}\left(I_d,I_r\right)=\left|F\left(\hat{\boldsymbol{\theta}}_d\right)-F\left(\hat{\boldsymbol{\theta}}_r\right)\right| \tag{2-26}$$

其中，

$$\hat{\boldsymbol{\theta}}_r=\arg\min_{\boldsymbol{\theta}}F\left(\boldsymbol{\theta}\mid\mathcal{G},I_r\right) \tag{2-27}$$

$$\hat{\boldsymbol{\theta}}_d=\arg\min_{\boldsymbol{\theta}}F\left(\boldsymbol{\theta}\mid\mathcal{G},I_d\right) \tag{2-28}$$

3．无参考质量评价算法

在大多实际应用中很难得到原始参考图像的任何信息，而且参考信息需要存储和传输大量数据，这极大限制了全参考质量评价算法和半参考质量评价算法的实用性，无参考质量评价算法由此产生。无参考质量评价算法不需要参考图像的任何信息。图 2-28 展示了典型的无参考质量评价算法流程，该算法的大致流程为：首先提取图像质量特征，然后利用提取到的特征通过数学统计模型计算图像质量。

图 2-28　典型的无参考质量评价算法流程

根据应用场景的不同，无参考图像质量评价算法可以大致分为面向特定失真类型的图像质量评价算法和通用图像质量评价算法。面向特定失真类型的图像质量评价算法是指研究者针对某种或某几种特定并且已知的图像失真类型而专门设计的评价方法，如针对模糊失真、JPEG 压缩和 JPEG 2000 压缩、对比度变化而设计的评价方法。通用图像质量评价算法是针对具有多种失真类型或失真类型未知的图像而设计的质量评价方法，这种算法因为应用广泛而深受研究者的关注。

根据提取图像质量特征的方式的不同，通用图像质量评价算法大致可以分为三类。第一类是基于自然场景统计（Natural Scene Statistics，NSS）的算法，如经典的空间域无参考图像质量估计算法（Blind/Referenceless Image Spatial Quality Evaluator，BRISQUE）。研究者认为自然场景具有某些自然统计特性，这些特性在失真的情况下会发生改变，从而使图像变得不自然。而使用 NSS 模型可以检测出图像的这种不自然，从而识别出图像的失真水平。原始及不同失真图像的均值去除对比度归一化系数分布如图 2-29 所示，每种失真基本上以独立于内容的特征方式改变自然图像的统计特征。

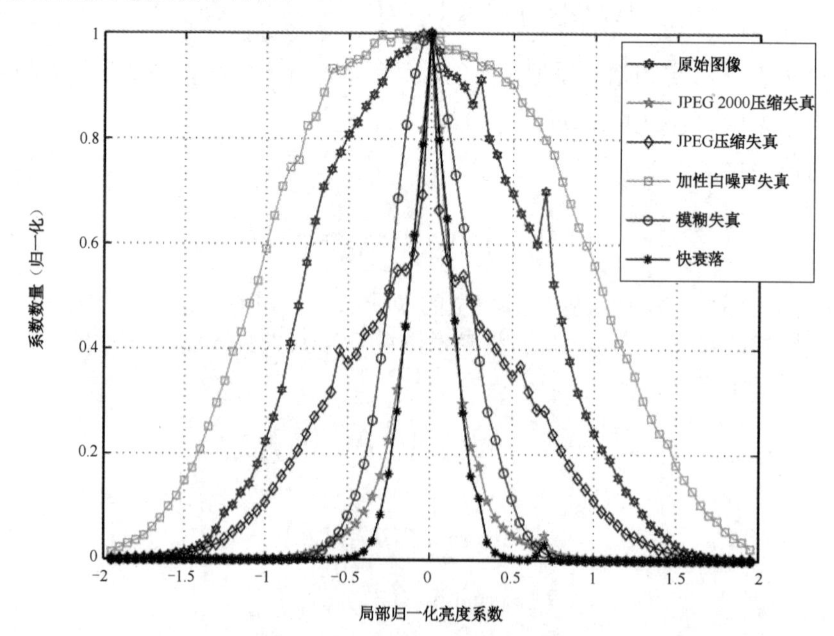

图 2-29　原始及不同失真图像的均值去除对比度归一化系数分布

于是，基于 NSS 模型，BRISQUE 首先从图像中提取自然场景统计信息，然后利用广义高斯分布和非对称性广义高斯分布进行拟合，再将拟合参数作为质量特征输入到支持向量机中回归，从而得到最终图像质量评价分数。除此之外，研究者也提出了一些其他基于 NSS 的无参考质量评价模型，如基于 DCT 域 NSS 的无参考图像质量评价算法 BLIINDS，该算法基于局部离散余弦变换系数，通过高斯模型对系数建模从而得到图像质量；基于小波域 NSS 的无参考图像质量评价算法 DIIVINE，其通过考虑不同子带、尺度和方向的小波系数之间的关系丰富了质量特征。除了预测图像最终的质量分数，研究者也进一步基于 NSS 模型预测图像主观分数的分布，通过使用 alpha stable 分布来参数化图像质量的分布，从而利用图像结构和自然统计信息，训练支持向量回归器来预测基于 alpha stable 分布的图像质量分布的参数。

第二类是基于人类视觉系统原理来预测质量，虽然我们对人类视觉系统的工作机制还知之甚少，但其是建立图像质量评价模型的重要参考和来源。研究者基于自由能原理提出了一种心理视觉质量度量方法来对人类视觉系统的工作机制进行建模。自由能原理将图像的感知解释为一个主动推断的过程，即利用大脑内在的生成模型，去预测和解释外部感知。人们主观的质量评价与生成模型如何准确地解释外部感知密切相关，而生成模型可以通过自由能量进行量化。基于自由能原理，研究者提出了许多种质量评价算法，如无参考自由能的质量指标 NFEQM 和基于自由能的鲁棒无参考评价算法 NFERM。NFERM 融合了 3 组特征，包括基于自由能的特征、一些人眼视觉特性的特征（如结构信息和梯度幅值）以及自然场景统计特征。使用支持向量机对三组特征进行回归，以获得最终的质量。除此之外，研究者还引入了一种新的“参考”，称为伪参考图像（Pseudo Reference Image，PRI），并引入了一种基于 PRI 的无参考质量评价框架。传统的全参考图像质量评价算法中，参考无失真图像被假设具有最高的质量，而在伪参考评价算法中，由失真图像生成 PRI，并将 PRI 假设为失真最严重的图像，由此研究者提出了多种基于 PRI 的无参考质量评价算法。

第三类是基于神经网络的质量评价算法，这类算法利用深度卷积神经网络（Convolutional Neural Networks，CNN）的强表征能力来提取图像特征，并将特征回归到图像质量中去。直观来说，研究者利用卷积层、全连接层和一个输出结点组成端到端的 CNN 来预测图像质量，利用 CNN 集成特征学习和回归集成过程，提高了图像质量的预测效率。更进一步，研究者提出了阶梯结构网络来提取图像质量特征，将网络中间层特征依次提取融合到最终层特征中，从而充分利用从低层到高层的视觉特征，提高模型预测性能。基于阶梯结构网络的无参考图像质量评价模型如图 2-30 所示。研究者也通过 CNN 进行多任务融合，提出了一种多任务端到端优化的深度神经网络 MEON 来预测图像质量，该网络由两个子网络组成，一个是失真识别网络，另一个是质量预测网络，可以同时实现图像的失真识别和质量分数预测。

4. 视频质量评价

与图像质量评价不同，视频质量评价需要将视频中的时序信息考虑到质量评价中，研究者通常分别从空间域和时间域提取空间特征和运动特征，然后融合两种特征计算最终视频质量分数，图 2-31 展示了利用空间特征和运动特征的视频客观质量评价网络结构。除此之外，研究者也结合视觉心理学原理发现人眼对于质量越差的帧越敏感，当观看视频过程中突然闪现一帧质量差的画面，人眼往往会对这一帧记忆更为深刻，由此影响后续帧的评分，于是部分研究者在质量评价方法中使用循环神经网络（Recurrent Neural Networks，RNN）提取视频的时序信息，来对此种现象建模。具体的网络流程为：首先通过预训练的网络对视频帧提取空间特征，然后从时间域中提取视频帧间的运动特征，最后通过循环神经网络集成空间特征和运动特征。经典的循环神经网络包括门控重复单元（Gated Recurrent Unit，GRU）、长短记忆网络（Long Short-Term Memory，LSTM）和双向长短记忆网络（Bi-directional Long Short-Term Memory，Bi-LSTM）等。

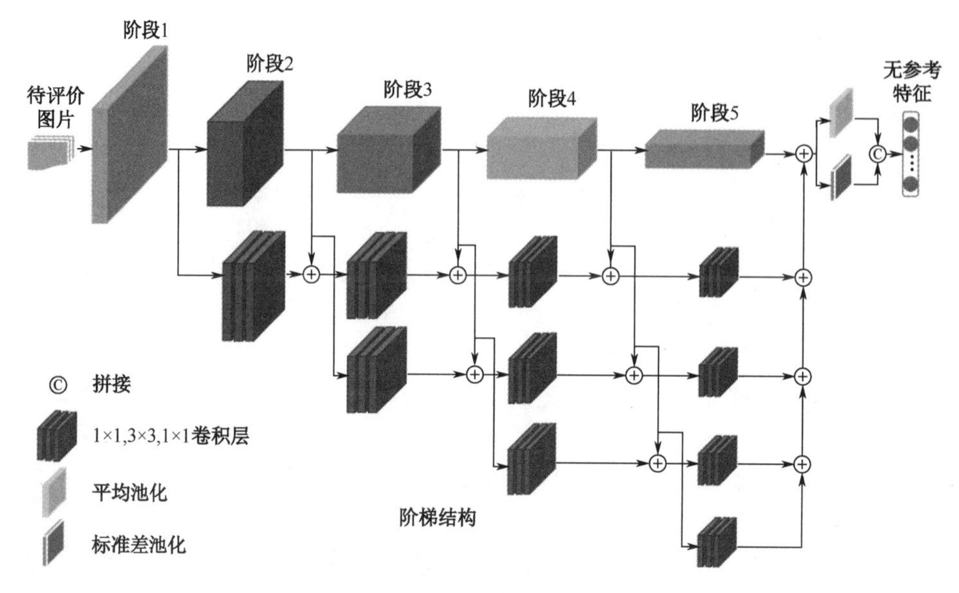

图 2-30 基于阶梯结构网络的无参考图像质量评价模型

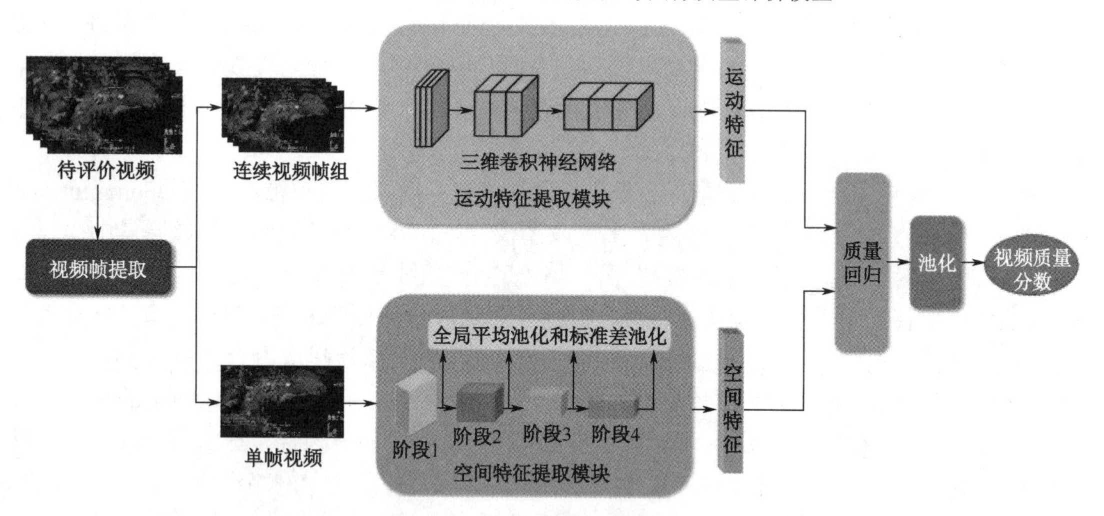

图 2-31 利用空间特征和运动特征的视频客观质量评价网络结构

用户在观看视频的时候通常同时聆听其附带的音频，而音视频两种模态信号之间会相互影响，从而影响最终的用户体验，那么我们有必要设计音视频联合质量评价方法。相比视频质量评价，音视频质量评价需要综合考虑音频和视频两方面后，对音视频进行客观质量评价，研究者首先提出了全参考音视频质量评价算法。全参考音视频质量评价网络架构如图 2-32 所示，首先将参考音频段和失真音频段通过短时傅里叶变化转换为二维频谱图，然后将参考音视频和失真音视频输入深度神经网络分别从相应的视频帧块和频谱图中提取视频特征和音频特征，最后将参考音视频特征和失真音视频特征相减后进行融合。在此基础上，研究者进一步提出无参考音视频质量评价算法，仅从失真音视频的视频帧和音频频谱图中提取视频和音频特征，最后通过门控重复单元提取视频和音频的时序信息后，利用全连接层进行融合。

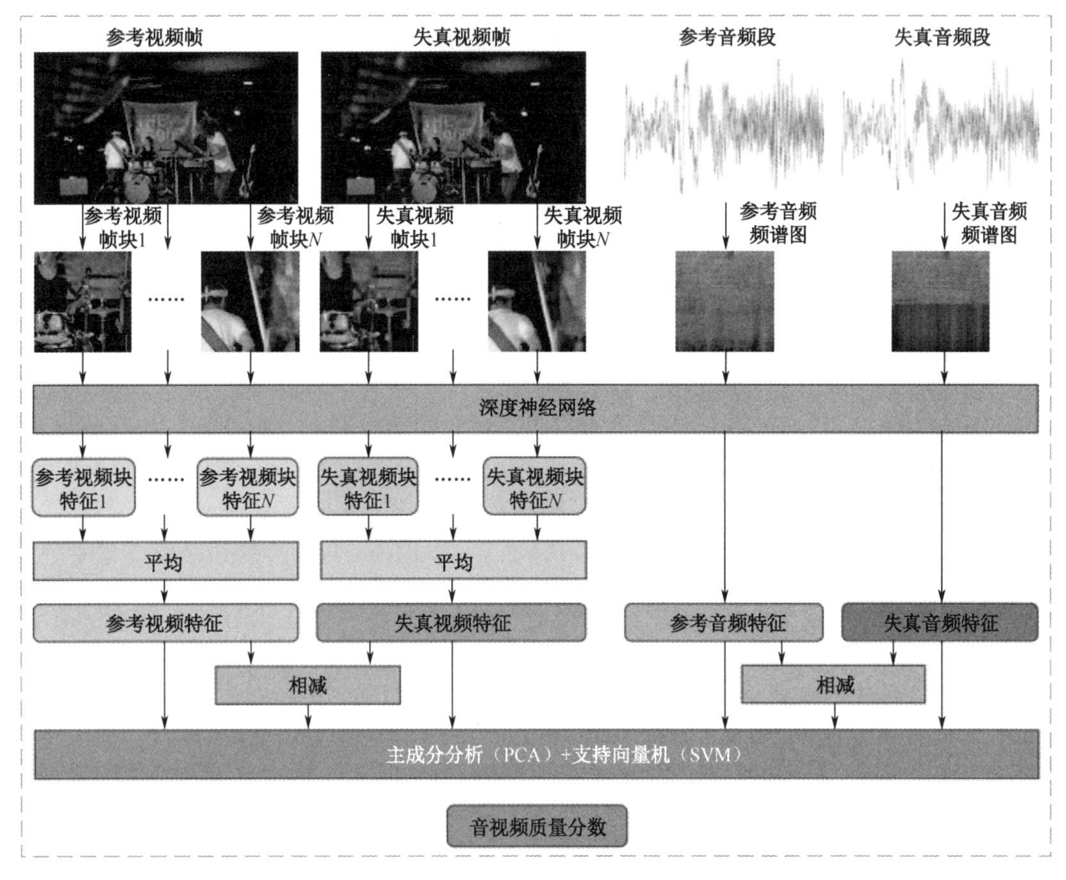

图 2-32　全参考音视频质量评价网络架构

习　题

1．人类视觉中最基本的几个要素是什么？

2．人眼分别观察图 2-33 所示的两张图像，目标背景的灰度分别如图所示。通过计算判断人眼在观察哪幅图像上的目标时会觉得更亮些（白色灰度值定为 255，黑色灰度值定为 0）。

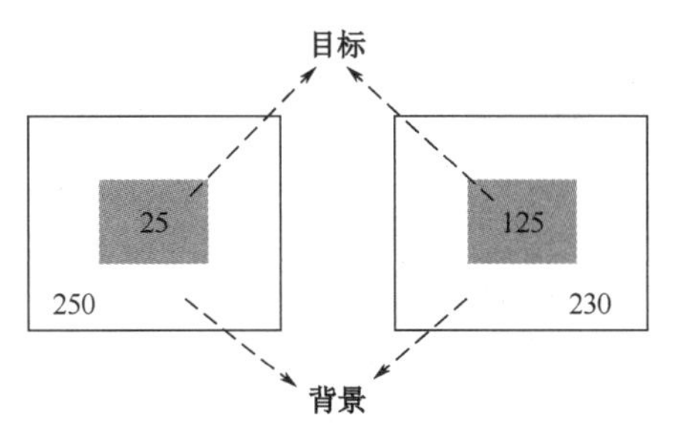

图 2-33　习题 2 图

3．试说明 CIE 色度图里连接红、绿、蓝构成的三角形与 HIS 颜色三角形有何不同?

4．图 2-34 是“Barbara.bmp”，请分别画出该图基于像素域方法计算的 JND 值与基于变换域方法计算的 JND 值。

Barbara.bmp

图 2-34 习题 4 图

5．对图像“Barbara.bmp”分别进行 1∶2、1∶8 及 1∶16 空间采样，并画出采样后的结果。

6．画出对图像“Barbara.bmp”从 8bit 到 1bit 进行均匀量化后的结果。

7．HDTV 使用 1080 条水平电视线隔行扫描来产生图像（每隔一行在显像管表面画一条线，每两场形成一帧，每场用时 1/60 秒）。图像的宽高比是 4∶3，在水平行数固定的情况下，求图像的垂直分辨率。一家公司已经设计了一种图像获取系统，该系统由 HDTV 图像生成数字图像。在该系统中，每条（水平）电视行的分辨率与图像的宽高比成正比，彩色图像的每个像素都有 24 比特的灰度分辨率，红色、绿色、蓝色图像各 8 比特，这三幅原色图像形成彩色图像。存储 3 小时的 HDTV 节目需要多少比特?

8．请尝试将一段 SDR 视频转换成 HDR 视频，并详细介绍转换方法及流程。

9．请简述均方误差（MSE）和峰值信噪比（PSNR）之间的关系，并说明它们在图像质量评价中的作用。

10．请解释结构相似性指标（SSIM）是如何度量两幅图像的相似性的，并说明它相对于 PSNR 的优点。

参 考 文 献

[1] 周新伦，柳健，刘华志. 数字图像处理[M]. 北京：国防工业出版社，1986.

[2] Woods R E, Gonzalez R C. Digital Image Processing Fourth Edition[M]. Pearson International, 2017.

[3] Agoston G A. Color Theory and Its Application in Art and Design[M]. Springer Publishing Company, 2013.

[4] 朱滢. 实验心理学[M]. 北京：北京大学出版社，2016.

[5] 郑明魁，苏凯雄，王卫星等. 一种基于像素域与变换域联合估计的 JND 改进模型[J]. 福州大学学报（自然科学版），2014(2):225-230.

[6] Robson J G. Spatial and Temporal Contrast-Sensitivity Functions of the Visual System[J]. Josa, 1966, 56(8):1141-1142.

[7] Daly S. Engineering Observations from Spatiovelocity and Spatiotemporal Visual Models[C]. Vision Models and Applications to Image and Video Processing, 2001:179-200.

[8] ITU-R. Methodology for the Subjective Assessment of Video Quality in Multimedia Applications[J]. ITU-R Recommendation BT.1788, 2007.

[9] Saad M A, Bovik A C, Charrier C. A DCT Statistics-Based Blind Image Quality Index[J]. IEEE Signal Processing Letters, 2010, 17(6):583-586.

[10] Wang Z, Bovik A C, Sheikh H R, et al. Image Quality Assessment: from Error Visibility to Structural Similarity[J]. IEEE Transactions on Image Processing, 2004, 13(4):600-612.

[11] Sun W, Wang T, Min X, et al. Deep Learning Based Full-Reference and No-Reference Quality Assessment Models for Compressed UGC Videos[C]. IEEE International Conference on Multimedia & Expo Workshops, 2021:1-6.

[12] Sun W, Min X, Lu W, et al. A Deep Learning Based No-Reference Quality Assessment Model for UGC Videos[C]. ACM International Conference on Multimedia, 2022:856-865.

[13] Min X, Zhai G, Zhou J, et al. Study of Subjective and Objective Quality Assessment of Audio-Visual Signals[J]. IEEE Transactions on Image Processing, 2020, 29: 6054-6068.

第 3 章　视频压缩原理

随着视频通信不断向高清化、个性化和沉浸式方向发展，视频信号的信息量越来越大，海量视频数据的存储和传输问题日益突出。为了解决这一问题，必须对数字视频信号进行压缩编码。视频压缩编码技术通过降低视频信号的相关性，减小了视频信号的存储容量和传输码率，才使得视频信号的存储和传输成为可能。不同的存储介质、不同的传输媒介、不同的终端设备、不同的应用场景，所需的视频压缩比都是不同的，视频压缩比范围为几十倍至上千倍。

视频压缩是视频通信系统必不可少的关键技术，随着视频通信系统的不断发展、应用领域的不断拓展，视频压缩技术一直在不断演变和进步，国内外出现了多代视频压缩标准。目前，各种视频压缩技术都基于数据压缩的基础原理，由信息论的率失真理论确立了压缩的理论极限；各代主流标准都采用了基于块的混合编码框架，这种框架都包括预测编码、变换编码和熵编码 3 种共性技术，来去除视频信号在时间上、空间上和信息表达上的冗余度与相关性。本章将介绍这些压缩的基础知识和编码的共性技术。

3.1　基础知识

香农所创立的信息论给出了数据压缩的理论极限和技术途径，视频信号作为一种特殊的数据信号，其压缩也建立在信息论基础之上。因此，有必要首先介绍信息论中的一些基本概念以及数据压缩的基本原理，然后聚焦视频数据压缩，讨论视频编码系统框架及其帧结构和分块方式。

3.1.1　数据压缩原理

在日常生活中，我们会接触到各种各样的消息，包括图像、视频、语音、音乐、文字、符号等各种数据形式，不同形式的消息或数据可以包含相同的信息，在通信系统中，这些消息可称为信息源（或信源）。本节将结合视频信号介绍如何度量信息源中所含的信息量，如何度量数据压缩带来的失真，以及在有信息损失的条件下压缩能够达到最低码率的理论极限。

1．信息源的熵

通信的根本目的是传输消息中所包含的信息，信息是消息中所包含的有效内容。传输信息的多少是用信息量来衡量的。

消息中包含的信息量与消息发生的概率密切相关，假设信息量为 I，消息发生的概率为 P，则信息量 I 与概率 P 之间的关系式为

$$I = \log_a \frac{1}{P} = -\log_a P \tag{3-1}$$

信息量的单位和式（3-1）中对数的底 a 有关，若 $a=2$，则信息量的单位为比特（bit），可简记为 b；若 $a=\mathrm{e}$，则信息量的单位为奈特（nat）；若 $a=10$，则信息量的单位为哈特莱（Hartley）。在实际的工程应用中，一般取 $a=2$。

对于出现概率比较大的事件，可以预先确定其发生的可能性就越大，这种消息包含的信息量就越小；对于出现概率比较小的事件，很难确定其是否会发生，这样的消息包含的信息量就比较多。上述信息量的定义符合我们的先验知识。

如果信息源产生的符号属于某一离散集合 S（符号集），用 $\{s_i\}$ 表示，那么这种信息源就称为离散信源，离散信源 X 可以通过下式描述。

$$X=\begin{Bmatrix} s_1 & s_2 & \cdots & s_n \\ p(s_1) & p(s_2) & \cdots & p(s_n) \end{Bmatrix},\ \sum_{i=1}^{n} p(s_i)=1 \tag{3-2}$$

其中，$p(s_i)$ 表示符号集中的符号 s_i 出现的概率，因为信息源产生的符号 s_i 是随机变量，而信息量 I 又是 s_i（或 $p(s_i)$）的函数，所以 I 也是随机变量。对于随机变量，一般会去关注其统计特性，I 的统计平均值可以用下式计算。

$$H(X)=-\sum_{i} p(s_i)\log_2\left[p(s_i)\right]\ （比特/符号） \tag{3-3}$$

其中，$H(X)$ 是每个符号的平均信息量，因为 $H(X)$ 与热力学中熵的形式相似，所以通常又把它称为信息源的熵。熵是在平均意义上表征信源总体特性的物理量。离散随机变量的熵总是非负的，因为 $0\leqslant p(s_i)\leqslant 1$。

信息源的熵反映了消息出现的不确定性，也可以说，熵是关于随机变量 s_i 不确定性的测度，取决于 s_i 的概率质量函数，不取决于符号集。各个消息出现的概率分布不同，信息源的熵也有所不同，当信息源中的消息服从何种分布时，信息源的熵取得最大值，即求解

$$\max H(X)=-\sum_{i=1}^{n} p(s_i)\log_2\left[p(s_i)\right],\ \ \text{s.t.} \sum_{i=1}^{n} p(s_i)=1 \tag{3-4}$$

应用求条件极值的拉格朗日乘数法，可以得到

$$\frac{\partial\left[H(X)+\lambda\left(\sum_{i=1}^{n} p(s_i)-1\right)\right]}{\partial p_i}=0\quad (i=1,2,\cdots,n) \tag{3-5}$$

式中，λ 为拉格朗日常数。解方程组（3-5）得

$$p(s_1)=p(s_2)=\cdots=p(s_n)=\frac{1}{n} \tag{3-6}$$

此时，信息源的熵取得最大值为

$$H_{\max}(X)=\log_2 n \tag{3-7}$$

式中，n 为符号集中的总的符号数。式（3-7）说明当每个符号等概率独立出现时，信息源的熵为最大值，这个结论有时称为最大离散熵定理。如果 s_i 以等概率取符号集中的任何值，它最不确定，具有最大熵；如果 s_i 以概率 1 取符号集中的一个特定符号，那么它没有不确定性，熵为零。

以 $n=2$ 为例，符号集中只包含 0 和 1 两种符号，假设符号 1 出现的概率为 p，信息源的熵随 p 的变化曲线如图 3-1 所示，当 $p=0$ 或 1 时，$H(X)=0$；当 $p=1/2$ 时，$H(X)=1$ 比特/符号；当 $0<p<1$ 时，$0<H(X)<1$。从物理意义的角度看，一般情况下，存储和传输 1 位

二进制数（0 或 1）时，它所含的信息量是小于 1 比特的，只有当符号 0 和 1 等概率出现时，即 0 和 1 出现的概率均为$1/2$，消息出现的不确定性最大，1 位二进制数才含有 1 比特的信息量，此时信息量的比特和描述二进制符号的比特是相同的。

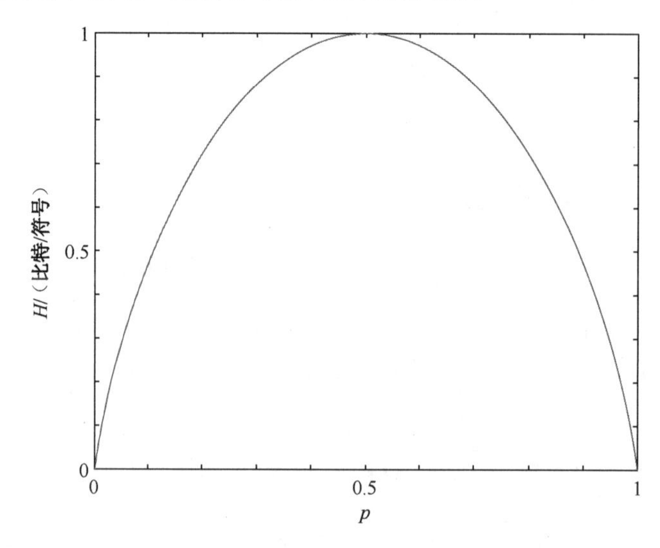

图 3-1 信息源的熵随 p 的变化曲线

2．视频信号的信源模型

在信源编码理论中，把随机过程作为信源，视频编码把给定的视频信号作为随机过程的一个实现：对随机序列$\boldsymbol{F}=\{\boldsymbol{F}_n\}$，$\boldsymbol{F}_n$表示对应于第$n$个样点的随机变量（RV）。对数字彩色视频信号，$n$表示像素位置和帧数的特定组合，$\boldsymbol{F}_n$是三维随机向量，表示第$n$个像素所取的三基色值。若每个颜色分量的值都量化为 256 级，数字视频是一个符号集大小为256^3的离散信源，任何给定的视频序列都是这个离散随机过程的一个特定实现。

平稳过程，$\boldsymbol{F}_n$的概率分布不取决于索引n，而且对索引中的共同位移，一组N个样点的联合分布不变。$p\boldsymbol{F}_n(f)$表示概率密度函数 pdf（连续信源）或概率质量函数 pmf（离散信源）；$p\boldsymbol{F}_{n+1},\boldsymbol{F}_{n+2},\cdots,\boldsymbol{F}_{n+N}(f_1,f_2,\cdots,f_N)$表示$\boldsymbol{F}$中任何$N$个相继样点的联合概率密度函数（连续信源）；$p\boldsymbol{F}_n\,|\,\boldsymbol{F}_{n-1},\boldsymbol{F}_{n-2},\cdots,\boldsymbol{F}_{n-N}(f_{M+1}\,|\,f_M,f_{M-1},\cdots,f_1)$表示在给定前面$M$个样点时任何样点$\boldsymbol{F}_n$的条件概率密度函数（连续信源）。下面讨论三种常见的信源模型：

独立恒等分布（i.i.d.）信源：满足$p(f_1,f_2,\cdots,f_N)=p(f_1)p(f_2)\cdots p(f_N)$和$p(f_{M+1}\,|\,f_M,f_{M-1},\cdots,f_1)=p(f_{M+1})$，是无记忆信源。

马尔可夫过程：一个样点仅取决于它的前一个样点，即$p(f_{M+1}\,|\,f_M,f_{M-1},\cdots,f_1)=p(f_{M+1}\,|\,f_M)$。在这个过程中，如果一个样点仅取决于它前面的$M$个样点，那么该过程为一个$M$阶马尔可夫过程。

高斯过程：任何N个样点符合N阶高斯分布的过程。高斯随机变量在具有相同方差的所有连续随机变量中有最大的熵。高斯随机矢量在具有相同协方差矩阵的所有随机矢量中有最大的熵。高斯信源最难于编码，对给定的失真准则需要用比其他任何信源都要高的比特率来表示。

如果两个样点$\boldsymbol{F}_n$和$\boldsymbol{F}_m$之间协方差的形式是$C(\boldsymbol{F}_n,\boldsymbol{F}_m)=\sigma^2\rho^{-(n-m)}$，那么这个高斯过程是马尔可夫过程。在过程是二维的情况下，称为高斯-马尔可夫过程或高斯-马尔可夫场（GMF）。

在图像和视频处理中，像素的取值通常符合高斯分布，相邻像素之间通常具有相关性，因此实际图像或视频帧常常以高斯-马尔可夫场（GMF）为模型。

3．**失真度量**

各种数据压缩方法可分为无损压缩和有损压缩两大类。无损压缩是信息中冗余度的消除，即消除信息中多次存在的、没有信息量的或在接收端可以通过数学方法无失真恢复的信息；有损压缩是信息中不相关性的消除，即丢弃视频信号中人眼无法察觉的或不敏感的信息。

视频信号的压缩比需要高达百倍千倍，单纯用无损压缩技术难以实现，还需利用人眼视觉特性等进行有损压缩，即压缩后损失了信息量，产生了失真。视频压缩的码率和失真是一对矛盾，两者相互制约。视频压缩必须要考虑这样一个问题：在给定失真的条件下，如何使视频的压缩率最大，或者使码率降到最低？这个问题也可以换一种角度描述：在给定码率的条件下，如何使视频压缩后的失真最小？要解决这个问题，我们首先要知道失真的度量方式。

假设编码发送端 X 为离散独立信源符号集，用 $\{a_i\}$ 表示，解码接收端 Y 为输出符号集，用 $\{b_j\}$ 表示，假设信源输出的符号为 a_i，出现的先验概率为 $P(a_i)$，解码输出为 b_j，出现的概率为 $Q(b_j)$，由条件概率定义的条件信息量为

$$I(a_i \mid b_j) = -\log_2 P(a_i \mid b_j) \tag{3-8}$$

$$I(b_j \mid a_i) = -\log_2 Q(b_j \mid a_i) \tag{3-9}$$

式中，$P(a_i \mid b_j)$ 为已知解码输出为 b_j，估计信源输出 a_i 的条件概率；$Q(b_j \mid a_i)$ 为信源输出 a_i 而解码输出为 b_j 的条件概率。在接收端未接收到 b_j 以前，假设发送端发送符号 a_i 的概率为 $P(a_i)$，接收到符号 b_j 以后，发送符号 a_i 的概率变为 $P(a_i \mid b_j)$，不确定性（信息量）减少，减少的信息量为

$$I(a_i;b_j) = I(a_i) - I(a_i \mid b_j) = \log_2 \frac{P(a_i \mid b_j)}{P(a_i)} = \log_2 \frac{Q(b_j \mid a_i)}{Q(b_j)} \tag{3-10}$$

式中，$I(a_i)$ 为 a_i 所含的信息量；$I(a_i \mid b_j)$ 为已知接收到 b_j 后，a_i 还保留的信息量，也就是 b_j 尚未消除的 a_i 的不确定性；$I(a_i;b_j)$ 为解码后的 b_j 实际为 a_i 提供的信息量，称为传送信息量，也称为互信息量。式（3-10）表明不确定性的减少是由于接收到了 b_j 所传递的信息量。

符号集中符号的平均信息量称为熵，同样可以根据条件信息量得到条件熵：

$$H(X \mid Y) = -\sum_{i,j} P(a_i,b_j) \log_2 P(a_i \mid b_j) \tag{3-11}$$

式中，$P(a_i,b_j)$ 为信源输出 a_i，同时解码输出为 b_j 的联合概率。式（3-11）表示接收到符号集 Y 的每个符号后，符号集 X 还保留的平均信息量。类似地也可以得到 $H(Y \mid X)$：

$$H(Y \mid X) = -\sum_{i,j} P(a_i,b_j) \log_2 Q(b_j \mid a_i) \tag{3-12}$$

对于无损编码，编码前的符号集 $\{a_i\}$ 与解码输出的符号集 $\{b_j\}$ 是一一对应的，$P(a_i \mid b_j) = 1$，$Q(b_j \mid a_i) = 1$，因此 $I(a_i;b_j) = I(a_i)$，这表明 b_j 为接收者提供了与 a_i 相同的信息量。

当编码过程中引入量化等有损环节后，两个符号集不再是一一对应的，此时 $P(a_i \mid b_j) \neq 1$，

因此$I\left(a_i;b_j\right)<I\left(a_i\right)$。我们可以这样认为，互信息量$I\left(a_i;b_j\right)$是去除了信道中的噪声或量化的等效噪声损失后的信息量，平均互信息量的定义为

$$I(X;Y)=\sum_{i,j}P\left(a_i,b_j\right)I\left(a_i;b_j\right)=\sum_{i,j}P\left(a_i,b_j\right)\log_2\frac{P\left(a_i|\ b_j\right)}{P\left(a_i\right)}=H(X)-H(X|\ Y) \quad (3\text{-}13)$$

其中，$H\left(X\,|\,Y\right)$代表编码过程引入的对信源的不确定性，它是编码造成的信息丢失。式（3-13）表示平均每个编码符号为信源X提供的信息量。

对于有损编码，信源符号集$\left\{a_i\right\}$和输出符号集$\left\{b_j\right\}$不再是一一对应的关系，这时编解码后信息会出现损失，也就是产生了失真。

这里用$d\left(a_i,b_j\right)$表示信源输出符号a_i，解码输出为b_j时引入的失真量，对于数值型的符号，失真的度量有多种方式。常用的方式有均方误差和绝对误差两种，分别如式（3-14）和式（3-15）所示。

$$d\left(a_i,b_j\right)=\left(a_i-b_j\right)^2 \quad (3\text{-}14)$$

$$d\left(a_i,b_j\right)=\left|a_i-b_j\right| \quad (3\text{-}15)$$

由于编码符号和解码符号都是随机变量，因此用它们表示的失真$d\left(a_i,b_j\right)$也是随机变量，需要计算失真的统计平均值，即用$d\left(a_i,b_j\right)$的数学期望$\bar{D}$来衡量总体的失真。

$$\bar{D}(Q)=E\left[d\left(a_i,b_j\right)\right]=\sum_i\sum_j P\left(a_i\right)Q\left(b_j|\ a_i\right)d\left(a_i,b_j\right) \quad (3\text{-}16)$$

其中，$\bar{D}(Q)$又称为平均失真，是表征编解码系统性能好坏的一个重要指标。$P\left(a_i\right)$已经由信源特性决定了，所以$\bar{D}(Q)$只是关于Q的函数，其大小完全取决于条件概率$Q\left(b_j\,|\,a_i\right)$的值，也可以说，有损编码的性能是由$Q\left(b_j\,|\,a_i\right)$决定的，不同的编码方法（或编解码符号之间的对应关系）对应不同的$Q\left(b_j\,|\,a_i\right)$。

$$Q\left(b_j|\ a_i\right),i=1,2,\cdots,I,j=1,2,\cdots,J,\ \text{s.t.}\sum_j Q\left(b_j|\ a_i\right)=1 \quad (3\text{-}17)$$

当给定一个允许失真D时，在平均编码失真$\bar{D}\leqslant D$的条件下有多种编码方法，对应着不同的$Q\left(b_j\,|\,a_i\right)$，所有满足条件的$Q\left(b_j\,|\,a_i\right)$构成的集合定义为$Q_D$，即

$$Q_D=\left\{Q\left(b_j|\ a_i\right);\bar{D}(Q)\leqslant D\right\} \quad (3\text{-}18)$$

当给定$P\left(a_i\right)$时，Q_D中任意一个$Q\left(b_j\,|\,a_i\right)$对应的平均失真$\bar{D}(Q)$都不会超过给定的失真$D$。

4．信息率-失真理论

如前所述，视频通信需要采用有损压缩以便满足超高压缩比的系统要求，我们需要讨论在有信息损失的条件下数据压缩的理论极限，即在给定失真的条件下，寻找到一个$Q\left(b_j\,|\,a_i\right)$，它所形成的平均互信息量最小，这个过程的理论基础就是信息率-失真理论，简称率失真理论，它是信息论的一个分支。

平均互信息量$I\left(X;Y\right)$实际上表示的是编解码系统的编码器输出的信息量，编码器的平均

互信息量越小，编出的码字越少。在满足一定的失真条件下，编码器的平均互信息量越小越好。为了表示平均互信息量的最小值，我们需要定义率失真函数。

$$R(D)=\min_{Q\in Q_D} I(X;Y)=\min_{Q\in Q_D}\sum_{i,j}P(a_i)Q(b_j\mid a_i)\log_2\frac{Q(b_j\mid a_i)}{Q(b_j)} \tag{3-19}$$

式（3-19）描述了最小平均互信息量与失真 D 之间的函数关系，平均互信息量由信源符号 a_i 的概率、解码输出符号 b_j 的概率以及已知信源输出 a_i 时解码输出 b_j 的条件概率确定，在信源确定的情况下，$P(a_i)$ 和 $Q(b_j)$ 都是确定的，选择不同的编码方法实际上改变的是条件概率 $Q(b_j\mid a_i)$，$Q(b_j\mid a_i)$ 也决定了编码过程引入的平均失真的大小。

率失真函数 $R(D)$ 给出了在失真 D 时，信源编码的平均互信息量 R 的下界，也就是在给定的失真下信源编码所能达到的极限压缩码率。离散独立信源的 $R(D)$ 曲线如图 3-2 所示。当 $D=0$ 时，即无损编码的情况，码率 $R(D)$ 取得最大值 $H(X)$，即信息源的熵，当 $0<D<D_{\max}$ 时，$R(D)$ 是下凸函数，当 $D>D_{\max}$ 时，$R(D)=0$。

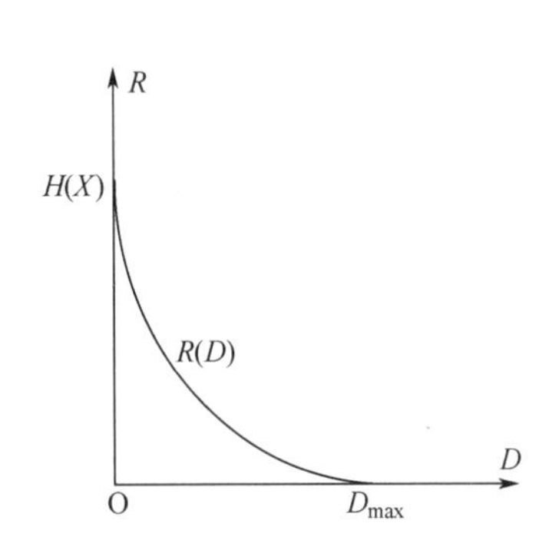

图 3-2 离散独立信源的 $R(D)$ 曲线

最小码率与失真的关系函数为率失真界限。即使当信源是独立恒等分布（i.i.d.）时，也可以通过将许多样点一起编码来减小码率 R；只有当编码样点的个数（矢量长度）N 趋于∞时，$R(D)$ 界限才是可达到的。

3.1.2 视频编码框架

视频编解码系统包括编码器和解码器两部分。在发送端编码器中，视频信号经过有损压缩去除时空上的相关性得到有限的符号集，再使用无损编码技术对符号集进行编码；编码后得到的码流（比特流）通过通信的信道进行传输；接收端解码器的解码过程与编码相反，接收到的码流通过解码器可以得到重建的视频信号。

目前主流的国内外各代视频压缩标准都采用了把预测编码和变换编码组合起来的混合编码方法。为了减小编码的复杂性，使操作易于执行，在采用混合编码时，首先把一幅图像分成各种尺寸的像素块，然后对块进行压缩编码处理，称为基于块的混合编码技术。所采用的典型的视频编解码器包括帧内预测和具有运动补偿的帧间预测、离散余弦变换（Discrete Cosine Transform，DCT）、量化、熵编码以及与固定速率的信道相适配的码率控制等多种编码技术，有效地提高了编码效率，形成了图 3-3 所示的混合编码框架。

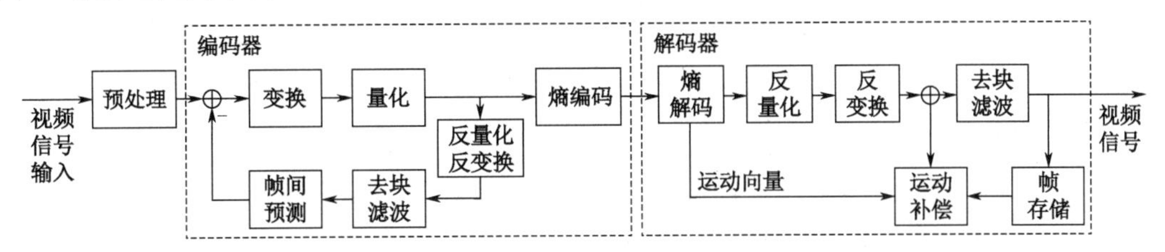

图 3-3 混合编码框架

首先，输入编码器的模拟视频信号要经过预处理，对模拟 R、G、B 信号进行 8 比特、10

比特或 16 比特等模数（A/D）转换得到数字信号，转换后的 R、G、B 分量通过线性变换产生亮度信号 Y 以及色度信号 U 和 V；然后，编码器再对 Y、U、V 分量做进一步的预测和变换等编码处理。

视频编码的预测技术分为帧内预测和帧间预测，通过预测可以有效地去除视频信号的空间相关性和时间相关性。帧内预测利用同一帧图像中邻近像素间的相关性，使用邻近的像素值预测当前像素值，降低了视频信号的空间冗余；帧间预测包括运动估计和运动补偿两部分，在参考帧中进行运动估计求出运动矢量，在运动补偿部分利用运动矢量可以从参考帧得到当前帧的预测值。在当前帧与预测值的残差图像中，视频信号的时间冗余信息已经大大减少。

预测后得到的残差接下来要经过 DCT 变换得到 DCT 系数，因为 DCT 系数之间的相关性很小，而且大部分能量集中在少数的低频系数上。DCT 系数需要经过量化做进一步的压缩，通过量化，保留重要的 DCT 系数，将其数值进一步离散化，并将不重要的 DCT 系数量化成零。通过 DCT 变换和量化相结合，去除了一些人眼不敏感的高频信号，这样既降低了视频信号的视觉冗余，又不会使图像有明显的失真。

变换和量化后的 DCT 系数一方面经过熵编码进行无损压缩得到输出码流，另一方面经过反量化、反变换（IDCT 变换）得到重建值，通过去块滤波后作为后续预测编码的参考帧，这保证了编码端和解码端的参考对象的一致性，减小了解码端重建视频的失真。

此外，由于采用不同编码技术进行编码产生的数据量不同，以及视频信号不平稳的统计特性（视频图像复杂度不同），因此编码输出的码流速率是变化的。为了在恒定带宽的信道上传输，需要在进入信道之前添加一个缓冲器，用于平滑和控制输出码流的速率。

图 3-3 也给出了解码器的功能框图，解码是编码的逆过程，这里不再赘述。

上述混合编码框架，结合了预测、变换、量化、熵编码以及其他增强编码等多种编码技术，有效地提高了编码效率，被众多国内外视频压缩标准普遍采用，其共性基础技术主要包括预测编码、变换编码、熵编码 3 个关键模块，本章将分别展开论述。

3.1.3 帧结构和分块

上述混合编码框架将预测编码和变换编码结合起来，再通过熵编码进一步减小了数据相关性，编码生成的视频流，也被称为视频序列或视频基本流，是由一系列连续的图像帧组成的，每帧图像又被划分成多个尺寸的块。也就是说，这种压缩编码框架是基于块进行的，需要先将视频信号进行结构划分，划分成图像帧和像素块等层次结构，再分别以块为单位进行预测、变换等压缩处理。MPEG-2 是活动图像专家组（Moving Picture Experts Group）制定的广泛应用于数字电视等领域的国际视频编码标准，是典型的基于块的混合编码框架，后续 HEVC（High Efficiency Video Coding）和 H.265 等国际标准都是在该框架基础上进行优化的，为便于理解，我们以 MPEG-2 为例介绍如何将视频信号进行帧和块等结构划分，如图 3-4 所示。

1．**块**（Block）

视频流的最小单元是 8×8 大小的像素块，是进行 DCT 变换的单位。

2．**宏块**（Macroblock）

每个宏块由若干灰度块和色度块组成。MPEG-2 中定义了 3 种宏块结构：4∶2∶0 宏块、4∶2∶2 宏块和 4∶4∶4 宏块，分别代表构成一个宏块的亮度块和色度块的数量关系。图 3-5

所示的 4∶2∶0 格式的宏块由一个 16×16 亮度块 Y（4 个 8×8 亮度块）和两个 8×8 色度块 Cb、Cr 组成，每帧图像水平和垂直像素数目应选择为 16 和 8 的整数倍，如标清图像每帧像素数为 720×576。

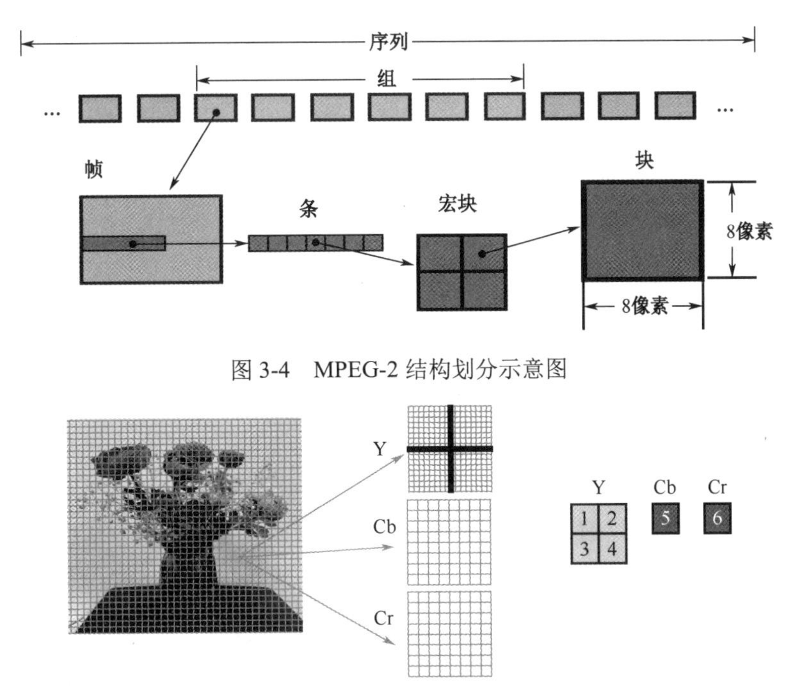

图 3-4　MPEG-2 结构划分示意图

图 3-5　帧分解为 4∶2∶0 宏块示意图

宏块是量化控制的单位，不同宏块可采用不同的量化因子。宏块也是运动估计和运动补偿的单位，在参考帧中为每个宏块寻找最佳匹配块，并得到最佳匹配块的运动矢量；由于同一宏块的色度块与亮度块的运动矢量相同，仅需要对亮度块进行运动估计。

3．**条**（Slice）

一行中若干宏块构成一条（Slice）。每个 Slice 头在误码时用于重同步。误码掩盖主要在 Slice 层进行，发生误码时，MPEG 解码器将前一帧的 Slice 复制到当前帧，解码器可以在一个新 Slice 的开头重新同步。Slice 越短，误码造成的干扰越小。

4．**帧**（Picture）

若干 Slice 构成一幅图像，即一帧。视频是由一帧帧图像组成的，帧与帧在时间上的相互间隔为帧周期，如 1/25s、1/30s、1/60s 等。图 3-6 所示为 I/P/B 帧示意图。

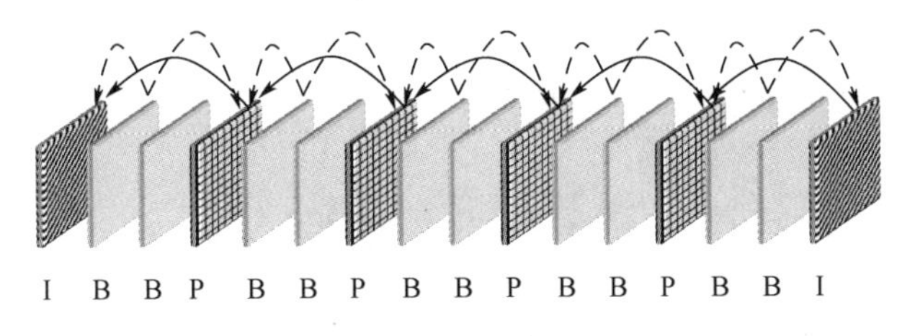

图 3-6　I/P/B 帧示意图

① I 帧：帧内编码帧，只利用本帧内相邻像素的信息进行帧内预测，不进行帧间预测，只消除了空间冗余信息，没有消除时间冗余信息，压缩率较低。由于不需要其他参考帧进行

预测，可独立解码，解码延迟小，而且没有预测误差的积累和漂移。

② P 帧：前向预测帧，利用之前的视频帧作为参考帧进行前向预测，可以消除时间冗余信息，压缩率较高。解码时必须先重建它的前向参考帧，不能独立解码，解码延迟较大。

③ B 帧：双向预测帧，包括前向预测和后向预测，由于利用了当前帧之前和之后的视频帧作为参考帧，可以进行更准确的预测，预测残差更小，因此压缩率更高，码率比 I 帧和 P 帧低很多。B 帧的时间顺序介于 I 帧和 P 帧之间，在解码 B 帧之前，必须先重建它的前向和后向参考帧（I 帧或 P 帧），因此 B 帧的存在使得视频帧的传送顺序（解码顺序）和原始显示顺序不同；一般在帧头带有时间戳，可以利用时间戳恢复原始帧的解码顺序和显示顺序；也因此解码延迟最大。

5．**组**（Group of Pictures，GOP）

两个 I 帧之间 P/B 帧的组织结构。每组 GOP 只有一个 I 帧（第一帧），都有 GOP 头。GOP 结构灵活，广播通常采用短 GOP，一个 GOP 半秒 12 帧；大容量设备如 DVD 可以采用长 GOP。MPEG 解码器只能在 GOP 的第一个 I 帧重同步。图 3-6 是一个典型的 GOP 结构，包括 15 帧，由 1 个 I 帧、4 个 P 帧和 10 个 B 帧组成。

6．**序列**（Sequence）

一个 GOP 或多个 GOP 构成一个视频序列，每个序列有序列头，序列头中包括一些重要的视频参数（如量化表）。

7．ES（Elementary Stream）**流**

视频压缩编码后就形成视频基本码流（ES 流）。一个视频节目一般是由一个视频 ES 流和一个音频 ES 流组成的，也可以由不同视角或不同配音等多个视频 ES 流和多个音频 ES 流组成。如图 3-7 所示，ES 流中每个序列（Sequence）、组（GOP）、帧（Picture）、条（Slice）都有自己的头（Header）信息。序列头包含起始码和序列参数，如档次、级别、彩色图像格式、帧场选择等；组头包含起始码、GOP 标志等，如视频磁带记录器时间、控制码、B 帧处理码等；帧头包含起始码、帧标志等，如时间、参考帧号、图像类型、运动矢量、分级等；条头包含起始码、量化步长等。

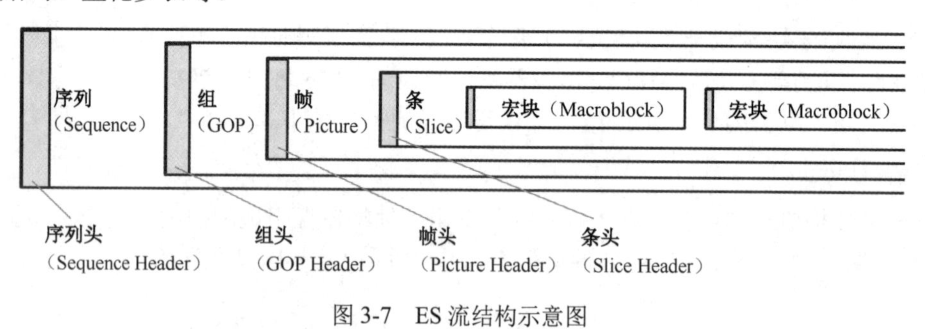

图 3-7 ES 流结构示意图

3.2 预测编码

预测编码是图像和视频压缩的重要方法，可以说，预测编码是混合编码框架实现高压缩率的关键，也是当前各种主流视频编码标准获得成功的关键。视频信号存在大量的信息冗余。如前所述，视频是由在时间上相互间隔为帧周期的一帧帧图像组成的图像序列，如帧率为

60fps 的视频流中每两帧的间隔为 1/60s。可以想象，在拍摄同一场景时，相邻两帧图像之间在内容上差异不会太大，或者说后一帧的内容与前一帧存在着大量的重复信息，用数学的术语来讲，二者是相关的。另外，同一帧图像内亮度、色度的空间分布大多都是渐变的，即同一帧画面内相邻像素之间存在着大量相关信息。消除视频序列在时间上和空间上的相关性，是视频信号压缩编码的一条重要途径。

预测编码旨在去除在时间上和空间上相邻像素之间的相关信息，以相邻像素为参考对当前像素进行预测，只对不能预测的残差信息进行编码，将大大降低码率。预测越准确，需要编码传输的残差信息越少，压缩比越高。这里说的"相邻像素"可以指该像素与它在同一帧图像的上、下、左、右像素之间的空间相邻关系，即帧内预测；也可以指该像素与前帧、后帧图像中对应于同一空间位置上的像素（常称为该像素的同位像素）及其临近像素之间的时间相邻关系，即帧间预测。下面对帧间和帧内两种预测编码方法分别进行论述。

3.2.1　帧间预测编码

帧间预测编码用于消除视频序列在时间上的相关信息。对于静止不动的场景，当前帧和前一帧的图像内容是完全相同的；对于有运动物体的场景，只要知道物体的运动规律，就可以从前一帧图像推算或预测出它在当前帧中的位置。也就是说，当前帧可以利用相邻前一帧进行推算得到预测值，传输当前帧与预测值的差值比直接传送当前帧图像的全部像素所需的数据量小得多。

当图像中存在着运动物体时，相邻帧之间简单进行同位像素的预测不能收到好的效果。例如，帧间预测示意图如图 3-8 所示，当前块存在平移运动，如果简单地以 $k-1$ 帧的同位像素值作为 k 帧像素的预测值，则预测误差不为零；如果已经知道了当前块的位移矢量，那么可以从当前块在 $k-1$ 帧的位置推算出它在 k 帧中的位置。将这种考虑了编码块位移的 $k-1$ 帧图像块作为 k 帧图像块的预测值，就比简单的同位像素预测准确得多，从而可以达到更高的数据压缩比。

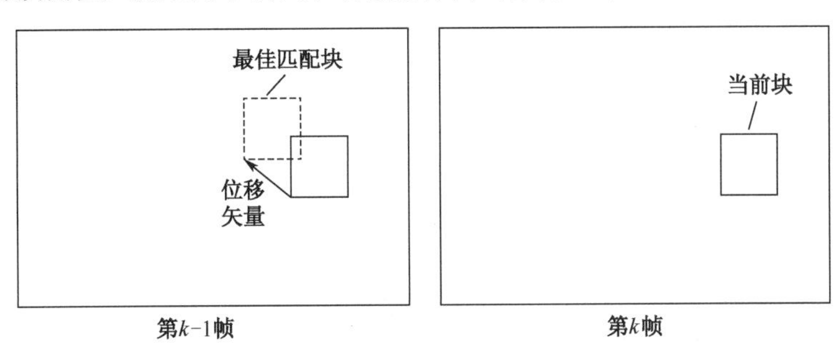

图 3-8　帧间预测示意图

从原理上讲，帧间预测应包括如下基本步骤。

① 首先需要解决的问题是如何从视频序列中提取出有关物体运动的信息，这通常称为运动估计或运动估值（Motion Estimation），是将图像分割成静止的背景和若干运动的物体，各个物体可能有不同的位移，但构成同一物体的所有像素的位移相同，通过运动估值可以得到每个物体的位移矢量 $\boldsymbol{D}$（Displacement Vector）。

② 利用位移矢量 $\boldsymbol{D}$ 在相邻帧中可以得出预测值，当前像素值与预测值的差值称为帧间预测误差或残差（Displaced Frame Difference，DFD），这通常称为运动补偿（Motion

Compensation）。

③ 除了对预测误差进行编码、传送，还需要传送位移矢量以及如何进行运动物体和静止背景分割等方面的附加信息。将帧间预测误差 DFD 和位移矢量 $\boldsymbol{D}$ 传送给接收端，接收端就可以按下式从已经收到的前一帧（第 k-1 帧）中恢复出当前帧（第 k 帧）。

$$b_k(z) = b_{k-1}(z - \boldsymbol{D}) + \mathrm{DFD}(z, \boldsymbol{D}) \tag{3-20}$$

式中，b 为像素亮度值；$z = (x, y)^{\mathrm{T}}$ 为位置矢量；$\boldsymbol{D}$ 为在时间间隔 τ 内物体运动的位移矢量。严格地讲，位移矢量与运动矢量（Motion Vector，MV）在概念上是有区别的，因为位移只是物体运动的一种方式，但由于在当前技术条件下，位移几乎是进行视频数据压缩时所考虑的唯一运动方式，因此常将 $\boldsymbol{D}$ 称为运动矢量。

1．块匹配法运动估计

运动估计的方法主要分为两大类，分别为块匹配方法和像素递归方法。将图像精准地分割成静止区域和不同的运动区域是一项较难实现的工作，当编码器要求实时地完成这项工作时就更加困难。一种简化的办法是将图像分割成块，每块看成是一个物体，按块匹配的方法估计每个块的运动矢量。由于块匹配方法是目前视频压缩编码标准广泛采用的方法，因此本节仅针对它进行讨论。

在块匹配方法中，将图像划分为许多互不重叠的块（如 MPEG-2 中 16×16 的宏块），并假设块内所有像素的位移量都相同。实际上这意味着将每个块视为一个运动物体。假设在图像序列中，t 时刻对应第 k 帧图像，$t-\tau$ 时刻对应第 k-1 帧图像。对于第 k 帧中的一个块，在 k-1 帧中寻找与其最相似的块，称为匹配块，并认为该匹配块在第 k-1 帧中的位置，就是该帧块位移前的位置，则可以得到该块的位移矢量 $\boldsymbol{D}$。此时，第 k-1 帧称为第 k 帧的参考帧。

为了节省计算量，在 k-1 帧中的匹配块搜索只在一定范围内进行。假设在 τ 时间间隔内块的最大可能水平和垂直位移量为 L 个像素，则搜索范围 SR 为

$$\mathrm{SR} = (M + 2L) \times (N + 2L) \tag{3-21}$$

式中，M、N 分别为块在水平和垂直方向上的像素数。图 3-9 给出了块与搜索范围的相对位置关系。显然，在块匹配方法中的 3 个重要问题是：判别两个块匹配的准则、寻找匹配块的搜索方法以及如何将图像进行块划分的模式。

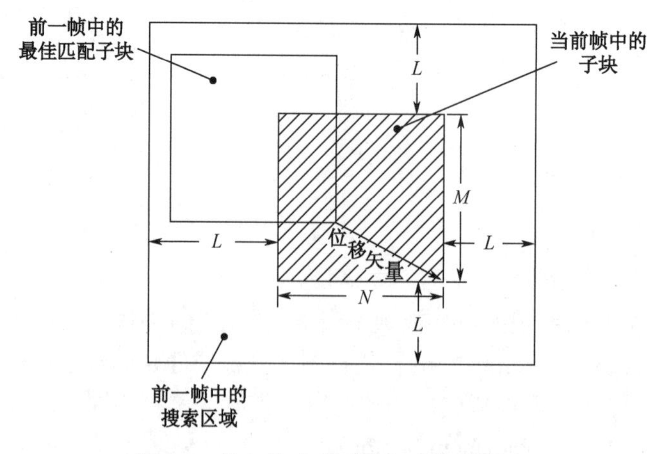

图 3-9 块与搜索范围的相对位置关系

（1）块匹配准则

判断两个块相似程度的最直接的准则是归一化的二维互相关函数（NCCF），其定义为

$$\mathrm{NCCF}(i,j)=\frac{\sum_{m=1}^{M}\sum_{n=1}^{N}b_k(m,n)b_{k-1}(m+1,n+1)}{\left[\sum_{m=1}^{M}\sum_{n=1}^{N}b_k^2(m,n)\right]^{1/2}\left[\sum_{m=1}^{M}\sum_{n=1}^{N}b_{k-1}^2(m+i,n+j)\right]^{1/2}} \tag{3-22}$$

式（3-22）中的时间和位置已用相应的离散量表示，分子为在第 k 帧中的块与在 $k-1$ 帧中与该块对应位置相差 i 行、j 列的块之间的互相关函数，分母中括号里的项分别代表这两个块各自的自相关函数的峰值。当 NCCF 为最大值时两个块匹配，此时对应的 i、j 即构成位移矢量 $\boldsymbol{D}$。

在实际应用中，常使用如下计算较为简单地判断块匹配的准则。

① 块亮度的均方差值（MSE）

$$\mathrm{MSE}(i,j)=\frac{1}{MN}\sum_{m=1}^{M}\sum_{n=1}^{N}\left[b_k(m,n)-b_{k-1}(m+i,n+j)\right]^2 \quad (-L\leqslant i,j\leqslant L) \tag{3-23}$$

② 块亮度差的绝对值均值（MAD）

$$\mathrm{MAD}(i,j)=\frac{1}{MN}\sum_{m=1}^{M}\sum_{n=1}^{N}\left|b_k(m,n)-b_{k-1}(m+i,n+j)\right| \quad (-L\leqslant i,j\leqslant L) \tag{3-24}$$

③ 块亮度差的绝对值和（SAD）

$$\mathrm{SAD}(i,j)=MN\cdot\mathrm{MAD}(i,j) \tag{3-25}$$

当 MSE 或 MAD 或 SAD 最小时，表示两个块匹配。

研究结果表明，匹配判别准则的不同，对匹配的精度，也就是对位移矢量估值的精度影响不大。因此，式（3-25）所表示的不含有乘法和除法的 SAD 准则成为最常使用的块匹配判别准则。

（2）匹配块搜索方法

为了寻找最佳匹配块，需要将 $k-1$ 帧中对应的块在整个搜索区内沿水平和垂直方向逐个像素移动，每移动一次就计算一次判决函数（如 SAD）。总的移动次数（搜索点个数）Q 为

$$Q=(2L+1)^2 \tag{3-26}$$

这种搜索方式称为全搜索。全搜索的运算量是相当大的。使用 SAD 准则时每个像素要进行 3 个基本运算（相减、求绝对值、求和），对一个块进行全搜索要进行 $3\times(2L+1)^2\times MN$ 次运算。假设视频图像的分辨率为 $N_{\mathrm{W}}\times N_{\mathrm{H}}$，则每帧有 $(N_{\mathrm{W}}\times N_{\mathrm{H}})/MN$ 个块，即使在 $L=7$、$[N_{\mathrm{W}},N_{\mathrm{H}}]=[352,288]$ 和帧率 $f=30$ 时，所需的运算量也达到 2.05×10^7 次 / 秒。一般来说，运动估计的运算量通常占到现行标准下视频压缩编码的 60%～80%。为了加快搜索过程，人们提出了许多不同的匹配块的快速搜索算法，通过降低搜索点的数目来降低算法的计算复杂度，不仅大大提高了搜索的速率，而且具有与全搜索方法相当的性能。

（3）块划分模式

如前所述，在块匹配方法中，将图像分块并将每个块视为一个运动物体。对于图像结构

和运动来说，这是一个相当粗糙的模型。如果一个块中包含若干个向不同方向运动的物体，就很难在参考帧中找到合适的匹配块。根据图像内容的复杂程度选择不同大小和形状的块来进行运动估计，可以在一定程度上改善上述状况，减小预测误差，从而提高压缩率。因此，在一些国际标准中除了 16×16 的宏块尺寸，还允许在运动估计中采用其他的分块模式。图 3-10 给出了一种分层划分的分块模式。图中包括 16×16、16×8、8×16 和 8×8 的块。当选择 8×8 的块时，可以进一步细分为 8×4、4×8 和 4×4 等尺寸。

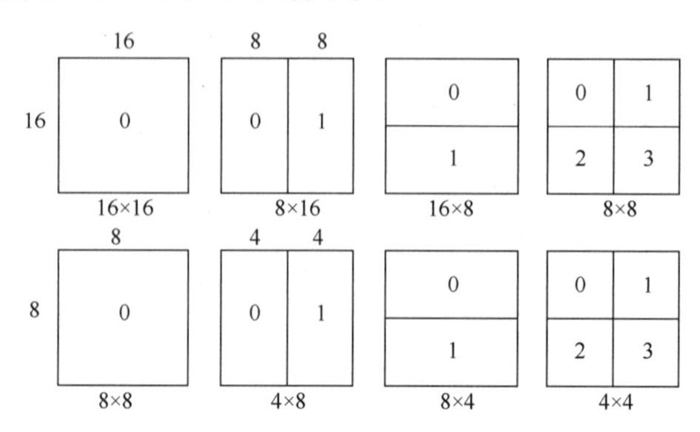

图 3-10 一种分层划分的分块模式

值得注意的是，更细地划分块在可能降低预测误差的同时，增加了需要传输的运动矢量的个数（例如，对 4×4 的分块模式，每个宏块需要至少 16 个运动矢量）和匹配搜索的复杂程度；同时，所选择的块模式（分块的大小）也必须作为附加信息传送给解码器，这些边信息也会增加码率。对一个图像宏块进行运动估计时，究竟划分为多大的块更节省码率？原则上说，需要对所有可划分的模式逐个尝试，看哪种模式下所需的编码（预测误差、运动矢量和块模式等的编码）总比特数最少。由于图 3-10 所示的 7 种模式都是一个宏块，相互之间有很强的相关性，如何利用这些分块之间的相关性就成为研究可变块大小的运动估计快速算法的基本出发点。第一种思路是自下而上，先对最小块（4×4）进行运动估计，然后对小块的运动矢量进行分析：4 个 4×4 块的运动矢量相似，可合并为 8×8 的块；同时，4×4 块的 SAD 值可以在进行大块的搜索时再利用。第二种思路是自上而下，先对最大块（16×16）进行运动估计，然后用大块的运动矢量对小块的位移进行预测，以减少搜索点的数目。考虑到太小的块容易产生误匹配，所得到的运动矢量不够可靠；而太大的块又容易包含多个向不同方向运动的物体，致使利用大块的运动矢量对小块的运动矢量进行预测不够准确，因此也有一些算法以 8×8 块为初始搜索块，然后采取向上合并和向下分裂的策略，以得到最佳的分块模式。

2. 前向、后向和双向预测

上面介绍的用 $k-1$ 帧预测第 k 帧图像的预测方式称为前向预测，是 P 帧采用的预测方式。对于在 $k-1$ 帧中被覆盖，而从第 k 帧开始显露出的物体（或背景）、新出现的物体，无法在前一帧中找到对应的区域，需要从后续的相邻帧图像预测，这种方式称为后向预测。第三种预测方式是同时采用前、后两帧来预测，这种方式称为双向预测，是 B 帧采用的预测方式。

双向预测如图 3-11 所示，对于第 k 帧中的块，先从 $k-1$ 帧中找到最佳匹配块，从而得到该块从 $k-1$ 帧到 k 帧的位移矢量 $\boldsymbol{D}_1$ ，再利用后向预测得到它从 $k+1$ 帧到 k 帧的位移矢量 $\boldsymbol{D}_2$ ，然后将前向预测值或后向预测值，或者二者的平均值作为 k 帧块的预测值（视哪种预测误差最小而定）。这样的做法与单纯的前向预测相比，可以进一步降低预测误差，从而提高数据压缩比。

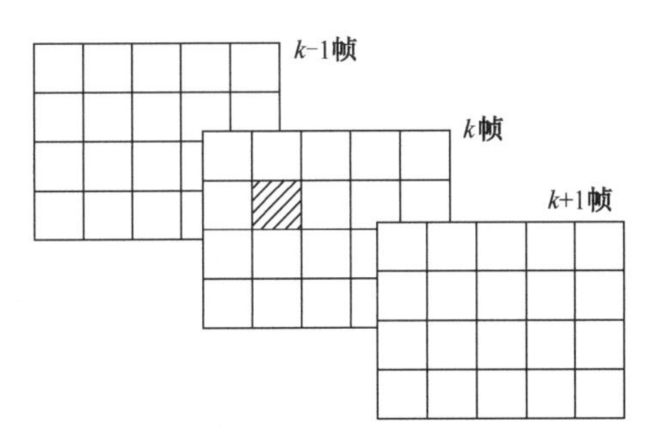

图 3-11　双向预测

双向预测所付出的代价是，对每个图像块需要传送两个位移矢量给接收端，而且k帧的恢复必须等到$k+1$帧解码之后才能进行。也就是说，输入序列的帧顺序是$k-1$、k、$k+1$，编码和解码运算的帧顺序是$k-1$、$k+1$、k，而图像显示的顺序又是$k-1$、k、$k+1$。要保持处理和显示的连续性，在编码端和解码端分别需要引入一帧的延迟。

因此，使用双向预测需要用不同于原时间顺序的顺序来进行帧的编码。尽管双向预测可以提高预测精度和编码效率，但它会引入编码延迟，所以一般在实时应用或对延迟要求较高的应用中（例如，视频电话或视频会议）不被采用。例如，用于交互式通信的 H.261/H.263 标准仅用单向预测和有限制的双向预测（PB 模式）。然而，MPEG 标准系列既采用单向预测也采用双向预测。

3．**亚像素精度运动估计**

在运动估计中，当前帧和参考帧具有相同的空间分辨率，这样得到的当前块和它在参考帧中的匹配块之间的位移值是像素取样间隔的整数倍，或者说所得到的运动矢量是整数像素精度的。很显然，物体的实际帧间位移与像素点的取样间隔之间并没有必然的联系。对实际位移进行更精细（亚像素精度）的估计，有可能进一步减小帧间预测误差，从而降低码率。在进行亚像素（例如，1/2 像素、1/4 像素等）精度的运动估计时，首先需要通过内插得到参考图像在亚像素位置上的像素值，以便实现对当前块位移的更精细的匹配。

研究表明，运动矢量从整像素精度提高到亚像素时，帧间预测误差有显著降低，但到了一定的“临界精度”之后，预测误差降低的可能性则减小。对一系列典型测试序列的实验表明，当运动矢量的精度从整像素提高至 1/8 像素时，编码比特率的降低比较明显；当提高至 1/16 像素后，则无明显的进一步的改善。同时，具有小物体或低信噪比的序列相对于大物体或高信噪比的序列而言，提高运动估计精度的效果相对要差，这是因为如果一个块中包含向不同方向运动的物体，或者量化误差较大，都会对运动估计形成干扰，进一步提高亚像素精度则没有太大意义。

3.2.2　帧内预测编码

与消除视频序列中相邻帧的时间冗余度一样，消除视频帧在空间上的相关性，也可以采用预测编码的办法，即不直接传输当前像素值b，而传输b与本帧内相邻像素b'之间的差值，这称为帧内预测。帧内预测编码技术除了像素块空间域线性预测的帧内编码模式，还包括直流/交流（DC/AC）系数的帧内预测和运动矢量的帧内预测。

1．空间域的线性预测

对于帧内编码的帧（或块）不做帧间预测，不需要其他帧作为参考，只利用本帧内的信息独立编解码，直接进行变换和熵编码。但实际上，图像在空域内的相关性也是很强的，如果对于帧内编码模式，首先进行空间域预测编码，再做变换和熵编码，可以明显提高编码效率。因此，在某些国际标准（如 H. 264 标准）中，增加了帧内预测编码的模式。

帧内预测器系数的设计与图像信号的内容（统计特性）有关。为了适应不同的图像内容，通常给出一组不同的预测器。图 3-12 列出了亮度图像帧内预测的几种模式示例。图中浅灰色块表示当前待预测像素，大写字母表示邻接的像素。图 3-12（a）定义了各像素的相对位置；图 3-12（b）用上部 A、B、C、D 像素分别预测当前块对应列的各像素；图 3-12（c）用 A、D、I、L 的均值来预测当前块的各像素；图 3-12（d）中的像素由周边像素的加权和来预测。例如，

$$d=\mathrm{round}\left(\frac{B}{4}+\frac{C}{2}+\frac{D}{4}\right) \tag{3-27}$$

$$c=h=\mathrm{round}\left(\frac{A}{4}+\frac{B}{2}+\frac{C}{4}\right) \tag{3-28}$$

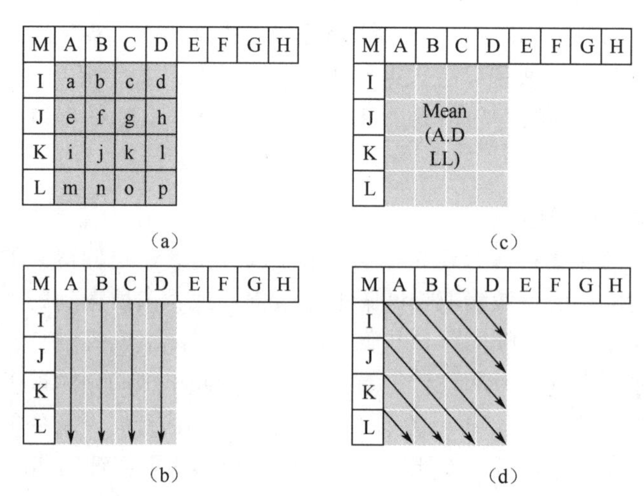

图 3-12　亮度图像帧内预测的几种模式示例

显然，图 3-12（b）、（d）分别适用于垂直方向和对角线方向相关性强的图像，而图 3-12（c）适用于灰度变化平坦的图像。相关的国际标准（如 H.264 标准）中还规定了其他一些预测模式。

2．DC/AC 系数的帧内预测

每个 8×8 帧内编码块经过 DCT 变换后 DCT 系数矩阵左上角第一个系数频率为 0，称为 DC 系数，也称为直流分量（DC 分量），代表了该块的平均亮度。而在空间域内图像的亮度是连续变化的，因此相邻块的 DC 分量之间存在相关性。利用空间邻域已编码块的 DC 分量对当前块的 DC 分量进行预测，然后对预测误差进行编码，可以降低 DC 系数所占用的比特数。

图 3-13（a）给出了进行 DC 系数预测的相邻块与当前块 C 的位置图。当前块 C 的 DC 系数[图 3-13（a）中灰色位置]可以直接由 X 块的 DC 系数预测，如在 MPEG-2 中就采用了这种方法。MPEG-4 所采用的方式是选择 DC 系数梯度变化较小的方向进行帧内预测，

如果$|DC_X - DC_Y| < |DC_Y - DC_Z|$，则选择从 Z 预测 C；如果$|DC_X - DC_Y| > |DC_Y - DC_Z|$，则从 X 预测 C。一般取 X 或 Z 的 DC 系数乘以一个小于 1 的权值作为当前块 C 的 DC 系数的预测值。

同理，空间相邻的帧内编码块的 DCT 系数的低频分量之间也存在着一定的相关性，DCT 系数矩阵的第一行和第一列称为 AC 系数（交流系数），也可以利用帧内预测编码来降低码率。图 3-13（b）给出了低频 AC 系数（图中灰色位置）的预测关系。

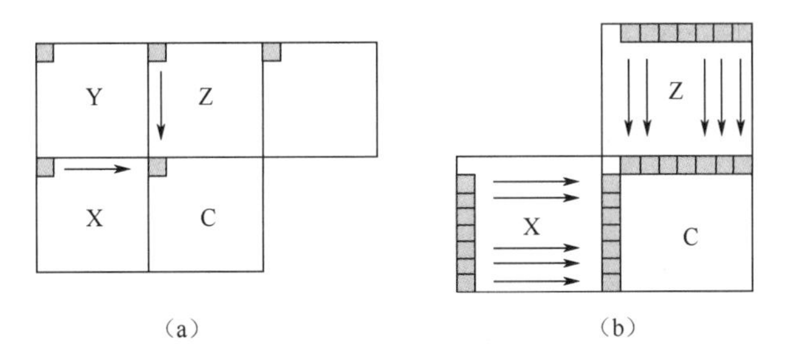

图 3-13　DC 系数的预测及 AC 系数的预测

3．**运动矢量的帧内预测**

当图像中存在面积覆盖若干宏块的较大物体时，空间相邻宏块的运动矢量之间也存在着相关性，因此对运动矢量采用帧内预测编码有利于降低传送运动矢量所需要的比特数。

图 3-14 给出了运动矢量预测中当前块 C 和与其相邻块 X、Y、Z 的相对位置关系。图 3-14（a）所示为进行运动估计的块大小相同（如都是 16×16）时的情况。在有些国际标准中允许使用不同大小的块来进行运动估计，图 3-14（b）所示为当前块 C 和邻域块大小不同时的一个例子。

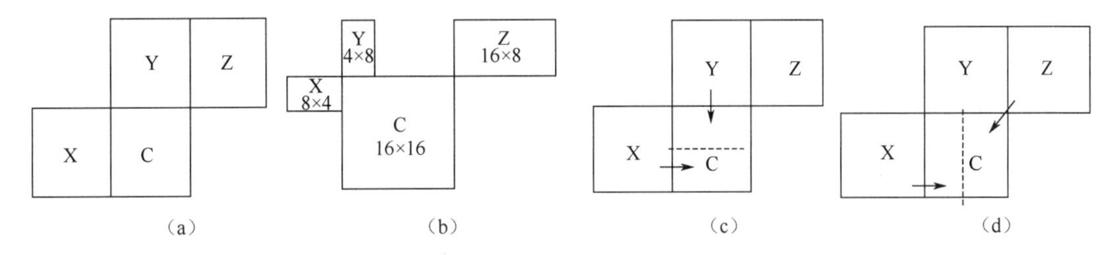

图 3-14　运动矢量预测中当前块 C 与其相邻块 X、Y、Z 的相对位置关系

最简单的预测方法是用左邻域块的运动矢量 $\mathbf{MV}_X$ 作为当前块 C 的运动矢量 $\mathbf{MV}_C$ 的预测值；更好的方法如下

$$\mathbf{MV}_{Cx} = \text{median}\{\mathbf{MV}_{Xx}, \mathbf{MV}_{Yx}, \mathbf{MV}_{Zx}\} \tag{3-29}$$

$$\mathbf{MV}_{Cy} = \text{median}\{\mathbf{MV}_{Xy}, \mathbf{MV}_{Yy}, \mathbf{MV}_{Zy}\} \tag{3-30}$$

其中，下标 x、y 分别代表运动矢量在水平和垂直方向上的分量；$\text{median}\{\cdot\}$ 代表取中值。如果当前块是 16×8 或 8×16 的，可分别按图 3-14（c）、（d）中箭头所示方向进行预测。最后，对当前运动矢量与预测值之差进行编码和传输。

3.2.3　环内滤波

如前所述，视频信号的压缩编码需要高达上千倍的压缩比，单纯用无损压缩技术难以实现，当前主流视频标准都采用有损压缩的基于块的混合编码框架。图 3-15 是一个常见的有损预测编解码器框图。

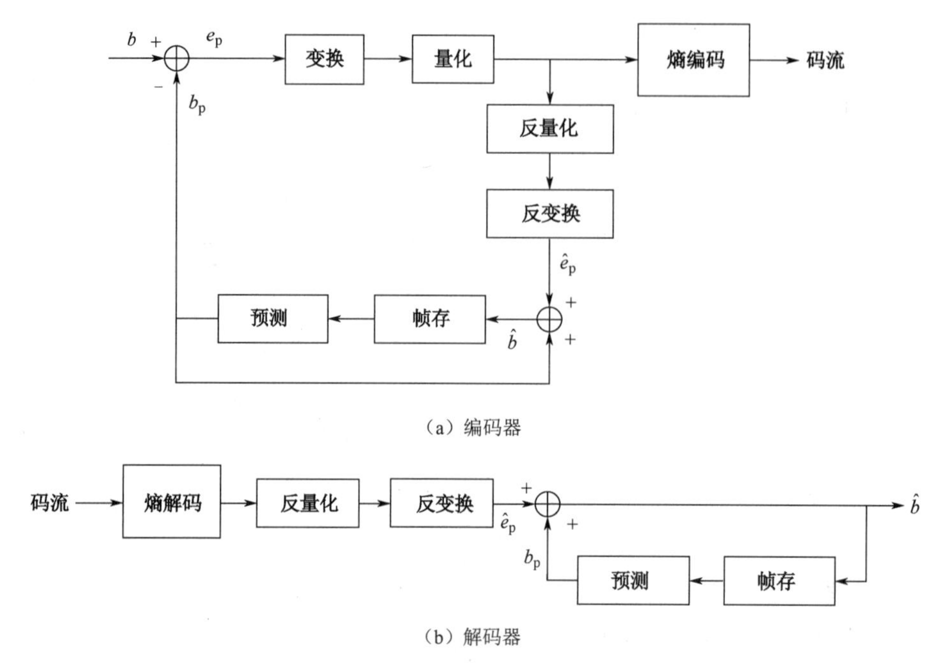

（a）编码器

（b）解码器

图 3-15 一个常见的有损预测编解码器框图

在编码器中，首先要从帧存中读入之前已经编码重建的参考帧，得出当前帧宏块 b 的预测值 b_p，当前帧宏块 b 减去预测值 b_p 就是预测残差 e_p，然后经过变换和量化，再经过熵编码输出压缩视频码流。在解码器中，压缩码流经过相应的熵解码、反量化和反变换，得到重建的预测残差，再加上预测值可得到重建像素值。

可见，为使解码器能完全恢复出编码信息，编解码器必须使用同样的预测值，也就是说，编码器中需要用解码器重建的像素值作为参考值进行预测，因此编码器内必须重复解码器重建像素的过程，这称为闭环预测。如果预测残差不经过量化而直接编码时，就变成无损预测编码。

在有损视频压缩编码方式中，编码器中的量化和计算误差会给解码重建图像带来或多或少不可恢复的失真，这里还未考虑传输等其他因素引起的图像损伤。解码重建图像的失真包括块效应、亮度失真、色彩漂移等。其中块效应是主流视频标准基于块的混合编码方法中最主要、最明显的失真问题，因此在各种主流视频压缩标准中都采用适当的环路滤波（Loop Filter）方法消除块效应，在提高解码重建图像的主观质量和客观质量的同时，提高了编码效率。

在这种基于块的编码框架下，预测、变换等视频压缩算法的单位都是块或宏块，每块单独进行压缩处理，这将使得重建图像在块的边界处的灰度值或彩色值产生不连续性。当块边界两侧的图像相关性强，且该区域图像较为平滑时，这种不连续性就在画面上形成肉眼可见的方块边界，称为“块效应”。压缩比越大，块效应越明显。在压缩比固定的情况下，块效应的大小取决于图像的内容和其他因素。图 3-16 是解码重建图像的“块效应”示例，由于压缩比过大，块效应非常明显。

图 3-16 解码重建图像的“块效应”示例

块效应产生的主要原因有两方面：一方面是由变换量化的误差引起的，因为量化是有损过程，经反量化后的重建图像会出现误差，由于块之间的处理不一致，块边界处的误差特别明显，造成在图像块边界上的视觉不连续性；另一方面是由帧间预测的运动补偿引起的，帧间预测值通常来自同一参考帧不同位置上的像素内插点，也有可能是不同参考帧不同位置的像素内插点，因此运动补偿块不会绝对匹配，从而也会产生误差，引起图像在边界上的不连续现象，这些重建图像的预测参考帧的误差又会造成当前待预测的图像失真。

这些块效应实际上是分块编码重建块的误差，这些误差在整个块中都存在，只不过人眼对图像的轮廓更敏感，这些误差在边界处更容易被觉察到。当对预测后的帧间预测残差再进行分块变换编码时，反变换后重建块的边界比内部像素的编码误差大。这是因为反变换块中的任意像素都是此块 DCT 系数的加权和，内部点的重建是对周围点进行加权平均得到的，比较充分地利用了相邻像素的相关性；而边界点所用的加权平均点的分布比较偏，靠近边界但在相邻块内的系数不能利用，丢失了一些周围像素的相关性，所以重建的误差相对较大。这种误差分布不均匀是形成块效应的重要原因。

为了消除或减轻块效应，可以用环路滤波的方法对重建图像进行滤波，降低重建误差。在环路滤波中，去块滤波（De-Blocking Filtering，DBF）是其中一类改善重建图像质量的重要方法。去块滤波器的作用是修正重建块的像素值，尤其是边界附近的像素值，从而达到消除或减轻编解码算法带来的块效应的目的。在 H.264、HEVC 等主流混合编码框架中，编码器在像素块的边界按照“边界强度”进行自适应低通滤波去块滤波，以此减轻各种单元边界的块效应。HEVC 编码标准中，对支持不同块大小的情形，可以省略对 4×4 块边界以及 8×8 块非边界处等像素的处理，以利于简化硬件设计和并行处理。此外，还可以针对不同边界先判决其边界强度，再决定是否需要进行去块滤波。如果需要，再判决到底需要进行强滤波还是普通滤波。判决根据穿越边界像素的梯度值以及由此块量化参数导出的门限值共同决定。

HEVC 编码标准除了采用环内去块滤波（DBF），还增加了样值自适应偏移（Sample Adaptive Offset，SAO）环内滤波，对要重建的图像逐像素进行滤波。先按照像素的灰度值或边缘的性质，将像素分为不同的类型，然后按照不同的类型为每个像素加上一个简单的偏移值。对原本较为平坦的图像区域，人为失真容易出现，需要对这些像素值加上偏移量（可正可负），使像素值的分布趋向更集中。另外，对图像的平坦区域，因为量化等操作丢弃了部分高频分量，形成了某些像素值的偏移，使原来相对平坦的像素值关系或多或少地形成局部峰点、谷点或拐点，SAO 人为对这些漂移的像素值加上一个补偿量，以抵消编码造成的偏移。经过样值自适应偏移环内滤波，以达到减少失真的目的，从而提高压缩率，减小码率。

3.3 变换编码

变换编码是将空间域描述的图像，经过某种变换形成变换域中的数据（系数），达到改变数据分布、减少有效数据量的目的。变换编码是静止图像压缩的重要方法，也是视频压缩技术的基石，变换编码与预测编码相结合组成了混合编码框架。

在变换编码中，正交变换是最常见的，它把统计上彼此密切相关的像素值矩阵通过线性正交变换，变成统计上彼此较独立，甚至完全独立的变换系数矩阵。信息论的研究表明，正交变换不改变信息源的熵，变换前后图像的信息量并无损失，可以通过反变换恢复原来的图像值。但经过正交变换后，数据分布发生了很大改变，变换系数在变换域中分布趋于集中，数据的集中分布为数据压缩创造了条件。例如，视频编码中通过变换可将空间域像素值变换到频域上得到不同频率分量的系数，对一般视频信号而言，变换后能量都集中于少数的直流或低频分量，有利于通过量化操作去除大部分零或接近零的高频系数，只保留少量有效数据，也有利于对量化后的系数采用 Z 扫描和可变长编码等更加有效的表示方式，从而实现对图像信息量的有效压缩。视频编码中最常见的正交变换是离散余弦变换（Discrete Cosine Transform，DCT），采用 DCT 的图像编码框图如图 3-17 所示。

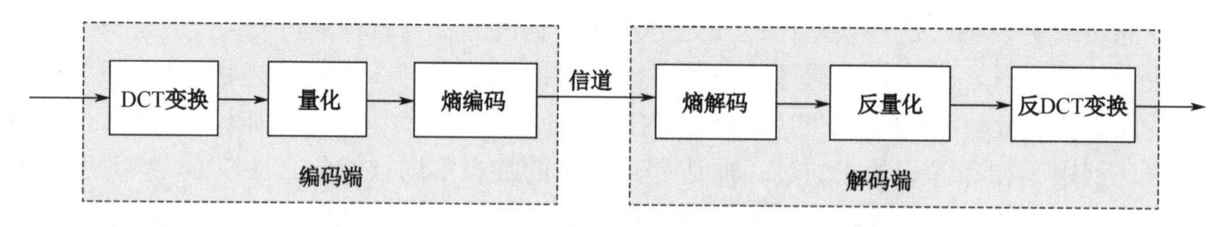

图 3-17 采用 DCT 的图像编码框图

在图 3-17 中，视频帧图像的像素或经预测编码产生的预测残差（帧内预测误差或帧间预测误差）都具有相关性，经过 DCT 变换得到的 DCT 系数通常集中在低频区域，越是高频区域，系数值越小。而像素亮度值的直流分量对应图像的平均亮度，低频分量对应图像的轮廓，高频分量对应图像的细节。由于人眼对图像轮廓（低频分量）更敏感，对图像细节（高频分量）不太敏感，利用这一视觉特性，通过设置不同的量化步长，保留能量较大的低频分量，同时将能量较小的高频系数量化为 0，也就是通过丢弃高频分量来实现码率的压缩。对量化后的系数可以再进行熵编码获得进一步压缩。变换编码的解码过程正好相反，经过熵解码、反量化和反 DCT 变换可以获得重建图像。这里正/反变换、熵编/解码都是无失真的；只有量化丢弃了高频信息，引起了失真，是有损编码过程，也是编码器中直接控制码率、压缩码流的环节。

DCT 变换本质上与傅里叶变换一样，可以反映信号的频域特性。傅里叶变换是复杂的复数运算，DCT 变换是一种相对简单的实数运算，正反变换基函数一样，且二维 DCT 变换是一种可分离的变换，可以分别进行两次一维 DCT 运算来方便实现。在目前常用的正交变换中，DCT 变换的性能仅次于理论上最佳的、可以完全去除相关性的 K-L（Karhunen-Loeve）变换，所以 DCT 变换被认为是一种准最佳变换。DCT 变换矩阵与图像内容无关，去相关性好，实现方便；DCT 的基函数是偶对称的数据序列，可减轻在图像分块编码中块边界处的亮度值跳变和不连续现象。由于其具有去相关性好、实现方便等优越性能，DCT 变换在历年来一系列视频压缩标准中被广泛采用。另外，哈达玛变换（Hadamard Transform）是广义傅里叶变换的一种，仅含有加法运算，可以用递归形式快速实现，在 H.264、AVC 标准中以及视频编码的快速模式选择中广泛采用。因此，本节将分别介绍变换编码中最常见的这两种正交变换以及变换后的量化和扫描。

3.3.1　离散余弦变换

傅里叶变换可以得到时域信号的频谱，每个时域信号都可以看作是无限多个正弦信号之和。其中每个正弦信号都有各自的幅度、相位和频率，时域信号在某个时刻的值是所有这些正弦信号在那个时刻的值之和，这些正弦信号也称为谐波。然而，傅里叶变换（DFT 或 FFT）的结果是复数，实部是余弦分量的幅度，虚部是正弦分量的幅度，即时域信号变换为许多不同频率和幅度的余弦与正弦信号的叠加。时域信号也可以转换为只有余弦或只有正弦信号的叠加，即离散余弦变换（DCT）或离散正弦变换（DST）。与 DFT 的信号叠加类似，但 DCT/DST 需要 2 倍的余弦或正弦信号的叠加，不仅包括基波的整数倍谐波，还包括基波的半整数倍谐波。下面对 DCT 和 DST 进行介绍。

1. DCT **的原理及特点**

数学上共存在 8 种类型的 DCT，其一维形式如表 3-1 所示。

表 3-1　DCT 的 8 种类型的一维形式

类型	偶数阶的实偶 DFT	类型	奇数阶的实偶 DFT
Ⅰ类	$X(k)=\sqrt{\frac{2}{N}}\varepsilon_k\varepsilon_n\sum_{n=0}^{N}x(n)\cos\left[\frac{kn\pi}{N}\right]$ $k=0,1\cdots,N$	Ⅴ类	$X(k)=\frac{2}{\sqrt{2N-1}}\varepsilon_k\varepsilon_n\sum_{n=0}^{N-1}x(n)\cos\left[\frac{2kn\pi}{2N-1}\right]$ $k=0,1\cdots,N-1$
Ⅱ类	$X(k)=\sqrt{\frac{2}{N}}\varepsilon_k\sum_{n=0}^{N-1}x(n)\cos\left[\frac{k(2n+1)\pi}{2N}\right]$ $k=0,1\cdots,N-1$	Ⅵ类	$X(k)=\frac{2}{\sqrt{2N-1}}\varepsilon_k\eta_n\sum_{n=0}^{N-1}x(n)\cos\left[\frac{k(2n+1)\pi}{2N-1}\right]$ $k=0,1\cdots,N-1$
Ⅲ类	$X(k)=\sqrt{\frac{2}{N}}\varepsilon_n\sum_{n=0}^{N-1}x(n)\cos\left[\frac{(2k+1)n\pi}{2N}\right]$ $k=0,1\cdots,N-1$	Ⅶ类	$X(k)=\frac{2}{\sqrt{2N-1}}\eta_k\varepsilon_n\sum_{n=0}^{N-1}x(n)\cos\left[\frac{(2k+1)n\pi}{2N-1}\right]$ $k=0,1\cdots,N-1$
Ⅳ类	$X(k)=\sqrt{\frac{2}{N}}\sum_{n=0}^{N-1}x(n)\cos\left[\frac{(2k+1)(2n+1)\pi}{4N}\right]$ $k=0,1\cdots,N-1$	Ⅷ类	$X(k)=\frac{2}{\sqrt{2N-1}}\sum_{n=0}^{N-2}x(n)\cos\left[\frac{(2k+1)(2n+1)\pi}{4N-2}\right]$ $k=0,1\cdots,N-2$

在以上各式中，有

$$\varepsilon_p=\begin{cases}\frac{1}{\sqrt{2}}, & p=0\text{或}N\\ 1, & \text{其他}\end{cases}\qquad \eta_p=\begin{cases}\frac{1}{\sqrt{2}}, & p=N-1\\ 1, & \text{其他}\end{cases}\tag{3-31}$$

在以上 8 种 DCT 中，前 4 种（Ⅰ类、Ⅱ类、Ⅲ类、Ⅳ类）对应于偶数阶的实偶 DFT，后 4 种（Ⅴ类、Ⅵ类、Ⅶ类、Ⅷ类）对应于奇数阶的实偶 DFT。在实际应用中，后 4 种使用较少。在前 4 种 DCT 中，Ⅱ类 DCT 应用最为广泛，尤其是在图像、音视频编码等多媒体信号处理领域，其逆变换对应于Ⅲ类 DCT。为了便于叙述，下面提到的 DCT 均指Ⅱ类 DCT。

图像、视频编码主要针对图像帧中的像素块使用二维 DCT，即

$$X(k,l)=C(k)C(l)\sum_{m=0}^{N-1}\sum_{n=0}^{N-1}x(m,n)\cos\left[\frac{(2m+1)k\pi}{2N}\right]\cos\left[\frac{(2n+1)l\pi}{2N}\right] \tag{3-32}$$
$$k,l=0,1,\cdots,N-1$$

其中，

$$C(k)=C(l)=\begin{cases}\sqrt{\frac{1}{N}}, & k,l=0\\ \sqrt{\frac{2}{N}}, & 其他\end{cases}$$

其逆变换为

$$x(m,n)=\sum_{k=0}^{N-1}\sum_{l=0}^{N-1}C(k)C(l)X(k,l)\cos\left[\frac{(2m+1)k\pi}{2N}\right]\cos\left[\frac{(2n+1)l\pi}{2N}\right] \tag{3-33}$$
$$m,n=0,1,\cdots,N-1$$

DCT 提供了一种在频域中处理和分析信号的方法。由 DCT 定义可知，当 $k=0$ 时，不论 n 取何值，式中所有余弦项都为 $\cos 0$，即为 1，因此 $X(0)$ 正比于信号 $x(n)$ 的平均值，称为信号的直流分量，也称为 DC 系数。当 $k>0$ 时，$X(k)$ 反映了信号 $x(n)$ 在不同频率上的变化情况，称为信号的交流分量，也称为 AC 系数。随着 k 的增大，余弦函数值变化越来越快，所表示的频率也越来越高。此外，需要注意的是，DCT 系数有可能取负值。例如，对于 DC 系数，当 $x(n)$ 平均值小于零时，就会取负值；对于 AC 系数，若 $x(n)$ 和某一基函数频率相同，但相位上差半个周期时，该系数为负值。

图 3-18 所示为一个 DCT 系数矩阵示例。图中 8×8 像素块做二维 DCT 后得到频域中的 8×8 数组，左上角第一个系数是 DC 系数，对应整个块的直流分量；第二个系数对应水平方向最粗图像结构的能量；第一行最后一个系数对应水平方向最精细图像结构的能量；第一列从上到下对应垂直方向最粗到最细图像结构的能量；对角线上的系数对应对角线方向从粗到细图像结构的能量。如图 3-18 所示，对大多数图像信号而言，能量都集中在低频端，即 DCT 系数矩阵左上角取值较大，而右下角的高频分量取值较小（或为 0）。根据人眼视觉特性，低频图像（粗图像结构）干扰比高频图像（图像细节）干扰更易察觉。因此，信噪比测量时要根据视觉敏感度进行加权，高频比低频图像分量可以容许更大噪声。为了节省码率，低频信号应进行精细量化，高频信号进行粗量化。

DCT 的结果不是复数，频域没有分离的实部和虚部信号，没有相位信息，只有幅度信息。而 DFT 的结果是复数，运算更复杂。图 3-19 所示为 DCT 和 FFT 比较的示例。DCT 得到的幅度曲线与 FFT 的结果不完全匹配，但 DCT 和 IDCT 对视频压缩而言精度已经足够。在压缩一帧图像时，按照块结构做二维变换得到频域信号，解压缩进行反变换后，块边缘不连续性要足够小，使得块边界不可见。DCT 的边缘特性较好，不连续性较小，因此对信号压缩起到重要作用。

2．**整数** DCT

最初的视频编码标准大都采用上述 8×8 DCT 作为基本变换，而 H.264/AVC 标准首次采用了整数 DCT，最初的 3 个档次[基本档次（Baseline Profile）、主档次（Main Profile）和扩展档次（Extended Profile）]仅采用 4×4 整数 DCT，后来高档次（High Profile）中增加了 8×8 整数 DCT 作为可选变换块大小。下面以 4×4 DCT 为例推导 H.264/AVC 标准中的 4×4 整数

DCT 矩阵。

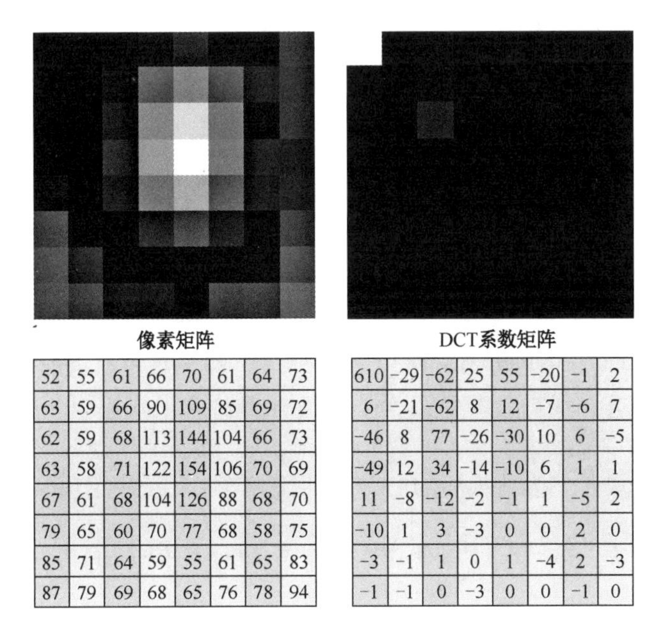

52	55	61	66	70	61	64	73
63	59	66	90	109	85	69	72
62	59	68	113	144	104	66	73
63	58	71	122	154	106	70	69
67	61	68	104	126	88	68	70
79	65	60	70	77	68	58	75
85	71	64	59	55	61	65	83
87	79	69	68	65	76	78	94

610	-29	-62	25	55	-20	-1	2
6	-21	-62	8	12	-7	-6	7
-46	8	77	-26	-30	10	6	-5
-49	12	34	-14	-10	6	1	1
11	-8	-12	-2	-1	1	-5	2
-10	1	3	-3	0	0	2	0
-3	-1	1	0	1	-4	2	-3
-1	-1	0	-3	0	0	-1	0

图 3-18　一个 DCT 系数矩阵示例

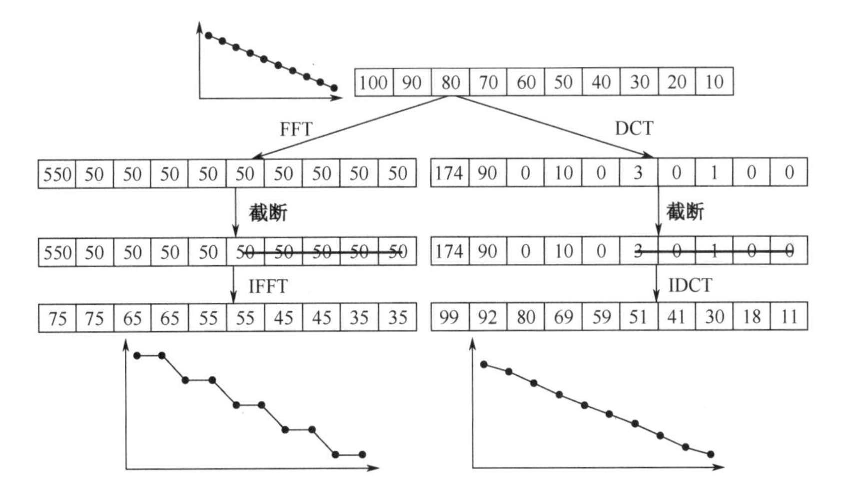

图 3-19　DCT 与 FFT 比较的示例

二维 4×4 DCT 公式为

$$Y(k,l)=C(k)C(l)\sum_{m=0}^{3}\sum_{n=0}^{3}x(m,n)\cos\left[\frac{(2m+1)k\pi}{8}\right]\cos\left[\frac{(2n+1)l\pi}{8}\right] \quad (k,l=0,1,2,3) \tag{3-34}$$

其中，

$$C(k)=C(l)=\begin{cases}\dfrac{1}{2}, & k,l=0\\ \dfrac{1}{\sqrt{2}}, & k,l=1,2,3\end{cases}$$

将式（3-34）变形，得到

$$Y(k,l)=C(k)\sum_{m=0}^{3}\left(C(l)\sum_{n=0}^{3}x(m,n)\cos\left[\frac{(2n+1)l\pi}{8}\right]\right)\cos\left[\frac{(2m+1)k\pi}{8}\right] \tag{3-35}$$

记括号中的部分为$Z(m,l)$，则上式可分解为以下两式。

$$Z(m,l)=C(l)\sum_{n=0}^{3}x(m,n)\cos\left[\frac{(2n+1)l\pi}{8}\right] \tag{3-36}$$

$$Y(k,l)=C(k)\sum_{m=0}^{3}Z(m,l)\cos\left[\frac{(2m+1)k\pi}{8}\right] \tag{3-37}$$

可以看出，二维 DCT 可以分解为两个一维 DCT，即先对像素块的行或列做一维 DCT，再对列或行做一维 DCT。现将一维 DCT 写成如下矩阵相乘形式，即

$$\boldsymbol{Y}=\boldsymbol{A}\boldsymbol{X} \tag{3-38}$$

式中，$\boldsymbol{X}$为原始像素块；$\boldsymbol{Y}$为变换后的 DCT 系数矩阵；$\boldsymbol{A}$为变换矩阵。$\boldsymbol{A}$可由下式定义：

$$A_{mk}=C(k)\cos\left[\frac{(2m+1)k\pi}{8}\right](m,k=0,1,2,3) \tag{3-39}$$

将$\{A_{mk}\}$写成矩阵形式，利用余弦函数的周期性，有

$$\boldsymbol{A}=\begin{bmatrix}\frac{1}{2}\cos 0 & \frac{1}{2}\cos 0 & \frac{1}{2}\cos 0 & \frac{1}{2}\cos 0\\ \frac{1}{\sqrt{2}}\cos\frac{\pi}{8} & \frac{1}{\sqrt{2}}\cos\frac{3\pi}{8} & \frac{1}{\sqrt{2}}\cos\frac{5\pi}{8} & \frac{1}{\sqrt{2}}\cos\frac{7\pi}{8}\\ \frac{1}{\sqrt{2}}\cos\frac{2\pi}{8} & \frac{1}{\sqrt{2}}\cos\frac{6\pi}{8} & \frac{1}{\sqrt{2}}\cos\frac{10\pi}{8} & \frac{1}{\sqrt{2}}\cos\frac{14\pi}{8}\\ \frac{1}{\sqrt{2}}\cos\frac{3\pi}{8} & \frac{1}{\sqrt{2}}\cos\frac{9\pi}{8} & \frac{1}{\sqrt{2}}\cos\frac{15\pi}{8} & \frac{1}{\sqrt{2}}\cos\frac{21\pi}{8}\end{bmatrix}$$

$$=\begin{bmatrix}\frac{1}{2} & \frac{1}{2} & \frac{1}{2} & \frac{1}{2}\\ \frac{1}{\sqrt{2}}\cos\frac{\pi}{8} & \frac{1}{\sqrt{2}}\cos\frac{3\pi}{8} & -\frac{1}{\sqrt{2}}\cos\frac{3\pi}{8} & -\frac{1}{\sqrt{2}}\cos\frac{\pi}{8}\\ \frac{1}{2} & -\frac{1}{2} & -\frac{1}{2} & \frac{1}{2}\\ \frac{1}{\sqrt{2}}\cos\frac{3\pi}{8} & -\frac{1}{\sqrt{2}}\cos\frac{\pi}{8} & \frac{1}{\sqrt{2}}\cos\frac{\pi}{8} & -\frac{1}{\sqrt{2}}\cos\frac{3\pi}{8}\end{bmatrix}$$

令

$$a=\frac{1}{2},b=\frac{1}{\sqrt{2}}\cos\frac{\pi}{8},c=\frac{1}{\sqrt{2}}\cos\frac{3\pi}{8}$$

则有

$$\boldsymbol{A}=\begin{bmatrix}a & a & a & a\\ b & c & -c & -b\\ a & -a & -a & a\\ c & -b & b & -c\end{bmatrix}=\begin{bmatrix}1 & 1 & 1 & 1\\ 1 & d & -d & -1\\ 1 & -1 & -1 & 1\\ d & -1 & 1 & -d\end{bmatrix}\otimes\begin{bmatrix}a & a & a & a\\ b & b & b & b\\ a & a & a & a\\ b & b & b & b\end{bmatrix}=\boldsymbol{C}\otimes\boldsymbol{E} \tag{3-40}$$

其中，$\boldsymbol{E}$为修正矩阵，“$\otimes$”表示矩阵对应位置元素相乘，$d=c/b\approx 0.4142$，为了简化变换

形式，取 d 为 0.5，b 相应地需要做适当调整。由余弦函数性质可得

$$\frac{1}{2}=b^2+c^2 \Rightarrow \frac{1}{2b^2}=1+d^2=\frac{5}{4} \Rightarrow b=\sqrt{\frac{2}{5}}$$

为了避免损失精度，$\boldsymbol{A}$ 中不能出现 1/2 因子，因此需要对矩阵的 2、4 行乘以因子 2，然后在修正矩阵 $\boldsymbol{E}$ 中做出相应调整，计算如下。

$$\boldsymbol{A}=\begin{bmatrix}1 & 1 & 1 & 1\\ 2 & 1 & -1 & -2\\ 1 & -1 & -1 & 1\\ 1 & -2 & 2 & -1\end{bmatrix} \otimes \begin{bmatrix}a & a & a & a\\ b/2 & b/2 & b/2 & b/2\\ a & a & a & a\\ b/2 & b/2 & b/2 & b/2\end{bmatrix}=\boldsymbol{C}_f \otimes \boldsymbol{E}_f \tag{3-41}$$

至此，一维 4×4 整数 DCT 可写成以下矩阵形式。

$$Y=\left(\boldsymbol{C}_f\boldsymbol{X}\right)\otimes\boldsymbol{E}_f=\left(\begin{bmatrix}1 & 1 & 1 & 1\\ 2 & 1 & -1 & -2\\ 1 & -1 & -1 & 1\\ 1 & -2 & 2 & -1\end{bmatrix}\boldsymbol{X}\right)\otimes\begin{bmatrix}a & a & a & a\\ b/2 & b/2 & b/2 & b/2\\ a & a & a & a\\ b/2 & b/2 & b/2 & b/2\end{bmatrix} \tag{3-42}$$

同理，二维情形为

$$Y=\left(\boldsymbol{C}_f\boldsymbol{X}\boldsymbol{C}_f^{\mathrm{T}}\right)\otimes\boldsymbol{E}_f^{'}=\left(\begin{bmatrix}1 & 1 & 1 & 1\\ 2 & 1 & -1 & -2\\ 1 & -1 & -1 & 1\\ 1 & -2 & 2 & -1\end{bmatrix}\boldsymbol{X}\begin{bmatrix}1 & 2 & 1 & 1\\ 1 & 1 & -1 & -2\\ 1 & -1 & -1 & 2\\ 1 & -2 & 1 & -1\end{bmatrix}\right)\otimes\begin{bmatrix}a^2 & ab/2 & a^2 & ab/2\\ ab/2 & b^2/4 & ab/2 & b^2/4\\ a^2 & ab/2 & a^2 & ab/2\\ ab/2 & b^2/4 & ab/2 & b^2/4\end{bmatrix} \tag{3-43}$$

H.264/AVC 标准规定，变换过程只进行式（3-43）中的矩阵相乘 $\boldsymbol{C}_f\boldsymbol{X}\boldsymbol{C}_f^{\mathrm{T}}$ 部分，而标量相乘 $\otimes\boldsymbol{E}_f^{'}$ 与之后的量化过程一起进行。由于矩阵中只存在“1”“2”元素，因此变换过程只需要加法、移位操作即可，从而大幅提高了计算速率。同时，与浮点 DCT 相比，整数 DCT 所有的操作都是针对整型变量的，这样做避免了精度损失，也能够消除编解码器中反变换不匹配的问题。

H.265/HEVC 标准沿用了 H.264/AVC 标准所采用的整数 DCT 技术，但其变换矩阵与 H.264/AVC 相比有所不同。另外，由于 H.265/HEVC 标准主要面对的是高分辨率视频，在相同大小的区域内包含了更多的像素，因此像素间的相关性变得更强，此时采用更大尺寸的变换能够提高压缩性能。H.265/HEVC 标准使用了 4 种不同尺寸的整数 DCT，分别为 4×4、8×8、16×16、32×32，可以根据视频内容自适应地选择变换尺寸。而且 H.265/HEVC 标准中的整数 DCT 在整数化时放大了 128 倍，保留了更多精度，更接近于浮点 DCT，能够获得更好的性能。此外，H.265/HEVC 标准中不同大小的变换形式较为统一，可为不同大小的整数 DCT 设计出具有统一形式的快速蝶形算法，并且在量化时对所有元素的缩放倍数都相同。

3．离散正弦变换（DST）原理

类似于前文所述，在信号分解过程中，若采用正弦函数作为基函数，则该分解称为正弦变换。若输入信号是离散的，则称为离散正弦变换（DST）。与 DCT 类似，数学上也存在以下 8 种类型的 DST，如表 3-2 所示。

表 3-2　DST 的 8 种类型

类型	偶数阶的实奇 DFT	类型	奇数阶的实奇 DFT
Ⅰ类	$X(k)=\sqrt{\frac{2}{N}}\sum_{n=1}^{N-1}x(n)\sin\left[\frac{kn\pi}{N}\right]$ $k=1,2,\cdots,N-1$	Ⅴ类	$X(k)=\frac{2}{\sqrt{2N-1}}\sum_{n=1}^{N-1}x(n)\sin\left[\frac{2kn\pi}{2N-1}\right]$ $k=1,2,\cdots,N-1$
Ⅱ类	$X(k)=\sqrt{\frac{2}{N}}\varepsilon_k\sum_{n=1}^{N}x(n)\sin\left[\frac{k(2n-1)\pi}{2N}\right]$ $k=1,2,\cdots,N$	Ⅵ类	$X(k)=\frac{2}{\sqrt{2N-1}}\sum_{n=1}^{N-1}x(n)\sin\left[\frac{\mathrm{k}(2n-1)\pi}{2N-1}\right]$ $k=1,2,\cdots,N-1$
Ⅲ类	$X(k)=\sqrt{\frac{2}{N}}\varepsilon_n\sum_{n=1}^{N}x(n)\sin\left[\frac{(2k-1)n\pi}{2N}\right]$ $k=1,2,\cdots,N$	Ⅶ类	$X(k)=\frac{2}{\sqrt{2N-1}}\sum_{n=1}^{N-1}x(n)\sin\left[\frac{(2k-1)n\pi}{2N-1}\right]$ $k=1,2,\cdots,N-1$
Ⅳ类	$X(k)=\sqrt{\frac{2}{N}}\sum_{n=1}^{N}x(n)\sin\left[\frac{(2k-1)(2n-1)\pi}{4N}\right]$ $k=1,2,\cdots,N$	Ⅷ类	$X(k)=\frac{2}{\sqrt{2N-1}}\eta_k\eta_n\sum_{n=1}^{N-1}x(n)\sin\left[\frac{(2k-1)(2n-1)\pi}{4N-2}\right]$ $k=1,2,\cdots,N$

在表 3-2 所示的各式中，有

$$\varepsilon_p=\begin{cases}\frac{1}{\sqrt{2}}, & p=0\text{或}N\\ 1, & \text{其他}\end{cases}\qquad \eta_p=\begin{cases}\frac{1}{\sqrt{2}}, & p=N-1\\ 1, & \text{其他}\end{cases}$$

在上述 8 种 DST 中，前 4 种对应于偶数阶的实奇 DFT，后 4 种对应于奇数阶的实奇 DFT。在 H.265/HEVC 标准下使用的是Ⅶ类 DST，记为 DST-Ⅶ。其二维形式为

$$X(k,l)=C(k)C(l)\sum_{m=1}^{N-1}\sum_{n=1}^{N-1}x(m,n)\sin\left[\frac{(2k-1)m\pi}{2N-1}\right]\cos\left[\frac{(2l-1)n\pi}{2N-1}\right]\qquad(3\text{-}44)$$
$$(k,l=1,2\cdots,N-1)$$

其中，

$$C(k)=C(l)=\frac{2}{\sqrt{2N-1}}$$

其逆变换的二维形式为

$$x(m,n)=\sum_{k=1}^{N-1}\sum_{l=1}^{N-1}C(k)C(l)X(k,l)\sin\left[\frac{(2k-1)m\pi}{2N-1}\right]\sin\left[\frac{(2l-1)n\pi}{2N-1}\right]\qquad(3\text{-}45)$$
$$(m,n=0,1,\cdots,N-1)$$

H.265/HEVC 标准规定，在帧内 4×4 模式亮度分量残差编码中使用 4×4 整数 DST，而在帧内其他模式、帧间所有模式，以及所有色差分量的残差编码中一律使用整数 DCT。这主要是由于帧内预测利用周围已重构块边缘像素预测当前块的方法使得帧内预测残差具有如下特征：距离预测像素越远，预测残差幅度越大。而 DST 的基函数能够很好地适应这一特征。实验结果表明，使用 4×4 整数 DST 能使帧内编码性能提高 0.8%左右，而编码复杂度基本保持不变。

H.265/HEVC 标准中 4×4 整数 DST 矩阵的推导过程与整数 DCT 相似，具体公式为

$$Y=\left(\boldsymbol{HXH}^{\mathrm{T}}\right)\otimes\left(\boldsymbol{E}\otimes\boldsymbol{E}^{\mathrm{T}}\right)=\left(\begin{bmatrix}29 & 55 & 74 & 84\\74 & 74 & 0 & -74\\84 & -29 & -74 & 55\\55 & -84 & 74 & -29\end{bmatrix}\boldsymbol{X}\begin{bmatrix}29 & 74 & 84 & 55\\55 & 74 & -29 & -84\\74 & 0 & -74 & 74\\84 & -74 & 55 & -29\end{bmatrix}\right)\cdot\frac{1}{128}\cdot\frac{1}{128} \tag{3-46}$$

与整数 DCT 相同，整数 DST 也将式（3-46）中的比例缩放$\otimes\left(\boldsymbol{E}\otimes\boldsymbol{E}^{\mathrm{T}}\right)$部分与量化一同进行。由于缩放矩阵与 4×4 整数 DCT 完全相同，因此二者量化过程可以用统一的形式进行。

3.3.2　哈达玛变换

沃尔什-哈达玛变换（Walsh-Hadamard Transform，WHT）是广义傅里叶变换的一种，其变换矩阵$\boldsymbol{H}_m$是一个$2^m\times 2^m$的矩阵，称为哈达玛矩阵。其递推定义为

$$\boldsymbol{H}_0=[1]$$

$$\boldsymbol{H}_1=\frac{1}{\sqrt{2}}\begin{bmatrix}1 & 1\\1 & -1\end{bmatrix}$$

$$\boldsymbol{H}_2=\frac{1}{2}\begin{bmatrix}1 & 1 & 1 & 1\\1 & -1 & 1 & -1\\1 & 1 & -1 & -1\\1 & -1 & -1 & 1\end{bmatrix}$$

$$\boldsymbol{H}_m=\frac{1}{\sqrt{2}}\begin{bmatrix}\boldsymbol{H}_{m-1} & \boldsymbol{H}_{m-1}\\\boldsymbol{H}_{m-1} & -\boldsymbol{H}_{m-1}\end{bmatrix}$$

也可以用通项式形式表示为

$$\{\boldsymbol{H}_m\}_{i,j}=\frac{1}{2^{n/2}}(-1)^{i,j},i,j=0,1,\cdots,m-1 \tag{3-47}$$

哈达玛变换及其矩阵有以下几个性质。

① 哈达玛矩阵元素都是±1，且其特征值也只包含±1。

② 哈达玛矩阵为正交、对称矩阵，相应的哈达玛变换为正交变换。

③ 哈达玛矩阵奇数行偶对称，偶数行奇对称。

④ 哈达玛变换满足帕斯瓦尔定理。

与 DCT 相比，哈达玛变换仅含有加法运算，而且可以用递归形式快速实现。另外，其正向变换与反向变换具有相同的形式，因此其算法复杂度低，容易实现。在 H.264/AVC 标准中，哈达玛变换被用于亮度分量帧内 16×16 模式 DC 系数以及色度分量 DC 系数的变换，以达到进一步去除相关性的目的。而在新一代 H.265/HEVC 标准中，由于熵编码以变换单元（Transform Unit，TU）为单位，一个 TU 仅包含一个 DC 系数，且较大 TU 的使用同样具有去除相关性的作用，因此 H.265/HEVC 标准未使用哈达玛变换。

在图像、视频压缩处理领域，哈达玛变换也常用于计算残差的 SATD（Sum of Absolute Transformed Difference）值。SATD 是指将残差信号进行哈达玛变换后再求元素绝对值之和。假设某残差信号方阵为$\boldsymbol{X}$，则 SATD 为

$$\mathrm{SATD}=\sum_{\boldsymbol{M}}\sum_{\boldsymbol{M}}|\boldsymbol{HXH}| \tag{3-48}$$

式中，$\boldsymbol{M}$ 为方阵大小；$\boldsymbol{H}$ 为归一化的 $\boldsymbol{M} \times \boldsymbol{M}$ 哈达玛矩阵。

因为残差 SATD 与其经过 DCT 后各系数绝对值之和十分接近，所以说明 SATD 能在一定程度上反映残差在频域中的大小，且其性能接近于视频编码中实际使用的 DCT；相比之下 SAD［式（3-25）］仅能反映残差在空域上的大小。考虑到哈达玛变换复杂度远小于 DCT，同样小于整数 DCT，因此 SATD 广泛应用于视频编码中。

3.3.3 量化和扫描

对预测和变换后的系数在进行熵编码之前，还需要进行量化和扫描。量化可以大幅度提高视频编码的压缩率，扫描可以使量化后的数据结构更有利于熵编码，下面分别进行介绍。

1．**量化**（Quantization）

将具有连续的幅度值的输入信号转化为只具有有限个幅度值的输出信号的过程称为量化。量化后的信号会存在信息损失，再经过反量化一般不能精确地恢复原有值，在数据压缩中，量化对压缩后的码率和重建图像的质量均会产生重要的影响。由前面的预测编码和变换编码的分析可知，如果没有量化，就不可能得到高效数据压缩。预测和变换本身并不会带来失真，编码中的失真是由量化造成的。也就是说，量化过程是数据压缩的有效方法之一，也是图像压缩产生失真的根源之一。因此，量化器的设计很重要，它是一个受约束的优化问题，是在允许一定失真（或保持一定图像质量）的条件下，如何获得尽可能高的压缩比。

量化最简单的方法是均匀（线性）量化，但均匀量化往往效果并不好，因为它没有考虑量化对象的概率分布和人眼的视觉特性。如同前面 DCT 原理中的分析所述，对图像的 DCT 系数而言，其能量分布大部分集中在直流和低频分量附近，若采用考虑人眼视觉特性的非均匀量化，对低频区域进行细量化，对高频区域进行粗量化，可以证明，它与均匀量化相比，在相同量化步长的条件下，其量化误差要小得多。

图 3-20 所示为 MPEG-2 中一个 8×8 像素块 $f(x,y)$ 经过 DCT 变换和量化的示例。为得到带符号值，在做二维 DCT 之前，所有像素值先减去 128，再通过二维 DCT 变换到频域得到 DCT 系数矩阵 $\boldsymbol{F}(v,u)$，再对 $\boldsymbol{F}(v,u)$ 进行量化。量化其实是除以某个量化步长，如式（3-49）所示。

$$Q\boldsymbol{F}(v,u)=\boldsymbol{F}(v,u)/Q(v,u)/\text{scale\_factor} \tag{3-49}$$

MPEG-2 中的量化步长是通过量化表 $Q(v,u)$ 和量化因子 scale_factor 两级调控的。量化步长越大，量化越粗；量化步长越小，量化越细。对较平滑图像，量化步长改变不大或根本不变；而对细节丰富的图像，量化步长随着频率的增高而变大。量化表 $Q(v,u)$ 可以针对 8×8 DCT 系数矩阵中的每个频率系数调整量化步长，可以在视频序列层进行调整。也就是说，根据每个不同的视频码流自行定义一个量化表，由视频序列头信息（图 3-7 中所示）传输到解码端。量化因子 scale_factor 是在宏块层调整，可以根据每帧图像中的不同宏块区域调整该宏块的码率。

实际上，量化是控制编码器视频流码率分配的唯一手段。如图 3-20 所示，量化后很多系数变为 0；量化后矩阵关于对角线近似对称。量化后的矩阵系数通过后续扫描过程使得连续 0 的个数最大，便于采用游程编码来大大节省码率。

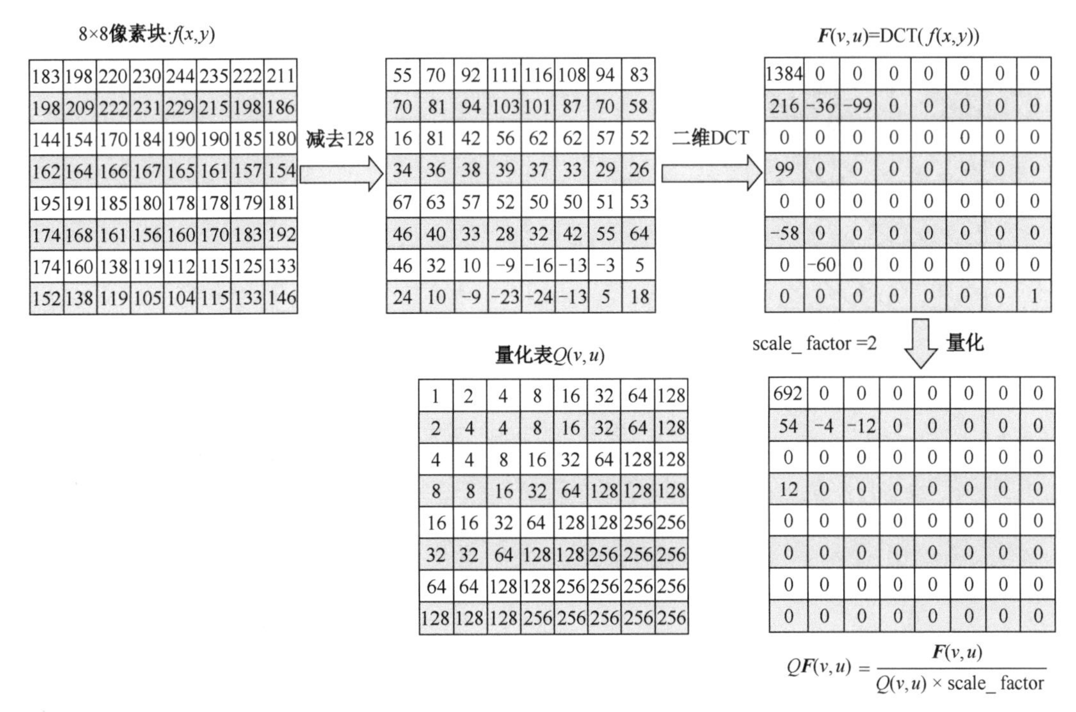

图 3-20 MPEG-2 中一个 8×8 像素块 $f(x,y)$ 经过 DCT 变换和量化的示例

视频信号经过预测得到的预测残差近似地服从拉普拉斯分布，预测残差经过量化会产生量化误差，这样在重建原来的信号时就会产生失真。预测残差的量化误差只会引起某一像素周围的邻近区域内图像的失真，即只会对一帧图像的局部区域产生影响，而一个 DCT 系数的量化误差会引起整个变换块的失真，产生的影响是全局性的。变换系数的量化器是根据变换系数的概率分布设计的，图像信号的 DC 分量的概率分布近似满足均匀分布，AC 分量则近似符合均值为零的拉普拉斯分布。

图像块进行 DCT 变换后，低频分量的系数的量化误差会扩大不同的块之间的平均灰度的差异，这将导致重建图像出现明显的分块结构，也就是上文所述的块效应；高频分量的系数的幅度非常小时，会被量化为零，也就是被"截断"，它的量化误差（包括因清零而产生的误差）降低了图像的分辨率，使细节部分变得模糊。此外，图像中发生亮度突变的位置会由于吉布斯（Gibbs）效应产生亮暗相间的条纹（Ringing），在彩色突变的位置往往会出现颜色溢出（Color Bleeding）现象。在运动视频序列中，变换系数的量化失真还可能造成不再被运动物体遮挡的背景部分出现"污痕"。

2．扫描

为提高编码效率，并不直接对图像块量化后的 DCT 系数值进行熵编码，而是要先对系数值进行重新排序。目前，重排序的方式有若干种，如水平扫描、垂直扫描等。最常见的重排方式为 Z 扫描，它将量化后系数的二维数组以一维方式读出。图 3-20 示例中量化后的矩阵 $\boldsymbol{QF}(v,u)$ 经 Z 扫描后系数的读出顺序，如图 3-21 所示。

量化 DCT 系数进行 Z 扫描之后，使得连续 0 的数目最大。码流中不传这些连续的 0 系数，而是通过游程码（Run Lengh Coding，RLC）只传连续 0 的个数。

游程码是指数字序列中连续出现相同符号的一段。在二元序列中，只有"0"和"1"可以连续出现，连"0"这一段称为"0"游程，连"1"这一段称为"1"游程。图 3-22 所示为一个二元序列对应的“0”和“1”游程示例。

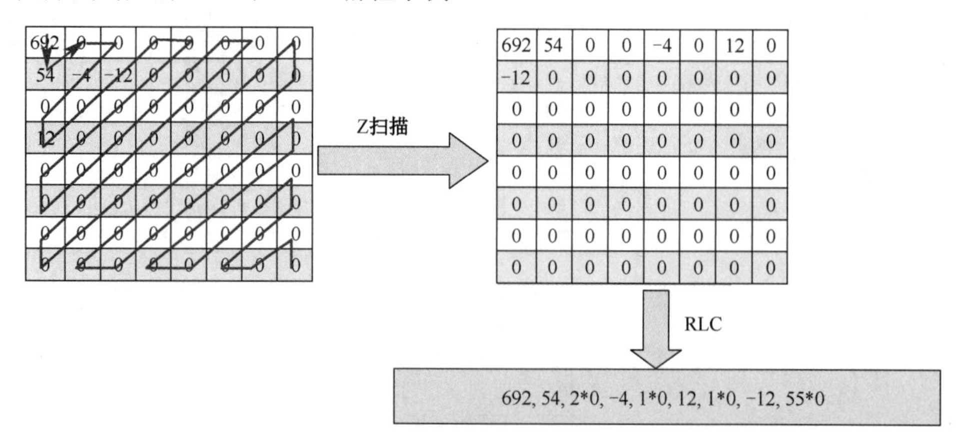

图 3-21 Z 扫描和游程编码示例

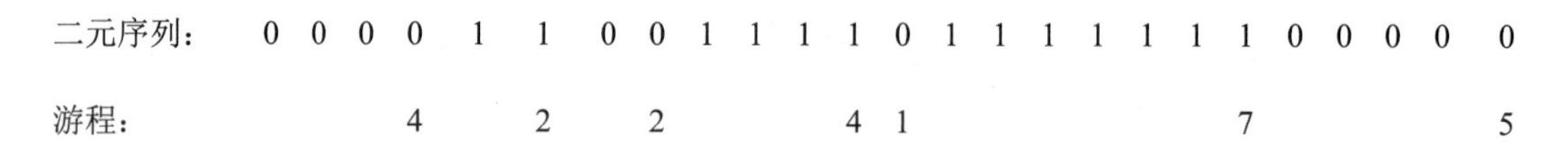

图 3-22 一个二元序列对应的“0”和“1”游程示例

游程码是一种一一对应的变换，也是一种可逆的变换。游程变换减弱了原信源序列间的相关性，将二元序列变成了多元序列，这就适合用其他编码方式（如霍夫曼编码等熵编码方式）进行进一步的编码，提高编码效率。

在扫描输出的一维数据中，将非零系数前面“0”的游程长度（连续出现的个数）与该系数值一起作为一个统计事件（图 3-21），然后将每一事件（“0”的游程长度，非零系数值）组成的符号组再进行熵编码。Z 扫描和游程编码与 DCT 和量化相配合，是变换编码实现高压缩比的主要因素。游程编码后的码流再进行熵编码，出现频率高的码字编码为短码，出现频率低的码字编码为长码，可进一步消除冗余度。

3.4 熵编码

前面已经讨论了预测编码和变换编码，它们是通过将原始信号转换为预测残差或变换系数的形式来去除视频信号在空间、时间以及视觉等方面的相关性，经过预测编码和变换编码后，信源输出的各样值之间的相关性已经比较低，可以近似看成一个离散无记忆信源，但是只要信源产生的各个符号的概率不相等，就依然存在冗余，熵编码的目的就是进一步进行数据压缩，去除信源符号在信息表达上的冗余，也称为信息熵冗余或编码冗余。本节主要介绍熵编码的一些基本概念，并以霍夫曼编码和算术编码这两种常见的熵编码方式为例详细解释熵编码的过程。

3.4.1 熵编码的概念

如前所述，视频信号在经过预测编码和变换编码之后，将预测残差或变换系数进行量化时会产生信息的损失，存在信息损失的编码方法称为有损编码。熵编码不会产生信息的损失，没有信息损失的编码方法称为无损编码。

前面已经介绍过信息源的熵的概念，下面以式（3-50）所表示的离散信源为例进行讨论，离散信源产生的符号集 X 包含 s_1、s_2、s_3 和 s_4 4 个符号。

$$X=\begin{Bmatrix} s_1 & s_2 & s_3 & s_4 \\ 1/2 & 1/4 & 1/8 & 1/8 \end{Bmatrix} \tag{3-50}$$

该信源中的 4 个符号出现概率不相等，可以计算得到该离散信源的熵 $H(X)$ 为 1.75 比特/符号。表 3-3 给出了两种编码方式来表示信源产生的符号。在编码方式 I 中，每个符号使用 2 位二进制数表示，如使用 01 表示符号 s_3，这个过程称为编码，01 称为码字，如表 3-3 所示的符号与码字的一一对应关系的集合称为码表或码本。

表 3-3　两种编码方式来表示信源产生的符号

符号	s_1	s_2	s_3	s_4
出现的概率	1/2	1/4	1/8	1/8
编码方式 I	11	10	01	00
编码方式 II	0	01	001	010

假设符号 s_i 所对应的码字的长度为 $n(s_i)$ 比特，下面给出平均码长的公式：

$$\bar{N}=\sum_i p(s_i)n(s_i)(\text{比特/符号}) \tag{3-51}$$

在编码方式 I 中，每个符号所对应的码字的长度是相等的，计算可得平均码长 $\bar{N}=2$ 比特/符号，大于信息源的熵（1.75 比特/符号）。在编码方式Ⅱ中，每个符号所对应的码字的长度是不同的，这种编码方式称为变长编码（Variable Length Coding，VLC），将编码方式Ⅱ中各个符号对应的码字长度及其概率代入式（3-51）可以得到平均码长 $\bar{N}=1.75$ 比特/符号，正好等于信息源的熵，这说明编码方式Ⅱ比编码方式 I 具有更低的数据率。根据香农的信息论，已经达到了数据编码的极限值，也就是说，我们找不出任何其他的无失真编码方式，其平均码长比编码方式Ⅱ得到的平均码长更短。

在使用二进制数码来表示输出符号时，实际上是建立了一个新的符号集 $A=\{0,1\}$，从该符号集中选取符号 $a_i\,(i=1,2)$ 来表示原信源所输出的序列。根据最大离散熵定理，当新的符号集 A 中的符号满足等概率分布时，A 的熵是最大的，即每个符号 a_i 携带的平均信息量最多，在表示原信源输出的同样的信息量时所需要的符号数目最少。因此，为了实现数据压缩，应选择合适的新符号集 A，使它的概率模型尽可能接近于等概率分布。我们使用下面的例子做进一步的说明，采用表 3-3 中的两种编码方式得到的原信源输出序列和编码后的序列有如表 3-4 所示的关系。

表 3-4　原信源输出序列和编码后的序列的关系

编码方式	原信源输出序列	s_1	s_2	s_1	s_3	s_2	s_1	s_1	s_4	…
编码方式 I	编码后的序列	11	10	11	01	10	11	11	00	…
编码方式Ⅱ	编码后的序列	0	01	0	001	01	0	0	010	…

从表 3-4 中可以看出，在表示同一个原始信源输出序列时，编码方式 I 使用了 16 个符号，

而编码方式Ⅱ只用了14个符号，所以编码方式Ⅱ可以给出更低的数据率。

如果新的符号集 A 中有 M 个符号，那么信源的输出序列经编码后可能达到的最大的熵为 $\log_2 M$。假设信源的熵为 $H(X)$，输出序列编码后得到的码字的平均码长为 $\bar{N}$，则编码得到的新的符号集中每个符号所携带的平均信息量为

$$H(A)=\frac{H(X)}{\bar{N}} \tag{3-52}$$

显然，

$$\frac{H(X)}{\bar{N}} \leqslant \log_2 M \tag{3-53}$$

我们定义编码效率为

$$\eta=\frac{H(X)}{\bar{N}\log_2 M} \tag{3-54}$$

当 $\eta=1$ 时，有

$$\bar{N}_{\min}=\frac{H(X)}{\log_2 M} \tag{3-55}$$

式（3-55）表示在熵编码中所能达到的最小的平均码长的极限值，当 $M=2$ 时，即新的符号集 A 中有两个符号，如 $A=\{0,1\}$，最小的平均码长等于原信源的熵。

熵编码是通过建立信源符号集内的符号与码字的一一对应关系，使得编码后的码字的平均码长尽可能地接近上述极限，从熵编码的过程可以看出，这种编码方式属于无损编码。

3.4.2 霍夫曼编码

霍夫曼（Huffman）编码是一种典型的变长编码方式，其基本思想是为信源输出的大概率符号 s_i 分配较短的码字，而为小概率符号分配较长的码字，从而达到编码信源符号得到的码字的平均码长最短的目的。霍夫曼编码对于给定的信源符号集和概率模型，在所有的整数码中具有最短的平均字长。整数码是指每个信源符号所对应的码字的位数都是整数。

霍夫曼编码的过程类似于树形生成的过程，其编码的具体过程如下。

①将所有信源符号按照出现的概率递减的顺序排列，两个概率相等的信源符号的放置顺序不区分先后。

②将信源中出现概率最小的两个符号合并成一个新的符号，两个最小概率的和作为新的符号的概率。

③重复进行步骤①和②直到概率相加的结果等于1为止，最后的1所在的位置称为树根。

④在合并运算时，为概率大的符号赋值0（或1），为概率小的符号赋值1（或0）。

⑤从树根到信源的符号，将路线上的0和1依次排列起来，得到每个符号的霍夫曼编码码字。

现在使用一个具体的例子来说明上述编码过程，假设信源输出的符号以及它们出现的概率为

$$X=\begin{Bmatrix} s_1 & s_2 & s_3 & s_4 & s_5 \\ \dfrac{1}{2} & \dfrac{1}{10} & \dfrac{1}{5} & \dfrac{1}{8} & \dfrac{3}{40} \end{Bmatrix} \tag{3-56}$$

图3-23给出了构造霍夫曼编码的过程。从左到右，首先将概率最小的 s_2 和 s_5 合并，合成

的新符号的概率为$\frac{7}{40}$，因为$\frac{1}{8}<\frac{7}{40}<\frac{1}{5}$，所以合成的符号排在$s_3$和$s_4$之间，以此类推，直到概率相加的结果为 1，合并过程结束。然后在合并的节点处为上下两个分支分别赋值 0 和 1，这样得到的树状结构称为码树，概率为 1 的位置是树根，各个符号的概率所在的位置是树梢，将从树根到树梢的各个分支所经过的码元依次排列就得到该树梢上的符号的编码码字。例如，从树根经过 3 个节点到s_4所构成的码字为 101。由于两个概率相等的信源符号的排列顺序不区分先后，且一个节点处的上下两个分支可以分别赋值 0 和 1 或 1 和 0，因此对同一信源进行霍夫曼编码得到的码字并不是唯一的，但是它们的平均码长是相等的。

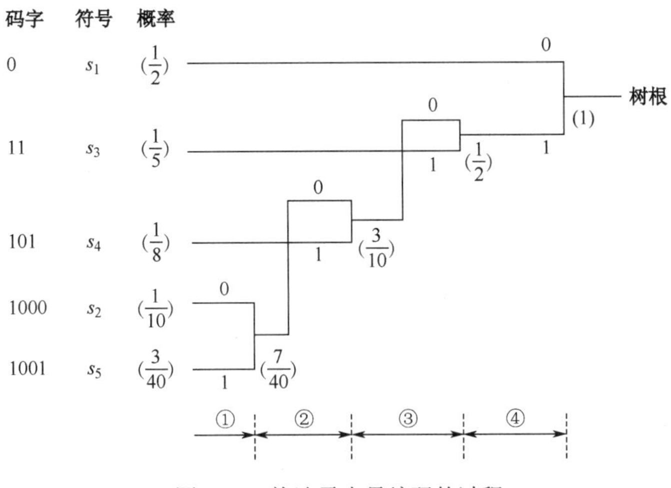

图 3-23　构造霍夫曼编码的过程

需要注意的是，霍夫曼编码过程的最基本依据是信源的概率分布，即针对已知信源来构造最佳的变长码，如果编码时所假设的概率模型与信源的概率模型不匹配，那么实际的平均码长会大于预期的值，编码效率下降。如果假设的概率模型与信源的概率模型差异较大，那么实际的平均码长可能比使用定长码得到的平均码长还要长，在这种情况下，可以选择更换码表，使之与信源的概率模型相匹配，或者直接使用定长码。此外，霍夫曼编码对误码非常敏感，当码流中出现 1 比特错误时，不仅会造成对应的码字出现译码错误，而且可能产生错误的传播。

3.4.3　算术编码

算术编码是另一种能够使编码后的码字的平均码长趋近于熵的极限值的编码方式。与变长码不同，它的本质是为信源输出的整个符号序列分配一个码字，而不是为信源产生的每个符号分别指定码字，因此算术编码在平均意义上可以为单个符号分配码长小于 1 的码字。它与霍夫曼编码类似，对大概率符号采用短码，对小概率符号采用长码。

1. 算术编码的基本原理

算术编码是将信源输出的符号序列映射为数轴上[0，1）区间内的一个小区间，区间的宽度等于该序列的概率值，然后在此区间内选择一个有效的二进制小数作为整个符号序列的编码码字，通常选择该区间的左端点。

我们以一个具有 4 个符号的信源为例介绍算术编码的基本过程，该信源的概率模型如

表 3-5 所示。算术编码过程的示意图如图 3-24 所示。在单位概率区间中表示了每个符号出现的概率，它们所对应的概率区间都是半开区间，即该区间只包含左端点，不包含右端点，子区间的宽度表示概率值的大小。我们可以发现，每个符号所对应的子区间的左边界，实际上是从下到上各符号的累积概率。算术编码使用二进制分数表示概率，表 3-5 和图 3-24 都标注了相应的二进制概率。

表 3-5　一个具有 4 个符号的信源的概率模型

符号	s_1	s_2	s_3	s_4
概率（十进制）	$\frac{1}{4}$	$\frac{1}{8}$	$\frac{1}{2}$	$\frac{1}{8}$
概率（二进制）	0.01	0.001	0.1	0.001
累积概率	0	0.01	0.011	0.111

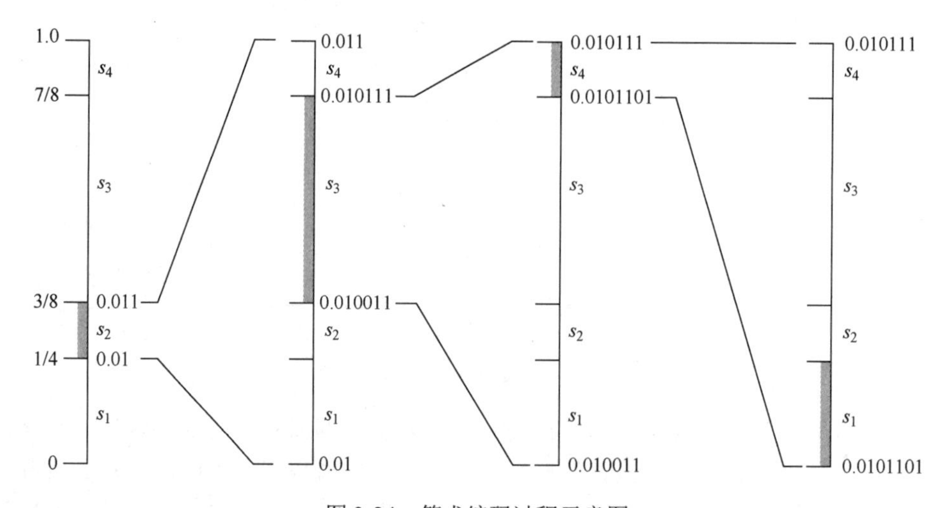

图 3-24　算术编码过程示意图

假设信源输出的符号序列为 $s_2s_3s_4s_1\cdots$，序列的第一个符号 s_2 对应的概率区间为[0.01，0.011)，则编码得到的码字为 0.01，后续符号的编码将在前面的符号指向的子区间内进行，将区间[0.01，0.011）再以符号的概率值为比例划分为 4 份，第二个符号 s_3 对应的概率区间为[0.010011，0.010111)，编码得到的码字串变为 0.010011，继续将区间[0.010011，0.010111）划分为 4 份，对第三个符号 s_4 编码，以此类推，直到该序列完成编码。

算术编码的执行过程是基于待编码符号的概率对区间进行迭代分割，假设编码器的初始编码点为 $C=0$，区间宽度为 $A=1.0$，则区间的迭代过程为

$$新编码点C = 原编码点C + 原区间A \times P_i \tag{3-57}$$

$$新区间A = 原区间A \times p_i \tag{3-58}$$

式中，p_i 和 P_i 分别为信源输出的符号 s_i 所对应的概率与各符号的累积概率。

根据上述迭代过程对序列 $s_2s_3s_4s_1\cdots$ 进行编码的步骤如式（3-59）～式（3-62）所示，式中的所有数字都为二进制数。

$$\begin{aligned} C_1 &= 0 + 1 \times 0.01 = 0.01 \\ A_1 &= 1 \times 0.001 = 0.001 \end{aligned} \tag{3-59}$$

$$\begin{aligned} C_2 &= 0.01 + 0.001 \times 0.011 = 0.010011 \\ A_2 &= 0.001 \times 0.1 = 0.0001 \end{aligned} \tag{3-60}$$

$$\begin{aligned} C_3 &= 0.010011 + 0.0001 \times 0.111 = 0.0101101 \\ A_3 &= 0.0001 \times 0.001 = 0.0000001 \end{aligned} \tag{3-61}$$

$$\begin{aligned} C_4 &= 0.0101101 + 0.0000001 \times 0 = 0.0101101 \\ A_4 &= 0.0000001 \times 0.01 = 0.000000001 \end{aligned} \tag{3-62}$$

最终编码得到的码字串为 0.0101101，使用 7 比特表示了 4 个信源符号，每个符号对应的码字的平均码长为 $7/4 = 1.75$ 比特 / 符号。

在解码器中，根据接收到的码字串，采取与编码过程相反的步骤，即先从码字串中减去已解码符号子区间的左端点的数值（累积概率），再将差值除以该子区间的宽度（概率值），最后把得到的结果与区间端点值进行比较即可依次解码出原始信源的符号。

在进行算术编码时，还需要注意进位的问题。在霍夫曼编码中，后续的符号编码得到的码字是直接附加到已经编好的码字串末尾的，不会改变已有的码字串；而在算术编码中，在进行相加运算时会产生进位，如在上面的例子中，编完第二个符号之后码字串为 0.010011，进行第三个符号的编码时，码字串的前 4 位由 0.0100 变为 0.0101。

2. 二进制算术编码

二进制算术编码是一种常用的算术编码方法，在这种编码方法中，输入的字符只有两种，当信源的符号集中有多个符号时，要先进行一系列的二进制判决，使用二进制字符串表示不同的符号。图 3-23 所示的霍夫曼树就是二进制判决方法之一。

在二进制算术编码器的两个输入字符中，出现概率较大的一个字符称为 MPS（Most Probable Symbol），出现概率较小的一个字符称为 LPS（Less Probable Symbol），假设 LPS 出现的概率为 Q_e，则 MPS 出现的概率为 $1-Q_e$。二进制字符对应的概率区间如图 3-25 所示。

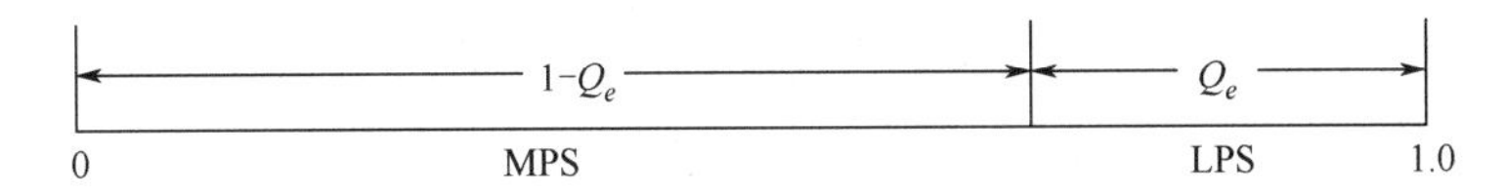

图 3-25　二进制字符对应的概率区间

我们依然使用子区间的左端点表示信源符号的编码码字，根据前面介绍的算术编码的基本原理，可以得到 MPS 和 LPS 的编码规则分别如式（3-63）和式（3-64）所示。

$$\begin{aligned} C &= C \\ A &= A(1-Q_e) = A - AQ_e \end{aligned} \tag{3-63}$$

$$\begin{aligned} C &= C + A(1-Q_e) = C + A - AQ_e \\ A &= AQ_e \end{aligned} \tag{3-64}$$

在霍夫曼编码中，对每个符号的编码都会增加码字串的长度，而对于算术编码，从式（3-63）中可以看出，MPS 的编码不会增加已经编好的码字串的长度，这是算术编码优于霍夫曼编码的地方。

在具体实现二进制算术编码算法时，需要考虑以下几个问题：① 随着概率子区间的划分，区间宽度 A 会变小，用来表示 A 的码字的位数会变多。② 式（3-63）和式（3-64）中的乘法运算无论是用硬件实现还是用软件实现，都具有较高的成本。③ 如果已经编好的码字串中连续出现了多个 1，那么后续编码过程中可能会出现多次进位的现象。

有多种二进制算术编码器，如 Q 编码器、QM 编码器和 MQ 编码器等，下面对 QM 编码器的编码原理做简要的介绍。

针对概率区间A的有效数字的位数会随码字串的长度的增加而增加的问题，QM 编码器中使用了有限精度的算术运算来计算概率区间A，即让A的有效数字的位数始终保持在规定的范围之内。假设规定的A的范围为 0.75～1.5（十进制数），当$A<0.75$时，把A的值乘 2，乘 2 运算可以通过移位操作实现，让A的值保持在 0.75～1.5，这样A仍然可以用原来的位数表示，这个过程称为重新归一化。区间A重新归一化后，码字串也要随之归一化以指向正确的区间。

对于式（3-63）和式（3-64）中的乘法运算，当$0.75\leqslant A<1.5$时，可以使用如下近似。

$$AQ_e \approx Q_e \tag{3-65}$$

$$A\left(1-Q_e\right) \approx A-Q_e \tag{3-66}$$

近似后的二进制概率区间如图 3-26 所示。在实际情况中，Q_e一般比较小，只有在Q_e的值接近 0.5 时，上述的近似才会产生比较明显的误差。

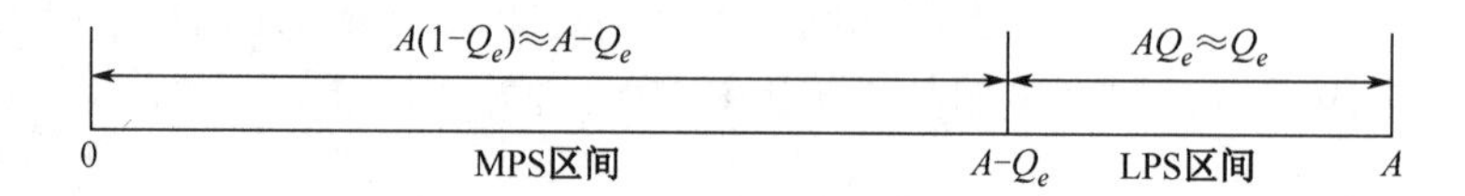

图 3-26　近似后的二进制概率区间

当Q_e的值接近 0.5 时，这种近似带来的误差可能造成 LPS 的概率区间大于 MPS 的概率区间的情况。图 3-27 所示的条件互换是一个具体的例子。假设$Q_e=0.5$，初始的区间宽度$A=1.35$，MPS 和 LPS 对应的概率区间分别为[0.0，0.85）和[0.85，1.35)，MPS 编码完成后，区间A更新为$A=A-Q_e=0.85$，LPS 对应的概率区间宽度为$A=Q_e=0.5$，MPS 对应的概率区间宽度变为$A=A-Q_e=0.35$，此时 LPS 的区间大于 MPS 的区间，需要把 MPS 和 LPS 对应的符号及区间互换，这就是条件互换。在需要进行条件互换时，MPS 和 LPS 对应的概率子区间满足如下的关系。

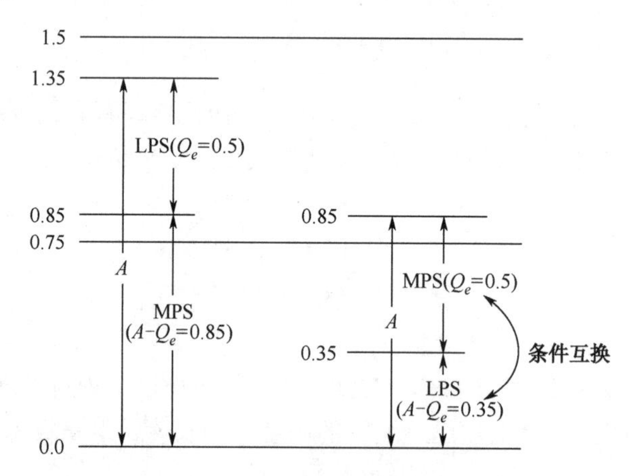

图 3-27　条件互换

$$A-Q_e<Q_e\leqslant 0.5<0.75 \tag{3-67}$$

因为两个子区间都是小于 0.75 的，所以需要重新归一化，在 QM 编码器中，条件互换的检测总是放在重新归一化的检测之后。

QM 编码器在输出码字串之前设置了一个缓存器来解决进位问题，当码字串中连续出现 1 时，将该码字串先放入堆栈中暂存，如果对后续符号的编码产生了进位，那么改变堆栈中的码字后再输出；如果没有产生进位，那么直接输出堆栈中的码字。

算术编码与霍夫曼编码类似，如果假设的概率模型（二进制算术编码中的 Q_e 值）与信源的概率模型不一致，编码效率也会下降。在实际应用中，可以采用一定的方式实时地估计输入信号的 Q_e 值并动态更新编码器的相关参数，这种方法称为自适应二进制算术编码。

习　题

1．选择一张图片，将其按 8×8 分块，对每块分别做 8×8 的 2D-DCT 变换，并保留左上角前 2 条、前 4 条、前 6 条对角线上的系数（其余置 0）后做 8×8 的反变换，将得到的图像与原图像进行对比分析。

2．对 64、56、48、40、32、24、16、8 这 8 个数按顺序组成的一维信号分别实现一维 FFT 和 DCT，并且均对变换信号截断后 4 位，再进行反变换，对比两种变换的重建信号效果。

3．选择一张图片，分别进行 FFT 和 DCT 正反变换，观察并分析结果。

4．选择两张大小相同的图像，分别进行 DFT 变换后，置换两张图像的幅度和相位信息后再做反变换，观察并分析结果。

5．以 MPEG-2 的视频编解码架构为例，分别简述 DCT 变换、量化、运动估计、Z 扫描和熵编码各模块的压缩原理，其中哪些是有损压缩，哪些是无损压缩？

6．运动估计中如果运动矢量估计得不准确会产生什么后果？

7．在当前主流国际视频压缩标准中的混合视频编解码框架中，如果压缩比过大，可能会对图像的质量产生哪些影响？

8．请画出视频 ES 流结构示意图，并简述各组成部分的含义。

9．霍夫曼编码和算术编码是最常用的两种熵编码方法，请分别简述它们的基本思想。对同一信源进行霍夫曼编码得到的码字是唯一的吗？请说明理由。

参考文献

[1] 万帅，杨付正. 新一代高效视频编码 H.265/HEVC：原理、标准与实现[M]. 北京：电子工业出版社，2014.

[2] 朱秀昌，刘峰，胡栋. H.265/HEVC：视频编码新标准及其扩展[M]. 北京：电子工业出版社，2016.

[3] 陈靖，刘京，曹喜信. 深入理解视频编解码技术：基于 H.264 标准及参考模型[M]. 北京：北京航空航天大学出版社，2012.

[4] 朱秀昌，刘峰，胡栋. 视频编码与传输新技术[M]. 北京：电子工业出版社，2014.

[5] 卓力，张菁，李晓光. 新一代高效视频编码技术[M]. 北京：人民邮电出版社，2013.

[6] Yao Wang, Jorn Ostermann, Ya-Qin Zh. 视频处理与通信[M]. 北京：电子工业出版社，2003.

[7] 蔡安妮. 多媒体通信技术基础[M]. 3 版. 北京：电子工业出版社，2012.

[8] 高文，赵德斌，马思伟. 数字视频编码技术原理[M]. 北京：科学出版社，2010.

[9] 朱秀昌，唐贵进. IP网络视频传输——技术、标准和应用[M]. 北京：人民邮电出版社，2017.

[10] Tudor P N. MPEG-2 video compression[J]. Electronics & communication engineering journal, 1995, 7(6): 257-264.

[11] Haskell B G, Puri A, Netravali A N. Digital video: an introduction to MPEG-2[M]. Springer Science & Business Media, 1996.

[12] 蔡安妮. 多媒体通信技术基础[M]. 4版. 北京：电子工业出版社，2017.

第 4 章　视频编码标准

第 3 章介绍了视频编码的核心模块的技术原理，如预测编码、变换编码和熵编码。为使得视频编码码流在大范围的不同厂商之间互通和一致地解码，国际组织自 20 世纪 80 年代，制定了一系列视频编码标准，规定了视频编码的码流语法结构和解码过程。

语法元素是码流的基本数据单元，由若干比特组成，用于表征预测模式、变换类型等特定的编码决策（类比于语言中的词）；各语法元素具体含义的解释称为语义；语法组织结构，则规定了不同语法元素的拼合方式，以形成比特码流（类比于语言中的句子和段落）。视频编码标准是从解码器的视角出发，规定了从编码后的比特码流正确提取语法元素并进行一致解释的方法。只要编码码流符合标准的语法结构，任何遵循该项标准的解码器都可以根据码流的语法语义进行正确解码。不难推论，视频编码标准给编码器的实现留出了较大的自由度。

视频编码标准通常是同时代最先进的视频编码技术工具的集合。为此，在标准制定过程中，标准化组织向业界广泛征集技术提案，通过充分公开的技术论证、测试评比，形成一套汇集先进编码技术的工具集合，并以参考软件的方式进行发布。参考软件通常代表该标准压缩性能的基准，用作科研人员探索先进视频编码技术的平台以及商业编码器开发的基础和参考。

目前在世界范围内获得广泛认可的视频编码标准主要由两个组织共同负责制定和发布。一是国际电信联盟电信标准化组（ITU-T）下的视频编码专家组（Video Coding Experts Group，VCEG）；二是国际标准化组织/国际电工委员会（ISO/IEC）下的运动图像专家组（Moving Picture Experts Group，MPEG）。VCEG 制定的视频编码标准 H.26x 系列主要包括 H.261、H.262、H.263（H.263+、H.263++）、H.264、H.265 以及最新的 H.266。其中 H.261 是最早出现的视频压缩标准。MPEG 制定的视频编码标准 MPEG-x 系列主要包括 MPEG-1、MPEG-2、MPEG-4、AVC、HEVC、VVC 等。其中 MPEG-2 是首个用于高清广播电视的视频压缩标准。值得一提的是，两大组织成功合作、联合制定过一系列标准，包括 H.262/MPEG-2、H.264/AVC、H.265/HEVC、H.266/VVC。

出于商业或政策考虑，世界范围内还有一些视频编码标准组织。中国的音视频编码标准（Audio Video coding Standard，AVS）工作组制定的视频编码标准已经发展到第三代，已用于国庆阅兵、春节晚会等重要场合。开放媒体联盟（Alliance for Open Media，AOM）由亚马逊、思科、谷歌、英特尔、微软、Mozilla 以及 Netflix 等互联网公司成立，旨在制定全新、开放、免费版权的视频编码标准和视频格式。

由此，本章重点阐述第 3 章所述的视频压缩核心技术在具体场景和业界推广应用中标准化的演进过程，以及在具体工程实践中所需的编码性能优化、码率控制和分级编码技术。

4.1　视频压缩标准演进

视频编码从 30 多年前的 H.261 标准开始，每隔 8～10 年向前演进一代。早期有影响力的是 ITU-T/MPEG 标准，但近几年由于互联网流媒体公司的快速崛起，标准技术呈现出百花齐放的景象。AV1 是 AOM 开发的第一代视频编码标准，于 2018 年和 2020 年发布了 1.0 和 2.0

版本。AVS3 是由国内高校、华为以及三星等企业联合制定的编码标准，于 2019 年和 2021 年发布了 1.0 和 2.0 版本，2022 年投入应用。更完整的视频压缩标准演进过程如图 4-1 所示。

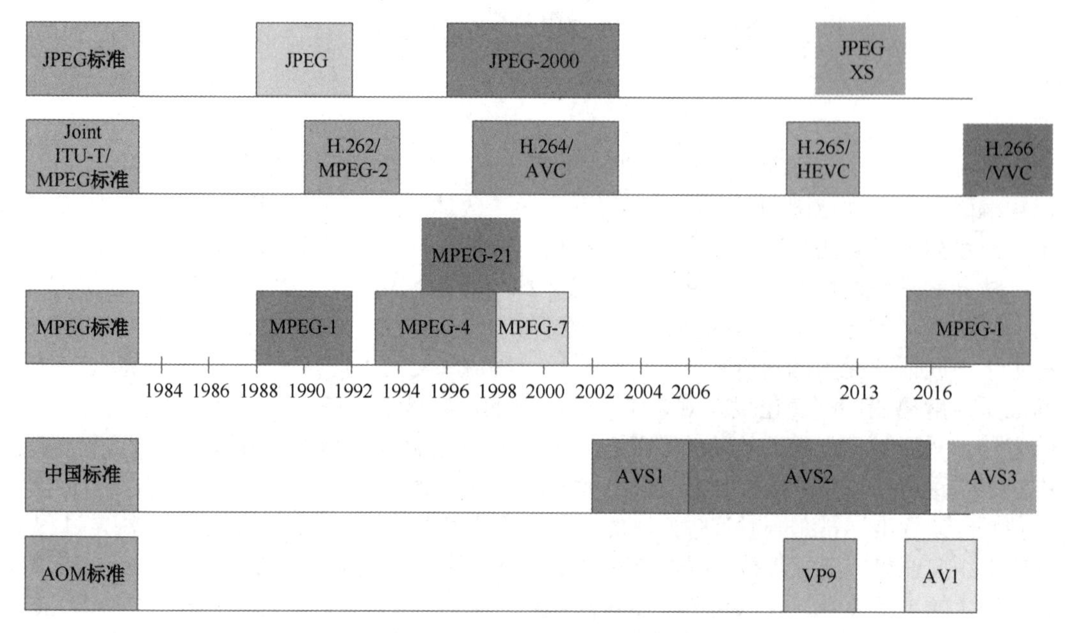

图 4-1 更完整的视频压缩标准演进过程

4.1.1 H.26x/MPEG 系列

1．H.261

H.261 是由 ITU-T 为在窄带数字网上开展双向声像业务（可视电话、会议）而制定的。H.261 只对 CIF（Common Intermediate Format）和 QCIF（Quarter CIF）两种图像格式进行处理。由于世界各国采用的电视制式及其图像扫描格式不同，要在各国建立可视电话或会议业务，必须采用统一的图像格式，这也是 CIF 名称的由来。CIF 和 QCIF 亮度信号的分辨率分别为 352×288 和 176×144，色度信号按 4∶2∶0 采样。

H.261 的压缩框架由帧间预测、块 DCT 和霍夫曼编码组成。由于该标准用于实时业务，希望编解码延迟尽可能小，因此只利用当前帧的前一帧作为参考帧进行前向预测。除了初始帧为 I 帧，后续帧一般为 P 帧。为了防止信道误码产生的差错经预测编码传播和累积，在每 132 帧之内，对每个位置的宏块进行至少一次帧内编码。H.261 标准的另一个特点是编解码器的复杂度相当或对称，因为会话双方都需要同样的编码器和解码器。

2．MPEG-1

MPEG-1 是为存储数字声像信息而制定的，共分为视频编码、声音编码、声像同步与复用 3 个部分。MPEG-1 可以处理 SIF（Source Input Format）图像格式，其亮度信号的分辨率为 352×240（NTSC）或 352×288（PAL）。在 4∶2∶0 色度采样模式下，视频信号压缩后的码率为 1.2Mbit/s；加上压缩后的 CD 质量双声道立体声伴音后，总码率约为 1.4Mbit/s。由于针对数字存储应用而制定，MPEG-1 编解码器是不对称的，位于存储中心的编码器比用户端的解码器要复杂得多。

3．H.262/MPEG-2

H.262/MPEG-2 的初衷是制定一个针对广播电视质量（CCIR601 格式）的视频编码标准，但最终制定了一个通用标准，能对不同分辨率的视频信号进行编码。MPEG-2 的视频编码方式与码流结构同 MPEG-1 相似。与 MPEG-1 相比，MPEG-2 主要增加了以下几项功能：① 处理隔行扫描的视频信号的能力；② 更多的色度信号采样模式，除 4∶2∶0 外，还支持 4∶2∶2 和 4∶4∶4 模式；③ 可伸缩的编码方式。它是指一次编码所产生的码流具有下述特性：对码流的一部分解码可以获得低质量的重建图像，完全解码可获得更高质量的图像。MPEG-2 支持空域（分辨率）/时域（帧率）/信噪比的可伸缩编码。

4．H.263

H.263 是 ITU-T 制定的低比特率（64kbit/s 及以下）标准，主要应用于可视电话和视频会议。在 H.263 的发展中，先后出现过两个改进版本，即 H.263+和 H.263++，改进版本作为附录补充进标准。H.263 所支持的图像格式包括 Sub-QCIF（128×96）、QCIF（176×144）、CIF（352×288）、4 CIF（704×576）、16 CIF（1408×1152）。

H.263 是在 H.261 的基础上加以改进而形成的，主要改进如下：① 更高效的编码工具，包括半像素精度的运动补偿、不受限的运动矢量、8×8 块的帧间预测、DCT 系数的空间预测和基于句法的算术编码等；② PB 帧模式，为了满足实时性要求，H.263 不使用延迟较大的双向预测 B 帧，而采用了 P 帧和 B 帧作为一个单元来处理的方式，即将 P 帧和由该帧与上一个 P 帧所共同预测的 B 帧一起编码；③ 抗误码，为了改善在高噪声信道上传输的视频质量，H.263 增加了一些抗误码模式，如参考图像选择、错误跟踪、独立分段解码等。

5．MPEG-4

MPEG-4 的初衷是采用第二代压缩编码算法制定出一个通用的低码率（64kbit/s 以下）标准。但是由于在预定的时间内算法还不够成熟，因此其目标转而面向已有标准尚未全面支持的应用，如交互式多媒体服务。

MPEG-4 具有以下特点。

① 高效率和强鲁棒性的编码。MPEG-4 以 H.263 为基础，借鉴并改进了其中的编码工具，如允许 1/4 像素精度和全局的运动补偿等。同时，采取重复传递包头信息、可逆变长编码、动态分辨率转换等措施，提高在噪声信道上传输的鲁棒性。该特性使得 MPEG-4 在低码率和高噪声环境下取得了广泛的应用。

② 静止背景编码。它是指将基本不变化的视频背景作为一个整体进行编码和传输，做法是将大于屏幕可见区域的完整背景压缩传输到接收端，接收端根据后续接收到的参数对背景进行一定的平移和扭曲，并将适当的部分呈现在屏幕上。

③ 小波纹理编码。允许使用小波变换进行图像编码。

④ 动画对象编码。支持 2D/3D 网格对象编码，并且提供了一组人脸/身体动画的建模和编码工具。

6．H.264/AVC

H.264/AVC（Advanced Video Coding）于 2003 年定稿，目前已经成为商业上比较成熟的、使用最为广泛的视频压缩标准。H.264 不仅具有高压缩比，而且在恶劣的网络传输条件下具有较好的抗误码性能，可以支持包括视频会话、视频点播、IPTV、数字电视广播在内的各类应用。H.264 在使用混合编码框架的基础上，加入了很多工具来支持不同码率需求的应用。与

MPEG-2 相比，H.264 在保证同等视频质量的情况下只消耗了对应 MPEG-2 30%~50%的码率。H.264 新增的主要编码工具如下。

① 帧内预测。在 H.264 的帧内预测中，一个宏块可以被编码成一个 16×16 或 4 个 8×8，或者 16 个 4×4 的块。当前块的预测值通过该块左边或上边的像素加权平均得到，权值由方向预测模式决定，预测方向上的主要像素点的权重更大。4×4 的块和 8×8 的块有 9 种预测模式，16×16 的块有 4 种预测模式。

② 帧间预测。H.264 的帧间预测从以下几个方面进行了扩展：① 运动补偿时灵活的块大小，一个宏块可以被编码为 1 个 16×16、2 个 16×8、2 个 8×16 或 4 个 8×8 的块。每个 8×8 的块能被编码为 1 个 8×8、2 个 4×8、2 个 8×4 或 4 个 4×4 的子块；② 多个预测参考帧，B 帧加入参考帧候选；③ 加权预测，以及分数像素精度的运动估计。

③ 熵编码。H.264 中的熵编码对除量化系数之外的其他语法元素使用通用的变长编码（Variable-Length Coding，VLC）。而对于量化系数则使用上下文自适应的变长编码（CAVLC）或上下文自适应的二进制算术编码（CABAC）。CABAC 能获得很大的编码增益，但它的计算复杂度很高。

④网络友好的特性。H.264 从概念上通过提供视频编码层（Video Coding Layer，VLC）和网络抽象层（Network Abstraction Layer，NAL）将视频编码与网络传输加以区分，以支持包括网络的以及低码率的很多实际应用。VLC 主要着眼于更高效的视频编码，NAL 将编码数据格式化，封装进 NAL 单元，以支持在不同网络环境下传输。

7．H.265/HEVC

随着媒体技术的迅速发展，电视从模拟转向数字化，高清晰度电视、视频点播以及蓝光 DVD 逐渐普及。为了适应新形势下对视频编码的要求，VCEG 和 MPEG 两大组织又一次联手共同推动制定了一代视频编码标准。他们在 2010 年 1 月开始征集新一代视频编码技术的提案，并成立了视频编码联合组（Joint Collaborative Team on Video Coding，JCTVC）负责编码技术的审议和评估。2010 年 4 月，第一次 JCTVC 会议召开，共有 27 个提案被提交，在深入讨论和性能比较后产生了第一个版本的 HEVC 参考代码 TMuC（Test Model under Consideration）。同年 10 月的第三次 JCTVC 会议公布了第一个 HEVC 工作草案，并产生了第一个正式版本的 HEVC 参考代码 HM-1.0（HEVC test Model）。2012 年 2 月公布了委员会草案，同年，JCTVC 宣布将进行 HEVC 可伸缩编码的性能评估，表明 HEVC 也将支持可伸缩的视频编码。在 2013 年 1 月，HEVC 第一版的标准化工作完成，标志着 HEVC 正式成为国际通用的视频编码标准。

HEVC 的目标是处理高分辨率（最大 8K×4K）图像，并在相同视频质量下，将压缩后的比特率比前一代 H.264 降低 50%。HEVC 仍以混合编码框架为基础，引入了新颖的编码技术。HEVC 最主要的一个特性是编码方式和参数采取自适应的模式。编码单元不再是固定大小的宏块，而是尺寸更大、不固定大小的块；进行运动估计和变换编码的块的大小与形状也有更多的选择性；亚像素插值滤波器和运动矢量的精度不再固定，可以根据残差最小的原则动态地选择；变换编码也可以根据图像内容采用不同的形式。新增的关键编码技术具体如下。

（1）四叉树分割

HEVC 的一项重要革新就是提出了基于 CTU、CU、PU、TU 的四叉树分割技术。一幅图像首先被分割成多个一致大小的 CTU，一般设置为 64×64，也可以使用 32×32 或 16×16 的更小尺寸。CTU 类似于 H.264 中宏块的概念，不同之处在于其分割更为灵活，可以从大尺寸的

CTU 四叉划分至合适的 CU 大小，再进行分析和编码，这种方式更适应具有复杂内容的高清视频编码应用场景。

每个 CTU 按四叉树的结构进行划分，只要当前 CU 大于允许的最小 CU，就可以继续向下划分，不再划分的 CU 称为叶子 CU，每个叶子 CU 是执行模式编码的最小单元，内部的像素具有相同的预测模式。最终的 CU 划分深度是由率失真成本来决定的，编码器计算每种划分模式的率失真成本，并取率失真成本最小的划分模式。一个典型的四叉树分割示例如图 4-2 所示。图 4-2（a）是划分示例，图中的实线表示 CU 界限，虚线表示 TU 界限，图 4-2（b）是对应的四叉树结构。

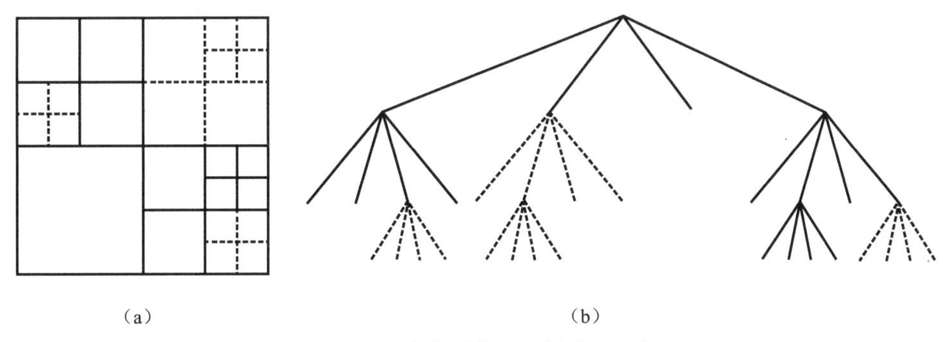

（a）　　（b）

图 4-2　一个典型的四叉树分割示例

每个 CU 内部还可以划分成多个 PU 和 TU，PU 是执行预测编码和传递预测信息的基本单元，其划分共有 8 种模式，如图 4-3 所示。其中 Intra 预测模式可以使用 $2N\times2N$ 和 $N\times N$ 两种 PU 划分模式，Inter 预测模式可以使用全部 8 种划分模式，后面 4 种划分模式称为非对称运动划分模式。

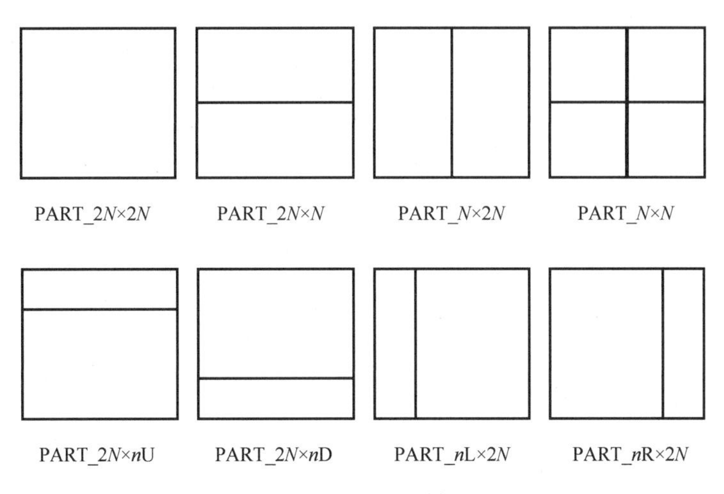

图 4-3　PU 划分模式

TU 则用于执行频域变换和传递残差系数信息，尺寸变化范围可以从所在的 CU 大小到最小的 4×4。HEVC 中允许的变换方式包括 4×4、8×8、16×16、32×32 的整数 DCT 变换和 Intra 预测中 4×4 的整数 DST 变换。

（2）帧内预测

帧内预测的基本单元是 PU，当 PU 内部包含多个 TU 时，帧内预测以 TU 为单位进行，PU 内部的各个 TU 预测方向一致。HEVC 总共定义了 33 种预测方向以及 DC 和 Planar 两种特殊模式，如图 4-4 所示。角度预测模式（模式 2 到模式 34）使用当前 PU 周围已经编码块的重建值进行预测，对一个尺寸大小为 $N \times N$ 的 PU 而言，角度预测总共可用 $4N+1$ 个相邻像素值进行预测。Planar 模式使用当前 PU 4 个角的像素值的线性插值的均值作为预测像素值，DC 模式使用参考像素的均值进行预测。

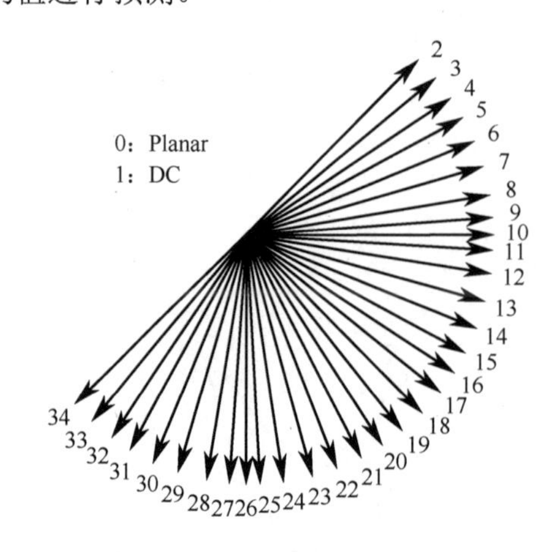

图 4-4 HEVC 的帧内预测模式

（3）帧间预测

HEVC 支持最高 1/4 像素精度的运动估计。采用分数精度像素的运动估计，需要先在运动估计之前对参考块做分像素插值滤波。HEVC 中亮度分数样点的内插分两种情况处理，对 1/2 像素位置插值使用一个 8 抽头滤波器，对 1/4 像素位置插值使用一个 7 抽头滤波器。插值完成后，根据预测模式的具体方式得到预测值。

除了一般帧间预测模式，HEVC 支持两种较为特殊的预测模式：Merge 和 Skip。Merge 模式的 PU 直接从空间或时间临近块继承 MV 等运动信息，并通过继承的 MV 执行运动补偿以得到残差，最终需要编码的预测信息仅包括残差和 Merge 索引值，后者表明了与哪个 Merge 候选者进行合并。Skip 模式更为精简，它直接将残差系数全部视为 0，需要编码的预测信息仅仅包括 Skip flag 和 Merge Index，可视作一种特殊的 Merge 模式。

（4）熵编码

HEVC 基本沿用了 H.264 的 CABAC 方法。CABAC 方法即上下文自适应二进制算术编码，通过将语法元素转换为二进制符号串，为不同语法元素建立上下文概率模型，利用概率模型估计的概率对元素进行算术编码，使得熵编码的效率进一步提高。

CABAC 编码要经过二进制化、上下文建模和二进制算术编码 3 个步骤，其中上下文建模比较复杂。在算术编码中，已编码语法元素的符号信息称为上下文，充分利用上下文信息，可以更为准确地估计当前语法元素的概率分布，提高熵编码的效率。CABAC 中的上下文关系可大致分为 4 种：一是利用已编码相邻块的语法元素；二是对块类型和子块类型的应用；三是待编码残差系数在扫描中的位置；四是已编码残差系数特定幅度的出现次数。

8．H.266/VVC

随着高清、超高清视频应用逐步展开，各式视频应用不断涌现，视频应用的多样性和高清化趋势对视频编码性能提出了更高的要求。2015 年 10 月 VCEG 和 MPEG 组建了联合视频专家组（Joint Video Experts Team，JVET），负责新一代编码标准多功能视频编码 H.266/VVC（Versatile Video Coding）的研发。VVC 于 2020 年 7 月定稿，旨在支持非常广泛的 8K 超高清、屏幕、高动态和 360 度全景视频等新的视频类型以及自适应带宽和分辨率的流媒体和实时通信等视频应用。

相对于上一代视频编码标准 HEVC，VVC 的平均编码性能提高一倍。VVC 引入的技术改进主要包括以下几类。

（1）块划分

VVC 采用了四叉树（QuadTree，QT）加多类型树（Multiple-Type Tree，MTT）的分块法。在这种分块法下，一个方块可以均匀分成左右或上下两个矩形块，也可以从左到右或从上到下按 1∶2∶1 的比例分成 3 个矩形块。此外，VVC 支持的最大 CTU 为 128×128，最小 CTU 为 32×32。

（2）帧内预测

VVC 支持 67 种（HEVC 支持 35 种）帧内预测模式。基于位置的预测组合技术将滤波前后的预测信号合并在一起以提高帧内预测精度。多参考行帧内预测技术不仅可以利用最近相邻的重建像素值，还可以采用更远的重建像素值作为参考。分量线性模型帧内预测技术利用图像亮度分量的像素值来预测同一图像中色度分量的像素值。

（3）帧间预测

VVC 沿用并扩展了 HEVC 的运动矢量差值 MVD 编码以及运动信息继承模式。运动矢量精度从 HEVC 中的 1/4 亮度像素提高到 1/16 亮度像素。运动估计引进了仿射运动模型来更精确地表示像缩放和旋转这样的高阶运动。几何分块模式的分块结果可以更加切合视频内容中的实体对象边界的运动轨迹。将帧间预测和帧内预测合并在一起的预测模式可以同时减少时域和空域冗余。另一个重要改进是引入解码端运动细化和双向光流这两个解码端工具，在不增加码率开销的情况下进一步提升运动补偿效率。

（4）变换和量化

VVC 引入了非正方形变换、多变换（主变换）选择、低频不可分变换和子块变换。非正方形变换在水平方向和垂直方向使用不同长度的变换内核。有了多变换选择，编码器可以从一组预定义的整数正弦、整数余弦和跳过变换中选择，并在码流中标明所用变换。另外，VVC 中的最大变换尺寸提高到 64×64（HEVC 中是 32×32）。

VVC 在量化方面引入了 3 个新工具：自适应色度量化参数偏移、依赖量化和量化残差联合编码。自适应色度量化参数偏移是指：色度 QP 不直接编码，而是通过亮度 QP 和预定义并传输的查找表推导得出。在依赖量化中，一个变换系数的重建值范围依赖于扫描顺序在它前面的几个变换系数的重建值，从而减少输入向量和最接近的重建向量之间的平均失真。量化残差联合编码指的是对两个色度分量的残差一起编码，而不是分别编码，这样当两个色度分量的残差相似时编码效率会更高。

（5）360 度视频编码

360 度视频是在 2015 年左右逐渐开始流行起来的，而 HEVC 的第一版是在 2013 年定稿的，所以 VVC 顺理成章地成为第一个包含 360 度视频编码工具的国际视频编码标准。由于传统视频编码技术大多可用于 360 度视频编码，VVC 中引入的新型 360 度视频编码工具有两个。

① 运动矢量环绕：指当运动矢量指向图像右（左）边界之外的位置时，运动补偿中实际使用的参考像素是图像左（右）边界内的像素。这是因为 360 度视频中常用的等矩形映射（Equirectangular Projection，ERP）图像的左右边界是物理世界球形表面的连续位置，类似于世界地图的左右边界，实际上是地球上连接南北极的同一条经线。

② 环路滤波虚拟边界：其使环路滤波的适用效果不会跨过图像中某些水平或垂直线（虚拟边界）。

4.1.2 AVS 系列

数字音视频编码标准（Audio Video coding Standard，AVS）由中国音视频编码标准（AVS）工作组制定。2002 年 6 月，经批准 AVS 工作组成立，致力于为数字音视频多媒体设备和系统的压缩、处理和表示建立技术标准。第一代 AVS 标准包括国家标准《信息技术 先进音视频编码 第 2 部分：视频》（简称 AVS1）和《信息技术 先进音视频编码 第 16 部分：广播电视视频》（简称 AVS+）。AVS+的压缩效率与国际同类标准 H.264/AVC 最高档次（High Profile）相当。第二代 AVS 标准（简称 AVS2）首要应用目标是超高清晰度视频，支持超高分辨率（4K 以上）、高动态范围视频的高效压缩。实验结果表明，AVS2 的压缩效率比上一代标准 AVS+和 H.264/AVC 提高了一倍。AVS2 还支持三维视频、多视角和虚拟现实视频的高效编码；立体声、多声道音频的高效有损及无损编码；监控视频的高效编码；面向三网融合的新型媒体服务等。AVS1、AVS2 已分别于 2006 年和 2016 年被颁布为国家标准，广泛应用于我国的广播电视领域，正在进军互联网视频和监控领域。2019 年 3 月，AVS 工作组完成第三代 AVS 视频标准（AVS3）基准档次的制定工作。AVS3 是面向 8K 及 5G 产业应用的视频编码标准，在保留部分 AVS2 编码工具的同时，针对不同模块引入了一些新的编码工具，并采用了更灵活的块划分结构、更精细的预测模式、更具适应性的变换核。参考软件测试表明，AVS3 基准档次的性能比上一代标准 AVS2 和 HEVC 提升了约 30%，显著提高了编码效率。

AVS3 引入的新型编码工具主要包括以下 3 种。

① 更灵活的块划分机制，包括二叉树（BT）、四叉树（QT）和扩展四叉树（EQT），QT+BT+EQT 的划分方式允许出现非方形编码单元。

② 帧内预测。AVS3 引入的帧内衍生树总共支持 6 种预测单元 PU 划分（水平/竖直各 3 种），包括非对称和长条形划分方式。帧内预测滤波通过对当前 CU 的顶部和左侧边界附近的预测值进行滤波，从而提升预测精度。两步色度帧内预测为帧内色度编码而设计，通过对亮度块应用线性回归和下采样，生成色度预测块。

③ 帧间预测。基于历史信息的运动矢量预测利用最近使用过的运动矢量组成基于历史信息的候选列表，作为运动矢量候选列表的补充。自适应运动矢量精度（Adaptive Motion Vector Resolution，AMVR）允许以 1/4 像素、1/2 像素、1 像素、2 像素和 4 像素等多种精度对 MVD 进行编码。

4.1.3 其他标准

为了创建一种商业选择上领先的开放视频格式，谷歌（Google）在 2013 年推出并部署了 VP9 视频编解码器。作为用于内容生产的编解码器，VP9 编码器 libvpx-VP9 大大优于 H.264/AVC 格式的开源编码器 x264，同时是 H.265/HEVC 编解码器 x265 的强力竞争对手。随着对高效视频应用需求的增长和多样化，编码器需要持续提升压缩性能。为此，在 Google 的带领下，一些互联网和视频点播公司在 2015 年底创立了开放媒体联盟（Alliance for Open Media，AOM），开发出了新一代开放视频编码格式 AV1。AV1 标准于 2018 年完成，它基于

VP9 整合了各种新的压缩工具、高级语法和针对特定用例设计的并行化功能，实现了免版费的目标。

在 AV1 生态方面，AOM 提供了参考软件 libaom。除此之外，由 VideoLAN 和 FFmpeg 社区提供了免费版 AV1 解码器 dav1d，旨在实现流畅播放和低 CPU 使用率。与此同时，用于各种商业目的的编码器对编码器生态同样重要，如 SVT AV1（由英特尔和 Netflix 开发）、rav1e（由 Mozilla 和 Xiph.org 开发）和 Aurora（由 Visionular 开发）都是 AV1 的商业解决方案。

AV1 引入的新型编码工具主要包括以下几种。

① 块划分。AV1 的四叉树划分允许的最大编码块单元是 128×128（VP9 中是 64×64），支持 10 个划分模式，包括 4∶1/1∶4 尺寸的矩形编码块。

② 帧内预测。AV1 支持 56 种方向预测模式和 5 种非方向预测模式。

③ 帧间预测。AV1 将每帧的参考数量从 3 个扩展到 7 个，并设计了一种基于动态时空运动向量的 MV 参考选择方案，通过搜索空间和时间候选来获得最优 MV 参考。

④ 变换。AV1 提供了丰富的变换核，2-D 变换核是由 4 种 1-D 变换核（DCT、ADST、逆向 ADST、跳过变换）通过垂直/水平组合得到，共 16 种。1-D 变换类型包含 VP9 中使用的。

⑤ 环路过滤/后处理。AV1 允许在解码帧上应用多个环路滤波工具。受限的方向增强滤波器（Constrained Directional Enhancement Filter，CDEF）是一种可以保留细节的去振铃滤波器，位于去块滤波器之后。AV1 提出的超分辨率模型允许以较低的分辨率对帧进行编码，然后在更新参考帧缓冲之前将低分辨率帧超分到全分辨率，用于预测后续帧。电影颗粒合成是在编码/解码环路外的后处理方法。电视/电影内容中的颗粒通常是内容创作的一部分，在编码时需要保留。它的随机性使得传统编码工具难以对其进行压缩。电影颗粒合成的做法是：在编码前从帧中去除颗粒，估计其参数并压缩至码流中。解码器根据接收到的参数信息，将其添加到重建的视频中。

4.2　编码性能优化

第 3 章介绍过的视频压缩的率失真理论指出，编码比特率和失真相互制约、相互矛盾，降低编码比特率往往会导致视频的失真程度增大；反之，要想获得更好的视频质量，又会提高视频的编码比特率。因此，实际的视频编码性能优化的出发点是在保证一定视频质量的条件下尽量降低编码比特率，或者在一定编码比特率条件下尽量地减小编码失真。在基于块的视频编码框架下，为了应对不同的视频内容，往往有多种候选编码方式可供选择，编码器的一个主要工作就是以某种策略选择最优的编码参数，以实现最优的编码性能。基于率失真理论的编码参数优化方法被称为率失真优化，率失真优化技术是保证编码器编码效率的主要手段。

率失真优化技术贯穿了整个视频编解码系统，是实现编码性能优化的重要方法。在前面介绍的目前视频编解码所采用的各类编码工具的基础上，首先对率失真理论的基本概念进行阐述和介绍；然后以 H.266/VVC 为例，介绍率失真优化在模式选择中的应用，进一步介绍率失真在帧间以及运动估计中的应用；最后讨论率失真技术在复杂度控制方面是如何发挥作用的。

1. 率失真信源编码定理

视频编码的性能衡量，需要同时考虑重建视频的质量水平和压缩效率。这就产生了一个问题，即在允许一定程度失真的条件下，信源信息压缩的极限在哪里？最少需要多少比特才能描述信源？针对这个问题，香农在 1959 年发表了《保真度准则下的离散信源编码定理》，定义了信息率失真函数，并论述了其相关基本定理。率失真信源编码定理是关于信息率和失真程度的一个极限定理，也称为香农第三定理，即保真度准则下的离散信源编码定理。

假设$R(D)$是离散无记忆平稳信源的信息率失真函数，并且有有限的失真测度。对于任意的失真$D \geqslant 0$和任意小的正数$\varepsilon > 0$、$\delta > 0$，当信源序列长度 l 足够长时，一定存在一种信源编码C，其码字个数为$M \leqslant \mathrm{e}^{\{l[R(D)+\varepsilon]\}}$，而编码后平均失真度$d(C) \leqslant D + \delta$。该定理表明，对于任何失真$D \geqslant 0$，只要码字$l$足够长，就可以找到一种信源编码$C$，使编码后每个信源符号的信息传输速率$R' = \dfrac{\log_2 M}{l} = R(D) + \varepsilon$，$R' > R(D)$，而码的平均失真度$d(C) \leqslant D$，也就是说，在失真$D$的条件下，信源可达到的最小传输速率是信源的$R(D)$。进一步，香农提出了保真度准则下信源编码逆定理：不存在失真为D而平均信息传输率$R' < R(D)$的任何信源码，也就是说，对任意码长为l的信源码C，若码字个数$M < \mathrm{e}^{\{l[R(D)+\varepsilon]\}}$，则一定有$d(C) > D$。逆定理显示，如果编码后平均每个信源符号的信息传输速率R'小于信息率失真函数$R(D)$，就不能在保真度准则下再现信源的消息。

保真度准则下的信源编码定理及其逆定理在实际通信理论中有重要的意义。这两个定理证实了在失真D确定后，总存在一种编码方法，使编码后的信息传输速率$R' > R(D)$且可任意接近于$R(D)$，而平均失真小于D；反之，若$R' < R(D)$，则编码后的失真将大于D。香农第三定理只是一个最优编码方法的存在定理，对于复杂信源的有损编码在实际应用中还存在大量的问题。目前，对于视频编码通常采用统一的编码框架，如基于块的混合编码框架。率失真优化是指从有限多种候选编码参数中选择最优编码参数。

2．视频编码率失真优化

不同的编码参数可以得到不同的率失真性能，最优编码方案就是在编码系统定义的所有编码参数中使用能够使系统性能最优的参数值，视频编码系统中的率失真优化即为基于率失真优化理论选择最优的编码参数。对于经典的基于混合编码框架的视频编码系统，有大量编码参数，包括预测模式、运动估计、量化、编码模式等，且每个编码参数都有多个候选值。

对于需要编码的视频序列，遍历所有的编码参数候选模式对视频进行编码，满足码率限制失真最小的一组编码参数集即最优的视频编码参数。将一个视频序列作为编码单元，遍历大量的编码参数组合需要极大的计算量，在实际的视频编码中无法使用这类穷举搜索方法。视频编码过程往往将视频序列分为多个较小的子任务，分别为每个子任务确定最优的编码参数集。这里的子任务可以是编码一个 CU、一幅图像或一个 GOP。假设编码中共包含N个子任务，第i个子任务U_i，有M种不同的参数组合，其对应M个可操作点，即码率$R_{i,j}$和失真$D_{i,j}$，$j = 1, 2, \cdots, M$，那么确定最优编码参数集的过程等价于最小化所有子任务的失真和。

$$\min \sum_{i=1}^{N} D_{i,j} \quad \text{s.t.} \sum_{i=1}^{N} R_{i,j} < R_{\mathrm{c}} \tag{4-1}$$

需要注意的是，这里假设失真$D_{i,j}$具有可加性，虽然实际的视频质量在空域、时域不满足加性，但由于目前视频编码中常用的质量测度指标 MSE 是加性的，因此后续也会保持这一假设。除此之外，在实际视频编码系统中子任务之间的可操作点有一定的相关性，这就导致当前子任务的参数选择结果会影响下一个子任务的参数选择。对于上述的限定性优化问题，目前在视频率失真优化中最常用和最有力的工具是拉格朗日优化法，通过引入拉格朗日因子λ将约束性问题转换为非约束性问题。对于已确定的λ，前面的限定性问题可以转化为

$$\min J, \quad J=\sum_{i=1}^{N} D_{i,j}+\lambda \sum_{i=1}^{N} R_{i,j}=\sum_{i=1}^{N}\left(D_{i,j}+\lambda R_{i,j}\right)=\sum_{i=1}^{N} J_{i,j} \tag{4-2}$$

对于相互对立的子任务，即编码单元之间的失真和码率互不相关，最优编码参数的获取可以通过最小化每个子任务的率失真代价进行。

$$\min \left\{J_{i,j}=D_{i,j}+\lambda R_{i,j}\right\} \tag{4-3}$$

其中，$i \in\{1,2,\cdots,N\}$，$j \in\{1,2,\cdots,M\}$。对于相关性较强的编码单元，不能直接独立优化各子任务。下面介绍拉格朗日优化法在实际编码标准中的具体应用。

4.2.1　率失真优化模式选择

与以往的编码标准相比，H.266/VVC 采用了更先进的编码算法和多种高效的编码工具，因此编码过程也面临更多的编码参数选择。本节讨论拉格朗日优化法在 CTU 层和 CU 层如何应用以及在模式选择方面编码参数的优化过程。

1．CTU 层和 CU 层的率失真优化

CTU 是 H.266/VVC 的基本编码单元，每个 CTU 都可以被划分为不同的编码单元 CU，每个 CU 可以选择不同的预测模式。因此，可以把 CTU 编码参数的优化过程分成：CTU 层主要选择不同的 CU 划分模式、CU 层主要选择不同的预测模式。

每个 CTU 可以以多类型树的形式被划分为不同的编码单元 CU，包括从最大 128×128 到最小 4×4 的多种正方形、矩形划分，具体的 CU 划分模式是 CTU 的关键编码参数。CTU 层的率失真优化目的是确定最优的 CU 划分模式，也称为 CU 划分模式选择。CTU 层的 CU 划分模式选择的率失真优化问题可以描述为：在总比特数 R 受限的情况下，选择一个 CU 划分模式，使一个 CTU 的总失真度 D 最小。

$$\min \sum D_{i,j} \quad \text{s.t.} \sum R_{i,j}<R_{\mathrm{c}} \tag{4-4}$$

式中，R_{c}为 CTU 的限定码率；$D_{i,j}$和$R_{i,j}$分别为一种 CU 划分模式组合中第i个 CU 采用第j组编码参数所带来的失真和码率。将该约束问题使用拉格朗日优化法转化为无约束问题，即

$$\min J, \quad J=\sum D_{i,j}+\lambda \sum R_{i,j} \tag{4-5}$$

对于每个 CU 划分模式，按编码顺序对每个 CU 进行编码，并选取最优 CU 的编码参数，按式（4-5）求该划分模式下所有 CU 的代价和，代价最小的划分模式则为最优划分模式。

在不同的划分模式下，一个 CU 可能使用其他 CU 的重建像素值（如帧内预测）或编码参数（如运动矢量预测），这将导致不同划分模式会形成 CU 间不同的依赖关系。为了降低计算复杂度，实际优化过程往往按顺序对 CTU 进行多类型树递归划分，当前 CU 编码参数的优化过程不考虑对后续 CU 率失真性能的影响。

预测模式主要可分为两类：帧内预测模式和帧间预测模式。CU 层率失真优化的目的是为 CU 选择最优的预测模式及预测参数。

帧内预测是利用当前图像已编码的像素对当前编码块进行预测，并选择一种最优的预测

模式，可以采用基于拉格朗日优化法的率失真优化方法，即

$$\min J,\ \ J = D(\text{Mode}) + \lambda_{\text{Mode}} R(\text{Mode}) \tag{4-6}$$

式中，$D(\text{Mode})$、$R(\text{Mode})$ 分别为采用不同帧内预测模式时的失真和比特数；λ_{Mode} 为拉格朗日因子。最优的预测模式为率失真代价最小的模式。当粗选时，$D(\text{Mode})$ 为 SAD 和 SATD 的最小值；当细选时，$D(\text{Mode})$ 为 SSE。

帧间预测是利用已编码其他图像的像素预测当前编码块，H.266/VVC 允许使用不同的运动矢量、多个参考图像、Merge、AMVP 和仿射等技术。因此，帧间预测模式需要结合 Merge、AMVP 等技术，为每个 CU 选择运动矢量、参考图像、预测权值等编码参数。可以采用基于拉格朗日优化法的率失真优化方法，即

$$\min J,\ \ J = D(\text{Motion}) + \lambda_{\text{Mode}} R(\text{Motion}) \tag{4-7}$$

式中，$D(\text{Motion})$、$R(\text{Motion})$ 分别为采用不同运动模式（包括运动矢量、参考图像、预测权值等）时的失真和比特数；λ_{Mode} 为拉格朗日因子。最优的预测模式为率失真代价最小的运动模式。

对于一个采用帧间预测的 CU，包含大量的运动模式，计算每种运动模式下的 $D(\text{Motion})$ 和 $R(\text{Motion})$ 都需要使用该运动模式进行编码，计算复杂度极高。因此，通常可以将式（4-7）简化为

$$\min J,\ J = \text{DFD}(\text{Motion}) + \lambda_{\text{Motion}} R_{\text{MV}}(\text{Motion}) \tag{4-8}$$

式中，$\text{DFD}(\text{Motion})$ 为采用不同运动模式时运动补偿预测误差；$R_{\text{MV}}(\text{Motion})$ 为运动矢量相关信息（运动矢量、参考图像索引、参考队列索引等）的编码比特数；λ_{Motion} 为拉格朗日因子。

2．CU 划分模式判别

H.266/VVC 编码参考模型 VTM 采用拉格朗日优化法为每个 CTU 确定编码参数组合，采用分级方式确定不同层的编码参数，首先遍历所有的 CU 划分模式进行编码，按式（4-5）确定最优的 CU 划分模式。

在 H.266/VVC 中，每个 CU 支持四叉树、二叉水平、二叉垂直、三叉水平、三叉垂直等划分结构。因此，一个 CTU 可以递归划分成众多种 CU 划分模式。通过递归的方式，遍历所有的 CU 划分模式，进行 CU 划分模式判别，详细的递归过程此处不再展开。

3．帧内预测模式判别

在 H.266/VVC 中，每个 CU 的候选亮度帧内预测模式包括 65 种角度模式、DC 模式、Planar 模式、MPM 模式、MIP 模式和 ISP 模式。一个 CU 的亮度块的最优帧内预测模式判别过程如下。

（1）遍历 Planar 模式、DC 模式和所有的偶数编号的 33 种非扩展传统角度预测模式，按式（4-6）计算每种预测模式的率失真代价（粗选），筛选出率失真代价最小的几种模式，加入最优候选模式列表，列表长度取决于 CU 的大小及是否添加 MIP 模式。遍历最优候选模式列表中每种角度相邻两侧的奇数编号扩展角度模式，同样计算每种预测模式的率失真代价（粗选），与之前筛选出的最优候选模式进行比较，取率失代价最小的几种模式更新最优候选模式列表。

（2）获取 MPM 列表，遍历其中的所有 MPM 模式，计算率失真代价（粗选），更新最优候选模式列表。对于支持 MIP 模式的 CU，同样遍历可选 MIP 模式，计算率失真代价（粗选），更新候选模式列表。然后对最优候选模式列表进行裁剪。取 MPM 列表中第一种角度模式，若其未在最优候选模式列表中，将其添加到最优候选模式列表中。如果支持 ISP 模式，就将 ISP 模式添加到最优候选模式列表中，依据是否进行二次变换添加 16～48 种 ISP 模式。

（3）最后遍历最优候选模式列表（细选），选取率失真代价最小的预测模式作为该 CU 亮度块的最优帧内预测模式。对最优候选模式列表中的模式进行编码的过程包括预测、获取残差、变换、量化、反量化、反变换、重建后计算 SSE，按式（4-6）计算率失真代价。如果当前模式为 ISP 模式，就需要先设定各种 ISP 的划分模式（水平或垂直）和预测角度模式，然后对划分、预测好的 CU 逐个进行与非 ISP 模式相同的编码。

CU 色度块的候选帧内预测模式包括 DC 模式、Planar 模式、Ver 模式、Hor 模式、DM 模式、LM_L 模式、LM_T 模式。CU 色度块的最优帧内预测模式判别过程如下。

（1）遍历 DC、Ver、Hor、LM_L 和 LM_T 等模式（粗选），按式（4-6）分别计算 Cr 、Cb 分量的率失真代价，并根据 Cr 、 Cb 分量的率失真代价和裁剪掉两个失真最大的预测模式，建立最优候选模式列表。

（2）为最优候选模式列表增加 DM 模式、Planar 模式和 LM 模式（细选），分别对 6 种模式进行预测、变换、量化、反量化、反变换和重建，按式（4-6）计算率失真代价。选取率失真代价最小的预测模式作为该 CU 亮度块的最优帧内预测模式。

4.2.2　率失真优化运动估计

针对视频编码过程，由于帧与帧之间存在大量的时间冗余，帧间预测是极为重要的环节，帧间预测可以从时间域的角度进一步压缩码率，提高压缩效率。在帧间预测的过程中，率失真优化通过运动估计中运动向量的选择以及帧间预测模式的选择等实现帧间编码下编码性能的优化。

帧间预测模式判别是指为 CU 选择最优的帧间预测参数，主要参数包括参考图像列表、参考图像索引、运动向量和加权值等。在 H.266/VVC 中，为了进一步细化和改善帧间预测技术，在针对具有平移运动的帧间块的常规 Merge、AMVP 技术的基础上，扩展出了联合帧间帧内预测技术（CIIP）、带有矢量差的 Merge 技术（MMVD）和几何帧间预测技术（GPM），同时提出了针对非平移运动模型的基于子块的帧间预测技术，包括仿射 Merge 技术、仿射高级运动向量预测（Advanced Motion Vector Prediction，AMVP）技术和子块时域运动矢量预测（Subblock-based Temporal Motion Vector Prediction，SbTMVP）技术。对于每个 CU 块，遍历上述的所有模式，从中选取率失真代价最小的模式作为最优帧间预测模式。在 H.266/VVC 参考编码器 VTM 中，首先在常规 Merge 预测模式、CIIP 预测模式和 MMVD 预测模式中确定率失真代价最小的模式，将此模式同 GPM 预测模式和 AMVP 预测模式选出的率失真代价最小的模式再次进行比较，进一步确定最终的模式。下面分别简要介绍各种预测模式的判别流程。

1．常规 Merge 预测模式

常规 Merge 预测模式利用时域和空域相邻块的 MV 对当前块的 MV 进行预测。常规 Merge 预测模式构建一个 MV 候选列表，对其中每个候选进行运动补偿后，使用式（4-8）计算率失真代价，保存对应的模式信息及代价，并依照代价大小从小到大排序，从而生成一个代价列表 L1。

2．CIIP 预测模式

CIIP 预测模式首先使用传统的帧内/帧间预测方式分别获取当前块的预测值，然后将帧内和帧间的预测值通过加权得到当前块的最终预测值。CIIP 预测模式选取常规 Merge 候选列表的前 4 项进行 CIIP 预测，使用式（4-8）计算率失真代价，将所得代价与代价列表 L1 内的代价依次进行比较，若所得代价更小，则在列表 L1 中插入该代价及其对应的模式信息。

3．MMVD 预测模式

MMVD 预测模式使用多个扩展的运动矢量进行预测，这种模式可以更好地对运动复杂的视频序列进行编码，提高编码质量。MMVD 预测模式使用常规 Merge 候选列表的前两项构建候选列表，在对其中每个候选进行运动补偿后，使用式（4-8）计算率失真代价，将所得代价与代价列表 L1 内的代价进行比较，若所得代价更小，则更新该列表。

4．GPM 预测模式

GPM 预测模式利用几何划分分区的运动矢量信息预测当前块的像素值，在 3 次粗选的基础上细选得到代价最小的组合模式，其将与其他帧间预测模式的最优模式进行比较。简单概述 GPM 预测模式的筛选过程，首先使用常规 Merge 候选列表构建单向 GPM 列表。在对其中的每个候选进行运动补偿后，使用式（4-8）计算整个 CU 的率失真代价，选取代价最小的候选并保存。遍历 GPM 划分模式，在每种划分模式下，遍历单向 GPM 列表中的候选，计算出 CU 大区和小区各自的率失真代价并保存。然后通过 3 轮代价粗选，先后生成代价列表 L2 和 L3，从 L3 中选出代价最小的模式作为 GPM 的最优模式。

5．仿射 Merge 和 SbTMVP 预测模式

仿射 Merge 模式将仿射变换模型用于运动补偿。SbTMVP 使用时域邻近的已编码同位图像的运动区域来提升当前帧的运动矢量预测。SbTMVP 的预测 MV 和仿射 Merge 候选列表共同组成基于子块的 Merge 候选列表（Subblock Merge List）。如果当前块的最优预测模式不是 Skip 预测模式，就先对候选列表中的所有候选进行运动补偿，然后使用式（4-8）计算率失真代价，并保存该代价及对应的模式信息，生成代价列表 L4。对代价列表 L4 依照率失真代价从小到大的顺序进行排序，仅保留其中率失真代价小于 1.25 倍最小率失真代价的模式。对代价列表 L4 中的模式使用式（4-7）进行细选，选择其中率失真代价最小的模式为 Subblock Merge 帧间预测的最优模式。

6．AMVP 预测模式

AMVP 预测模式包含基于相邻块的空域 MVP、基于同位块的时域 MVP、基于历史信息构建的 HMVP、零 MV 4 种 MV 候选类型。AMVP 预测模式遍历 5 种双向加权预测（Bi-prediction with CU-level Weights，BCW）权重组合，在每种 BCW 权重组合下需要对当前 CU 尝试常规 AMVP 预测模式、4 参数仿射 AMVP 预测模式和 6 参数仿射 AMVP 预测模式，每种预测模式分别计算并比较率失真代价获得最优模式，然后在以上 3 种预测模式的最优模式中选取率失真代价最小的模式作为当前 BCW 权重组合下的最优模式，再对该模式进行运动补偿、变换、量化、反量化、反变换和重建，最后运用式（4-7）计算率失真代价，选取率失真代价最小的模式为 AMVP 的最优模式，最优模式使用的 BCW 权重组合为最优组合。

4.2.3 率失真优化复杂度控制

随着视频编解码标准的不断发展，各类新颖、有效的编解码工具被提出和引入，编码压缩效率和视频质量水平不断提高，但随之而来的是编解码复杂度的不断攀升。在实际的业务场景中，不仅需要考虑压缩效率和视频质量这两个方面，编码端和解码端的复杂度也是非常重要的。尤其是目前更多的视频观看时间是发生在智能手机等移动设备上的，这意味着解码

端的设备处理能力是有限的，因此在不同的实际应用中需要保证解码复杂度在设备处理能力范围内，否则也会导致用户观看体验的下降。

不同的编码参数的选择在影响视频质量和压缩效率的同时会影响复杂度，如选择较小的运动搜索范围会以牺牲压缩效率为代价降低复杂度；而选择较大的运动搜索范围则会使得复杂度提高，编码速率降低。影响复杂度的另一个因素是视频序列的分辨率和内容特性，在现实世界中存在大量不同的视频类别，包括但不限于自然场景、体育节目、新闻广播和计算机生成的视频。研究表明，不同的内容类别会对视频编码产生影响。使用多个不同的配置对给定的视频进行编码，可以获得不同的码率-失真-复杂度水平，在码率和复杂度的约束下选择视频质量最好的配置即为最优配置，但是遍历所有配置的方法代价过高，如何在有限的复杂度约束下，提高编解码器的实时性能成为一个重要的问题。

为了解决编解码复杂度过高的问题，许多研究都是通过减少 RDO 候选模式的数量或降低 RDO 过程中的计算复杂度来实现的。一般而言，主要采用 3 种方法来实现这一目标。第一种方法是编码模式预选，即在编码前利用额外的信息对候选模式进行筛选，只有部分编码模式需要 RDO 处理过程，而不是所有可用候选模式。例如，利用其时间相关性、空间相关性或当前编码块的边缘梯度估计 CU 深度的范围；或者根据 CTU 是否处于边界位置，对编码工具的选择进行重新评估，降低复杂度。这些方法都是利用额外的信息减少需要 RDO 处理的候选模型，来实现降低复杂度的目的。

第二种方法是提前终止，根据预设条件判断当前的编码模式是否满足观看需求，一旦满足预定条件，就在 RDO 过程中提前终止编码模式选择。例如，利用绝对差的总和（SAD）成本通过进行两层运动估计（ME）来提前终止 CU 划分过程。此外，还有一些研究结合了候选预选和早期终止方法，以尽可能地减少编码的复杂性。

第三种方法是针对 RDO 过程中需要进行多次 RD 计算来选择最佳模式，导致计算复杂度的急剧增加，有研究提出有效的 RD 估计方法，降低 RDO 过程复杂度。例如，对于速率部分，可以使用 DCT 系数的柯西分布概率密度来估计比特数；对于失真部分，基于变换域计算 DCT 和 IDCT 系数之间的差来进行失真估计。

以上所提出的 3 种方法都可以实现对复杂度的有效控制，可以认为是广义的率失真复杂度控制算法，但是这 3 种方法仍存在一些局限性。当判断是否在 RDO 过程中跳过某些编码模式时，现有的算法缺乏一个明确的优化目标函数来统筹考虑 RD 性能和复杂性。因此，码率-失真-复杂度（RDC）优化的编码模式选择可能无法实现。除此之外，考虑到视频内容和业务场景的多样性，处理能力有限的终端设备和实时应用更加重视低复杂性，而对于存储应用，则更加重视较高 RD 性能。然而，大多数方法不能在 RDO 过程中灵活地调整复杂度与 RD 性能之间的平衡问题。

因此，许多研究将复杂度作为编解码优化的第三个变量，纳入视频率失真优化的考量范围内，提出码率-失真-复杂度三者的联合优化方法，将码率-失真-复杂度优化（RDCO）问题建模为子集选择的受限优化问题，以实现性能和复杂度之间的权衡。在编码模式决策过程中，通过引入贝叶斯风险来实现最佳 RDC 成本。利用分类方法，优化决策过程被简化为在特征空间中寻找一个自适应阈值函数，这大大降低了子集选择过程的复杂性。同时对于不同的模式决策算法，包括 CU 深度预选、快速 TU 树决策等，在时间域、空间域或频率域提取不同的特征，以实现最佳的 RDC 成本及其相应的自适应阈值函数。总体来看，通过将复杂度作为变量纳入 RDO 考量范围能够在一定程度上实现复杂度和 RDO 性能的灵活调整。

4.3 码率控制技术

4.3.1 码率控制的基本思想

码率控制的目的是在充分利用有限信道或存储资源的同时，达到尽可能好的编码质量。在各种视频应用，特别是有实时性要求的视频通信中，码率控制技术都起到了重要作用。

典型的码率控制过程如图 4-5 所示。图中缓冲区的作用是匹配信源信道速率，根据信道的传输能力输出编码比特，使传输视频流的质量和码率尽可能平稳。而码率控制模块是在保证缓冲区和信道带宽不发生上溢或下溢的前提下，通过为各层级编码单元设定合适的编码参数，来控制输出比特流的码率大小的，使瞬时码率或平均码率符合一定的约束和需求，同时保证重建视频的主观质量平稳一致，失真尽可能小。

在率失真优化的一系列编码参数中，视频的码率主要由量化参数（Quantization Parameter，QP）决定，因此码率控制的重点是对编码码率与量化参数之间的关系进行建模，并在带宽限制下最优化码率分配和量化参数更新。

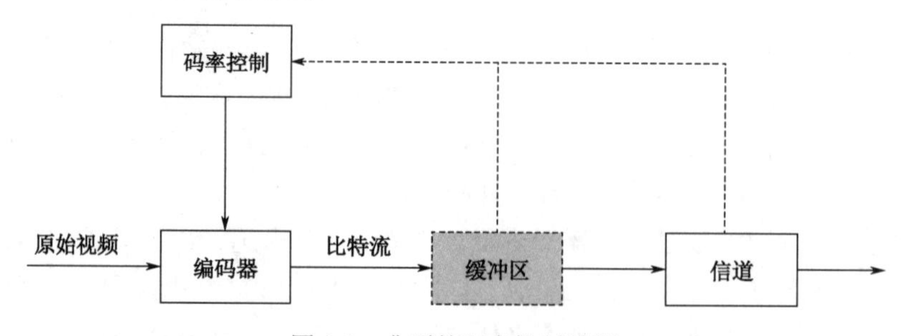

图 4-5 典型的码率控制过程

视频编码的码率控制可以抽象为有约束的最优化问题，在总编码比特数不超过上限（R_c）的前提下，为每个编码单元确定最优的量化参数，使总失真最小。该过程的数学描述为

$$\mathrm{QP}^* = \left(\mathrm{QP}_1^*, \cdots, \mathrm{QP}_N^*\right) = \min_{(\mathrm{QP}_1, \cdots, \mathrm{QP}_N)} \sum_{i=1}^{N} D_i, \quad \text{s.t.} \sum_{i=1}^{N} R_i \leqslant R_c \tag{4-9}$$

其中各符号的含义与码率控制的层级有关。在帧级码率控制中，N 为序列中的帧数，D_i 为第 i 帧的失真值，QP_i^* 是第 i 帧的最优量化参数；如果是宏块级码率控制，那么 N 为某帧中宏块的个数，i 为该帧中各宏块的索引。由于各编码单元的码率和失真存在依赖关系，因此实际的码率控制会分为下列两个步骤实现。

①目标码率分配：在总码率约束下，根据视频内容复杂度、缓冲区状态、时域空域相关性等因素，自顶向下地为各个层次的编码单元分配最优比特数，使编码后的总失真最小。

②量化参数的计算与更新：根据预定义的码率与量化参数之间的关系模型（$R-\mathrm{QP}$ 模型），为各个编码单元独立确定量化参数，使编码器的输出比特数尽可能等于预先设定的目标值。

1．**目标码率分配**

码率控制的单位称为基本单元（Basic Unit，BU），一般由一个或多个宏块组成，编码器会为每个 BU 独立确定量化参数。由于序列中 BU 的数量非常庞大，直接为它们逐个分配比特会带来极高的复杂度，因此通常使用分层分配的策略来简化该问题，即自上而下地按照图像组（Group of Picture，GOP）、帧和 BU 的顺序逐层分配目标码率，使编码后视频的总失真最小。此外，由于序列中第一帧性质特殊，因此要对其目标码率做单独分析。

（1）GOP 级目标码率分配

在视频编码中，图像组是码率分配的最大单元，给定视频序列总的目标码率，平均到每一帧的比特数可由式（4-10）计算得到。

$$R_{\text{PicAvg}} = \frac{R_{\text{tar}}}{F} \tag{4-10}$$

式中，R_{tar} 为序列整体的目标码率；F 为序列的帧率，由每秒的帧数（frames per second，fps）度量。

在理想情况下，GOP 的码率应当为每帧平均码率与 GOP 内帧数的乘积，即

$$R_{\text{GOP}} = R_{\text{PicAvg}} \times N_{\text{GOP}} \tag{4-11}$$

然而，在实际编码中，各 GOP 的码率无法与目标值恰好匹配，需要根据信道状况、缓冲区充盈度，以及此前 GOP 的实际码率消耗，来实时调整当前 GOP 的目标比特数。一种常见的策略是引入滑动窗口，利用已编码帧的信息来不断更新式（4-10）中的帧平均码率，进而修正当前 GOP 的目标码率分配。

$$\begin{aligned}\bar{R}_{\text{PicAvg}} &= \frac{R_{\text{PicAvg}} \times \left(N_{\text{coded}} + \text{SW}\right) - R_{\text{coded}}}{\text{SW}} \\ &= R_{\text{PicAvg}} - \frac{1}{\text{SW}}\left(R_{\text{coded}} - R_{\text{PicAvg}} \times N_{\text{coded}}\right)\end{aligned} \tag{4-12}$$

$$\bar{R}_{\text{GOP}} = \bar{R}_{\text{PicAvg}} \times N_{\text{GOP}} \tag{4-13}$$

式中，$\bar{R}_{\text{GOP}}$、$\bar{R}_{\text{PicAvg}}$ 分别为当前 GOP 目标码率和每帧平均码率的修正值；N_{coded} 为序列已编码帧的数量；R_{coded} 为序列已编码帧消耗的比特数；SW 为滑动窗口的大小。为保证利用信道上一图像组的已编码帧，要求 SW 的值大于 N_{GOP}，SW 越大，码率和质量变化越平滑。当 $N_{\text{GOP}} = 32$ 帧时，一般会将 SW 的值设置为 40。

（2）帧级目标码率分配

帧级码率分配是以 GOP 级比特数为约束的，根据时域预测结构、内容复杂度等性质为 GOP 中各帧设定码率权重，并按权重为各帧分配最优的目标码率，使总体失真最小。

① 计算各帧码率权重。按照各帧权重设置的不同，常用的帧级码率分配可分为 3 种方式：均匀比特分配、固定权重的分级比特分配，以及考虑率失真依赖性的自适应比特分配。其中考虑率失真依赖性的自适应比特分配和固定权重的分级比特分配的性能明显好于均匀比特分配。

a．均匀比特分配。均匀比特分配是为各帧设定相同权重，并将 GOP 的总比特数均匀分配给每帧。这种分配方式最为简单，但没有考虑各帧的内容特性和时域结构，因此码率控制精度和率失真性能往往较差。注意，各帧的码率相同并不意味着质量相同，因为每帧的复杂度不同。

b．固定权重的分级比特分配。为了进行高效的帧间参考，视频编码器以 GOP 为单位设定了时域层级，且规定只能由高层级向低层级参考。由此，位于较低层级的帧会更多地被用作参考帧，其编码质量对序列影响更大，因而应该为其分配更多的比特。出于这种考虑，固

定权重的分级比特分配方法应运而生，即为 GOP 中每个时域层级都设定固定的权重值，然后根据各帧位置，将总比特数按照权重进行分配。这种方式考虑了时域预测结构，比均匀分配方法的率失真性能和控制精度有明显提高。

不过，这种分配方式设定同层级帧的权重相同，忽略了它们之间的内容差异，缺乏灵活性。后续提出的自适应帧级比特分配考虑了帧间率失真依赖，在一定程度上克服了该问题。

c．考虑率失真依赖性的自适应比特分配。帧级码率分配可定义为不等式约束下的最优化问题。

$$\left\{R_{P_1}^*,\cdots,R_{N_{\mathrm{GOP}}}^*\right\}=\underset{\left\{R_{P_1},\cdots,R_{N_{\mathrm{GOP}}}\right\}}{\arg\min}\sum_{i=1}^{N}D_i,\quad \mathrm{s.t.}\sum_{i=1}^{N_{\mathrm{GOP}}}R_{P_i}\leqslant R_{\mathrm{GOP}} \tag{4-14}$$

式中，$R_{P_i}^*$ 为第 i 帧分配的最优目标码率；R_{GOP} 为当前 GOP 的目标码率。通过引入拉格朗日因子 λ，可将该约束性问题转化为非约束性问题

$$\left\{R_{P_1}^*,\cdots,R_{N_{\mathrm{GOP}}}^*\right\}=\min_{\left\{R_{P_1},\cdots,R_{N_{\mathrm{GOP}}}\right\}}\left(\sum_{i=1}^{N}D_i+\lambda\sum_{i=1}^{N_{\mathrm{GOP}}}R_{P_i}\right) \tag{4-15}$$

为了求解该问题，可令其一阶偏导数为零，即

$$\frac{\partial\left(\sum_{i=1}^{N}D_i+\lambda\sum_{i=1}^{N_{\mathrm{GOP}}}R_{P_i}\right)}{\partial R_{P_j}}=0\quad (j=1,\cdots,N_{\mathrm{GOP}}) \tag{4-16}$$

在视频编码框架中，帧间预测技术可以有效去除时域冗余，为实现高效编码起到了至关重要的作用，但同时造成各帧之间明显的质量依赖，也就是说，当前帧的编码决策会影响后续帧的率失真性能。为了达到序列整体的率失真最优解，需要将这种质量依赖关系考虑到码率分配过程中。具体来说，这种帧间的率失真依赖可由式（4-17）描述，即当前帧的失真不仅取决于自身码率，还与其参考帧的编码质量有关。随着参考重建帧失真（D_{ref}）的增加，当前帧失真（D_{cur}）也会增加。

$$\frac{\partial D_{\mathrm{cur}}}{\partial D_{\mathrm{ref}}}\geqslant 0 \tag{4-17}$$

值得注意的是，虽然帧间会有质量依赖关系，但各帧码率相关性近似为零。

$$\frac{\partial R_{P_j}}{\partial R_{P_i}}\approx 0(i\neq j) \tag{4-18}$$

将式（4-17）和式（4-18）代入式（4-16），可得到以下关系。

$$\frac{\partial\sum_{i=1}^{N}D_i}{\partial R_{P_j}}=\frac{\partial\left(\sum_{i=1}^{j-1}D_i+\sum_{i=j}^{N}D_i\right)}{\partial D_j}\cdot\frac{\partial D_j}{\partial R_{P_j}}=\frac{\partial\sum_{i=j}^{N}D_i}{\partial D_j}\cdot\frac{\partial D_j}{\partial R_{P_j}} \tag{4-19}$$

$$\frac{\partial\sum_{i=1}^{N_{\mathrm{GOP}}}R_{P_i}}{\partial R_{P_j}}=\frac{\partial\left(\sum_{i=1}^{j-1}R_{P_i}+R_{P_j}+\sum_{i=j+1}^{N_{\mathrm{GOP}}}R_{P_i}\right)}{\partial R_{P_j}}=1 \tag{4-20}$$

进而得到该问题的解，即

$$\frac{\partial \sum_{i=j}^{N} D_i}{\partial D_j} \cdot \frac{\partial D_j}{\partial R_{P_j}} + \lambda = 0 \tag{4-21}$$

由率失真理论可知，第 j 帧的拉格朗日因子为 $\lambda_j = -\frac{\partial D_j}{\partial R_{P_j}}$，代入式（4-21）可得

$$\frac{\partial \sum_{i=j}^{N} D_i}{\partial D_j} = -\frac{\lambda}{\lambda_j} \tag{4-22}$$

重写为

$$1 + \frac{\partial \sum_{i=j+1}^{N} D_i}{\partial D_j} = -\frac{\lambda}{\lambda_j}$$

$$1 + \theta_j = -\frac{\lambda}{\lambda_j} \tag{4-23}$$

其中，$\theta_j = \frac{\partial \sum_{i=j+1}^{N} D_i}{\partial D_j}$ 反映了第 j 帧质量对后续帧的影响，这里称其为帧级质量依赖因子。某帧失真对序列的影响与其拉格朗日因子的值密切相关：该帧质量依赖因子越大，其编码时使用的拉格朗日乘子应越小。因此，一种常见方案是，先确定 GOP 中各帧拉格朗日因子的比值，再根据 $R-\lambda$ 的关系模型推算各帧需要分配的码率比例。

② 按权重为各帧分配目标码率。计算得到各帧权重后，需要据此进行帧级码率分配。在编码当前 GOP 前，第 i 帧的目标码率为

$$R_{P_i} = R_{\text{GOP}} \cdot \frac{\omega_i}{\sum_{i=1}^{N_{\text{GOP}}} \omega_i} (i = 1, \cdots, N_{\text{GOP}}) \tag{4-24}$$

由于各帧实际使用的比特数很难与目标值完全一致，因此需要实时更新 GOP 中剩余码字的数量，并据此修正各帧目标码率。具体地，当编完第 $i-1$ 帧后，第 i 帧的目标码率被修正为

$$\bar{R}_{P_i} = \bar{R}_{\text{GOP}} \cdot \frac{\omega_i}{\sum_{i=1}^{n} \omega_i} = \left(R_{\text{GOP}} - \text{Coded}_{\text{GOP}}\right) \cdot \frac{\omega_i}{\sum_{i=1}^{n} \omega_i} (i = 1, \cdots, n) \tag{4-25}$$

式中，n 为当前 GOP 尚未编码的帧数；ω_i 是第 i 帧的码率分配权重；R_{GOP} 为在编码当前 GOP 前对其的预期比特数；$\text{Coded}_{\text{GOP}}$ 为编完第一帧后用掉的比特数，二者之差即为当前 GOP 剩余的可用码率，也就是总码率预算的修正值。

在实际编码中，可以直接使用 $\bar{R}_{P_i}$ 作为第 i 帧的目标码率，也可以将 R_{P_i} 与 $\bar{R}_{P_i}$ 加权求和，得到目标码率。

$$\widetilde{R_{P_i}} = k \cdot R_{P_i} + (1-k) \cdot \bar{R}_{P_i}, \quad k \in [0,1] \tag{4-26}$$

其中，权重 k 用于平衡两种码率设定。在序列编码初期，将 k 值设置小一些有助于达到 GOP 级目标码率，但不利于码率控制模型收敛，因为 k 值越小，越倾向于不断动态调整各帧

目标码率。当模型收敛后，k 值就无关紧要了。

a．BU 级目标码率分配。与帧级码率分配类似，BU 级分配以当前帧的总比特数为限制，为每个 BU 按照一定权重比例分配比特，旨在达到总失真最小。具体来说，第 i 帧中第 k 个 BU 的目标码率可表示为

$$R_{B_k} = \frac{R_{P_i} - R_{H_i} - \text{Coded}_{P_i}}{\sum_{j=1}^{n} \Omega_{B_j}} \cdot \Omega_{B_k} \tag{4-27}$$

式中，R_{P_i} 为第 i 帧的目标码率；R_{H_i} 为预计第 i 帧头部信息（Header）使用用的比特，往往由同层中最临近帧的头部比特数估计得到；Coded_{P_i} 为编到当前 BU 时，当前帧已经用掉的码字数量；Ω_{B_k} 为第 k 个 BU 的分配权重；n 为当前帧尚未编码的 BU 数量。

对于使用帧内编码的 BU，其率失真性能与相邻 BU 密切相关；而 P 帧和 B 帧中很少有块会选择帧内模式，因此可认为同一帧中各个块之间没有参考关系，各 BU 失真独立。

$$\frac{\partial D_{B_i}}{\partial D_{B_j}} = 0,\ i \neq j \tag{4-28}$$

因此，对于 P 帧或 B 帧，通常会忽略 BU 之间的率失真依赖性，直接按照其内容特性进行码率分配。直观来说，内容丰富和运动剧烈区域的残差较大，应当为其分配更多的比特。

显然，BU 级码率分配可以进一步提高控制的匹配精度，但由于给每个 BU 的率失真决策都引入了更严格的码率约束，会造成整体率失真性能的进一步下降。因此，在一些对码率控制精度要求不高的场合中，会放弃 BU 级码率分配，只采用 GOP 级和帧级码率控制。

BU 一般由一个或多个宏块构成，由于这些宏块采用相同的量化参数，也称其为量化组。值得注意的是，BU 的粒度并非越小越好。一方面，若 BU 粒度过小，会导致其数量很多，且每个 BU 只能被分到很少的码字；这种小数值码率的分配对率失真模型的精度要求很高，因为即使很小的模型误差，也可能带来明显的编码性能损失；另一方面，当 BU 尺寸很小时，各 BU 的内容特性可能明显不同，导致码率控制模型的参数不断变化，很难收敛。

b．序列第一帧目标码率分配。由于视频序列第一帧的性质相对特殊，因此要对其进行特殊考虑。具体来说，如果编码前不对序列进行预处理，就无法获得关于内容的先验知识，因而很难直接为第一帧分配合适的比特数。事实上，码率控制追求的是一段时间的控制效果，即使第一帧没有按照最优比特数分配，对序列整体的影响也可以忽略不计。因此，序列第一帧的目标码率往往设定为一个简单的经验值，在 H.265/HEVC 标准的参考软件 HM 中，直接将其设定为各帧平均码率的某个倍数。

$$R_1 = \alpha \times R_{\text{PicAvg}} \tag{4-29}$$

权重 α 根据经验设定，通常与每像素的平均比特数（bits per pixel，bpp）有关。

2．量化参数的计算与更新

当确定好各个编码单元的目标比特数后，需要通过调节编码参数来尽量达到目标值。在所有编码参数中，码率主要由量化参数决定。因此，这一步需要建立码率和量化参数之间的关系模型，进而根据目标码率来确定所需的 QP 值。

总体来说，码率控制模型的流程如图 4-6 所示。首先根据目标码率和设定的 R-QP 模型来计算 QP 值，并对部分视频内容进行编码，根据编码得到的实际输出码率，可以自适应地调节 R-QP 模型参数和码率分配策略。

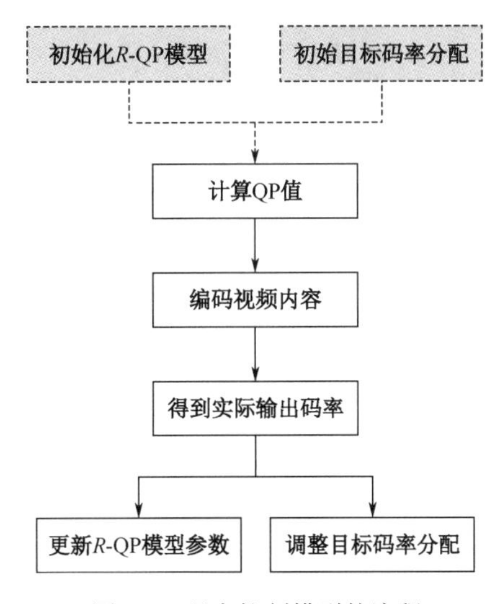

图 4-6　码率控制模型的流程

4.3.2　典型的码率控制模型

如前所述，视频编码的码率主要由量化参数决定。因此，码率控制的关键之一是建立合适的 R-QP 模型，以此估计目标码率对应的量化参数。常见的 R-QP 模型有以下几种。

1．一阶线性模型

该模型将码率与 QP 建模为简单的线性关系，即

$$R = \alpha \cdot \frac{X}{\mathrm{QP}} \tag{4-30}$$

其中，X 表示图像内容特征；系数 α 会随着实时码率输出而不断更新。该模型运算量低，但精度不高。

2．二次模型

通过引入二次项，该模型相较一次模型有一定性能提升，即

$$R = X \cdot \left(\frac{\alpha}{\mathrm{QP}} + \frac{\beta}{\mathrm{QP}^2} \right) \tag{4-31}$$

其中，X 仍表示图像内容特征；系数 α 和 β 也会随着编码而不断更新。

3．$R-\rho-$QP 模型

实验表明，量化系数块中零值所占比例与编码码率密切相关，特别是在低码率条件下

$$R = \theta \cdot \left(1 - \rho\left(\mathrm{QP}\right)\right) \tag{4-32}$$

式中，θ 为与视频内容有关的模型参数；ρ 为量化块中零值系数所占的比例。ρ 的值会随 QP 的增加而增加，且当系数的概率分布确定时，QP 和 ρ 存在一一对应关系。因此，该模型以 ρ 为中介，建立了 R 和 QP 之间的关系。给定目标码率，先根据式（4-32）计算 ρ 的值，再由 ρ 确定 QP 值。$R-\rho$ 模型更适用于变换块大小固定的情况，在允许多种变换块尺寸时表现较差。

4．$R-\lambda-$QP 模型

常见的率失真模型有指数函数和双曲函数两种形式。其中双曲函数的拟合效果更好

$$D(R) = CR^{-K} \tag{4-33}$$

拉格朗日因子λ是率失真曲线的斜率，代入该模型有

$$\lambda = -\frac{\partial D}{\partial R} = CK \cdot R^{-K-1} \triangleq \alpha R^{\beta} \tag{4-34}$$

即得到$R-\lambda$之间的关系模型，式（4-34）的另一种形式为

$$R = \left(\frac{\lambda}{\alpha}\right)^{1/\beta} \triangleq \alpha_1 \cdot \lambda^{\beta_1} \tag{4-35}$$

其中，$\alpha_1 = (1/\alpha)^{1/\beta}$和$\beta_1 = 1/\beta$是与视频内容有关的参数，需要在编码过程中动态更新。充分的实验表明，QP和$\ln\lambda$之间存在线性关系为

$$\text{QP} = c_1 \ln\lambda + c_2 \tag{4-36}$$

因此，可由目标码率得到λ值后，进一步确定合适的 QP 取值。实验表明，该模型在码率控制精度、率失真性能、主观质量等方面均优于此前其他模型，因此被广泛用于各种视频编码标准的参考软件中。

5．其他R—QP 模型

除了上述几种经典模型，还存在其他 R-QP 函数关系，如对数模型、指数模型等。假设变换得到的 DCT 系数服从高斯分布，可得到对数关系的 R-QP 模型。

$$R = R_{\text{H}} + \alpha \log(1/\text{QP}) \tag{4-37}$$

式中，R_{H}为编码单元头部的比特数；α为模型参数。类似地，指数模型关系如式（4-38）所示，式中α、β、γ都是与视频内容有关的参数。

$$R = \alpha + \frac{\beta}{\text{QP}^{\gamma}} \tag{4-38}$$

4.4 分级编码

4.4.1 基本方法

可分级视频编码（Scalable Video Coding，SVC）旨在解决面对不同网络条件、不同终端处理能力以及不同用户质量需求，编码端需要多次编码的问题。SVC 技术可实现时域可分级（Temporal scalability）、空域可分级（Spatial Scalability）以及质量可分级（Quality Scalability），即一次编码可产生不同帧率、分辨率以及图像质量的视频压缩码流。解码端根据网络条件和终端处理能力等条件自适应调整，减轻了编码端的运算负担。SVC 于 2007 年纳入 H.264 标准附录 G，SHVC（SVC for HEVC）也于 2014 年 10 月纳入 H.265 标准附录 H。

SVC 引入了一个 AVC 中不存在的概念——编码流中的层。SVC 中包含一个基本层（Base Layer）和多个增强层（Enhancement Layer），增强层依赖基本层的数据来解码。基本层编码最低层的时域、空域和质量流；增强层以基本层作为起始点，对附加信息进行预测编码，从而在解码过程中重构更高层的质量、空域和时域层。通过解码基本层和相邻增强层，解码器能生成特定层的视频流。

编码器在编码某一特定层时只能参考较低层的编码信息，由此，可以在任意位置对码流

进行截断，同时保持码流的有效性和可解码。这种分层方法让所生成的编码码流能够被截断以限制所消耗的带宽或降低解码计算的要求，截断过程通过从编码视频流中提取所需要的各层而构成。

1．**时域可分级**（Temporal Scalability）

时域可分级用于实现不同的图像帧率，给序列的视频帧分配不同的重要等级，在实际应用中按重要程度显示帧（或在恶劣网络条件下主动放弃低等级的帧）。其实现方式是采用图 4-7 所示的结构，按照具体应用来设计分层的 B 帧结构，组织成一个个 GOP，再形成整个编码序列。由于 H.264/AVC 中允许进行参考帧管理，使得时间分级可以直接利用这一特性得以实现。

图 4-7（a）是使用分层 B 帧编码，图 4-7（b）是非二元分层预测结构，图 4-7（c）是编解码器延迟为零的分层预测结构。图中图片正下方的数字指定了编码顺序，T_k 指定了时域层，该示例包含 4 个嵌套的时域层：T_0（基本层）、T_1、T_2 和 T_3，上层的帧只能通过低层或同层已编码的帧进行预测。当播放帧率较低时，只需解码 T_0 层的帧，丢弃所有其他帧；当播放帧率稍高时，解码组成 T_0 和 T_1 层的帧，丢弃 T_2 和 T_3 层的帧；以此类推，解码所有帧将恢复全帧率。

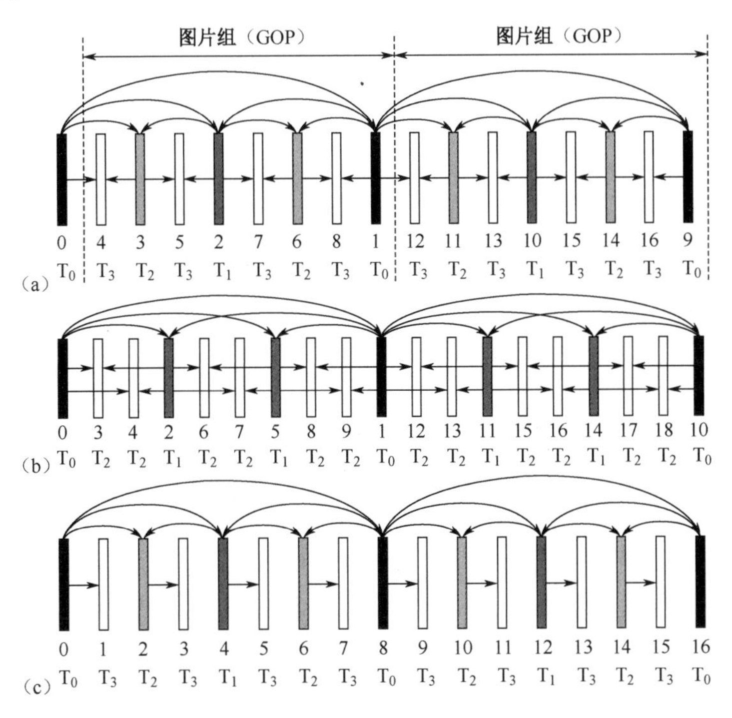

图 4-7　时域可分级编码的分层预测结构

2．**空域可分级**（Spatial Scalability）

空域可分级用于形成不同的图像（帧）分辨率，在实际应用中可以给不同显示屏幕的终端设备提供适配的画面，以达到提高带宽使用率的目的，具体结构如图 4-8 所示，在不同的分辨率序列层中进行预测，利用去相关性节省码流。

在空域可分级的情况下，低分辨率帧作为基本层编码，基本层解码并上采样后可以用来预测高层的帧，重构原始场景细节所需要的额外信息作为一个独立的增强层。在某些情况下，重用运动信息能进一步增强编码效率。

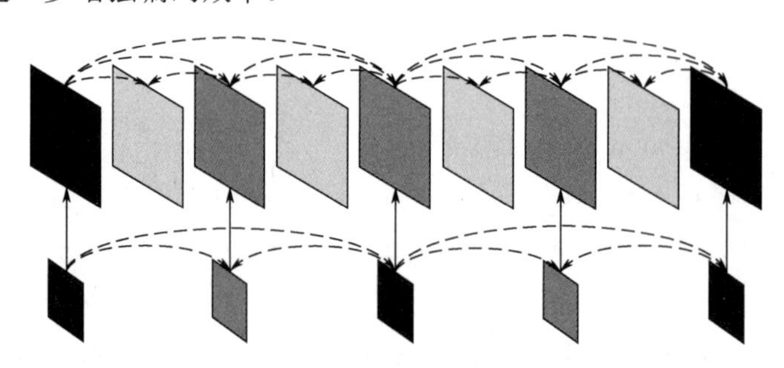

图 4-8 支持空域可分级编码的多层结构（附加层间预测）

在 SVC 中，除了提供传统的层间帧内预测（Inter-Layer Intra Prediction），还提供层间宏块模式与运动预测（Inter-Layer Macroblock Mode and Motion Prediction）和层间残差预测（Inter-Layer Residual Prediction），这 3 种模式可以充分利用图像的时间和空间相关性进行分级编码。

① 层间帧内预测（Inter-Layer Intra Prediction）。该模式主要针对图像纹理复杂且帧间搜索匹配不好的宏块。在这种情况下，基本层的编码方式一般为帧内预测。在层间帧内预测中，宏块信息完全由层间参考帧（一般是低分辨率的重建帧）通过上采样预测得到，但是这种方式仅对空域上的冗余信息进行了消除，缺乏对时间相关性的消除，码率减小幅度有限。

② 层间宏块模式与运动预测（Inter-Layer Macroblock Mode and Motion Prediction）。在这种模式下，层间的宏块使用类似 AVC 的帧间预测进行编码，其宏块模式采用层间参考帧相应块的模式，其对应的运动矢量也利用层间参考帧相应块的运动信息进行预测编码。

③ 层间残差预测（Inter-Layer Residual Prediction）。对于帧间编码的宏块，增强层的图像残差和基本层的图像残差仍具有相关性，可以利用基本层的残差进行上采样减少增强层编码的图像残差所需的码率。对于空间分辨率发生变化的层间残差预测，在残差像素域中进行预测。该模式同样可以用于空间分辨率不发生变化的层间残差预测（如质量分级），预测过程发生在频域，即对变换系数进行预测，计算量较小。

3. 质量可分级（Quality Scalability）

质量可分级可看成是空域可分级的一种特例，基本层和增强层具有相同尺寸，但有不同质量。具体包括粗粒度质量分级（Coarse-Grain Quality Scalable coding，CGS）、中等粒度质量分级（Medium-Grain Quality Scalable coding，MGS）。

CGS 实现方式是基本层 DCT 变换系数使用粗糙量化器得到的，基本层和原始图像间差值用更精细的量化器生成增强层码流。质量可分级面临着一个新的问题就是漂移效应，产生原因是运动补偿预测在编码端和解码端不同步，如质量精细化的包丢失了，所以要权衡增强层编码效率与漂移效应，故 MGS 引入了关键帧作为重同步点，增强层的关键帧必须由基本层重构实现，进而将漂移控制在一个 GOP 中。

必须仔细设计基于数据包的质量可分级编码的运动补偿预测过程，因为它决定了增强层编码效率和漂移之间的权衡。基于分组的质量可分级编码权衡增强层编码效率和漂移的不同策略，如图 4-9 所示。

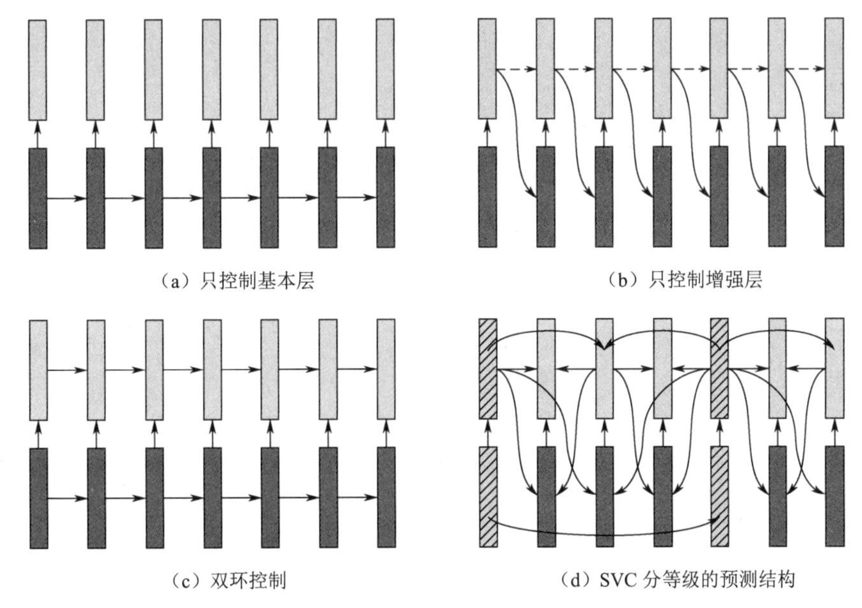

图 4-9　质量分级策略

4. SHVC 的分级方式

HEVC 的可分级扩展 SHVC 正式标准已于 2014 年中期完成，以 HEVC 第 2 版附录 H（Annex H）的形式出现。

在 H.264/AVC 的 SVC 扩展中，SVC 对帧间预测的宏块使用单环解码。所谓单环解码方案，是指在编码端只提取基本层的相关信息来预测增强层，在解码端只需解出目标层即可获取视频图像。也就是说，它只进行一次运动补偿处理，是单层视频解码操作。

图 4-10 展示了双层 SHVC 解码器的架构。SHVC 采用多环编码结构，解码器为了解码增强层，必须首先解码它的参考层，使之成为有效的预测参考。在多环结构中，每个中间层都需要一个完整的解码环路来解码一个目标层。在每个层中重建所有的帧内和帧间编码块，中间层的重建样点用作增强层的附加参考。在多环结构中，可分级编解码器加大解码图像缓存（DPB）尺寸和用于解码端运动补偿的存储带宽，它的编码效率比单环结构的可分级编解码器要高，因为它可以充分利用增强层图像和重建参考层图像之间的相关性。

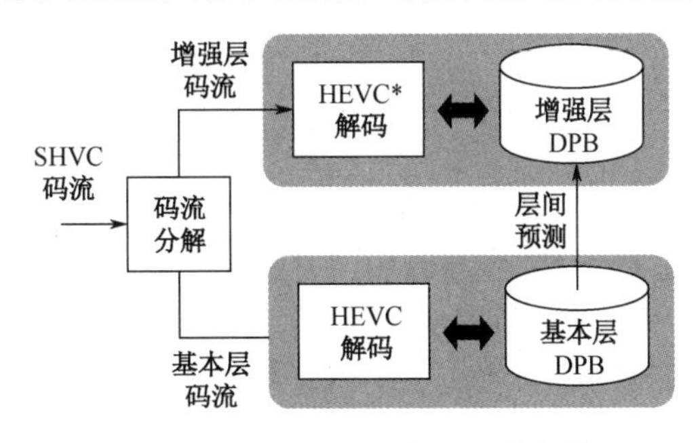

图 4-10　双层 SHVC 解码器的架构

当使用两个空域或 SNR 层时，基本层是唯一的参考层。但对于 3 层或更多的空域层或 SNR 层，中间层也可以用作参考层。SHVC 在编码端增强层还可以执行 HEVC 传统帧间编码，即执行所谓双环（或多环）控制编码，在传统帧间预测编码和层间预测编码之间通过率失真优化做自适应选择。很显然，单环解码方案在解码端具有较低的复杂度和稍差的编码效率，而多环解码方案则相反，具有较高的压缩效率和复杂度。

基本层码流既可以在带内作为SHVC码流的一部分进行传输，也可以在带外通过外部方式获得，增强层解码器与单层HEVC解码器具有相同的块级逻辑。

SHVC中的主要分级特性是从SVC中继承而来的，因此下面只对SVC中新增的一些提高分级编码效率的工具进行介绍，主要是针对空间域、位深度、色域三者的可分级。这些分级模式与SVC中已有的时域分级、空域分级和质量分级结合，可以得到更多灵活的分级配置。

① 纹理与运动区域重采样。在SHVC中，基本层与增强层的分辨率和位深都有可能不同，因此在进行预测参考时，需要对纹理进行重采样以获取具有相同的分辨率和位深的层间参考图像与增强层图像。通过灵活的空间缩放比、裁剪参数（参考区域偏移与缩放参考层偏移）以及重采样相位参数，可从增强层的像素位置计算出参考层像素位置，单位为1/16像素。

同样，对于帧间参考下的运动区域需要进行重采样。SHVC可以使用HEVC中的运动矢量预测工具AMVP，可以直接将层间参考图像选作为同位置图像，无须进行SVC中的MV预测。这样，不需要对块级编码做任何更改就能实现层间运动向量预测。若基本层和增强层的分辨率发生了变化，同样需要对MV进行适当的缩放，SHVC中通过引入层间运动区域映射（MFM）方法来实现。

② 位宽转换。视频中可以有不同的位宽选择，如8bit和10bit。由于计算机存储的问题，10bit视频一般保存为uint16类型，因此10bit视频所需的带宽大小一般为8bit视频的两倍。对于位宽方面进行分级操作，可以大大提高分级视频的带宽范围和不同设备的支持。SHVC支持基本层与增强层具有不同的位宽。其中，基本层具有较低的位深度（如8 bit），增强层具有较高的位深度（如10 bit）。通过映射的方式来进行不同位宽之间的转换。

③ 颜色映射。由于SHVC支持色域可分级，因此基本层与增强层之间可以具有不同的色域。一般来说，增强层具有比基本层更宽的色域，因此需要对不同宽度的色域之间进行映射。在SHVC中，采用3D查询表的方式进行颜色映射。通过将亮度和色差大小构成的三元组（Y、Cb、Cr）为坐标，在3D查找表寻找映射值。

4.4.2 SVC的典型应用

1. 视频会议

在多人远程会议或直播系统中，参与的用户可能处于不同的网络环境（有线、Wi-Fi、4G）中，网络质量各不一致，为了所有用户可进行远程会议或者直播的观看，简单的做法是降低发送端的视频码流，这样不管网络质量好坏，参与的用户都将观看低码率的视频流。这种方案的缺点在于大部分网络较好的用户会被少数网络较差的用户给拖累。

SVC编码器针对同一组输入可以实现一次编码，多次解码，无须重复编码或转码。根据网络情况，以及设备能力，解码器可以选择解码不同层级的码流。在具体应用中可以根据用户的网络质量来分配不同质量的视频流，这样网络质量较好的用户能看到高质量的视频流，而网络较差的用户则看到低质量的视频流。例如，在一个会议中有3个人，客户端A的带宽较好，服务端会发送多层码流，包括基础层和一个增强层；客户端 B 的带宽很低，只请求基础层，能看见流畅的视频；客户端 C 的带宽很好，可以请求基础层和两个增强层，可以得到很好的视频质量。

2．**电视广播**

在电视广播场景中，针对不同用户端的需求（不同的帧率、分辨率、视频质量）需要输出不同的码率。传统的非可分级编码需要对视频源进行多次编码或转码，使得可以输出不同分辨率和帧率的码流，这对发送端服务器造成了很大的负担。而可分级编码 SVC 仅需对同一组输入进行一次编码即可输出多路码流（基本层和多层增强层），让解码端根据需求选择解码基本层或联合增强层解码，把编码端服务器的压力转换到解码端，极大地减轻了编码服务器的负担。

习　题

1．列表比较 H.264、H.265 和 H.266 三代编码标准中的预测、变换和量化/熵编码等关键模块的差异。

2．通过 I 帧、P 帧、B 帧的编码过程，说明下列术语的含义与用途：CTU、CU、PU，运动矢量、参考帧管理、预测误差。

3．画图说明 B 帧的运动矢量与预测误差如何计算，并说明术语“1/4 像素分辨率”的含义。

4．常用的码率控制算法有哪些？其中所用的率-失真模型是什么？

5．简述 H.266/VVC 中的码率控制步骤。

6．请思考可伸缩编码框架是否可以和混合编码框架解耦？查阅文献，阐述 SVC 的其他实现方案。

参 考 文 献

[1] 张嘉琪，雷萌，马思伟．AVS3 视频编码关键技术及应用[J]．中兴通讯技术，2021，27（1）：10-16.

[2] Bross B, Wang Y K, Ye Y, et al. Overview of the versatile video coding (VVC) standard and its applications[J]. IEEE Transactions on Circuits and Systems for Video Technology, 2021, 31(10): 3736-3764.

[3] Sullivan G J, Ohm J R, Han W J, et al. Overview of the high efficiency video coding (HEVC) standard[J]. IEEE Transactions on circuits and systems for video technology, 2012, 22(12): 1649-1668.

[4] Lee H J, Chiang T, Zhang Y Q. Scalable rate control for MPEG-4 video[J]. IEEE Transactions on Circuits and Systems for Video Technology, 2000, 10(6): 878-894.

[5] Boyce J M, Ye Y, Chen J, et al. Overview of SHVC: Scalable extensions of the high efficiency video coding standard[J]. IEEE Transactions on Circuits and Systems for Video Technology, 2015, 26(1): 20-34.

[6] Schwarz H, Marpe D, Wiegand T. Overview of the scalable video coding extension of the H. 264/AVC standard[J]. IEEE Transactions on circuits and systems for video technology, 2007, 17(9): 1103-1120.

[7] 朱秀昌，刘峰，胡栋. H.265/HEVC：视频编码新标准及其扩展[M]. 北京：电子工业出版社，2016.

[8] 万帅，霍俊彦，马彦卓，等. 新一代通用视频编码 H.266/VVC：原理，标准与实现[M]. 北京：电子工业出版社，2022.

第 5 章　视频传输基础

视频信号在传输过程中不可避免会出现干扰和误码等各种问题，视频传输就是将（压缩后的）视频信号无失真（或失真不可察觉）、快速高效稳定地通过各种途径传输到接收端。典型的视频通信应用领域主要包括电视广播、视频会议、网络直播和点播等，面向不同应用领域，视频信号传输途径和传输要求不同，视频传输技术和传输方式也有所区别。早期的电视广播和视频会议都是基于专用的电视信道或电信网络信道进行传输的；随着三网融合以及互联网的不断发展，视频传输技术从传统的面向信源信道处理及传输的通信领域，迈入了面向流媒体网络传送的计算机领域。为此，本章将从通信领域信道传输和计算机领域网络传送两个角度分别展开，讲述视频传输的基本原理和共性基础技术。

5.1　基础知识

5.1.1　传输信道与特性

通信系统大致可分为有线和无线两类。相对来说，无线通信的信道传输环境更为恶劣，对应传输系统所需要的信号处理模块更为复杂和全面。因此，本节会重点介绍无线通信系统的信道传输各模块。

典型的无线信道传输系统流程如图 5-1 所示。视频信号的传输需要经过信道，而传输技术则主要包括针对不同信道传输环境的信道编码技术、适应各种信道带宽的调制技术、提高系统容错能力的时频交织技术以及构建传输单元的成帧技术。

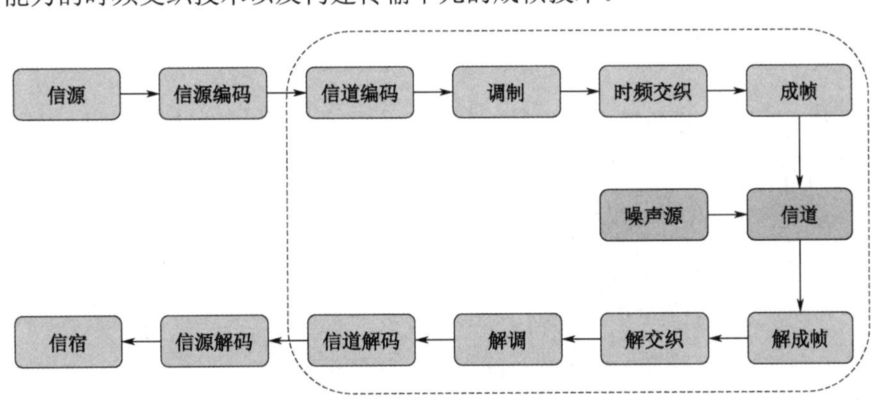

图 5-1　典型的无线信道传输系统流程

信道（Channel）是信号从发送端传输到接收端所经过的传输媒介。不同类型的传输信道具有不同模型与特性，本节将着重介绍加性高斯白噪声（Additive White Gaussian Noise，AWGN）信道、瑞利衰落信道（Rayleigh Fading Channel）与莱斯衰落信道（Rician Fading Channel）3 种典型的信道模型。

1．加性高斯白噪声信道

加性高斯白噪声（AWGN）信道是一种最基本的信道模型，其输入输出关系为

$$r(t)=s(t)+w(t) \tag{5-1}$$

式中，$s(t)$为发送端发送的信号；$r(t)$为接收端接收的信号；$w(t)$为加性高斯白噪声。噪声$w(t)$直接叠加在信号$s(t)$上，其样本服从均值为0、方差为σ^2的高斯分布，且在所有频率上具有相同的功率谱密度。

具有高度定向天线的空间通信（Space Communications）系统，以及一些点对点的微波链路系统，可以看作是在AWGN信道下进行通信传输的。

2．瑞利衰落信道

在更多情况下，电磁波会与大气环境和行人、车辆、植被、建筑等物体发生作用，产生足够多的散射、折射、反射与衍射，由多条路径传播到达接收端。由于每条路径的路程不同，这些电磁波经过不同时延到达接收端时的相位各不相同，并且因为接收端移动等，叠加后的总信号是一个随机过程，其强度与相位在不断起伏变化。这种现象被称为"多径衰落"。在瑞利衰落信道中，接收端只会收到经过反射、折射与散射的信号，而不存在发射端到接收端的直射信号。

假设发射端发射信号为幅度为A_0、单一频率ω的正弦波，即

$$s(t)=A_0\cos(\omega t) \tag{5-2}$$

则经过瑞利衰落信道共n条路径，接收端接收到的总信号为

$$\begin{aligned}r(t)&=\sum_{i=1}^{n}a_i(t)\cos\left[\omega t+\varphi_i(t)\right]\\&=\sum_{i=1}^{n}a_i(t)\cos\varphi_i(t)\cos\omega t-\sum_{i=1}^{n}a_i(t)\sin\varphi_i(t)\sin\omega t\\&=X(t)\cos\omega t-Y(t)\sin\omega t\\&=V(t)\cos\left[\omega t+\varphi(t)\right]\end{aligned} \tag{5-3}$$

式中，$a_i(t)$为第i条径的信号在t时刻到达接收端的幅度；$\varphi_i(t)$为第i条径的信号在t时刻到达接收端的相位偏移；$X(t)=\sum_{i=1}^{n}a_i(t)\cos\varphi_i(t)$；$Y(t)=\sum_{i=1}^{n}a_i(t)\sin\varphi_i(t)$；$V(t)=\sqrt{X^2(t)+Y^2(t)}$；$\varphi(t)=\arctan\dfrac{Y(t)}{X(t)}$。

对于某一时刻t_0，由于$X(t_0)$和$Y(t_0)$均为多个相互独立的随机变量之和，根据中心极限定理，它们的分布趋于均值为0、方差相等的正态分布。此时，包络$V(t_0)$服从瑞利分布，相位$\varphi(t_0)$服从0到2π均匀分布。假设$X(t_0)$和$Y(t_0)$的方差为σ^2，则包络$V(t_0)$所服从瑞利分布的概率密度函数为

$$f_V(v)=\begin{cases}\dfrac{v}{\sigma^2}\mathrm{e}^{-\frac{v^2}{2\sigma^2}}, & v\geqslant 0\\ 0, & v<0\end{cases} \tag{5-4}$$

瑞利衰落信道模型适用于描述经过电离层和对流层反射的无线信道，因为该场景下大气

中广泛存在的粒子可以大量散射电磁波；同时，该模型可以用于描述建筑物密集地区的无线信道，此时密集的建筑物、树木等物体的存在会使得发射端与接收端之间不存在直射路径，而电磁波只能经过反射、折射等方式到达接收端。

3．**莱斯衰落信道**

与瑞利衰落信道不同的是，在莱斯衰落信道下，接收端接收到的信号中不仅存在不同角度随机到达的多径分量，还存在一个主要的稳定的直射信号分量。当发射端发射信号为单一频率的正弦波，即式（5-2）时，接收信号可以表示为

$$r(t)=A\cos\omega t+\sum_{i=1}^{n}a_i(t)\cos\left[\omega t+\varphi_i(t)\right] \tag{5-5}$$

在式（5-5）中，$a_i(t)$与$\varphi_i(t)$的含义与式（5-3）相同，$A\cos\omega t$对应接收端接收到的直射信号分量。这时，接收信号同样可以化简为与瑞利衰落信道类似的形式，即

$$r(t)=X(t)\cos\omega t-Y(t)\sin\omega t=V(t)\cos\left[\omega t+\varphi(t)\right] \tag{5-6}$$

只是式（5-6）中$X(t)$与$Y(t)$的均值不再为 0。其中包络也不再服从瑞利分布，而是服从莱斯分布，其概率密度函数为

$$f_V(v)=\begin{cases}\dfrac{v}{\sigma^2}\mathrm{e}^{-\frac{v^2+A^2}{2\sigma^2}}I_0\left(\dfrac{Av}{\sigma^2}\right), & v\geqslant 0\\ 0, & v<0\end{cases} \tag{5-7}$$

式中，A为主信号幅度的峰值；$I_0(\cdot)$为修正的 0 阶第一类贝塞尔函数。

在实际系统中，受到信道的各种因素影响，接收端接收的数据会出现多种类型的错误。根据所产生错误的不同特点，传输信道可以分为 3 类：随机信道、突发信道和混合信道。

随机信道是指所传输电磁波在各种天气条件下（如雾、雪、雨等）被少量吸收、散射与折射，使得到达接收端的功率发生随机变化，产生彼此独立的随机错误的信道。前文所述的 AWGN 信道就属于随机信道。

突发信道是指大气湍流效应、闪电等突发气候变化，卫星抖动等机械振动，甚至行人或其他移动物体对信号造成短暂较大程度遮挡的各类因素之下，接收端处的电磁波功率在短时间内出现较大范围变化，从而产生成串的突发错误的信道。衰落现象也是产生突发错误的一个原因，因此瑞利衰落信道和莱斯衰落信道都属于突发信道。为应对这些成串的突发错误，可以引入时频交织技术以提高系统的容错性能，相关内容将在后续章节详细介绍。

混合信道综合了以上两种信道的特点，是既有随机错误又有突发错误的一类信道。在实际情况下，信道可能既有 AWGN 噪声，又具有瑞利衰落信道或莱斯衰落信道的特点，因此实际的信道更多属于混合信道。

5.1.2　传送网络与分层

计算机网络也称为计算机通信网，是一些相互连接、以共享资源为目的、自治的计算机集合。从整体上说，计算机网络就是把分布在不同地理区域的计算机与专门的外部设备用通信线路互联成一个规模大、功能强的通信系统，从而使众多的计算机可以方便地互相传递信息，共享硬件、软件、数据信息等资源。计算机网络独立于硬件结构，可无缝连接不同硬件设备，这一特性使得网络技术和底层的硬件技术能够相互独立的并行发展。为方便大家更好

地理解和区分，我们把计算机网络底层的通信称为信道传输，上层的通信称为网络传送。

1．**网络分类**

从不同的角度对网络有不同的分类方法，每种网络名称都有特定的含意。不同种名称或名称及参数的组合可以看出其相应的网络特性。了解网络的分类方法和类型特征，是熟悉网络技术的重要基础之一。下面介绍常见的网络类型及分类依据与特征。

（1）地理位置

① 个人网（PAN）：个人网就是在个人工作的地方把属于个人使用的电子设备（如便携电脑等）用无线技术连接起来的网络，因此也常称为无线个人局域网（WPAN），其范围在 10m 左右。

② 局域网（LAN）：一般限定在较小的区域内，小于 10km 的范围，通常采用有线的方式连接起来。

③ 城域网（MAN）：规模局限在一座城市的范围内，即 10～100km 的区域。

④ 广域网（WAN）：网络跨越国界、洲界，甚至全球范围。广域网的典型代表是互联网（Internet）。

一般而言，局域网是组成城域网和广域网的基础，城域网一般都加入了广域网。

（2）传输介质

① 有线网：采用同轴电缆和双绞线来连接的计算机网络。同轴电缆网是常见的一种连网方式。它比较经济，安装较为便利，传输速率和抗干扰能力一般，传输距离较短。双绞线网是目前最常见的连网方式。它价格便宜，安装方便，但易受干扰，传输速率较低，传输距离比同轴电缆要短。

② 光纤网：光纤网也是有线网的一种，但由于其特殊性而单独列出，光纤网采用光导纤维作为传输介质。光纤传输距离长，传输速率高，可达数千兆比特每秒，抗干扰性强，不会受到电子监听设备的监听，是高安全性网络的理想选择。不过它价格较高，且需要高水平的安装技术。

③ 无线网：用电磁波作载体来传输数据，无线网联网费用较高，但由于联网方式灵活方便，是一种使用方便的连网方式。

（3）拓扑结构

网络的拓扑结构是指网络中通信线路和站点（计算机或设备）的几何排列形式。

① 星型网络：如图 5-2 所示，各站点通过点到点的链路与中心站相连。其特点是很容易在网络中增加新的站点，数据的安全性和优先级容易控制，易实现网络监控，但中心节点的故障会引起整个网络瘫痪。

② 环型网络：如图 5-3 所示，各站点通过通信介质连成一个封闭的环形。环形网容易安装和监控，但容量有限，网络建成后，难以增加新的站点。

③ 总线型网络：如图 5-4 所示，网络中所有的站点共享一条数据通道。总线型网络安装简单方便，需要铺设的电缆最短，成本低，某个站点的故障一般不会影响整个网络；但总线介质故障会导致网络瘫痪，总线网安全性低，监控比较困难，增加新站点也不如星型网络容易。

树型网、簇星型网、网状网等其他类型拓扑结构的网络都是以上述 3 种拓扑结构为基础的。

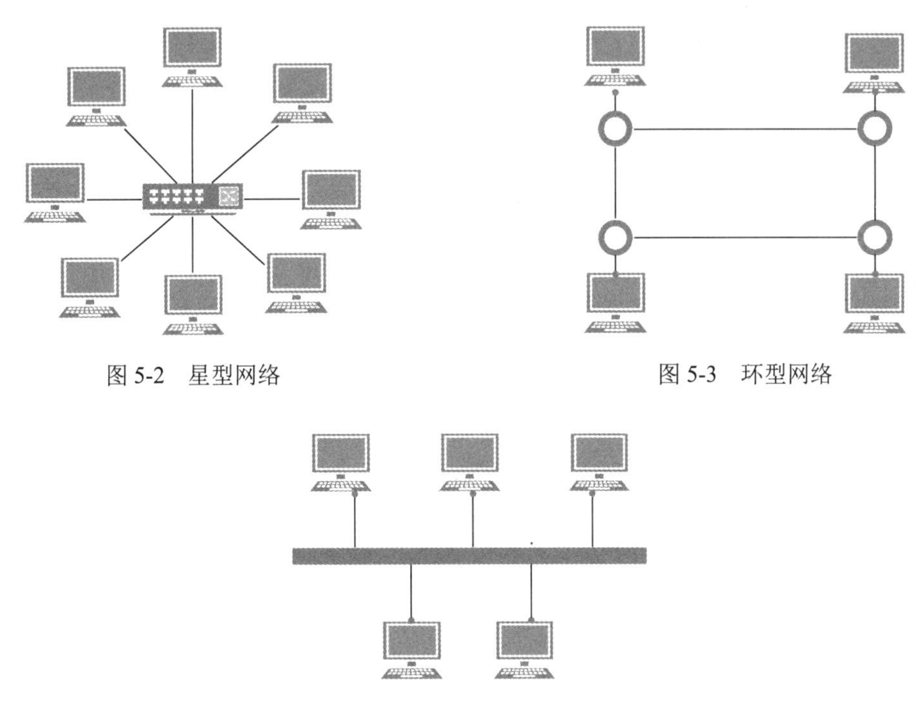

图 5-2　星型网络

图 5-3　环型网络

图 5-4　总线型网络

（4）通信分类

① 点对点：数据以点到点的方式在计算机或通信设备中传输。星型网、环型网采用这种传输方式。

② 广播式：数据在共用介质中传输。无线网和总线型网络属于这种类型。

（5）使用目的

① 共享资源：使用者可共享网络中的各种资源，如文件、扫描仪、绘图仪、打印机以及各种服务。Internet 网是典型的共享资源网。

② 数据处理网：用于处理数据的网络，如科学计算网络、企业经营管理用网络。

③ 数据传输网：用来收集、交换、传输数据的网络，如情报检索网络等。

在实际应用中，网络使用目的通常不是唯一的。

（6）服务分类

① 客户机/服务器网络。服务器是指专门提供服务的高性能计算机或专用设备，客户机是用户计算机。这是客户机向服务器发出请求并获得服务的一种网络形式，多台客户机可以共享服务器提供的各种资源。这是最常用、最重要的一种网络类型。它不仅适用于同类计算机联网，还适用于不同类型的计算机联网，如 PC（Personal Computer，个人计算机）、Mac 机的混合联网。这种网络安全性容易得到保证，计算机的权限、优先级易于控制，监控容易实现，网络管理能够规范化。网络性能在很大程度上取决于服务器的性能和客户机的数量。针对这类网络有很多优化性能的服务器称为专用服务器。银行、证券公司都采用这种类型的网络。

② 对等网。对等网不要求文件服务器，每台客户机都可以与其他客户机对话，共享彼此的信息资源和硬件资源，组网的计算机一般类型相同。这种网络方式灵活方便，但是较难实现集中管理与监控，安全性也低，较适用于部门内部协同工作的小型网络。

2．**网络协议**

我们需要在网络上实现高速、高可靠的信息传输，必须为网络定义一个能够互相连接和互相操作的开放式网络体系结构。互连是指不同终端设备能够通过子网互相连接起来进行数据通信。互操作是指不同的用户能够在连网的终端设备上，用相同的命令或相同的操作来使用其他设备中的资源和信息，如同使用本地设备中的资源和信息。为实现设备间的互连和互操作性定义的规范，称为网络协议。

（1）网络协议的描述

人与人交流需要某种语言，同样在网络上的各台计算机之间的信息交换也需要特定的语言，这就是网络协议，不同的计算机之间必须使用相同的网络协议才能进行通信。从专业角度定义，网络协议是计算机在网络中实现通信时必须遵守的约定，也就是通信协议。主要是对信息的传输速率、传输代码、代码结构、传输控制步骤、出错控制等做出规定并制定出标准。

网络协议是网络上所有设备（网络服务器、计算机及交换机、路由器、防火墙等）之间通信规则的集合，它规定了通信时信息必须采用的格式和这些格式的意义。网络协议的种类很多，各个协议内容繁杂，但它们一般包含以下 3 个要素。

① 语义（Semantics）：解释控制信息每个部分的意义。它规定需要发出何种控制信息，完成何种动作，以及做出怎样的响应。

② 语法（Syntax）：用户数据与控制信息的详细说明，以及数据出现的顺序。

③ 时序（Timing）：对事件发生顺序的详细说明，可以用于同步。

这 3 个要素的功能可以简单总结为：语义表示要做什么，语法表示要怎么做，时序表示做的顺序。

网络接收方和发送方同层的协议必须一致，否则接收方将无法识别发送方发出的信息。常见的网络协议包括传输控制协议/互联网协议 TCP/IP（Transmission Control Protocol/Internet Protocol）协议、IPX/SPX 协议、NetBEUI 协议等。

（2）网络协议的分层

网络协议采用分层结构，把网络通信的复杂过程抽象成一种多层次架构模型，每个层次担负相对简单的一部分通信功能，各层之间相对独立。每层都建立在它的下层之上，向它的上一层提供一定的服务，而把如何实现这一服务的细节对上一层加以屏蔽。这样可以把一个复杂的问题分解为若干简单的问题进行解决，使分层模型具有很大优势，主要表现为以下 3 点。

① 分层模型将网络问题分解为多个部分（层）进行处理，每层解决一个部分的问题，可避免通信协议过于复杂，避免将所有功能都集中在一个软件中，从而降低出错的可能性。

② 分层模型提供一种模块化设计和实现的方式，如果想要增加一项新的服务，或者修改某一功能，只需在相应层次进行增加或修改，而不会影响其他层次所提供的功能。

③ 分层模型降低了每层通信服务的复杂性，便于对通信功能进行检测和维护，也有利于实现该层次的标准化。

层次化体系结构最具代表性的分别是开放式系统互联（Open System Interconnect，OSI）网络体系结构和 TCP/IP 网络体系结构，又称为网络模型。前者是由国际标准化组织（ISO）制定的，后者是在 TCP/IP 广泛使用的基础上由 IETF 等组织主导制定的。前者具有较完善的理论基础和体系结构，但是基本停留在纸上，实际应用较少。而后者来源于实际，在实际应用中逐步完善，非常实用，目前已经成为事实上的国际标准。

① OSI 网络模型。为了使不同地点的计算机能够相互通信，以便在更大的范围内建立计算机网络，国际标准化组织（ISO）于 1984 年正式推出网络互联的开放式系统互联（OSI）的 7 层参考模型，从下到上分别为物理层、数据链路层、网络层、传输层、会话层、表示层和应用层，如图 5-5 所示。解决异地网络互联时所遇到的兼容性问题，实现开放式系统环境中的互联性、互操作性和应用的可移植性。

应用层
表示层
会话层
传输层
网络层
数据链路层
物理层

图 5-5　OSI 网络模型

物理层（Physical Layer）：主要是处理机械的、电气的和过程的接口，以及规定物理层下的物理传输介质等。

数据链路层（Data Link Layer）：任务是加强物理层的功能，使其对网络层显示为一条无错的（连接）线路。

网络层（Network Layer）：确定分组从源端到目的端的路由选择。路由可以选用网络中固定的静态路由表，也可以在每次会话时决定，还可以根据当前的网络负载状况，灵活地为每个分组分别决定路由路径。

传输层（Transport Layer）：从会话层接收数据，并传输给网络层，同时确保到达目的端的各段信息正确无误，而且使会话层不受硬件变化的影响。通常会话层每请求建立一个传输连接，传输层就会为其创建一个独立的网络连接。但如果传输连接需要一个较高的吞吐量，传输层也可以为其创建多个网络连接，让数据在这些网络连接上分流，以提高吞吐量。同样，如果创建或维持一个独立的网络连接不合算，传输层也可将几个传输连接复用到同一个网络连接上，以降低费用。除了多路复用，传输层还需要解决跨网络连接的建立和拆除，并具有流量控制机制。

会话层（Session Layer）：允许不同机器上的用户之间建立会话关系，既可以进行类似传输层的普通数据传输，也可以被用于远程登录到分时系统或在两台机器间传递文件。

表示层（Presentation Layer）：用于完成一些类似于应用层的数据组织等功能，这些功能由于经常被请求，因此人们希望有通用的解决办法，而不是由每个用户各自实现。

应用层（Application Layer）：包含了大量人们普遍需要的协议。不同的文件系统有不同的文件命名原则和不同的文本行表示方法等，不同的系统之间传输文件还有各种不兼容问题，这些都将由应用层来处理。此外，应用层还有虚拟终端、电子邮件和新闻组等各种通用和专用的功能。

② TCP/IP 网络模型。TCP/IP 是由美国军方高级研究计划部门（Advanced Research Project Agency，ARPA）于 1977—1979 年推出的一种网络体系结构和协议规范。随着互联网的发展，TCP/IP 得到广泛开发、改进和推广应用，逐渐成为互联网的通用协议，常称为 TCP/IP 网络模型。

TCP/IP 网络模型实质上是指一个协议族，包含一系列的协议。与 OSI 网络模型类似，TCP/IP 模型也是按照层次划分，但对 OSI 网络模型进行了简化，共分为 5 层：应用层、传输层、网络层、数据链路层和物理层，如图 5-6 所示。

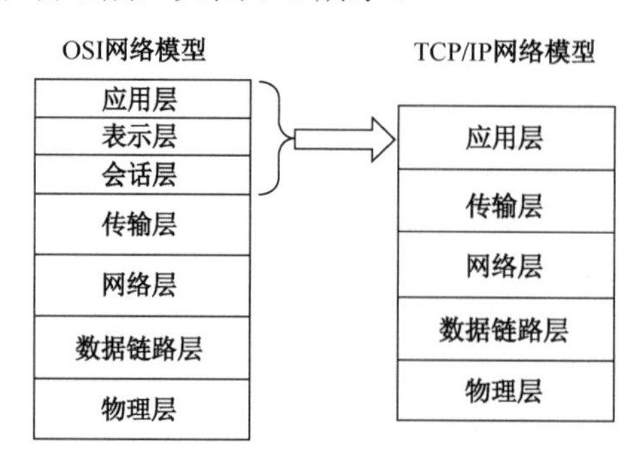

图 5-6 TCP/IP 网络模型与 OSI 网络模型对比图

物理层（Physical Layer）：与 OSI 网络模型中的物理层相对应。它将比特从一台机器传送到另一台机器。不同的传送物理介质会影响通信的带宽、延迟等性质。传送介质大体可分为两类：有线介质（光纤等）和无线介质（无线电、激光等）。

数据链路层（Date Link Layer）：又称为链接层，与 OSI 网络模型的数据链路层对应。它依托物理层传输的比特，产生并传送包含更多比特的帧，并开始处理差错，控制流量。

网络层（Network Layer）：是整个体系结构的关键部分，其功能是使主机可以把分组发往任何网络，并使分组独立地传向目标。这些分组可能经由不同的网络，到达的顺序和发送的顺序也可能不同。高层如果需要按顺序收发，就必须自行处理对分组的排序。网络层使用互联网协议（Internet Protocol，IP）。TCP/IP 网络模型的网络层和 OSI 网络模型的网络层在功能上非常相似。

传输层（Transport Layer）：使源端和目的端机器上的对等实体可以进行会话。在这一层定义了两个端到端的协议：传输控制协议（Transmission Control Protocol，TCP）和用户数据报协议（User Datagram Protocol，UDP）。TCP 是面向连接的协议，它提供可靠的报文传输和对上层应用的连接服务。为此，除了基本的数据传输，它还有可靠性保证、流量控制、多路复用、优先权和安全性控制等功能。UDP 是面向无连接的不可靠传输的协议，主要用于不需要 TCP 的排序和流量控制等功能的应用程序。

应用层（Application Layer）：包含所有的高层协议，包括虚拟终端协议（TELecommunications NETwork，TELNET）、文件传输协议（File Transfer Protocol，FTP）、简单邮件传输协议（Simple Mail Transfer Protocol，SMTP）、域名服务（Domain Name Service，DNS）、网上新闻传输协议（Net News Transfer Protocol，NNTP）和超文本传送协议（HyperText Transfer Protocol，HTTP）等。TELNET 允许一台机器上的用户登录到远程机器上，并进行工作；FTP 提供有效地将文件从一台机器上移到另一台机器上的方法；SMTP 用于电子邮件的收发；DNS 用于把主机名映射到网络地址；NNTP 用于新闻的发布、检索和获取；HTTP 用于在万维网（World Wide Web，WWW）上获取主页。

③ 两种网络模型比较。上述两种网络模型都采用了层次结构的概念，但是它们也存在区别。除了 OSI 网络模型是由国际标准化组织主导的，而 TCP/IP 是由互联网工程任务组指导的外，两者还存在两点重要的区别。

a. TCP/IP 一开始就考虑多种异构网的互联问题，对面向连接和面向无连接并重，并将国际协议 IP 作为 TCP/IP 的重要组成部分。OSI 最初只考虑使用一种标准的公用数据网将各种不同的系统互联在一起，更强调面向连接服务。

b．TCP/IP 有较好的网络管理功能，OSI 是到后来才开始关注这个问题的。

这两方面的不同，在实际应用中，OSI 更多的只是参考而几乎没有具体应用。实际应用中的网络互联大多都采用 TCP/IP，互联网采用的就是 TCP/IP。

3．**网络协议的数据组织**

接下来结合 TCP/IP 5 层协议，介绍每层基于网络协议的数据组织方法。

（1）物理层

计算机组网，首先把计算机连起来，可以用光缆、电缆、双绞线、无线电波等方式，物理层连接如图 5-7 所示。

物理层就是把计算机连接起来的物理手段。它主要规定了网络的一些电气特性，作用是负责传送 0 和 1 的电信号。

（2）链路层

对于物理层单纯的 0 和 1 必须规定解读方式，这就是链路层的功能。它在物理层的上方，确定了 0 和 1 的分组方式，即规定了多少个电信号算一组，以及每个信号位意义。

① 以太网协议。早期，每家公司都有自己的电信号分组方式。逐渐地，一种名为以太网（Ethernet）的协议占据了主导地位。以太网规定，一组电信号构成一个数据包，称为帧（Frame）。每一帧分成两个部分：帧头（Head）和数据（Data），如图 5-8 所示。

图 5-7 物理层连接　　图 5-8 以太网帧结构

帧头包含数据包的一些说明项，如发送者、接收者、数据类型等；数据则是数据包的具体内容。

帧头的长度，固定为 18 字节。数据的长度，最短为 46 字节，最长为 1500 字节。因此，整个帧最短为 64 字节，最长为 1518 字节。如果数据很长，就必须分割成多个帧进行发送。

② MAC 地址。上面提到，以太网数据包的帧头，包含了发送者和接收者的信息。它们是如何标识的呢？

以太网规定，连入网络的所有设备，都必须具有网卡接口。数据包必须是从一块网卡传送到另一块网卡。网卡的地址就是数据包的发送地址和接收地址，称为 MAC 地址。

当每块网卡出厂时，都有一个全世界独一无二的 MAC 地址，长度是 48 个二进制位，通常用 12 个十六进制数表示。前 6 个十六进制数是厂商编号，后 6 个是该厂商的网卡流水号。根据 MAC 地址，就可以定位网卡和数据包的路径。

有了 MAC 地址后，系统为了把数据包准确送到接收方，以太网采用了一种很原始的方式，向本网络内所有计算机发送，让每台计算机自己判断，是否为接收方。在图 5-9 中，1 号计算机向 2 号计算机发送一个数据包，同一个子网络的 3 号、4 号、5 号计算机都会收到这个包。它们读取这个包的帧头，找到接收方的 MAC 地址，然后与自身的 MAC 地址相比较，如果两者相同，就接受这个包，做进一步处理；否则就丢弃这个包。这种发送方式就称为广播（Broadcasting）。

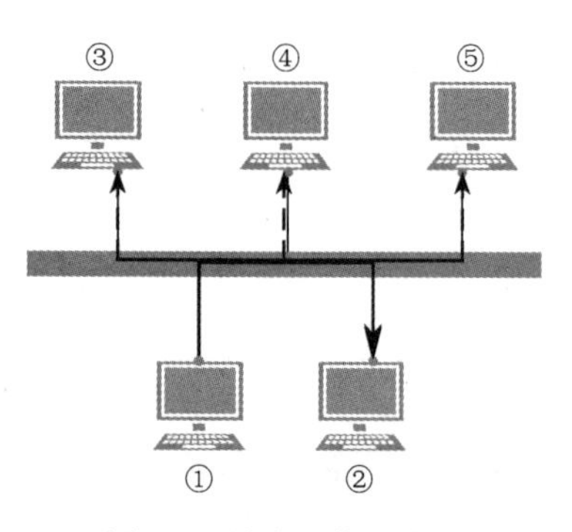

图 5-9 链路层数据传送

有了数据包的定义、网卡的 MAC 地址、广播的发送方式，链路层就可以在多台计算机之间传送数据了。

（3）网络层

① 网络层的由来。以太网协议依靠 MAC 地址发送数据。理论上，单单依靠 MAC 地址，上海的网卡就可以找到洛杉矶的网卡了，技术上是可以实现的，但实际不可行。以太网采用广播方式发送数据包，所有成员人手一“包”，不仅效率低，而且局限在发送者所在的子网络。也就是说，如果两台计算机不在同一个子网络，广播是传不过去的。

网络层传输如图 5-10 所示，互联网是无数子网络共同组成的一个巨型网络，因此，必须找到一种方法，能够区分哪些 MAC 地址属于同一个子网络，哪些不是。如果是同一个子网络，就采用广播方式发送，否则就采用路由方式发送。路由是指如何向不同的子网络分发数据包。仅靠 MAC 地址本身无法做到这一点。它只与厂商有关，与所处网络无关。网络层的作用是引进一套新的地址，使得我们能够区分不同的计算机是否属于同一个子网络。这套地址就称为网络地址，简称网址。

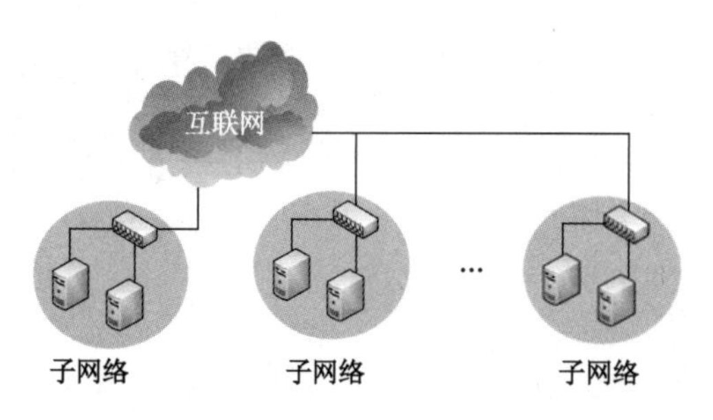

图 5-10 网络层传输

网络层出现以后，每台计算机有了两种地址：一种是 MAC 地址；另一种是网络地址。两种地址之间没有任何联系，MAC 地址是绑定在网卡上的，网络地址则是管理员分配的，它们只是随机组合在一起。

网络地址帮助我们确定计算机所在的子网络，MAC 地址则将数据包送到该子网络中的目标网卡。因此，从逻辑上可以推断，先处理网络地址，再处理 MAC 地址。

② IP 地址。规定网络地址的协议，称为 IP 协议。它所定义的地址，就被称为 IP 地址。目前，广泛采用的是 IP 协议第 4 版，简称 IPv4。这个版本规定，网络地址由 32 个二进制位组成。习惯上，我们用分成 4 段的十进制数表示 IP 地址，从 0.0.0.0 一直到 255.255.255.255。

互联网上的每台计算机，都会分配到一个 IP 地址。这个地址分成两个部分：前一部分代表网络；后一部分代表主机。例如，IP 地址 172.16.254.1，这是一个 32 位的地址，假定它的网络部分是前 24 位（172.16.254），那么主机部分就是后 8 位（最后的那个 1）。处于同一个子网络的计算机，它们 IP 地址的网络部分必定是相同的，也就是说，172.16.254.2 应该与 172.16.254.1 处在同一个子网络。

但是问题在于单单从 IP 地址，我们无法判断网络部分。还是以 172.16.254.1 为例，它的网络部分，到底是前 24 位，还是前 16 位，甚至前 28 位，从 IP 地址上是看不出来的。那么从 IP 地址判断两台计算机是否属于同一个子网络，要用到另一个参数子网掩码（Subnet

Mask)。所谓子网掩码，就是表示子网络特征的一个参数。它在形式上等同于 IP 地址，也是一个 32 位二进制数字，它的网络部分全部为 1，主机部分全部为 0。例如，IP 地址 172.16.254.1，如果已知网络部分是前 24 位，主机部分是后 8 位，那么子网掩码就是 11111111.11111111.11111111.00000000，写成十进制就是 255.255.255.0。

如果知道子网掩码，我们就能判断任意两个 IP 地址是否处在同一个子网络。其方法是将两个 IP 地址与子网掩码分别进行 AND 运算（两个数位都为 1，运算结果为 1；否则为 0），然后比较结果是否相同，如果是，就表明它们在同一个子网络中；否则就不是。例如，已知 IP 地址 172.16.254.1 和 172.16.254.233 的子网掩码都是 255.255.255.0，请问它们是否在同一个子网络？两者与子网掩码分别进行 AND 运算，结果都是 172.16.254.0，因此它们在同一个子网络。

③ IP 数据包。根据 IP 协议发送的数据，就称为 IP 数据包。IP 数据包可以直接放进以太网数据包的数据部分，不用修改以太网的格式。这就是互联网分层结构的好处，上层的变动完全不涉及下层的结构。

IP 数据包分为帧头和数据两个部分，其结构如图 5-11 所示。帧头部分主要包括版本、长度、IP 地址等信息，数据部分则是 IP 数据包的具体内容。它放进以太网数据包后，以太网数据包就变成了如图 5-12 所示的样子。

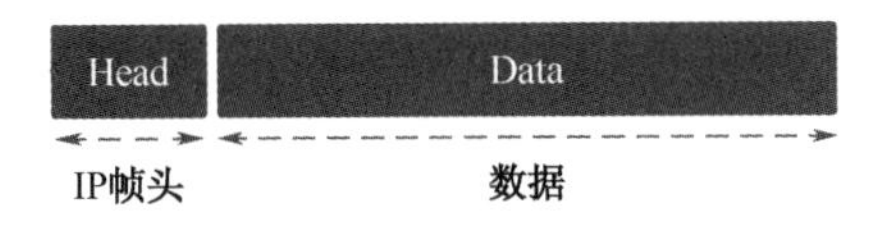

图 5-11　IP 数据包结构

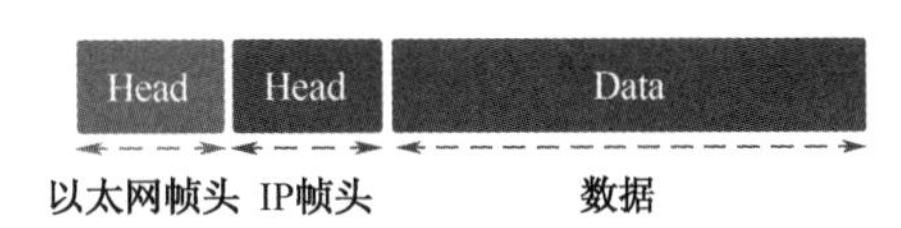

图 5-12　网络层以太网数据包

IP 数据包的帧头部分的长度为 20～60 字节，整个数据包的总长度最大为 65535 字节。理论上，一个 IP 数据包的数据部分，最长为 65515 字节。前面说过，以太网数据包的数据部分，最长只有 1500 字节。因此，如果 IP 数据包超过了 1500 字节，它就需要分割成几个以太网数据包，分别进行发送。

（4）传输层

① 传输层的由来。有了 MAC 地址和 IP 地址，我们已经可以在互联网上任意两台主机上建立通信。但是同一台主机上有许多程序都需要用到网络，例如，你一边浏览网页，一边与朋友在线聊天。当一个数据包从互联网上发来时，如何判断它是表示网页的内容，还是表示在线聊天的内容？所以我们还需要一个参数，表示这个数据包到底供哪个程序（进程）使用。这个参数就称为端口（Port），是每个使用网卡的程序的编号。每个数据包都发到主机的特定端口，所以不同的程序就能提取到自己所需要的数据。

端口是 0～65535 内的一个整数，正好 16 个二进制位。0～1023 的端口被系统占用，用户只能选用大于 1023 的端口。不管是浏览网页还是在线聊天，应用程序会随机选用一个端口，然后与服务器的相应端口联系。

传输层的功能，就是建立端口到端口的通信。相比之下，网络层的功能是建立主机到主机的通信。只要确定主机和端口，就能实现程序之间的交流。

传输层根据应用不同需求，主要有两种协议：一种是面向无连接、不可靠的传输协议 UDP；另一种是面向连接、可靠的传输协议 TCP。

② UDP 协议。UDP 在标准 RFC768“用户数据协议 UDP”中定义，位于网络模型的传输层，是面向无连接、不可靠的传输协议。它使用底层的 IP 在各主机之间传输报文，提供和

IP 一样不可靠的、无连接的数据包交付服务。所以，UDP 的报文传输可能出现丢失、重复、延迟以及乱序等错误。UDP 的主要特点是传输效率高，但可靠性不高。

UDP 数据包也是由帧头和数据两部分组成的，其结构如图 5-13 所示。

图 5-13　UDP 数据包结构

帧头部分主要定义了发出端口和接收端口，数据部分就是具体的内容。然后，把整个 UDP 数据包放入 IP 数据包的数据部分，而前面说过，IP 数据包又是放在以太网数据包中的，所以整个以太网数据包现在变成了如图 5-14 所示的样子。

图 5-14　传输层以太网数据包

③ TCP 协议。UDP 协议的优点是比较简单、容易实现；缺点是可靠性较差，一旦数据包发出，无法知道对方是否收到。为了解决这个问题，提高网络可靠性，设计了 TCP 协议。

TCP 是面向连接的、可靠的传输协议。在传输数据前，必须在发送方和接收方之间先建立连接，再进行数据传输，数据传输完成后需要释放刚才建立的链接，每个 TCP 链接只能有两个端点（End Point），进行点对点的通信，TCP 能够保证数据无差错、不丢失、不重复、按序到接收端，这就是 TCP 的可靠传输。它的缺点是过程复杂、实现困难、消耗较多的资源。

TCP 数据包和 UDP 数据包一样，都是内嵌在 IP 数据包的数据部分。TCP 数据包没有长度限制，理论上可以无限长，但是为了保证网络的效率，通常 TCP 数据包的长度不会超过 IP 数据包的长度，以确保单个 TCP 数据包不必再分割。

（5）应用层

应用程序收到传输层的数据，需要进行解读。由于互联网是开放架构，数据来源五花八门，应用层的作用就是规定应用程序的数据格式，从而可以正确解读。

例如，TCP 协议可以为各种各样的程序传递数据，如 Email、WWW、FTP 等。那么，必须有不同协议规定电子邮件、网页、FTP 数据的格式，这些应用程序协议就构成了应用层。

应用层是最高的一层，直接面对用户。它的数据就放在 TCP 数据包的数据部分。因此，现在的以太网的数据包就变成了如图 5-15 所示的样子。

图 5-15　应用层以太网数据包

5.2　信道传输

5.2.1　信道编码

1．信道编码的基本原理

由于受到噪声、衰落等因素影响，数字信号在传输过程中的信号波形会恶化，从而发生误码。因此，在设计传输系统时，要合理选择调制解调方式、发送功率等因素，而当采用上述措施仍难以满足系统差错要求时，就需要采用差错控制编码。信道编码是一种差错控制技术，其通过增加冗余信息的方式来尽可能提高通信的可靠性，降低误比特率。

信道编码包括信息码元和监督码元，信息码元是指进行差错编码前送入的原始信息编码；监督码元是指信息码元在经过信道编码后得到的冗余码元。码字是由信息码元和监督码元组成的，具有一定长度的编码组合。码集是指不同信息码元经差错编码后形成的多个码字组成的集合。码重是指码字的重量，即一个码字中“1”码的个数，通常用 W 表示。码距是码元距离，就是两个码字中对应码位上不同码元的个数（也称为汉明距离）。码距反映的是码组之间的差异程度。例如，00 和 01 两个码字的码距为 $d=1$；011 和 100 两个码字的码距为 $d=3$；11000 与 10011 两个码字之间的距离 $d=3$；10011001 和 11110101 两个码字之间的码距为 $d=4$。最小码距是指码集中所有码字之间码距的最小值，用 $d_{\min}$ 或 d_0 表示。最小码距是码字的一个重要参数，它是衡量码字检错、纠错能力的依据。一般来说，对于一个最小码距为 $d_{\min}$ 的码字，其至少可以检测出 $d_{\min}-1$ 个错误，纠正 $t=\frac{d_{\min}-1}{2}$ 个错误，如图 5-16 信道编码纠错检错能力示意图所示。如果一个码字 v 发生 $d_{\min}-1$ 及以下个的错误 e_1，由于最小码距为 $d_{\min}$，$v+e_1$ 一定不会是一个有效的码字，因此可以检测出错误；如果一个码字 v 发生了 $t=\frac{d_{\min}-1}{2}$ 及以下个的错误 e_2，同样由于最小码距为 $d_{\min}$，离 $v+e_2$ 最近的码字仍然是码字 v 而不是别的码字，因此可以纠正错误。一般对于无线视频通信系统，最常用的功能还是纠错。

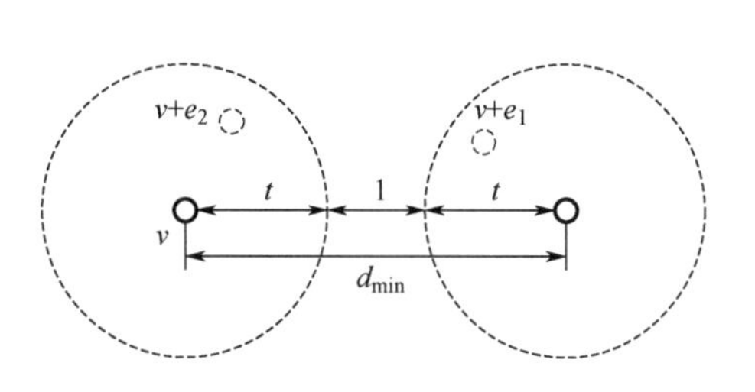

图 5-16　信道编码纠错检错能力示意图

编码效率 R 可以定义为 $R=k/n$，其中，k 为信息元的个数，n 为码长。编码效率可以用来衡量一个码字的冗余度，编码效率越高，冗余度越小。对纠错码的基本要求是：检错和纠错能力尽量强、编码效率尽量高、编码规律尽量简单。实际应用中要根据具体指标要求，保证有一定纠、检错能力和编码效率，并且易于实现。

2．信道编码的发展历史

人类在信道编码上的第一次突破发生在 1949 年。R.Hamming 和 M.Golay 提出了第一个实用的差错控制编码方案，即汉明码。但是汉明码的编码效率比较低，它每 4 个比特编码就需要额外 3 个比特的冗余，且在一个码组中只能纠正单个比特错误。

循环码在 1957 年由 Prange 首先提出，其最大的特点就是它的码字具有循环移位特性，即码字比特经过循环移位后仍然属于这个码字集合，因此便于硬件实现。此外，一些性质优良的循环码子类可以通过严密的代数理论获得，如 BCH 码和 RS 码。

然而，汉明码和循环码都属于分组码，分组码是面向数据块的，在译码过程中必须等待整个码字全部接收到之后才能开始进行译码，较大的数据块长度会引入较大的系统延迟。分组码这一固有缺陷大大限制了它在当时的进一步发展。基于此，Elias 于 1955 年提出卷积码。卷积码充分利用了各个信息块之间的相关性，其编码和译码过程都是连续进行的，保证了卷积码的译码延迟相对较小。

然而，卷积码的增益与香农理论极限始终都存在 2~3dB 的差距。1993 年，两位法国电机工程师 C.Berrou 和 A.Glavieux 发明了一种编码方法——Turbo 码，可以使信道编码效率接近香农极限。LDPC 码于 1962 年由 Gallager 提出，受限于当时硬件计算能力的问题，长期被人们忽视。直到 Turbo 码被提出以后，人们重新发现 LDPC 码具备和 Turbo 码一样的迭代译码特性，这使得人们重新燃起对 LDPC 码的兴趣。2007 年，土耳其比尔肯大学教授 E. Arikan 基于信道极化理论提出一种线性信道编码方法，即 Polar 码。该码字在理论上能够达到香农极限，目前在 5G 的 eMBB 场景下的控制信道中使用。

3．**信道编码的分类**

信道编码主要可以分为分组码和卷积码两大类，如图 5-17 所示。

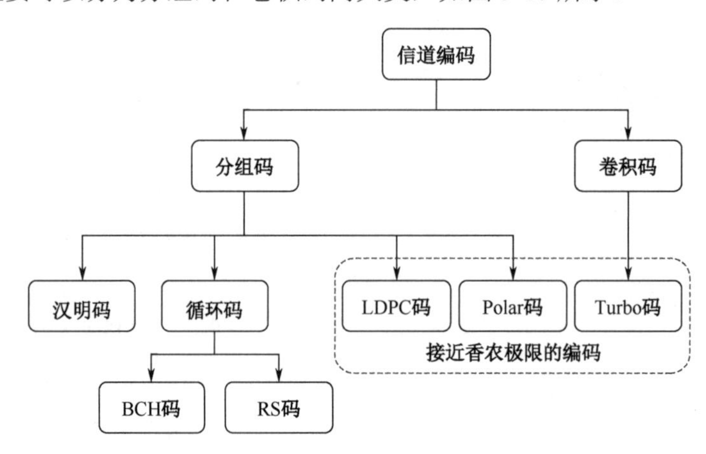

图 5-17　信道编码的分类

（1）分组码

如图 5-18 所示，分组码一般可用 (n,k) 表示，其中 k 是信息码元的数目，$n-k=r$ 为监督码元数目，n 为码长。因此，分组码有 2^k 个不同码字，称为许用码组，其余 2^n-2^k 个码字未被选用，称为禁用码组。这样看来，(n,k) 分组码必须存储 2^k 个长度为 n 的码字，编码器的复杂度将非常高，难以实现。实际上，目前使用的大多数分组码均具有线性特征，也称为线性分组码。当分组码具有线性特征时，可大大降低编码复杂度。

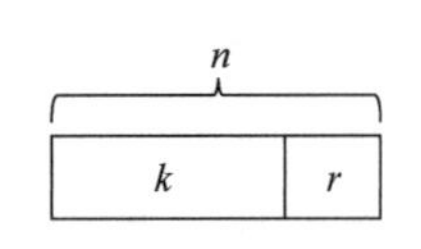

图 5-18　分组码示意图

分组码的线性特征是指其 2^k 个码字恰好构成一个 n 维向量的 k 维子空间，根据线性代数的知识，这意味着任意一个分组码都可以由 k 个线性独立的码字 $\boldsymbol{g}_0,\boldsymbol{g}_1,\cdots,\boldsymbol{g}_{k-1}$ 的线性组合构成，即码字 $\boldsymbol{v}=u_0\boldsymbol{g}_0+u_1\boldsymbol{g}_1+\cdots+u_{k-1}\boldsymbol{g}_{k-1}$，其中 u_i=0 或 1 为信息码元，$0\leqslant i<k$。这 k 个线性独立的码字作为行向量，得到 $k\times n$ 的矩阵如下。

$$G=\begin{bmatrix} g_0 \\ g_1 \\ \vdots \\ g_{k-1} \end{bmatrix}=\begin{bmatrix} g_{00} & g_{01} & g_{02} & \cdots & g_{0,n-1} \\ g_{10} & g_{11} & g_{12} & \cdots & g_{1,n-1} \\ \vdots & \vdots & \vdots & \vdots & \vdots \\ g_{k-1,0} & g_{k-1,1} & g_{k-1,2} & \cdots & g_{k-1,n-1} \end{bmatrix} \tag{5-8}$$

其中，$\boldsymbol{g}_i=\left(g_{i0},g_{i1},\cdots,g_{i,n-1}\right)$，$0\leqslant i<k$。如果$\boldsymbol{u}=\left(u_0,u_1,\ldots,u_{k-1}\right)$是待编码的消息序列，那么相应的编码过程则可以通过如下矩阵乘法实现。

$$\boldsymbol{v}=\boldsymbol{u}\cdot\boldsymbol{G}=\left(u_0,u_1,\cdots,u_{k-1}\right)\cdot\begin{bmatrix} \boldsymbol{g}_0 \\ \boldsymbol{g}_1 \\ \vdots \\ \boldsymbol{g}_{k-1} \end{bmatrix}=u_0\boldsymbol{g}_0+u_1\boldsymbol{g}_1+\cdots+u_{k-1}\boldsymbol{g}_{k-1} \tag{5-9}$$

因此，我们把$\boldsymbol{G}$称为码字的生成矩阵。

由线性代数的知识可知，对任何一个由k个线性独立的行向量构成的$k\times n$矩阵$\boldsymbol{G}$，一定存在一个由$(n-k)$个线性独立的行向量组成的$(n-k)\times n$矩阵$\boldsymbol{H}$，任何与$\boldsymbol{H}$的行正交的向量都在$\boldsymbol{G}$的行空间中，即$\boldsymbol{H}$与$\boldsymbol{G}$行空间正交。因此，对于每个线性码，还存在一个与其相关的$\boldsymbol{H}$矩阵，码字$\boldsymbol{v}$和$\boldsymbol{H}$矩阵存在的关系为$\boldsymbol{v}\cdot\boldsymbol{H}=0$，$\boldsymbol{H}$也被称为该码字的奇偶校验矩阵。

接收端纠错的基本原理就是通过校验$\boldsymbol{H}$矩阵是否满足方程$\boldsymbol{v}\cdot\boldsymbol{H}=0$，若满足，则认为接收到的码字是正确的；若不满足，则通过各种算法利用$\boldsymbol{H}$矩阵的约束关系找出有效的码字$\boldsymbol{v}'$使得 $\boldsymbol{v}'\cdot\boldsymbol{H}=0$，这些算法包括动态规划算法、迭代译码算法等。

常见的分组码主要包括汉明码、循环码（包含 BCH 码、RS 码）、LDPC 码和 Polar 码。汉明码是早期的、最简单的纠错码方案，在 4 个信息比特上添加 3 个校验比特，其最小码距为 3，可以侦测两个或以下同时发生的比特错误，并能够更正单一比特的错误。循环码是具有循环特性的分组码，即码字比特经过循环移位后仍然属于码字集合，这使得其可以通过简单的线性移位反馈寄存器实现编码和校验，相较于普通分组码的矩阵乘法大大降低了硬件复杂度。此外，通过严密的代数理论可以构造出一些性质优良的循环码子类，包括 BCH 码和 RS 码。BCH 码可以通过构造算法构造出确保纠正任意的t个比特错误的码字，其中t为任意正整数，而将 BCH 码推广到伽罗华域$GF\left(2^m\right)$上的 RS 码能够纠正连续的$t\times m$个比特的错误。LDPC 码是一种线性分组码，可通过$\boldsymbol{H}$矩阵定义实现，其最大的特点就是$\boldsymbol{H}$矩阵的稀疏性，这保证了随着码长的变长，LDPC 码性能不断逼近香农极限，同时译码复杂度只有线性增长。Polar 码又称为极化码，它在编码过程中对信道的极化，使得其在理论上可以达到香农极限，在实际仿真结果中，短中码长的极化码性能可以超过 LDPC 码的性能。

（2）卷积码

卷积码可描述为(n,k,m)，其中k为每次输入到卷积编码器的比特数，n为每个k元组码字对应的卷积码输出n元组码字，m为编码存储深度，也称为约束长度。图 5-19 所示为一个约束长度为 3 的卷积码编码器。初始 3 个移位寄存器均为 0。信息码元从左侧逐个输入，每次输入时 3 个寄存器都通过异或运算输出$v_1=u_{-1}\oplus u_0\oplus u_1$、$v_2=u_{-1}\oplus u_0$、$v_3=u_{-1}\oplus u_1$ 3 个码元组的码字，然后移位寄存器移位。重复上述过程至输入最后一个信息比特即完成卷积码的编码。

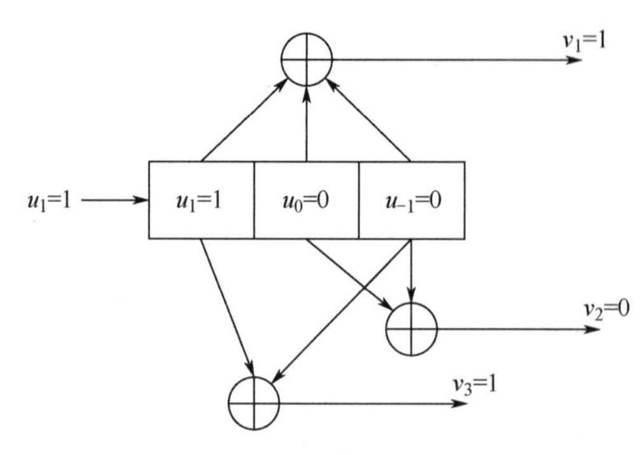

图 5-19　一个约束长度为 3 的卷积码编码器

卷积码和分组码的根本区别在于，它不是把信息序列分组后再进行单独编码，而是由连续输入的信息序列得到连续输出的已编码序列。在卷积码编码过程中，其编码器将 k 个信息码元编为 n 个码元时，这 n 个码元不仅与当前段的 k 个信息有关，而且与前面的 $m-1$ 段信息有关（m 为编码的约束长度）。卷积码的纠错性能随 m 的增加而增大，而差错性能随 n 的增加而指数下降。在编码器复杂性相同的情况下，卷积码的性能一般优于分组码。

Turbo 码是一种基于卷积码的技术，应用于移动通信的 3G 和 4G 标准中，其基本原理如图 5-20 所示。Turbo 码的编码器由两个并行的卷积码编码器组成，输入序列在进入第二个编码器时需经过一个伪随机块交织器，主要用于将序列打乱。两个卷积码编码器的输出会按照一定的规则删除部分校验信息，以减小冗余度提高编码效率，最后和信息码元拼接在一起构成 Turbo 编码器的输出。Turbo 码的接收端使用迭代译码，两个卷积码译码器通过各自译码后输出信息的交互传递形成循环迭代的结构。由于交织的作用使得两路数据经历的信道不同，交互的信息就可以为对方提供更好的译码纠错能力，因此 Turbo 码的误码率将随着循环次数的增加而降低，从而达到逼近香农限的性能。

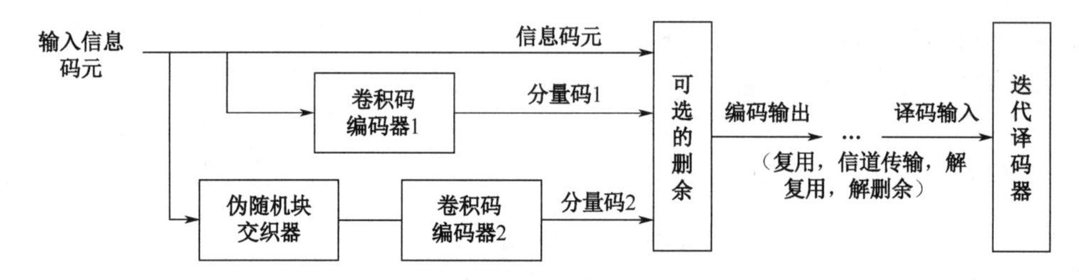

图 5-20　Turbo 码的基本原理

（3）总结对比

表 5-1 所示为各种信道编码的特点和应用场景。

表 5-1　各种信道编码的特点和应用场景

分类	码字		特点	应用场景
分组码	汉明码		最小码距为 3，可纠错 1 位检错 2 位	RAM
	循环码	BCH 码	可以纠正 t 个随机错误	卫星通信、固态硬盘等领域
		RS 码	构造在伽罗华域 $GF\left(2^m\right)$ 上，可以纠正 $t \times m$ 个连续错误	片间通信、深空通信、数字卫星电视、磁记录系统

续表

分类	码字	特点	应用场景
分组码	LDPC 码	校验矩阵稀疏，长码性能较好，接近香农极限	5G 移动通信系统数据信道、数字电视传输系统等
	Polar 码	短码长性能较好，可达香农极限	5G 移动通信系统控制信道
卷积码	卷积码	可以实现连续的编码和译码，时延低	3G 移动通信系统
	Turbo 码	基于两个卷积码，接近香农极限	3G、4G 移动通信系统

从表 5-1 中可以看到，相较于其他信道编码，LDPC 码、Polar 码和 Turbo 码这 3 种码是具备接近甚至达到香农极限性能的编码，是现代通信系统中普遍采用的码字。而在实际应用中，Polar 码往往在短码长下表现较好，而长码长下难以满足系统性能和吞吐量需求；Turbo 码虽然在长码长下表现较好，但 LDPC 码相较之下更逼近香农限性能。视频通信系统由于传输吞吐量很高，往往需要用到码长较长的码字，LDPC 码最为适合。接下来我们重点单独介绍 LDPC 码的基本原理，译码算法和设计过程。

（4）LDPC 码

① LDPC 的基本原理。LDPC 码被广泛应用于地面数字电视 ATSC 3.0、卫星通信 DVB-S2 和蜂窝网 5G NR 等各类视频通信传输系统中。LDPC 码是一种线性分组码，其 $\boldsymbol{H}$ 矩阵具有稀疏特性。

对于 LDPC 的校验矩阵 $\boldsymbol{H}$，行重 $\boldsymbol{d}^r=\left(d_0^r,d_1^r,\cdots,d_{n-k-1}^r\right)$ 定义为 $\boldsymbol{H}$ 中每行非零元素的个数，列重 $\boldsymbol{d}^c=\left(d_0^c,d_1^c,\cdots,d_{n-1}^c\right)$ 定义为 $\boldsymbol{H}$ 中每列非零元素的个数，$\boldsymbol{d}^r$ 和 $\boldsymbol{d}^c$ 相对于 $\boldsymbol{H}$ 的列和行数来说非常小，即 $\boldsymbol{H}$ 中 1 的分布非常稀疏，因此称 $\boldsymbol{H}$ 为低密度奇偶校验矩阵，满足 $\boldsymbol{H}\boldsymbol{c}^{\mathrm{T}}=0$ 的码 $\boldsymbol{c}$ 称为 LDPC 码字。

LDPC 码可以分为规则 LDPC 码和非规则 LDPC 码两类。如果校验矩阵 $\boldsymbol{H}$ 中每行的行重 $d_i^r\,(0\leqslant i<n-k)$ 相同，每列的列重 $d_i^c\,(0\leqslant i<n)$ 也相同，那么称校验矩阵 $\boldsymbol{H}$ 所确定的 LDPC 码为规则码；反之，称为非规则码。对于式（5-10）所对应的校验矩阵，其行重 $\boldsymbol{d}^r$ 和列重 $\boldsymbol{d}^c$ 均满足 $\boldsymbol{d}^r=(3,3,\cdots,3)$，$\boldsymbol{d}^c=(2,2,\cdots,2)$，故称其为规则码。而对于式（5-11）所示的校验矩阵，其第一行的行重为 3，第二行的行重为 2，不相同，故称其为非规则码。

$$\boldsymbol{H}=\begin{bmatrix}1&1&1&0&0&0\\1&0&0&1&1&0\\0&1&0&1&0&1\\0&0&1&0&1&1\end{bmatrix}\tag{5-10}$$

$$\boldsymbol{H}=\begin{bmatrix}1&1&1&0&0&0\\1&0&0&0&1&0\\0&1&0&1&0&1\\0&0&1&0&1&1\end{bmatrix}\tag{5-11}$$

一般来说，非规则码的性能优于规则码。

此外，LDPC 码校验矩阵的行重和列重决定了 LDPC 行度与列度分布两个性质，行度和列度分布通常用度分布多项式的形式表达，即

$$\begin{cases} \gamma(x) = \sum_{j>0} \gamma_j x^j \\ \rho(x) = \sum_{j>0} \rho_j x^j \end{cases} \tag{5-12}$$

式中，γ_j 和 ρ_j 分别为重量为 j 的行和列占所有行与列的比例，优化度分布可以有效提高LDPC码的译码性能。

② LDPC 译码算法。除校验矩阵之外，还可以使用 Tanner 图表示 LDPC 码。Tanner 图是一个二分图，数学表达式为 $G=(V,E)$。Tanner 图一般包含两类顶点：码字比特顶点 $V_b=\{b_1,b_2,\cdots,b_n\}$（称为比特节点或变量节点），分别对应校验矩阵的每列；校验方程顶点 $V_c=\{c_1,c_2,\cdots,c_m\}$（称为校验节点），分别对应校验矩阵的每行。$E$ 是比特节点 V_b 和校验节点 V_c 之间连接的边的集合，表示一个码字比特包含在对应的校验方程中。如果校验矩阵 $\boldsymbol{H}$ 中第 i 行第 j 列的元素非零，那么 Tanner 图的第 i 个校验节点和第 j 个比特节点之间有边连接，即当 $h_{i,j}=1$ 时，有 $(c_i,b_j)\in E$。另外，假设节点的度为与节点相连的边的数量，则比特节点和校验节点的度与校验矩阵的列重和行重完全一致。式（5-10）对应的校验矩阵如图 5-21 所示的 Tanner 图表示校验矩阵所示。图中矩形代表校验节点，圆圈代表比特节点。

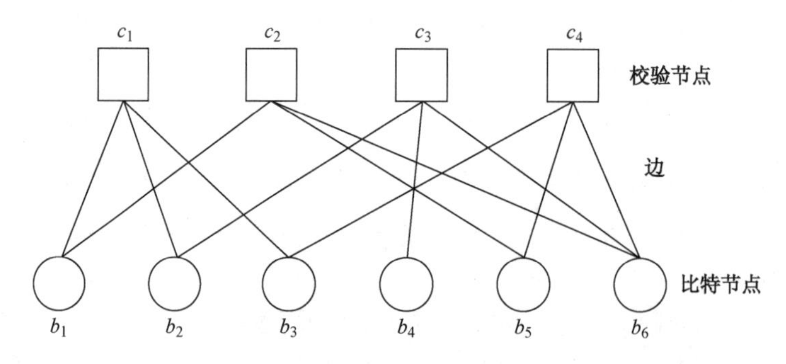

图 5-21 Tanner 图表示校验矩阵

LDPC 码的主要译码算法是置信传播译码算法（Belief Propagation，BP）。如图 5-22 所示，置信传播译码算法通过在 Tanner 图上迭代传递信息的方式获得收敛的译码结果。在第一轮迭代，该算法将变量节点的信息初始化为信道输出信息，紧接着变量节点会将自己的信息传递给相邻的校验节点，校验节点接收到这些信息并处理后，再将这些信息传递回和自己相邻的变量节点，但是此时校验节点传递回的信息是不包括这个变量节点传递过来的信息的，然后变量节点更新自己的信息结束此轮迭代。类似地，在接下来的迭代中，变量节点给予其相连的校验节点传递的信息同样不包含上一轮中这个校验节点传递给自己的信息。在整个算法过程中，这样的设计防止自己的消息传递给自己造成的重复传递，一定程度上保证了迭代译码的最终收敛。

这个算法准确的公式描述如下：首先定义 $N(m)$ 为与校验节点 m 相连的变量节点的集合，即有 $N(m)=\{n:H_{mn}=1\}$；$M(n)$ 为与变量节点 n 相连的校验节点的集合，即有 $M(n)=\{m:H_{mn}=1\}$；$N(m)\backslash n$ 为去除变量节点 n 的与校验节点 m 相连的变量节点的集合；$M(n)\backslash m$ 为与去除校验节点 m 的变量节点 n 相连的校验节点的集合。

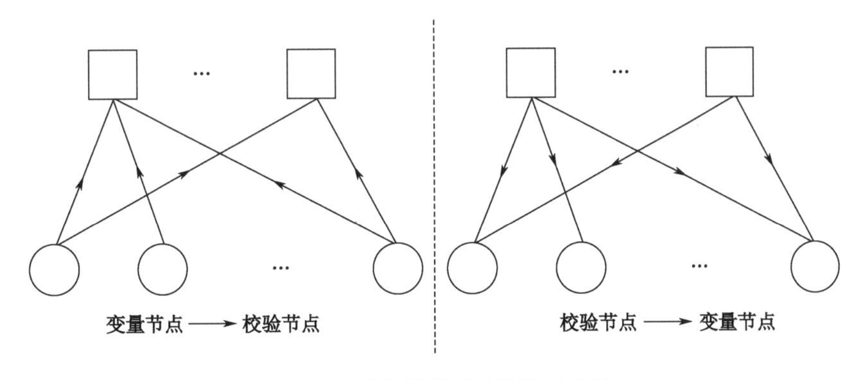

图 5-22　消息传递译码算法示意图

用信道输出的对数似然比（Log Likelihood Ratio，LLR）初始化 $V_n^{(0)}$；$V_{mn}^{(i)}$ 为第 i 次迭代中变量节点 n 所传递给校验节点 m 的 LLR；$L_{mn}^{(i)}$ 为第 i 次迭代中校验节点 m 所传递给变量节点 n 的 LLR；$V_n^{(i)}$ 为第 i 次迭代变量节点 n 的后验 LLR。具体操作方法如下。

a．初始化赋值。

$$V_{mn}^{(0)} = V_n^{(0)} \tag{5-13}$$

b．行操作（变量节点传递给校验节点消息）。

$$L_{mn}^{(i)} = 2\tanh^{-1}\left(\prod_{n'\in N(m)\backslash n} \tanh\left(\frac{1}{2}V_{mn'}^{(i-1)}\right)\right) \tag{5-14}$$

c．列操作（校验节点传递给变量节点消息）。

$$V_{mn}^{(i)} = V_n^{(0)} + \sum_{m'\in M(n)\backslash m} L_{m'n}^{(i)} \tag{5-15}$$

d．判决操作。

$$V_n^{(i)} = V_n^{(0)} + \sum_{m\in M(n)} L_{mn}^{(i)} \tag{5-16}$$

$$c_n = \begin{cases} 0, V_n^{(i)} \geqslant 0 \\ 1, V_n^{(i)} < 0 \end{cases} \tag{5-17}$$

每轮迭代完毕后，如果校验方程能够满足 $\boldsymbol{H}_{\boldsymbol{M}\times \boldsymbol{N}}\boldsymbol{c}^{\mathrm{T}} = 0$，那么得到的译码结果 $\boldsymbol{c}$ 正确，译码成功，停止迭代，输出结果；如果不能够满足，那么继续迭代，直到达到预定的最大迭代次数 $n_{\max}$。

③ LDPC 的设计。设计 LDPC 码字一般关注两个方面的性能，即瀑布区性能和误码平层性能，如图 5-23 所示。瀑布区（Waterfall Region）即误码率曲线随着信噪比的增加急剧下降的区域，更多与码字的度分布有关；而误码平层（Error Floor）指误码率曲线随着信噪比增加在某一点斜率变缓，更多与校验矩阵中的环相关。

由于 LDPC 的码长较长，无法通过实际仿真性能比较其瀑布区性能，因此在设计过程中常采用渐近性能分析工具进行瀑布区性能预测和比较。渐进性能分析工具主要有两种：利用概率密度计算分析的密度进化（Density Evolution，DE）理论和利用外信息传递分析的外信息转移图（EXtrinsic Information Transfer chart，EXIT-chart）理论。这两种工具可以基于 LDPC 码字的度分布分析其理论译码门限值（瀑布区门限值），因此分析的是一类的 LDPC 码集

（Ensemble）的性能，而不是某个具体码字的性能。

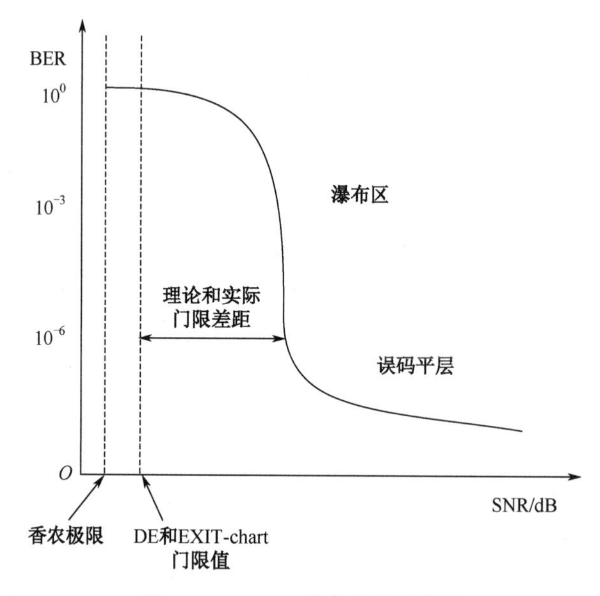

图 5-23 LDPC 码字的性能曲线

总体来说，DE 和 EXIT-chart 的预测门限值会比基于该码集设计得到的某个具体码字要好，且随着码长的不断增长，码字的性能会不断逼近理论门限值。这是因为 LDPC 渐近性能分析工具在分析性能时是基于以下假设的：① LDPC 码字的码长无限长；② LDPC 码字的校验矩阵内部不存在任何的短环结构。而在实际情况中，由于 LDPC 码字的码长都是有限长的，且图 5-24 所示的短环结构无法避免，因此会出现误码平层，而如何在构造过程中尽量减少短环结构的影响是降低误码平层的重点。

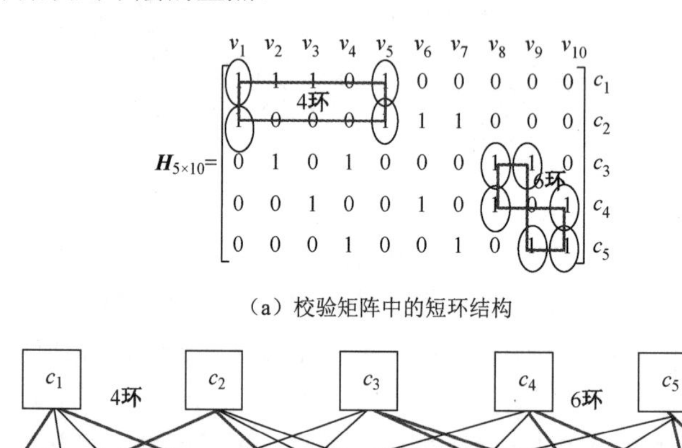

（a）校验矩阵中的短环结构

（b）Tanner 图中的短环结构

图 5-24 LDPC 码中的短环结构

构造的过程就是根据给定的度分布，来选择校验矩阵中“1”的位置的过程。通常在选择校验矩阵中具体的“1”的排布时，需要避开图 5-24（a）中所示的短环结构。因为这些短环结构会导致错误信息在短环中不断循环，几次迭代后失去了信息的独立性，无法被纠正。以

图 5-24（b）中的 4 环为例，c_1 节点的错误信息会在第 1 次循环传递给了 c_2 节点，而在第 2 次循环又会被 c_2 节点回传给 c_1 节点。

5.2.2　数字调制

在实际通信系统中，多数信道是带通型的，如移动通信、卫星通信和光纤通信。这些信道的特征是必须在所规定的频带内传输信号。将数字信号通过载波调制转变为带通信号，使信号与信道的特性相匹配的过程，就称为数字载波调制。相比模拟调制，数字调制具有更好的抗干扰性能、更强的抗信道损耗能力，以及更好的安全性。

本节先从原理上叙述数字调制的基本原理以及数字调制中常见的星座图概念。在此基础上，分别介绍通过单一变量进行区分的基本数字调制和通过复合变量进行区分的现代数字调制原理。最后，简要介绍非均匀调制技术，这一技术具备更好的性能，可能会应用在未来的通信系统中。

1．数字调制的基本原理与星座图

在数字通信中，假设 $g(t)$ 为基准矩形脉冲（仅当 $0 \leqslant t < T$ 时，$g_0(t)=1$）。对于有 N_0 个消息序列的信息而言，每个消息序列对应的已调信号可以表示为

$$s_N(t)=A_m g(t)\cos(2\pi f_n t+\varphi_k) \qquad (0 \leqslant t < T, N=1,2,\cdots,N_0) \tag{5-18}$$

参考 $\cos(t)$ 的傅里叶变换，可以看到式（5-18）实现了低频信号 $g(t)$ 到高频信号 $s_N(t)$ 的转换。

一般地，每个消息序列由 $\log_2 M$ 个比特组成，即一共有 M 种不同的消息序列。这些消息序列可以用已调信号中的一些变量来进行区分，如式（5-18）中的幅度 A_m、频率 f_n、相位 φ_k 3 个变量。接收机接收到已调信号后，会通过预先约定的映射关系将这些信号解映射为原始消息序列。传统的数字调制只会用到其中的一个变量，现代数字调制往往会考虑多个变量之间的组合。

展开式（5-18）可得

$$s_N(t)=\left[A_m g(t)\cos(\varphi_k)\right]\cos(2\pi f_n t)-\left[A_m g(t)\sin(\varphi_k)\right]\sin(2\pi f_n t) \tag{5-19}$$

假设 ε_g 为基准矩形脉冲信号的能量，$\varepsilon_g=\int_0^T g^2(t)\mathrm{d}t$。根据空间理论，选择一组基向量 $\left[\sqrt{\frac{2}{\varepsilon_g}}g(t)\cos(2\pi f_n t),\sqrt{\frac{2}{\varepsilon_g}}g(t)\sin(2\pi f_n t)\right]$，调制后的信号就可以用信号空间中的向量 $\left[\sqrt{\frac{\varepsilon_g}{2}}A_m\cos(\varphi_k),-\sqrt{\frac{\varepsilon_g}{2}}A_m\sin(\varphi_k)\right]$ 来表示。将该向量的端点画在二维坐标上，可以得到一张矢量图，称为星座图。星座图反映了调制信号到星座图上某点的映射关系，从而可以在一定程度上体现不同调制方案的性能。

2．基本数字调制

基本数字调制一般只通过幅度 A_m、频率 f_n、相位 φ_k 中的单一变量来区分不同消息序列。一般地，有以下 3 种简单的调制方式。2ASK、2FSK 和 2PSK 的波形示意图如图 5-25 所示。

① 当 f_n 和 φ_k 为常数，A_m 为变量时，该信号调制为振幅键控（ASK）。

② 当A_m和φ_k为常数，f_n为变量时，该信号调制为频移键控（FSK）。

③ 当A_m和f_n为常数，φ_k为变量时，该信号调制为相移键控（PSK）。

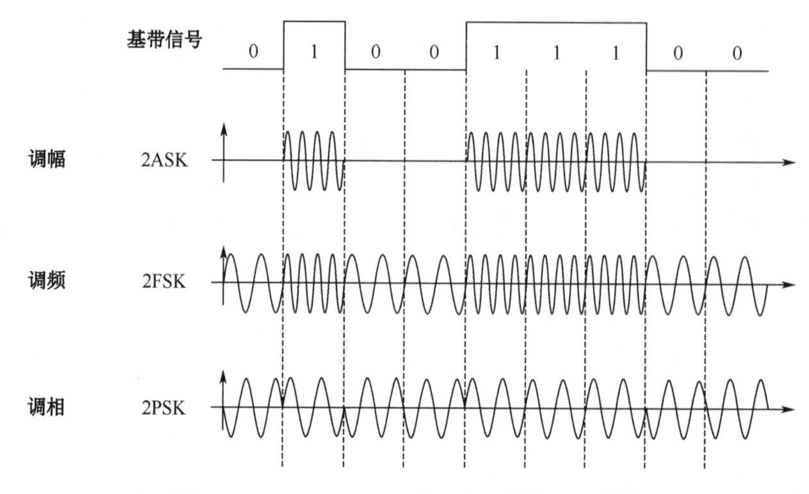

图 5-25 2ASK、2FSK 和 2PSK 的波形示意图

① 振幅键控。振幅键控（Amplitude Shift Keying，ASK）是指载波的幅度受二进制信号控制，载波频率和初相保持不变的调制方式。假设载波频率为f_c，载波初相为$\varphi=0$，则使用多进制振幅键控（Multiple Amplitude Shift Keying，MASK）调制的一个已调信号可以表示为

$$s_N(t)=A_m g(t)\cos(2\pi f_c t)\quad(0\leqslant t<T,N=1,2,\cdots,N_0)\tag{5-20}$$

其中，$A_m=(2m+1-M)d,\quad m=0,1,\cdots,M-1$。此时，每个波形都会携带$\log_2 M$个比特的信息，相邻信号幅度之差为$2d$。以 2ASK 为例，其波形如图 5-25 所示。

② 频移键控。频移键控（Frequency Shift Keying，FSK）是指载波的频率受二进制信号控制，载波的幅度和初相保持不变的调制方式。假设载波幅度为$A_m=1$，载波初相为$\varphi=0$，则使用多进制频移键控（Multiple Frequency Shift Keying，MASK）调制的一个已调信号可以表示为

$$s_N(t)=g(t)\cos(2\pi f_n t)\quad(0\leqslant t<T,N=1,2,\cdots,N_0)\tag{5-21}$$

其中，f_n代表不同的消息序列。以 2FSK 为例，其波形如图 5-25 所示。

③ 相移键控。相移键控（Phase Shift Keying，PSK）是指载波的频率受二进制信号控制，载波的幅度和初相保持不变的调制方式。假设载波幅度为$A_m=1$，载波频率为f_c，载波初相为$\varphi=0$，则使用多进制相移键控（Multiple Phase Shift Keying，MPSK）调制的一个已调信号可以表示为

$$s_N(t)=g(t)\cos(2\pi f_c t+\varphi_k)\quad(0\leqslant t<T,N=1,2,\cdots,N_0)\tag{5-22}$$

式中，φ_k为一组受调制相位。在采用均匀调制的情况下，可以认为$\varphi_k=\dfrac{2\pi}{M}(k-1)$，$k=1,2,\cdots,M$。以 BPSK（2PSK）为例，其波形如图 5-25 所示。

④ 正交相移键控。当$M=4$时，相移键控通常称为正交相移键控（Quadrature Phase Shift Keying，QPSK）。其每个消息序列有 2 个信息比特和 4 种排列方式（00、01、10、11），因此载波相位有 4 个取值。此时一个已调信号可以表示为

$$s_N(t)=g(t)\cos(2\pi f_c t+\varphi_k)\quad(0\leqslant t<T,N=1,2,\cdots,N_0)\tag{5-23}$$

其中，4 个相角φ_k之间取等间隔，依次相差 90°。若初相不同，则 QPSK 的星座图也各

不相同。图 5-26 展示了初相 $\varphi=0$ 和 $\varphi=\frac{\pi}{4}$ 时 QPSK 对应的星座图。

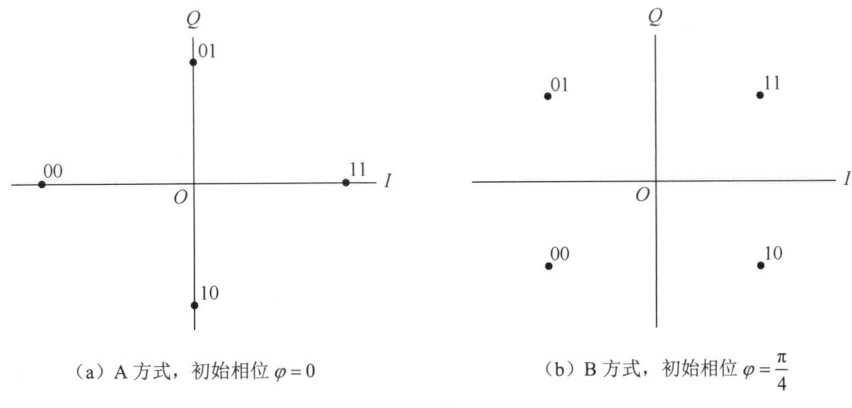

图 5-26　初相 $\varphi=0$ 和 $\varphi=\frac{\pi}{4}$ 时 QPSK 对应的星座图

从 2 个信息比特到 4 个载波相位之间有很多种映射方式。目前，格雷（Gray）映射方案是应用最为广泛的星座映射方案之一。采用格雷映射可以使得映射到相邻信号点的消息序列之间只相差 1 个比特，使得映射具有最小的平均汉明距离，从而减小了系统的误码率（Bit Error Rate，BER）。表 5-2 列出了 QPSK 信号的一种编码方案。其中根据初始相位的不同又分为 A 方式（初始相位为 0°）和 B 方式（初始相位为 45°）。

表 5-2　QPSK 信号的一种编码方案

双比特		载波相位 φ_k	
第一个比特	第二个比特	A 方式	B 方式
0	0	180°	225°
1	0	270°	315°
1	1	0°	45°
0	1	90°	135°

另外，将 QPSK 的已调信号展开为正交形式，可得

$$s_N(t)=I(t)\cos(2\pi f_c t)-Q(t)\sin(2\pi f_c t) \tag{5-24}$$

其中，$I(t)=g(t)\cos(\varphi_k)$，$Q(t)=g(t)\sin(\varphi_k)$，$I(t)$ 代表同向分量；$Q(t)$ 代表正交分量。从表 5-2 和图 5-26 中可以看到，QPSK 信号实际上是两个载波正交的 BPSK 信号的叠加。

3. **现代数字调制**

前文主要讨论了数字调制方式的基本原理。为了优化数字调制的性能，学者改进和提出了多种新的调制解调技术。这些新型调制技术在不同方面各有其优势。相比于仅考虑单一变量的基本数字调制，现代数字调制往往会考虑幅度 A_m、频率 f_n、相位 φ_k 3 个变量之间的组合。

（1）正交幅度调制技术

正交幅度调制（Quadrature Amplitude Modulation，QAM）是一种利用振幅和相位联合键控的技术。在 QAM 调制中，信号的振幅和相位作为两个独立的参量同时受到调制。与 QPSK 信号的正交表示相似，QAM 信号的时域表示为

$$s_N(t) = I(t)\cos(2\pi f_c t) - Q(t)\sin(2\pi f_c t) \tag{5-25}$$

式中，$I(t) = A_m g(t)\cos\varphi_k$，$Q(t) = A_m g(t)\sin\varphi_k$。

可以看出，QAM 是两个正交的振幅键控信号之和。同时，如果在式（5-25）中取 $\varphi_k = \pm\frac{\pi}{4}$，$A_m = \pm A$，那么 QAM 信号与 QPSK 信号完全相同。图 5-27 展示了高阶 QAM 的星座图。图 5-27（a）所示为 16QAM，图 5-27（b）所示为 64QAM。

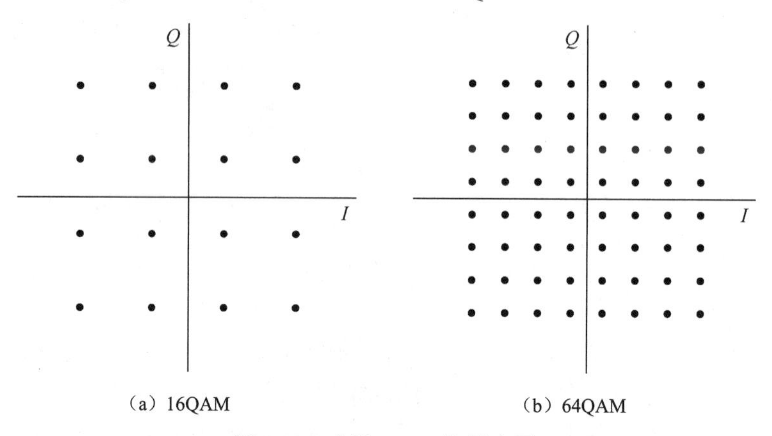

图 5-27 高阶 QAM 的星座图

相比于 MPSK，QAM 能更大地提高频带利用率和抗噪声性能，而这两种不同调制的性能也能在星座图上得以反映。以 16PSK 信号和 16QAM 信号为例，图 5-28 展示了最大振幅相等时两种信号的星座图。

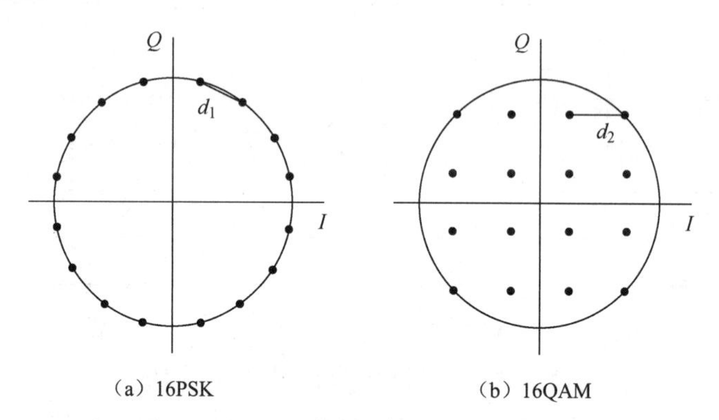

图 5-28 最大振幅相等时两种信号的星座图

假设其最大振幅（图 5-28 中圆的半径）为 A，则 16PSK 信号的相邻星座点的欧式距离为

$$d_1 = A\frac{\pi}{8} = 0.393A$$

而 16QAM 信号星座图的相邻点最小欧式距离为

$$d_2 = A\frac{\sqrt{2}}{3} = 0.471A$$

相比于 16PSK，在最大功率相等的条件下 16QAM 星座点之间的间距更大，从而有着更好的抗噪声性能。如果调整两种调制的振幅使其平均功率相等，可以计算得出 16QAM 比 16PSK 信号在抗噪声性能上有着更加明显的优势。

QAM 特别适用于频带资源有限的情况。例如，电话信道的带宽通常限制在语音频带范围内（300～3400Hz），若需要在此频带中提高传输数字信号的速率，则可利用 QAM 加以实现。

（2）幅度相位键控调制技术

前面介绍的 QAM 调制技术虽然能提高频带利用率和抗噪声性能，但其包络不恒定，功率效率较低。与之相对的，幅度相位键控调制（Amplitude Phase Shift Keying，APSK）因为其星座点排布方式呈圆形，调制之后信号幅度起伏较小，频谱效率较高。多进制幅度相位键控调制（MAPSK）可以看作是 MASK 和 MPSK 的结合。

MAPSK 调制可以看作是多个同心圆的组合，其星座图如图 5-29 所示。在每个同心圆上均匀分布着多个 PSK 星座点，这些星座点构成的信号集可以表示为

$$C_k = R_k \exp\left[j \cdot \left(\frac{2\pi}{n_k} i_k + \varphi \right) \right] \tag{5-26}$$

式中，R_k 为第 k 个同心圆的半径；$\left(\frac{2\pi}{n_k} i_k + \varphi \right)$ 为星座图中信号的相位；n_k 为第 k 个同心圆上的信号点数；φ 为对应初相；i_k 为其中一个信号点。MAPSK 的星座图及其格雷码映射方案如图 5-29（a）所示。

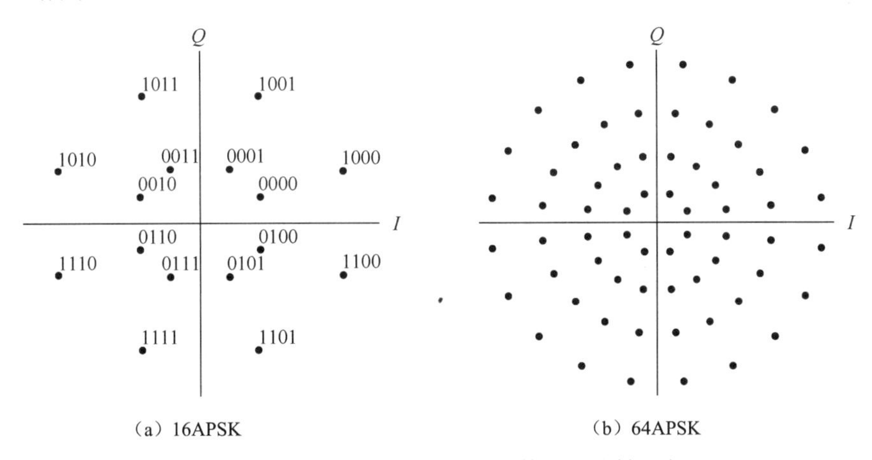

（a）16APSK　　（b）64APSK

图 5-29　MAPSK 的星座图及其格雷码映射方案

MAPSK 的星座图的星座点在排布方式上呈同心圆分布，而 MQAM 星座图的星座点呈方形分布。依据这一特性，MAPSK 调制将信号幅度限定在很少的取值，因此具有比 MQAM 更低的峰值平均功率比，也有效降低了发射机中功率放大器非线性效应的影响。近 20 年来，越来越多的卫星通信都开始推荐采用 MAPSK 调制，其中最具有代表性的是第二代卫星数字视频广播系统（DVB-S2）。另外，与 MQAM 调制相比，MAPSK 和编码相结合更加容易实现变速率调制，所以 MAPSK 调制更加适合需要根据信道业务分级传输的应用。

4．非均匀数字调制

随着通信技术的发展，QAM 等具有不恒定包络，低功率效率的调制技术越来越难以满足现代通信对系统的性能要求。为此，学者们开始对非均匀星座图（Non-Uniform Constellation，NUC）进行深入研究。传统的均匀调制技术，如 QPSK、16QAM 和 64QAM，其相邻点之间的距离是均匀的。与之相对的，NUC 具有非均匀的星座点分布。由于这一分布主要是针对某一特定的信道和信噪比设计的，因此能够突破形状规则的均匀调制技术的约束，达到类高斯分布的星座图要求，从而获得额外的性能增益。目前，已有欧洲下一代手持电视标准

DVB-NGH、美国下一代电视标准 ATSC 3.0 将 NUC 纳入物理层标准。同时非均匀调制被写入 3GPP Rel-16 的 5G 广播标准技术报告中。

非均匀星座图在不同信道、不同信噪比和不同码率条件下呈现不同的分布形式。根据对称形式，非均匀星座图主要分为一维非均匀星座图和二维非均匀星座图两种类型。

一维非均匀星座图（One-Dimensional Non-Uniform Constellation，1D-NUC）与 QAM 星座图相似，其星座点呈矩形分布，但点和点之间的距离是非均匀的，如图 5-30（a）所示。1D-NUC 有两方面的优势：一方面，其设计优化方法相对简单，设计自由度较低，需要优化的参数较少，计算量小；另一方面，接收端在对星座点解映射时，可以将实部和虚部分开解映射，从而降低接收端解映射算法的复杂度。

相比于 1D-NUC，二维非均匀星座图（Two-Dimensional Non-Uniform Constellation，2D-NUC）去除了星座点呈矩形形状分布这一限制，从而进一步优化了星座图的性能，如图 5-30（b）所示。图中 4 个象限上的星座点完全对称，除了该项约束条件和归一化条件，每个象限内星座点的横纵坐标没有任何限制。2D-NUC 的这一特性使得星座图的设计变为一个多维最优化问题，有着极高的复杂度。如何在资源有限的情况下设计搜索方法或迭代方法，是当前重点研究的问题。

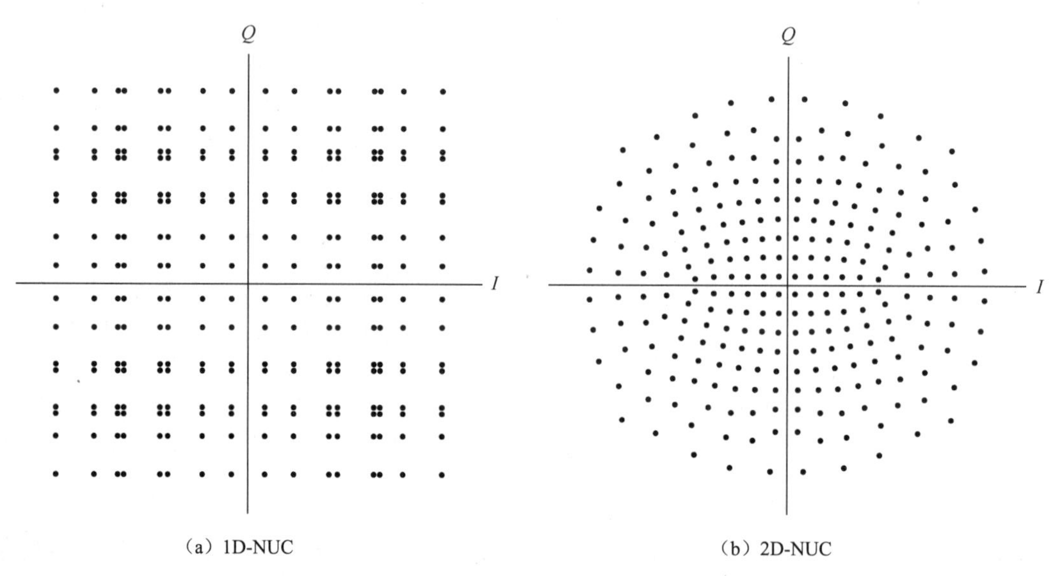

（a）1D-NUC　（b）2D-NUC

图 5-30　非均匀星座图

5.2.3　时频交织

无线信道自身的一些特性会导致信道条件变得十分复杂和恶劣。例如，在 5.1.1 节中提到，行人、车辆和建筑物的存在会使信号发生反射与衍射现象，这使得最终接收到的信号实为同一信号经过不同路径后的叠加，而每条路径中子信号的时延和相位都不同，导致最终合成出的总信号往往会剧烈起伏，即多径衰落。此外，接收机在有些情况下并非固定不动，如手持便携式设备或车载设备等，而接收机的移动会导致接收机实际接收到的信号频率与发射机发射的信号频率不同，这种现象被称为多普勒频移。这种由恶劣信道引起的信号衰落，经常会使得接收机中的数据出现连续的突发错误，现有的解调、纠错的技术比较容易对抗分散的随机错误，但是很难纠正一段连续的突发错误。因此，为了将这种连续的突发错误转换为分散的随机错误，提高容错性能，通信系统需采用时域和频域交织技术。

如前文所述，由于多径衰落和多普勒频移现象的存在，传输信号经过无线信道后开始衰落，这种信号衰落具有时间选择性和频率选择性，时间选择性衰落会导致信号在某些时间范围内产生连续的突发错误，频率选择性衰落会导致信号在某些频率范围内产生连续的较大程度的衰落，即深衰落（Deep Fading）。因此，无线通信系统经常使用时间交织和频率交织来分别对抗时间和频率选择性衰落。时间交织和频率交织的主要作用是将在时域或频域上出现的连续很长的深衰落转换成持续较短的近似随机出现的衰落，而这些较短的近似随机出现的衰落可以被系统修正。通过这种方式，时间交织和频率交织可以帮助系统充分发挥自身在各个时间段或各个频率上的纠错能力，提高系统整体的容错性能。

为了方便理解时间交织和频率交织的主要作用，下面以块交织为例对其进行说明。假设系统中使用一种码长为 5 比特的差错控制编码，其纠错能力为 1 比特。如图 5-31 所示，数据序列总共含有 5 个码字，分别为 A、B、C、D、E（所举例子中时间交织和频率交织的操作对象是比特，但是在实际系统中，时间交织和频率交织不一定以比特为操作单位，这里只是为了叙述方便，重点在于理解时间交织和频率交织的工作原理）。

A1	A2	A3	A4	A5	B1	B2	B3	B4	B5	C1	C2	C3	C4	C5	D1	D2	D3	D4	D5	E1	E2	E3	E4	E5

图 5-31　一个包含 5 个码字的数据序列

假设系统中未使用时间交织和频率交织，同时该数据在信道中进行传输时，连续 5 个比特的数据遇到了深衰落，产生了突发性错误。未交织数据序列中产生错误位置如图 5-32 所示。

A1	A2	A3	~~A4~~	~~A5~~	~~B1~~	~~B2~~	~~B3~~	B4	B5	C1	C2	C3	C4	C5	D1	D2	D3	D4	D5	E1	E2	E3	E4	E5

图 5-32　未交织数据序列中产生错误位置

此时，在第一个和第二个码字块内，错误的比特数超过了码字的纠错能力，因此错误的 5 个比特无法被纠正，系统的接收端只能获得 20 个正确比特和 5 个错误比特。

但是，如果系统中使用了时间交织和频率交织，这里假设使用了一个 5 行进 5 列出的块交织器，如图 5-33 所示。数据序列被按行写入矩阵存储器，再被按列读出，得到了交织后的数据序列，如图 5-34 所示。

A1	A2	A3	A4	A5
B1	B2	B3	B4	B5
C1	C2	C3	C4	C5
D1	D2	D3	D4	D5
E1	E2	E3	E4	E5

图 5-33　5×5 块交织器

A1	B1	C1	D1	E1	A2	B2	C2	D2	E2	A3	B3	C3	D3	E3	A4	B4	C4	D4	E4	A5	B5	C5	D5	E5

图 5-34　交织后的数据序列

此时，数据序列受到信道影响，在与图 5-32 同样的位置上产生了连续 5 比特的错误数据，如图 5-35 所示。

A1	B1	C1	~~D1~~	~~E1~~	~~A2~~	~~B2~~	~~C2~~	D2	E2	A3	B3	C3	D3	E3	A4	B4	C4	D4	E4	A5	B5	C5	D5	E5

图 5-35　交织后数据序列中的错误数据

由于使用了时间交织和频率交织技术，这些连续的错误就会被分散到数个码字块中。如图 5-36 所示，在接收机解交织后，连续 5 比特的错误被分散到了 5 个不同的码字中。因为每个码字块中只有 1 比特的错误，所以这些错误均可以被纠正，系统的接收端最终能够获得 25 个正确比特。

A1	~~A2~~	A3	A4	A5	B1	~~B2~~	B3	B4	B5	C1	~~C2~~	C3	C4	C5	~~D1~~	D2	D3	D4	D5	~~E1~~	E2	E3	E4	E5

图 5-36 解交织后的数据序列

在实际情况下的无线通信系统中，时间交织和频率交织的具体实现方式非常多样，可以使用块交织、卷积交织和伪随机交织中的一种或多种，且每种交织方式可以被反复使用。它们的实现准则基本一致，均是针对系统所处的信道，在尽可能将信道中产生的连续深衰落分散成近似随机模式的同时，能够方便硬件实现、降低成本。

5.2.4 信号调制与成帧

目前的大部分无线通信系统中，经过时频交织的数据流会被调制为特定的信号波形再进行传输，以对抗传输信道的干扰。而且，在传输之前，这些信号中还会加入一些信令符号并组成帧，用以信号接收时的检测、同步以及特征指示。本节会对目前应用广泛的正交频分复用（Orthogonal Frequency Division Multiplexing，OFDM）信号进行简要介绍，并解释成帧过程及其中各部分符号的作用。

1．OFDM 信号

Weinstein 和 Ebert 在 1971 年提出一种利用离散傅里叶变换（Discrete Fourier Transform，DFT）和离散傅里叶逆变换（Inverse Discrete Fourier Transform，IDFT）来实现 OFDM 的方案，可以简便地进行 OFDM 信号的调制与解调。图 5-37 是简化后的 OFDM 调制与解调过程。

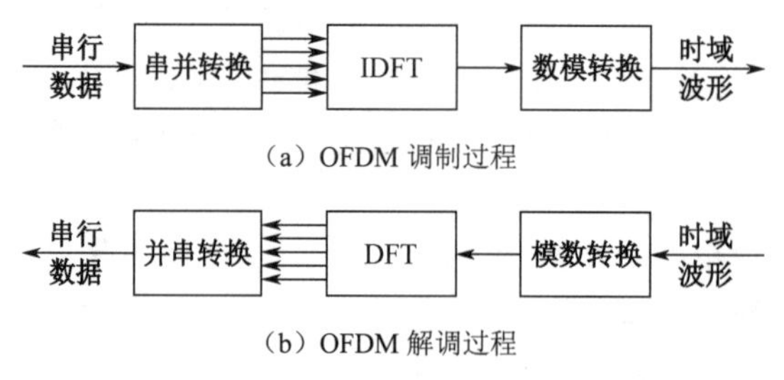

图 5-37 简化后的 OFDM 调制与解调过程

在 OFDM 调制过程中，对于一个 OFDM 符号，经过时频交织的串行数据进行串并转换后变为并行数据，每个数据对应该 OFDM 符号的某一频率分量。之后，再经过 IDFT 以及数模转换便完成了从频域到时域的调制过程，得到了对应于一个 OFDM 符号的时域波形。在 OFDM 解调过程中，各步骤为上述各步骤的逆过程，此处不再赘述。

在实际的 OFDM 系统中，往往采用运算量更少的快速傅里叶变换（Fast Fourier Transform，FFT）和快速傅里叶逆变换（Inverse Fast Fourier Transform，IFFT）代替 DFT 与 IDFT。此外，进行 IFFT 之前往往会在频域插入导频（Pilot）以便接收时进行信道估计；之后 IFFT 往往会在时域插入保护间隔（Guard Interval）以对抗多径信道的时延扩展。

如今，随着数字集成电路技术的快速发展，OFDM 技术以其频谱利用率高、分析便捷、硬件实现简单等特点在各种多载波调制技术中脱颖而出，被地面数字电视传输系统与移动通信系统广泛采用。

2．**成帧**

经过时频交织的数据流调制为 OFDM 符号后会按照一定的方式进行排列与整合，再经由信道进行传输。这种将物理层数据按照一定的时频排列规则整合在一起，所组成的信号传输基本单元称为帧。成帧的示意图如图 5-38 所示。

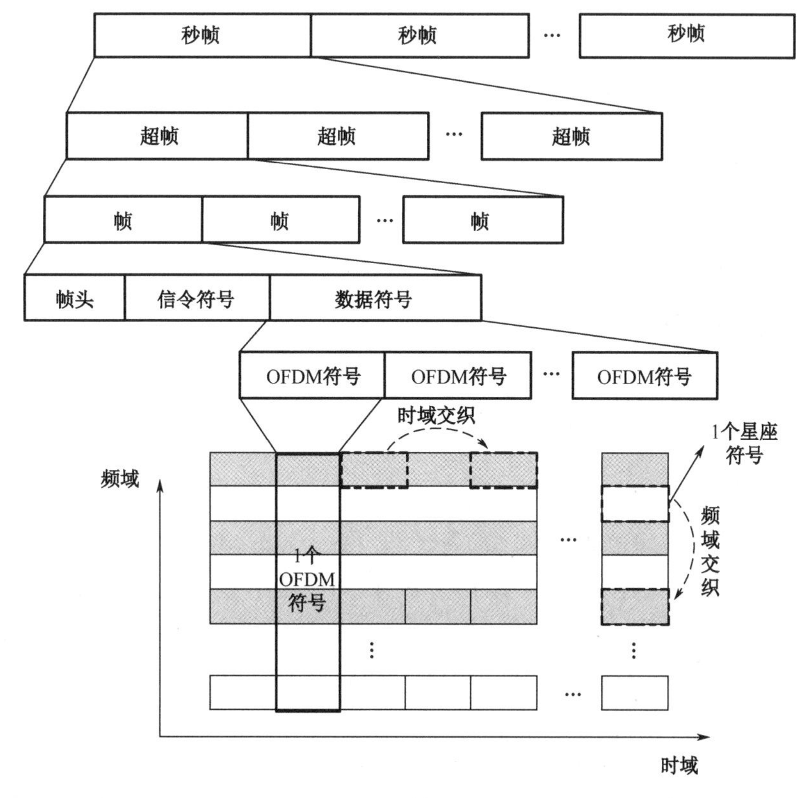

图 5-38　成帧的示意图

其中，每帧按照信号接收的逻辑顺序以及信号在时域上的摆放顺序可以大致分为帧头、信令符号和数据符号三部分。

帧头部分主要用于信号检测和时频同步。信号检测是接收端判断接收到的信号中除噪声之外是否还含有来自发送端的内容，从而决定是否进行后续处理操作的过程。时频同步的目的在于使发射机与接收机同步于同一个主时钟，确定信号的起始位置，确定并补偿频率偏移等。

信令符号部分主要用于指示信号特征，如 FFT 点数、保护间隔长度、导频分布情况等，便于接收机进行相应配置并在后续过程中正确解析信号。

数据符号部分主要用于承载实际的传输内容，对于 OFDM 系统就是时频交织后的数据流经过 OFDM 调制得到的一个个 OFDM 符号。

对于地面数字电视传输系统（如 DVB-T2、ATSC 3.0），帧结构中帧头与信令符号两部分会有较明显的区分，而在移动通信系统（如 5G NR）中两者的区别并不显著，往往统称为“控制信令”。

5.3 网络传送

5.3.1 媒体同步

视频和音频是流媒体传输的主要数据，各个媒体流在时间上彼此关联、相互约束，一般被称为同步，即播放时保持正确的时间关系。对于流媒体系统，我们希望最终呈现给用户的音视频信息是同步的，各个媒体本身、各个媒体之间保持它们在采集时的相对时间关系。为达到这个目的，需要依靠流媒体同步技术。为此，本节首先介绍影响媒体同步的因素，然后介绍主要的同步控制技术。

1. 影响媒体同步的因素

在视频通信系统中，由于媒体同步涉及多媒体数据的生成、传输和播放等多个方面，在这个过程中如果受到一些因素的影响，多媒体数据的同步关系就可能被破坏，从而导致不能正确地播放。其中影响因素主要有以下几种。

（1）媒体间的时延偏移

由于各个相关媒体流可能来自不同的发送端，每个发送端所处的地理位置可能不同，每个媒体流选择的信道也不同，因此各个媒体流的网络时延不等，这就是媒体间的时延偏移，这些偏移会使媒体间的时间关系变坏。解决办法可以通过接收端的缓存加以补偿，也可使各个媒体流在不同时刻发送，但保证在经历不同的时延后能够同时到达接收端。

（2）时延抖动

信号从发送端传输到接收端所经历的网络时延的变化，称为时延抖动。对于音频流和视频流，在发送端它们各自的逻辑数据单元（Logical Data Unit，LDU）之间是等时间间隔的，相关 LDU 之间在时间上也是对应的，然而由于各个 LDU 经历的网络时延不同，音频流和视频流内部的时间关系出现了不连续，两者之间的对应关系也被破坏，因此时延抖动会破坏媒体内和媒体间的同步。时延抖动通常是通过在接收端设置播放缓冲区来补偿的。

（3）时钟漂移

在无全局时钟的情况下，由于温度、湿度或其他因素的影响，发送端和接收端的本地系统时钟频率可能存在着偏差。多媒体数据的播放是由接收端的本地系统时钟驱动的，如果忽略时钟漂移，经过一段时间之后接收端的缓冲区就会发生上溢或下溢，从而影响媒体同步。时钟漂移的问题可以通过在网络中使用时钟同步协议来解决，如网络时间协议（Network Time Protocol，NTP）。

（4）不同的采集起始时间

在有多个相关媒体流的情况下，发送端可能不是同时开始采集和传输信息的。例如，发送端分别采集图像信号和相关的伴音信号，若两者采集的起始时间不同，在接收端同时播放这两个媒体流必然会出现唇音不同步的问题。

（5）不同的播放起始时间

在多个接收端的情况下，各个接收端的播放起始时间应该相同。如果用户播放的起始时间不同，获得信息早的用户便较早地对该信息做出响应，这对其他用户就不公平。

（6）网络条件的变化

网络条件的变化是指网络连接性质的变化，如网络平均时延的改变、时延抖动的变化和媒体单元丢失率的增大等。因此，在播放起始时已经同步的媒体流，经过一段时间后可能因网络条件的变化而失去媒体同步。

2．媒体同步控制技术

对于相关媒体流的媒体间同步控制技术还未形成通用的模式，根据系统是否使用时间信息，可以分为面向时间的播放控制算法和面向缓冲区的播放控制算法两种类型。面向时间的播放控制算法给媒体单元打上时间标签，并且使用发送端和接收端的本地系统时钟来获得网络时延或时延抖动，该类算法一般用于音频流。面向缓冲区的播放控制算法通过观察接收端的播放缓冲区占用水平来估计当前的时延抖动，一般用于视频流。

（1）面向时间的播放控制算法

面向时间的播放控制算法根据系统是否采用全局时钟和如何处理迟到的媒体单元可以分为采用全局时钟、不需要全局时钟、具有近似时钟同步和不维护时延 4 种播放控制算法。

① 采用全局时钟的播放控制算法。使用全局时钟可以准确测量媒体单元的网络时延，而媒体单元到达接收端后还需经历缓冲时延再播放，网络时延和缓冲时延一起构成了播放时延。在获得网络时延后，接收端可以设置播放时延的值为一个常数，或者根据网络时延的变化来设置。

② 不需要全局时钟的播放控制算法。由于全局时钟不易获得，因此很多播放控制算法是对时延差异进行操作而不是网络时延。当考虑时延差异时，发送端和接收端的本地系统时钟可以有偏移量，但是两个时钟的频率不能存在偏差。在这类算法中，媒体单元的播放时延不必为常数，或者限制在某个绝对数值下，而是可根据网络时延的变化而变化。

③ 具有近似时钟同步的播放控制算法。具有近似时钟同步的播放控制算法通过测量发送端和接收端之间的往返时间（Round-Trip-Time，RTT）来设定播放时延的上限，所有超过该上限的媒体单元都不播放。

④ 不维护时延的播放控制算法。处理迟到的媒体单元有两种方法：一种是维护时延法，就是丢掉迟到的媒体单元以保持媒体流的时延需求；另一种是不维护时延法，即不丢弃一些或所有迟到的媒体单元，当它们到达接收端时立即播放，以维持媒体流的连续性。一般的算法都采取维护时延法，在这些播放控制算法中，为媒体单元的到达时间规定了两个区域：等待区域和丢弃区域。等待区域中的媒体单元到达接收端后等待播放直到它的播放时间；而丢弃区域中的媒体单元到达后直接丢弃而不播放。

（2）面向缓冲区的播放控制算法

面向缓冲区的播放控制算法不要求媒体单元具有时间标签或使用时钟，而是针对同步/时延的权衡进行处理。面向缓冲区的播放控制算法和面向时间的播放控制算法的类似之处在于采用时延差异的方法来调节播放时间，不过面向缓冲区的播放控制算法不是用时间标签来估计时延抖动的，而是通过观察播放缓冲区的占用水平来估计的。由于缺少时间信息，该算法不能保证播放时延的绝对值，而唯一“可见”的时延为媒体单元的缓冲时延，因此可以通过在媒体流连续性和缓冲时延之间进行权衡来达到优化同步/时延权衡的目的。该算法可以分为以下 3 种：没有初始化缓冲、跳过/暂停发送或跳过/重复播放媒体单元、改变媒体流的播放帧率或发送帧率等播放控制算法。

① 没有初始化缓冲的播放控制算法。媒体单元到达接收端后不是放入缓冲区中，而是立即播放。这种算法使得初始的播放时延很低，即第一个媒体单元的网络时延 D 很低，但是当网络出现时延抖动时，所经历的网络时延大于 D 的媒体单元都会由于迟到而丢弃，因此造成媒体流的不连续性。

② 跳过/暂停发送或跳过/重复播放媒体单元的播放控制算法。当接收端的播放缓冲区的占用水平过高时，可以采取在发送端暂停发送媒体单元或在接收端跳过播放媒体单元的方法；当占用水平过低时，则可以采取在发送端跳过发送媒体单元或在接收端重复播放媒体单元的方法。这种方法可以尽可能地避免播放缓冲区的溢出。

③ 改变媒体流的播放帧率或发送帧率的播放控制算法。由于增加或减少一个媒体单元的方法会破坏媒体流的连续性，且在低帧率如（15 帧/秒）的情况下，这种操作容易被用户察觉，因此可以采取改变媒体流的播放帧率或发送帧率的播放控制算法。改变媒体流的播放帧率或发送帧率就是改变媒体单元的播放持续时间或发送间隔，如对于一个播放帧率和发送帧率为 25 帧/秒的视频流，每个视频帧的播放持续时间和发送间隔都是 0.04 秒。当发生失步时，可以通过改变媒体单元的播放持续时间或发送间隔来重新同步。改变媒体单元的播放持续时间其实是改变媒体单元离开播放缓冲区的时间，而改变媒体单元的发送间隔其实是通过改变媒体单元在发送端的发送时间来改变媒体单元到达播放缓冲区的时间。通过这种方法可以使播放缓冲区的占用水平保持在一个正常的范围内。

5.3.2 拥塞控制

网络拥塞（Network Congestion）是指到达通信子网中某一部分的分组数量过多，使得该部分网络来不及处理，以致引起这部分乃至整个网络性能下降的现象，严重时甚至会导致网络通信业务陷入停顿，即出现死锁现象。这种现象与公路网中经常所见的交通拥挤一样，当节假日公路网中车辆大量增加时，各种走向的车流相互干扰，使每辆车到达目的地的时间都相对增加（延迟增加），甚至有时在某段公路上车辆因堵塞而无法开动（发生局部死锁）。本节会首先分析拥塞产生的原因，然后介绍主要的拥塞控制方法。

1．拥塞产生的原因

网络的吞吐量与通信子网负荷（通信子网中正在传输的分组数）有着密切的关系。当通信子网负荷比较小时，网络的吞吐量（分组数/秒）随网络负荷（每个节点中分组的平均数）的增加而线性增加。当网络负荷增加到某一值后，若网络吞吐量反而下降，则表征网络中出现了拥塞现象。在一个出现拥塞现象的网络中，到达某个节点的分组将会遇到无缓冲区可用的情况，从而使这些分组不得不由前一节点重传，或者需要由源节点或源端系统重传。当拥塞比较严重时，通信子网中相当多的传输能力和节点缓冲器都用于这种无谓的重传，从而使通信子网的有效吞吐量下降。由此引起恶性循环，使通信子网的局部甚至全部处于死锁状态，最终导致网络有效吞吐量接近为零。

2．拥塞控制方法

计算机网络在过去的十几年中经历了爆炸式的增长，随之而来的是越来越严重的拥塞问题。而互联网上 95%的数据流使用的是 TCP/IP 协议，互联网的主要互连协议 TCP/IP 的拥塞控制（Congestion Control）机制对控制拥塞具有特别重要的意义。拥塞控制是确保网络鲁棒性（Robustness）的关键因素，因此成为当前网络研究的一个热点问题。

当前 TCP 协议在网络中仍然是占主导地位的传输协议，网络成功的一个关键因素就是 TCP 协议的避免拥塞机制。TCP 协议是由操作系统在内核层面上实现的，应用程序只能使用，不能直接修改，所以 TCP 协议的更新迭代、优化十分困难。并且由于 TCP 协议使用历史悠久，中间设备依赖于一些约定俗成的规定，如有些防火墙只允许通过 80 和 443 端口，有些 NAT 遇到 TCP 与 UDP 以外的数据报将直接丢弃，想要重新设计一种新的传输协议来解决 TCP 协议的缺点也十分困难。

QUIC（Quick UDP Internet Connection）是谷歌制定的一种基于 UDP 的低时延的互联网传输层协议，很好地解决了当今传输层和应用层面临的各种需求，包括处理更多的连接、安全性和低延迟。QUIC 融合了包括 TCP、TLS、HTTP/2 等协议的特性，但基于 UDP 进行数据传输。

（1）TCP 拥塞控制

TCP 拥塞控制是 TCP 协议避免网络拥塞的算法，是互联网上主要的一个拥塞控制措施。图 5-39 所示为 TCP 拥塞控制的整体示意图。它使用一套基于线增积减模式的多样化网络拥塞控制方法（包括慢启动和拥塞窗口等模式）来控制拥塞。在互联网上应用中有相当多的具体实现算法。

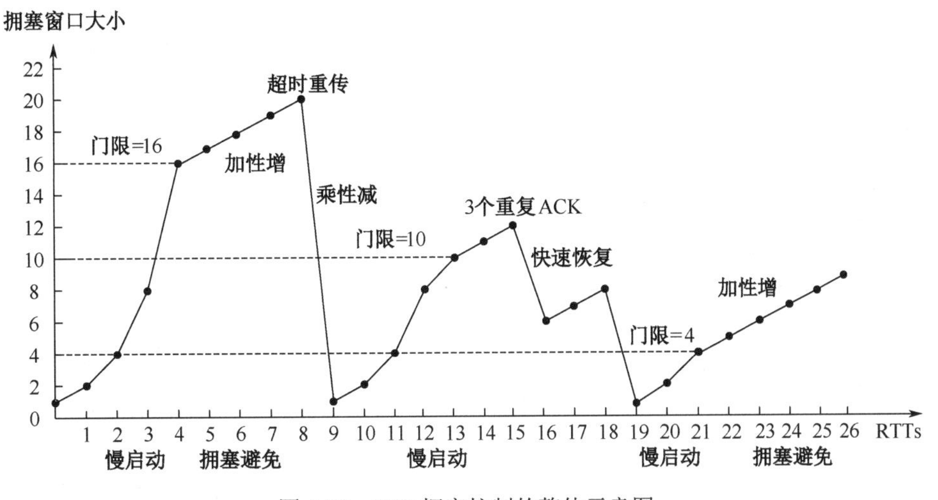

图 5-39　TCP 拥塞控制的整体示意图

TCP 使用多种拥塞控制策略来避免雪崩式拥塞。它会为每条连接维护一个拥塞窗口来限制可能在端对端间传输的未确认分组总数量。这类似 TCP 流量控制机制中使用的滑动窗口。TCP 在一个连接初始化或超时后使用一种“慢启动”机制来增加拥塞窗口的大小。它的起始值一般为最大分段大小（Maximum Segment Size，MSS）的倍数，虽然名为慢启动，初始值也相当低，但其增长极快：当每个分段得到确认时，拥塞窗口会增加一个 MSS，使得在每次 RTT 内拥塞窗口能高效地双倍增长。

当拥塞窗口超过慢启动阈值（ssthresh）时，算法就会进入一个名为“拥塞避免”的阶段。在拥塞避免阶段，只要未收到重复确认，拥塞窗口就会在每次往返时间内线性增加一个 MSS。

① 拥塞窗口。在 TCP 中，拥塞窗口（Congestion Window）是发送方用来控制发送数据量的一个参数，是阻止发送方至接收方之间的链路变得拥塞的手段。它是由发送方维护，通过估计链路的拥塞程度计算出来的，与由接收方维护的接收窗口大小并不冲突。

当一条连接创建后，每个主机独立维护一个拥塞窗口并将值设置为连接所能承受的 MSS 的最小倍数，之后的变化依靠线增积减机制来控制，这意味着如果所有分段到达接收方和确认包准时地回到发送方，拥塞窗口会增加一定数量。该窗口会保持指数增加，直到发生超时或超过一个称为“慢启动阈值（ssthresh）”的限值。如果发送方到达这个阈值时，每个 RTT 轮次，拥塞窗口只按照线性速率增加一个 MSS。

当发生超时时，慢启动阈值降为超时前拥塞窗口的一半大小、拥塞窗口会降为 1 个 MSS，并且重新回到慢启动阶段。

系统管理员可以设置窗口最大限值，或者调整拥塞窗口的增加量，来对 TCP 调优。

在流量控制中，接收方通过 TCP 的“窗口”值（Window Size）来告知发送方，由发送方通过对拥塞窗口和接收窗口的大小比较，来确定任何时刻内需要传输的数据量。

② 慢启动。慢启动（Slow-Start）是用于结合其他阶段算法，来避免发送过多数据到网络中而导致网络拥塞，算法在 RFC5681 中定义。

慢启动初始启动时设置拥塞窗口值（cwnd）为 1、2、4 或 10 个 MSS。拥塞窗口在每接收到一个确认包时增加，每个 RTT 内成倍增加。当然，实际上并不完全是指数增长，因为接收方会延迟发送确认，通常是每接收两个分段则发送一次确认包。发送速率随着慢启动的进行而增加，直到数据包出现丢失、拥塞窗口大小达到慢启动阈值（ssthresh）。若发生丢失，则 TCP 推断网络出现了拥塞，会试图采取措施来降低网络负载。这些是靠具体使用的 TCP 拥塞算法来进行测量判断。虽然称为“慢启动”，但实际上比拥塞控制阶段的窗口增加更为激进。

③ 拥塞避免。拥塞避免算法是让拥塞窗口缓慢增加，每经过一个往返时间（RTT）就把发送方的拥塞窗口值（cwnd）加 1，而不是加倍，拥塞窗口按线性规律缓慢增加。

不论是在慢启动期间还是拥塞避免期间，只要判断网络发生了拥塞，就把 ssthresh 设置为当前发送窗口大小的一半，然后重新开始执行慢启动算法，这样做的目的是迅速减少主机发送到网络中的分组数，使发生拥塞的路由器有足够的时间把队列中积压的分组处理完毕。

④ 快速重传。快速重传是对前两个机制的补充，在 1988 年 TCP 拥塞控制算法初次提出的时候只有慢启动和拥塞避免，1990 年又新加了两个新的拥塞控制算法（快速重传和快速恢复）来改进 TCP 的性能。

超时重传前后的拥塞窗口变化如图 5-40 所示。考虑下面这种情况，在数据传送过程中，网络有可能不太稳定，个别报文段在网络中丢失了，但是实际上网络并没有发生拥塞。这样会导致发送方超时重传，误以为网络上发生了拥塞，由于有慢启动和拥塞避免机制，发送方错误地启动了慢启动算法，并且把拥塞窗口值（cwnd）又设置为最小值 1，因为降低了传输效率。

为解决这个问题，快速重传要求接收方在收到一个失序的报文段后立即发出重复确认，为了让发送方知道有一个报文丢失了，快速重传算法规定，发送方只要一连收到 3 个重复确认就应当立即重传对方还没有接收到的报文段，而不必继续等待设置的重传计时器时间到期。如图 5-41 所示，接收方确认收到数据包 P_1 和 P_2 后，P_3 发生了丢失，由于未收到 P_3，接收方往发送方连续发送对于 P_2 的确认信号，当发送方收到 3 个重复确认信号后，立即重传数据包 P_3。

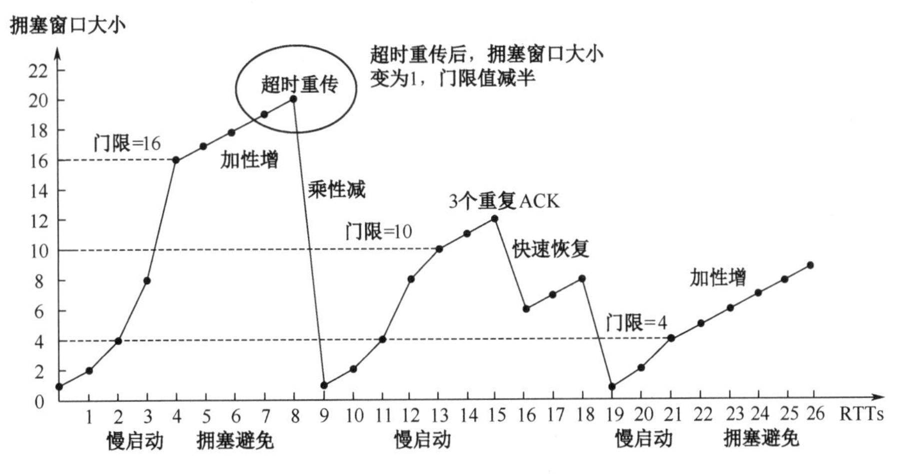

图 5-40　超时重传前后的拥塞窗口变化

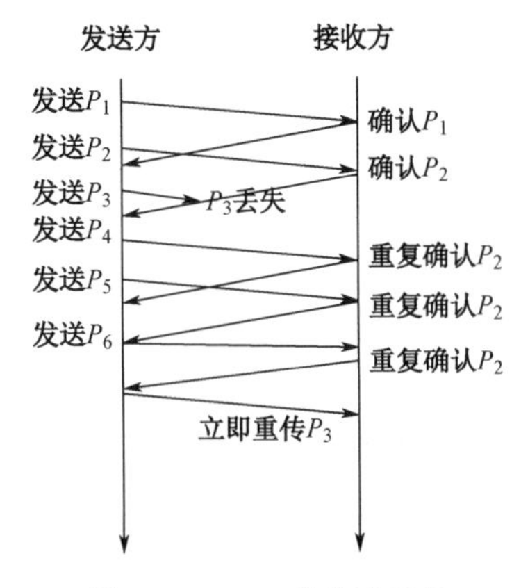

图 5-41　TCP 的快速重传

⑤ 快速恢复。当发送方连续收到 3 个重复确认时，执行“乘法减小”算法，将 ssthresh 门限减半（为了预防网络发生拥塞），但是接下来不执行慢启动算法，因为如果网络发生拥塞，就不会收到好几个重复确认，所以发送方现在认为网络可能没有出现拥塞。

如图 5-42 所示，此时不会执行慢启动算法，而是将拥塞窗口值（cwnd）设置为 ssthresh 减半后的值，然后执行拥塞避免算法，让 cwnd 缓慢变大。

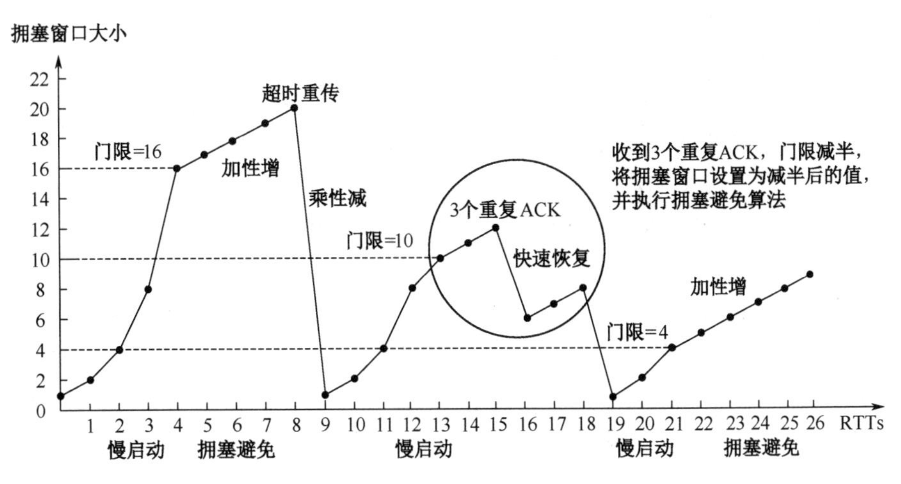

图 5-42　快速恢复前后拥塞窗口的变化

（2）QUIC 拥塞控制

现有 Web 服务器的核心是 HTTP 协议，HTTP 协议是建立在 TCP/IP 协议之上的应用层协议，同时考虑到安全性在会话层整合了传输层安全协议（Transport Layer Security，TLS）。TCP 与 TLS 都需要通过握手来建立连接，且存在队头阻塞问题，从而导致了较大的时延。Web 时延严重影响网页的打开速率以及用户体验，如何减少时延是需要解决的一个关键问题。

QUIC 是一种基于 UDP 的传输层协议，由谷歌自研，2012 年部署上线，2013 年提交国际互联网工程任务组（The Internet Engineering Task Force，IETF），2021 年 5 月，IETF 推出标准版 RFC9000。QUIC 的协议栈如图 5-43 所示。从图 5-43 中可以看出，QUIC = HTTP/2 + TLS + UDP。

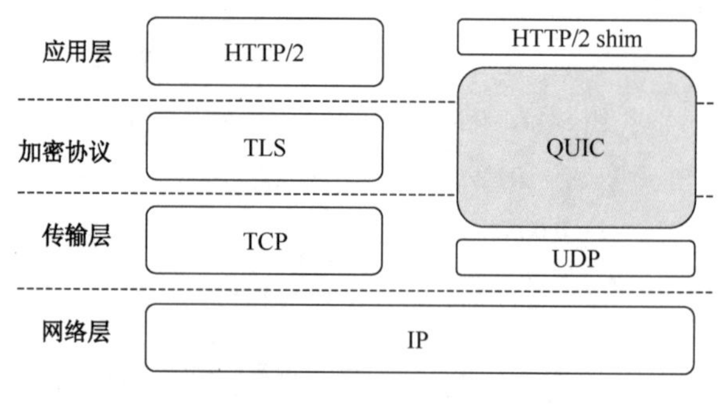

图 5-43　QUIC 的协议栈

QUIC 很好地解决了当今传输层和应用层面临的各种需求，包括处理更多的连接、安全性和低延迟。QUIC 融合了包括 TCP、TLS、HTTP/2 等协议的特性，但基于 UDP 传输。QUIC 的一个主要目标就是减少连接延迟，当客户端第一次连接服务器时，QUIC 只需要 1RTT 的延迟就可以建立可靠安全的连接，相对于 TCP+TLS 的 1～3 次 RTT 要更加快捷。首次连接之后，客户端可以在本地缓存加密的认证信息，再次与服务器建立连接时可以实现 0-RTT 的连接建立延迟。QUIC 同时复用了 HTTP/2 协议的多路复用功能，但由于 QUIC 基于 UDP，因此避免了 HTTP/2 的队头阻塞问题。

之所以 QUIC 选择了 UDP，是因为 UDP 本身没有连接的概念，不需要三次握手，优化了连接建立的握手延迟，同时 QUIC 协议在应用程序层面实现了 TCP 的可靠性、TLS 的安全性和 HTTP/2 的并发性，只需要用户端和服务端的应用程序支持 QUIC 协议，这样就完全避开了操作系统和中间设备的限制，使得 QUIC 协议可以快速地更新和部署，从而很好地解决了 TCP 协议部署及更新的困难。

TCP 采用基于窗口的拥塞控制：慢启动、加性增、乘性减、快速重传，必须要端到端的网络协议栈支持，才能实现控制效果。而 QUIC 采用可自定义拥塞控制，更为灵活。QUIC 建立在 UDP 之上，拥塞控制由内核空间转到用户空间，无须操作系统内核支持，相对于 TCP 只能通过更新系统内核来对拥塞控制算法进行更新换代，QUIC 更能适应快速的版本迭代。具体来说，QUIC 的拥塞控制具有以下特点。

① 可插拔。可插拔即可以更灵活的生效、变更和停止。QUIC 的传输控制不再依赖内核的拥塞控制算法，而是实现在应用层上，这意味着我们可以根据不同的业务场景，实现和配置不同的拥塞控制算法以及参数。TCP 中的拥塞控制算法均可用于 QUIC，目前 QUIC 实现较多的拥塞控制算法有 Cubic、BBR、Reno 等。同时，谷歌提出的 BBR 拥塞控制算法，是与 Cubic 的思路完全不一样的算法，在弱网和一定丢包场景，BBR 比 Cubic 更不敏感，性能也

更好。在 QUIC 下我们可以根据业务随意指定拥塞控制算法和参数，甚至同一个业务的不同连接也可以使用不同的拥塞控制算法。

QUIC 可以灵活地为一台服务器的每个接入用户提供不同但精准有效的拥塞控制；而当需要变更拥塞控制算法时，只需修改服务器配置，不需要停止服务就能实现。

② 更准确的 RTT 计算。首先，在 TCP 可靠传输中，每个包的 Sequence Number 在生成后固定，即使丢包重传也不改变，而服务端通过回复基于 Sequence Number 的 ACK 包来确认信息的到达。不过客户端无法根据 ACK 区分是原始包的到达还是重传包的到达，导致无法准确地计算 RTT。然而，QUIC 中使用了严格递增的 Packet Number 来替代 Sequence Number 解决了 TCP 的重传二义性问题，原始包和重传包将具有不同的 Packet Number，服务端通过回复基于 Packet Number 的 ACK 包确认到达，客户端可以区分是原始包的达到还是重传包的到达，准确计算 RTT，对拥塞窗口的计算以及基于 RTT 的拥塞控制算法具有很大的帮助。同时，QUIC 的 ACK 包中会携带接收数据包的时间以及发送 ACK 的时间，相比于 TCP 使用客户端的发包时间与收到 ACK 的时间之差计算 RTT，QUIC 协议在 ACK 帧中包含一个 ACK Delay 字段，表示服务端收到数据包后到发送 ACK 帧之间的时间差，可以用 RTT 的测量值减去 ACK Delay，从而得到更准确的 RTT 值。

5.3.3　差错控制

视频通信中出现的差错对视频质量的影响主要有马赛克现象、局部变形（图像的某些区域不清晰）、图像模糊、屏幕频繁刷新或闪烁、视音频不同步、帧率下降、图像静止等。对音频质量的影响包括总体音频失真、间断或间歇性噪声、音频中断等。对内容和演示数据质量的影响则包括幻灯片模糊变形、翻页速率减慢或屏幕频繁刷新和图像静止等。另外，差错还会引起过度延迟，甚至是通话中断。

本节主要从两个方面进行阐述：一是网络传输差错是如何产生的；二是应当采取什么办法或措施来消除或者减轻这些差错对视频内容的不利影响。

1．产生差错的原因

视频从采集信源开始到接收端解码重建、播放为止，任何一个环节出现问题，都有可能引出差错。本节关注的是传输差错，所以我们忽略采集输入的差错和播放输出的差错，重点关注网络环境产生差错的影响因素。

网络传输主要有数据失真和丢失两种差错。产生失真的主要原因大多是网络（尤其是无线网络）中的物理干扰，如线路噪声的干扰等；或者是发送端和接收端之间的码元失步，还有可能由网络或终端软硬件故障或人为攻击造成。除了噪声干扰、同步失调等因素，当流量控制或拥塞控制措施不当时，因带宽不够而使得部分数据有可能无法被中间节点接收，还可能因为接收端检测到数据差错而主动将其丢弃等。所有的这些原因都会引起传输数据的丢失。

2．差错控制方法

处于网络模型不同层次的协议采用的差错控制机制有所区别，总体来说，一般通过序号、确认、校验的方法来检测差错，而纠错的方法主要包含重传和应用层前向纠错编码。

（1）重传

自动重传请求（Automatic Repeat-reQuest，ARQ）是 OSI 网络模型中数据链路层和传输层的错误纠正协议之一。它通过使用确认和超时这两个机制，在不可靠服务的基础上实现可靠的信息传输。如果发送方在发送后一段时间之内没有收到确认帧，它通常会重新发送。ARQ 包括停止等待 ARQ 协议和连续 ARQ 协议，拥有错误检测（Error Detection）、正面确认（Positive Acknowledgment）、超时重传（Retransmission after Timeout）和负面确认及重传（Negative Acknowledgment and Retransmission）等机制。

在实际传输协议中，数据的重传机制是非常重要的一项执行纠错的功能。重传机制比较复杂，建立在计时器超时基础上，即计时器超时直接导致发送端重传，而计时器的超时间隔比较难以确定。以 TCP 的重传机制为例，它是 TCP 中最复杂和最重要的问题之一。TCP 每发送一个报文段就设置一次计时器。只要计时器设置的重传时间已到，既使还没有收到对方的确认信息，也要重传这一段报文。但是 TCP 的下层往往是一个互联网环境，发送的报文段有可能只经过一个高速率局域网，也有可能经过多个低速率的广域网，数据包所选择的路由也可能发生很大的变化，一个适当的重传超时时间间隔很难选择。

重传机制可以保证数据的可靠性，当发生错误或丢包时，发送端可以重新发送直至接收端正确接收。但是，显然，这样的重传延迟难以满足视频流的实时性要求。因此，另一个方法是通过前向纠错编码（Forward Error Correction，FEC）技术在数据流中增加少量冗余数据进行纠错，提高数据的鲁棒性。

（2）应用层前向纠错编码

发送端在要传送的数据中加入一定的冗余数据，生成特定的码；接收端收到这些码后通过译码不但能够自动检测错误，而且能够纠正错误，这种码称为前向纠错码。前向纠错不需要反馈信息，因而适合应用在视频数据的传输中。网络传输不同层都有纠错，物理层有信道纠错编码（参见 5.2.1 节），应用层也有应用层前向纠错编码（Application Layer-Forward Correction，AL-FEC），是指在应用层上，主要应用于纠删（Erasure）场景，通过对 IP 数据包的编码来对抗网络层的丢包问题。

AL-FEC 的基本思想在于纠删码的使用。在发送端，对视频流进行分割，分成大小相同的数据包，通过纠删码编码器对这些数据包编码产生修复数据包，将修复数据包和原始数据包一同发往接收端。在接收端，纠删码译码器通过修复数据包和原始数据包来恢复所有的原始视频流。理想的情况是：接收端只要接收到 N 个编码数据包中的任意 K 个数据包就能完全恢复所有数据，整个过程如图 5-44 所示。

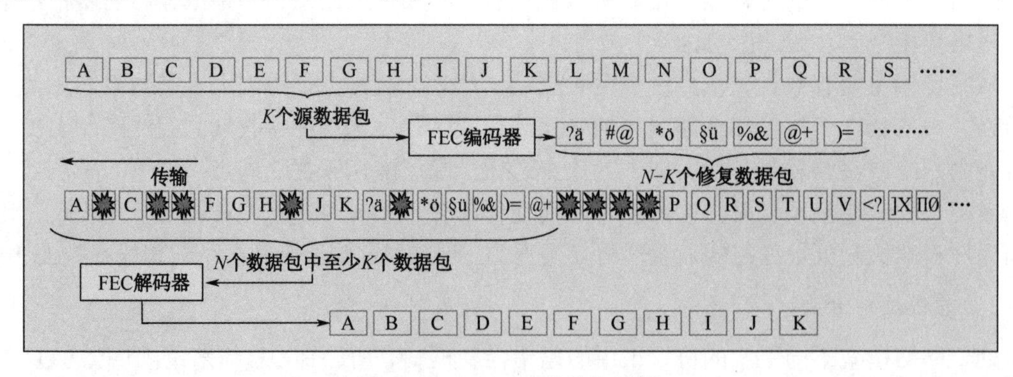

图 5-44 AL-FEC 的整个过程

AL-FEC 机制操作比较简单，不需要对原有的网络协议栈进行大的改动。纠删码的种类很多，选择哪种纠删码成为 AL-FEC 性能的一个关键因素。

John Byers 及 Michael Luby 等人于 1998 年首次提出数字喷泉（Digital Fountain）码的概念，但当时并未给出实用设计方案。2002 年，Luby 提出了第一种实用数字喷泉码——LT 码。之后，Shokrollahi 又提出了性能更佳的 Raptor 码，这是一种比 LT 码编译码复杂度更低的喷泉码，它通过预编码技术可以允许在无损误码性能的条件下，进一步降低 LT 码度分布概率（用来形成编码生成矩阵）的复杂度，在实现大数据包条件下，编码复杂度与 K 无关，译码复杂度与 K 呈线形关系。换句话说，因为有了预编码这一过程，通过 LT 码译码只需恢复一部分间接数据包，再用传统纠删码来恢复所有的数据包。Raptor 码拥有很低的接收开销和系统码等特性。数字视频广播（DVB）的 IPTV 应用和 3GPP 的多媒体广播组播业务（MBMS）都选择了 Raptor 码作为其 AL-FEC 规范。

（3）LT 码

LT（Luby Transform）码是第一种实用和有效的喷泉码，编码和解码也比较简单。LT 码的编码过程如下：

① 将原始信息分割成 n 个等长的原始数据包。

② 在生成每个编码数据包时，根据度概率分布函数选择度值 d，随机选择 d 个原始数据包并将它们异或运算，得到编码数据包。

③ 在编码数据包前面附加一个头部，头部中包含原始信息的长度、度数以及该编码数据包对应的原始数据包的索引。

重复上述过程，便可以不断生成编码数据包。

LT 码的解码过程是利用异或运算来还原被编码的信息。具体步骤如下：

① 如果收到的封包是有效的，就将其存储在一个缓冲区中，并记录其度数和对应原始数据包的索引，否则丢弃该封包。

② 在缓冲区中寻找度数为 1 的封包，将其解码为原始信息，并将其从缓冲区中删除。

③ 将解码出的原始信息与所有与其有关联的封包进行异或运算，从而降低这些封包的度数，并更新其索引。

重复上述过程，直到所有原始信息都被解码出来，或者缓冲区中没有度数为 1 的封包。

LT 码是喷泉码中效率较低的一种码型，喷泉码中还有 Raptor 码等其他性能不同的编码方式。

（4）Raptor 码

Raptor Code 是 Rapid tornado Code 的缩写，中文意思为快速的旋风码。在计算机科学领域，Raptor Code 是第一种已知的能在线性时间进行编码和解码的喷泉码。它们由 Amin Shokrollahi 于 2000 年/2001 年发明，并且在 2004 年以拓展摘要的方式出版。旋风码是对 LT 码的一种很重要的理论与实践上的改进，其中 LT 码是喷泉码的第一类有实用性质的应用。

就像通常的喷泉码一样，Raptor Code 对一个给定的包含一系列标志 k 进行编码，将其编为一系列潜在的拥有无限序列的编码符号，这样对于任何已知的 k 和更多的编码符号允许信息被某些非零概率事件所恢复。一旦接收到的符号数目略微超过 k 时，信息被恢复的概率将随着接收到的符号的数目的增加而逐渐接近于 1。例如，根据旋风码的最新版本——RaptorQ Codes，在接收到 k 个符号后，编码的失败率将低于 1%；并且在收到 k+2 个符号后，编码的失败率将低于百万分之一。一个符号可以是任意大小，从单个字节到上千个字节不等。

① 编码。Raptor 码的主要思想是将待发送的数据平均分成长度为 k 的 n 个分组，称为 k 个输入符号，每组符号长度可能为一到上千比特。Raptor 码的编码过程由预编码过程和 LT 码的编码过程组成，预编码过程将原始输入单元通过某种传统的纠错码转换为中间编码校验单元，然后将其作为 LT 码的输入单元进行编码。

② 解码。有两种方法可以对 Raptor Code 进行解码。

一种是在 Raptor 码的解码过程中利用 LT 码技术解码，只需要恢复固定比例的中间编码校验单元，再利用传统纠错码的解码性质就可以恢复所有的输入单元。如图 5-45 和图 5-46 所示，根据中间编码校验单元所处的层次可以划分为多层校验编码技术和单层校验预编码技术。

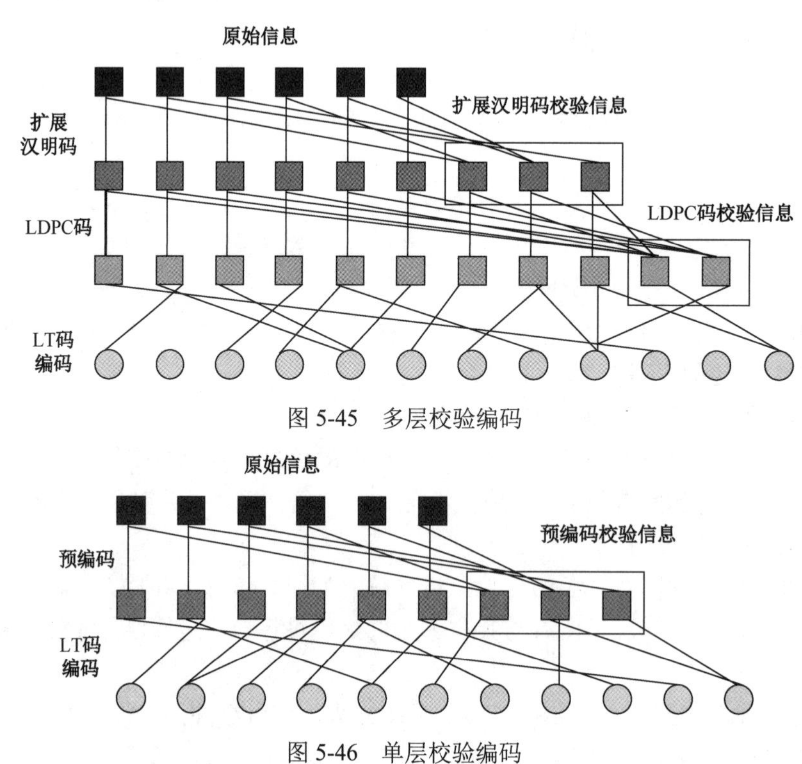

图 5-45 多层校验编码

图 5-46 单层校验编码

在另一种较为综合的方法中，定义在内码和外码中的符号间的关系被认为是一组可以用常规手段，尤其是高斯消元法求解的联立方程。

习 题

1．考虑在静态环境下，固定发射机发送的信号 $s(t)$ 经过两条传播路径达到固定接收机，被接收到的信号为

$$r(t)=h_1 s(t-\tau_1)+h_2 s(t-\tau_2)$$

其中，信道衰减系数 $h_1=|h_1|\mathrm{e}^{\mathrm{j}\varphi_1}$，$h_2=|h_2|\mathrm{e}^{\mathrm{j}\varphi_2}$，$\tau_1$ 和 τ_2 分别代表两条径的时延。

（1）在 $|h_1|\approx|h_2|$ 时，该信道是瑞利衰落信道还是莱斯衰落信道？在 $|h_1|\gg|h_2|$ 时，是瑞利衰落信道还是莱斯衰落信道？

（2）假设传输信号 $s(t)$ 是带宽为 B（Hz）的理想低通信号，其傅里叶变换为

$$S(f)=\begin{cases}1,|f|\leqslant B\\0,|f|>B\end{cases}$$

请计算接收信号 $r(t)$ 傅里叶变换的模长 $|R(f)|$，并画出 $|S(f)|$ 与 $|R(f)|$ 的示意图，说明为什么上述信道是频率选择性的？

2．图 5-47 所示为某个 OFDM 系统的一帧数据。某个子载波上放置了 3 个码字，每个码字分别由 3 比特的信息符号（0 或 1）组成。

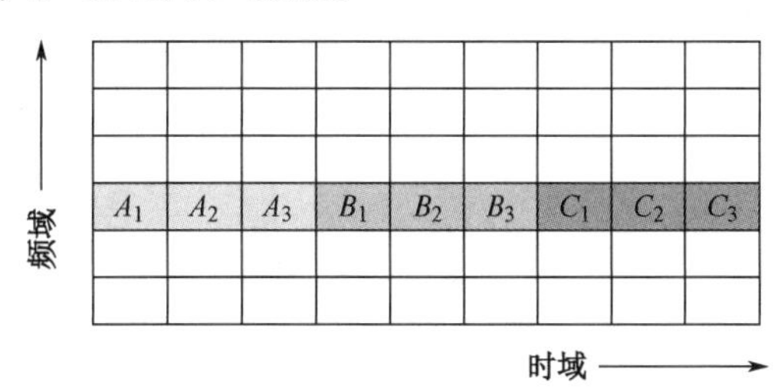

图 5-47　习题 2 图

若使用 3 行进 3 列出的块交织器对这 9 比特的数据进行交织，交织后的数据序列是怎样的？上述交织操作可以对抗频率选择性衰落还是时间选择性衰落？

3．ATSC 3.0 系统的帧结构由导引（Bootstrap）信号、前导字和若干子帧组成。其中，导引信号中的第一个 OFDM 符号用于系统检测和时频粗同步；不同子帧可传输不同 QoS（Quality of Service）要求的业务数据，它们可以包含不同数量的 OFDM 符号，具有不同 FFT 点数、保护间隔长度等；而这些子帧结构的变化由前导字进行描述。根据上述信息，分别找出 ATSC 3.0 帧结构的帧头、信令与数据部分。

4．极化码是第一类在理论上可以达到香农极限的码字，在实际仿真结果中，短中码长的极化码性能可以超过 LDPC 码，因此被 5G NR 的 eMBB 场景的控制信道所采用。假设有一 $(128,64)$ 极化码，其最小码距 $d_{\min}=8$，请问硬判决条件下该极化码一定可以纠错几位？一定可以检错几位？

5．在 1955 年，P.Elias 提出了卷积码，由于较低的延迟和较高的编码增益，卷积码被广泛应用在 3G 移动通信系统中，请简述卷积码和分组码编码的区别。

6．LDPC 码在长码中性能优越，被广泛应用于地面数字电视 ATSC3.0、卫星通信 DVB-S2 和蜂窝网 5G NR 等各类标准的数据信道中。LDPC 译码的瀑布区性能往往和码字的度分布相关，给定一个 LDPC 的 $\boldsymbol{H}$ 矩阵如下。

$$\boldsymbol{H}=\begin{bmatrix}1&1&1&0&1&0\\1&0&0&0&1&0\\0&1&1&1&0&1\\0&1&0&0&0&1\end{bmatrix}.$$

请写出它的行度分布和列度分布多项式。

7．假设 C 为线性分组码，其码字重量既有奇数也有偶数。证明偶数重量码字的个数一定等于奇数重量码字的个数。

8．已知某 2ASK 系统的传输速率为 10^3bit/s，所用载波信号为 $A\cos(4\pi\times10^3t)$ 。

（1）设所传输的数字信息为 011001，试画出相应的 2ASK 波形示意图。

（2）除了 ASK，基本数字调制方式还有哪些？

9．相比于传统的数字调制技术，非均匀调制技术有什么优势？

10．利用网络分层协议的概念，分析“信息传送”和“信号传输”的异同。

11．在 TCP 的拥塞控制中，慢启动、“加性增”和“乘性减”、快速重传算法各用在什么情况下？相应的机制是什么？

12．阐述传输层通信协议 TCP 是如何保证传输可靠性的。

参 考 文 献

[1] Rappaport T S. 无线通信原理与应用[M]. 周文安，等，译. 北京：电子工业出版社，2018.

[2] 樊昌信，曹丽娜. 通信原理[M]. 北京：国防工业出版社，2012.

[3] Johannesson R, Zigangirov K S. Fundamentals of convolutional coding[M]. John Wiley & Sons, 2015.

[4] Chen J, Dholakia A, Eleftheriou E, et al. Reduced-complexity decoding of LDPC codes[J]. IEEE transactions on communications, 2005, 53(8): 1288-1299.

[5] Richardson T J, Shokrollahi M A, Urbanke R L. Design of capacity-approaching irregular low-density parity-check codes[J]. IEEE transactions on information theory, 2001, 47(2): 619-637.

[6] Ten Brink S. Convergence behavior of iteratively decoded parallel concatenated codes[J]. IEEE transactions on communications, 2001, 49(10): 1727-1737.

[7] Xiong F. M-ary amplitude shift keying OFDM system[J]. IEEE Transactions on Communications, 2003, 51(10): 1638-1642.

[8] R1-1903419, Performance of Non-Uniform Constellations for LTE-Based 5G Terrestrial Broadcast, Shanghai Jiao Tong University, Athens, Greece, Feb 25 – Mar 1, 2019.

[9] Xu Y, He D, Zhang W. Optimization of non-uniform constellations with reduced degrees of freedom[C]. IEEE International Symposium on Broadband Multimedia Systems and Broadcasting(BMSB). IEEE, 2017: 1-5.

[10] Kennedy J. Particle swarm optimization[M]. Encyclopedia of machine learning. US: Springer, 2011:760-766.

[11] 朱秀昌，唐贵进. IP 网络视频传输——技术、标准和应用[M]. 北京：人民邮电出版社，2017.

[12] 谢希仁．计算机网络[M]．6 版．北京：电子工业出版社，2013.

[13] 吴炜．多媒体通信[M]．西安：西安电子科技大学出版社，2008.

[14] 张有录．AUTHORWARE 多媒体课件设计与开发[M]．北京：国防工业出版社，2009.

[15] Byers J W, Luby M, Mitzenmacher M, et al. A digital fountain approach to reliable distribution of bulk data[J]. ACM SIGCOMM Computer Communication Review, 1998, 28(4): 56-67.

[16] Luby M. LT codes[C]. The 43rd Annual IEEE Symposium on Foundations of Computer Science, 2002. Proceedings. IEEE Computer Society, 2002: 271-271.

[17] Shokrollahi A. Raptor codes[J]. IEEE transactions on information theory, 2006, 52(6): 2551-2567.

第6章　视频传输协议

本章介绍网络层视频传输协议。将经过压缩的视频信号数据进行适当处理，形成视频流数据，这个过程被称为视频流化。流化后的数据更加方便网络传输。将压缩视频数据、解析控制信息等其他数据进行恰当的组织和打包，保证视频流在网络中畅通传输并在接收端准确播放，这种组织和打包方法就是视频传输协议。

当视频流数据在不同的网络上传输时，为了更好地适配该网络的特性和应用需求，从而形成了不同类型的流化方式，即不同的视频传输协议。这些视频传输协议也对应了视频传输发展的不同历程。

随着数字电视广播的快速发展，DVB、ATSC、ISDB、DTMB 等各种广播传输标准在全球各国产业应用。在这些（物理层）广播传输标准之上，压缩编码后的音视频数据大多用一种传输协议 MPEG2-TS（Transport Stream）封装打包，即 ISO/IEC 标准 13818-1 或 ITU-TRec. H.222.0。这是一种简洁高效的包含视频、音频与通信（主要是广播）协议等数据的标准格式，能够实现多个电视节目的有效复用及传输。

随着互联网的发展，以实时传输协议（Real-time Transport Protocol，RTP）为代表的多媒体传输协议出现，其主要特点是以"流"的方式在网络上进行多媒体数据的实时、连续播放。客户端只需将视频流先缓存几秒、几十秒再进行播放，后续数据就可以持续不断地从服务器传输到客户端，从而实现播放的连续性。但基于 RTP 的流媒体传输方式存在一些先天不足，如需要部署专门的流媒体播放服务器，不如基于 HTTP 的 Web 服务器普及和方便。同时视频网络资源受限而带来的传输带宽不稳定性，对传输视频质量产生不利影响。人们转而关注 HTTP 技术，经过许多改进和革新，形成一种自适应 HTTP 的视频流传输方式并获得广泛应用。据此 MPEG 制定了一个网络动态自适应流传输协议标准 DASH（Dynamic Adaptive Streaming over HTTP），通过 ISO/IEC 发布。

网络宽带传输技术的不断进步，使广播、电信和互联网三网功能和业务趋于相同，实现三网互联互通和协同传输成为可能。这里的三网融合并不是物理合一，而是通过 IP 技术在内容与传送介质之间搭起一座桥梁，并设计能够适配各种不同物理网络的统一的封装传输协议，实现高层业务应用融合。围绕这个目标，我国制定了《信息技术 高效多媒体编码 第6部分：智能媒体传输》GB/T 33475.6（报批稿），简称 SMT 标准，国际上 MPEG 也研究制定了 ISO/IEC 23008-1: MPEG media transport（MMT）协议标准。设计统一的文件封装打包格式，能适配各种底层网络基础实现自适应传输，并针对未来媒体应用新需求，实现多源内容灵活组合、多终端多用户同步呈现。

6.1 电视广播传输协议

MPEG2-TS 传输数据包括 MPEG-2 音视频压缩编码数据和一些系统信息等。MPEG-2 标准制定了两种在信道中传输的码流，一种是 MPEG-2 TS“传输流”（Transport Stream，TS），适合在有噪声信道中传输；另一种是 MPEG2-PS“节目流”（Program Stream），适合无差错媒介储存。TS 流适合远距离传输，特别是在数字电视领域应用广泛。

6.1.1 MPEG-2 视频流

MPEG-2 标准的第一部分“系统”中规定以包的方式传输编码数据，定义了由视频、音频、数据形成基本流（Elementary Stream，ES）和打包基本流（Packetized Elementary Stream，PES）的方式，以及在 PES 基础上形成两种复用数据流方式，即传输流 TS 和节目流 PS，常说的视频流往往是指 TS 或 PS，特别是 TS。

MPEG-2 PS 流和 TS 流生成过程如图 6-1 所示。视频、音频信号经过压缩编码后分别形成视频、音频基本流。基本流包括一系列访问单元，如视频基本流的访问单元就是一帧图像的编码数据。对视频、音频基本流按一定的规则打包处理后形成打包的基本流，简称 PES 包，是用来传递基本流的一种过渡数据结构。对于视频、音频 PES 包，可以再次打包封装为节目流数据输出，或打包封装为传输流数据输出，或同时打包成 PS 流和 TS 流输出。

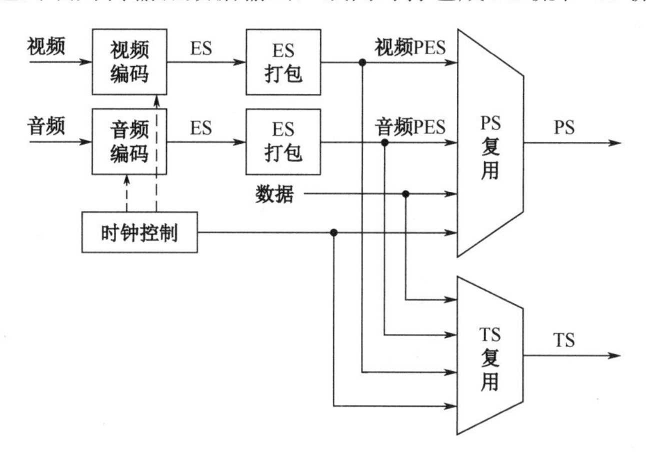

图 6-1　MPEG-2 PS 流和 TS 流生成过程

节目流由一系列 PES 包组成，一般用来传输或储存一个节目的压缩音频数据，还包括一些其他非视音频数据，如控制数据、说明数据等。传输流也由一系列 PES 包组成，用来传输或存储一个节目的视音频编码数据及其他数据。

MPEG-2 TS 的基本层次结构如图 6-2 所示，包括节目（Program)、基本流、打包基本流和传输流。

访问单元（Access Unit，AU）一般是一个视频帧（Frame）或者是一段音频数据，传输的原始数据是包含多个 AU 的基本流，AU 加上 PES 包头后形成 PES 包，视频、音频 PES 包可以再次打包封装成传输流（TS）输出。

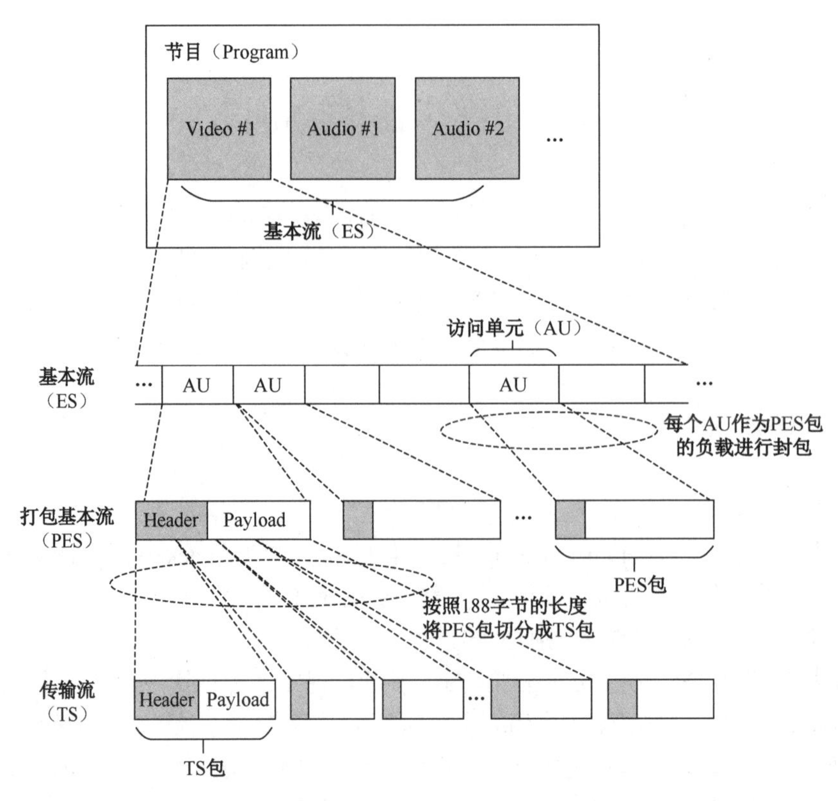

图 6-2　MPEG-2 TS 的基本层次结构

6.1.2　PES 包结构

PES 包结构如图 6-3 所示。

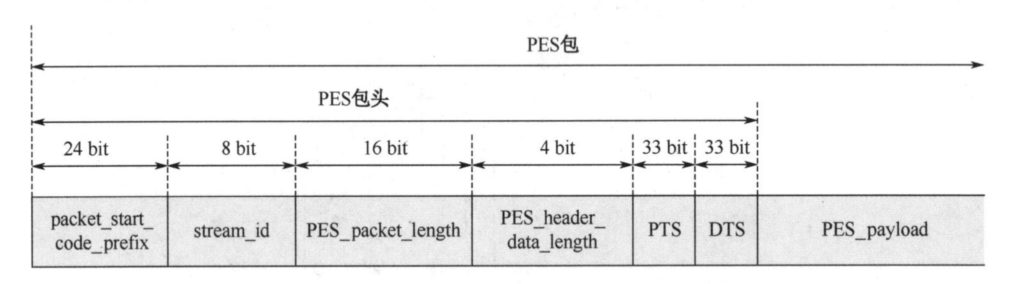

图 6-3　PES 包结构

包头中包含很多码流信息的参数，表 6-1 列出了这些标志位和字段对应的作用。

表 6-1　PES 结构中重要的标志位和字段

字段名	字段长度和作用
packet_start_code_prefix	长度为 24bit，指示一个 PES 包的起始处
stream_id	长度为 8bit，流标识符，指示该 PES 包所属的基本流的类型的标号
PES_packet_length	长度为 16bit，指示 PES 包的长度
PES_header_data_length	长度为 4bit，指示 PES 包头的长度，即从此字段下一字段的第一个字节开始到包的最后一个字节之间所包含的字节总数。在识别 packet_start_code_prefix 后，加上该字段的值就能计算出 PES 包头部结尾处

续表

字段名	字段长度和作用
PTS（Presentation Time Stamp）	长度为33bit，显示时间戳，指示音视频帧预期的显示时间
DTS（Decoding Time Stamp）	长度为33bit，解码时间戳，指示音视频帧预期的解码时间

PES 包负载数据字节，其内容一般为一个视频帧或音频帧。由于各个音视频帧包含的字节数目是不确定的，因此不同的 PES 包的大小一般是不同的。PES 包长度较大而且长度大小不固定，按照 188 字节的长度切分成 TS 包。

6.1.3　TS 包结构

将视频、音频压缩数据流 ES 流打包成 PES，其长度可以是任意，甚至是整个序列的长度，为了适应 IP 网络传输，PES 还需要进一步切分成固定长度的传输包，形成传输流。传输包的长度固定为 188 字节。与节目流 PS 比较，IP 网络传输中用得最多的是传输流 TS，因此我们侧重介绍 TS 流。

1. **TS 流包结构**

TS 流由一系列 TS 包组成，如图 6-4 所示。TS 包采用固定包长格式，每个 TS 包长度固定为 188 字节。之所以选择这一长度，是综合考虑包头开销和同步周期。若包的长度太短，则包头开销所占比例过大，导致传输效率下降。但包的长度如果太长，在丢失同步时恢复同步的周期过长，则导致重建视频或音频的质量太差。因此将长度较大且不固定的 PES 包按照 188 字节的长度切分成 TS 包。

一个 TS 包由包头和负载两部分组成，TS 包和包头结构如图 6-4 所示。

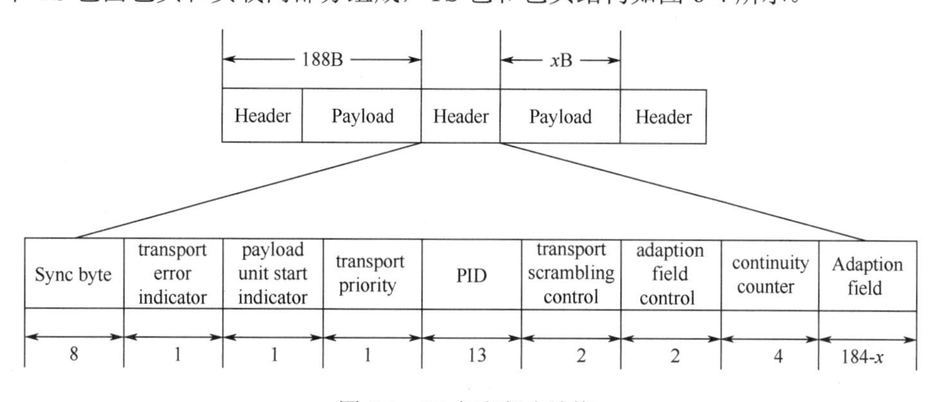

图 6-4　TS 包和包头结构

TS 流是分包结构，在图 6-4 所示的 TS 包结构中，每个 TS 分包都由包头、调整字段以及负载数据组成。TS 包头是固定长度为 4 字节，调整字段的长度不定。包头中包含很多码流信息的参数，表 6-2 列出了这些标志位和字段对应的作用。TS 包结构中的调整字段作用重要，它是由在 TS 包头中的调整字段控制值来标识的。调整字段语法结构如图 6-5 所示。当字节数不足 188 字节时，调整字段可以用于补足。此外调整字段还包含一些拓展信息，如 PCR 字段，可以提供系统参考时钟，以期达到时钟同步的目的。

表 6-2　TS 结构中重要的标志位和字段

字段名	字段长度和作用
Sync byte	长度为 8bit，用于说明 TS 包的开始标识符
transport error indicator	长度为 1bit，用于检测传送包中是否含有错误位
payload unit start indicator	长度为 1bit，用于说明 TS 包中含有 PES 数据的情况
transport priority	长度为 1bit，用于说明该 TS 包数据传送的优先级
PID（Packet Identifier）	长度为 13bit，用于说明负载数据的数据类型
transport scrambling control	长度为 2bit，用于说明 TS 传送包的加密模式
adaption field control	长度为 2bit，用于说明 TS 包中是否含有调整字段
continuity counter	长度为 4bit，用于检测传输后数据是否有丢失

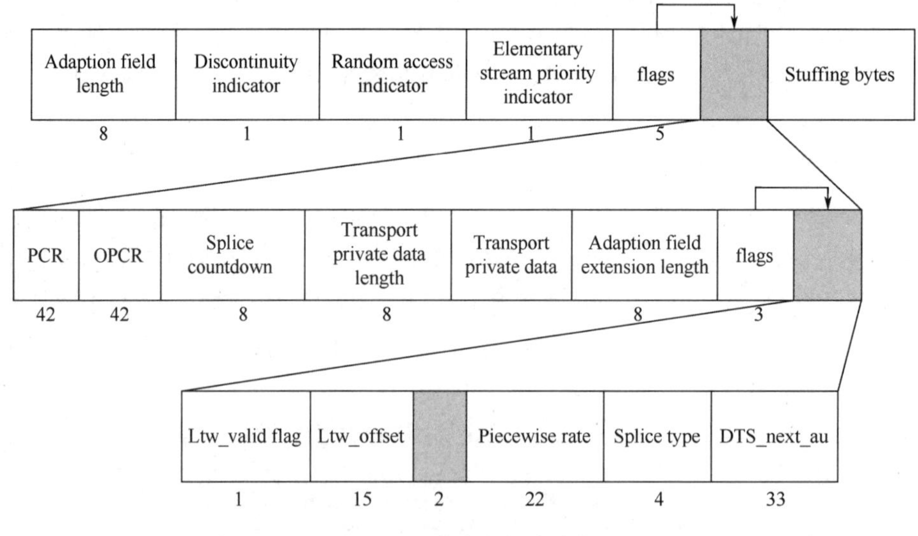

图 6-5　调整字段语法结构

TS 包载荷所承载的信息有两类：一类是构成数字视频节目的视频 PES 包或音频 PES 包；另一类是有关节目专用信息（Program Specific Information，PSI）表和业务信息（Service Information，SI）表。PSI 包括节目关联表（Program Association Table，PAT）、节目映射表（Program Map Table，PMT）、条件访问表（Conditional Access Table，CAT）和网络信息表（Network Information Table，NIT）。

形成 TS 流时，视频、音频 ES 流需进行打包，形成视频、音频 PES 流，其他数据不需要打成 PES 包。视频 PES 包一般是以一帧编码图像为单位生成的，其长度通常远大于 TS 包载荷长度，即一帧图像的 PES 包通常要由多个 TS 包传输。

2. TS 复用机制

TS 协议具有复用机制，如图 6-6 所示。

① 节目复用：将多个基本的 Video/Audio 等 ES 流复合成一个单节目 TS 流。

② 传输复用：将包含单一节目的多个 TS 流复合成一个包含多个节目的复合 TS 流。

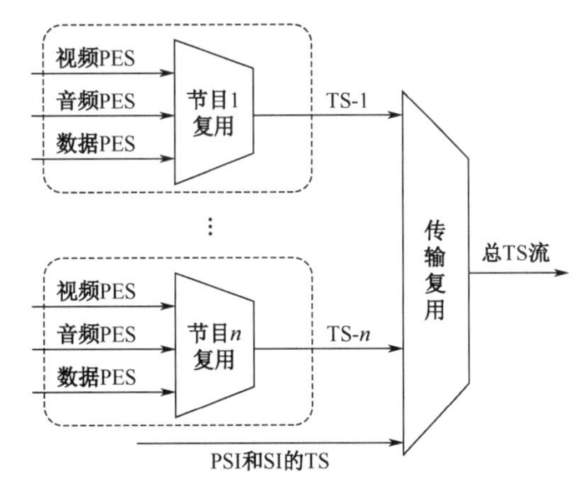

图 6-6　TS 复用机制

举一个体现复用机制的例子，如图 6-7 所示：TS 包的负载数据类型是由包头中的 PID 信息确定的。当 PID 为 0X00 时，TS 负载中的数据类型是 PAT，包含整个 TS 包的所有节目信息。基于 PAT，可以找到每个节目的 PMT，PMT 包含了同一节目中的音频和视频信息以及它们的 PID，根据 PID 映射关系即可获取到对应的原始流。这样的数据结构也方便了 TS 流适用于数字电视广播中，将多路的音视频流复用到一路传输流中方便传输。通过复用机制可以较容易地将不同来源节目复合到一起，一个信道可以传输多个节目，这种复用方式得到了广泛应用。

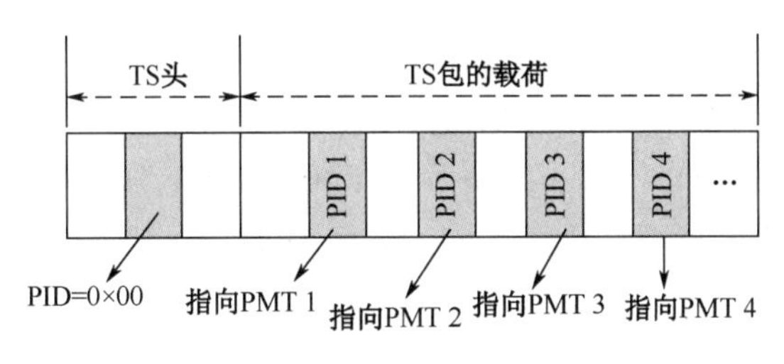

图 6-7　TS 复用

3．节目专用信息

多个单节目 TS 流复用成一个多节目的 TS 流，为了区分不同的节目，并指示这些节目在传输流中的位置，还需要一些附加信息。节目专用信息（PSI）和业务（SI）信息，用来跟踪所有不同的数据流以及和它们相关的信息包标识 PID。PSI/SI 与音视频信息一样，也是插入 TS 包中和节目内容同时传输的。

（1）PSI/SI 的种类

如前所述，MPEG-2 中定义了 4 种 PSI 信息表格，即节目关联表（PAT）、条件访问表（CAT）、节目映射表（PMT）和网络信息表（NIT）。这些 PSI 包含进行多路解调和显示节目必要和足够的信息。

除了上述 4 种 PSI 信息，在具体的应用中还可以包括更多的信息，如地面数字视频广播（Digital Video Broadcasting-Terrestrial，DVB-T）中定义了业务信息 SI，包括 9 种业务信息表格。其中业务描述表（Service Description Table，SDT）、事件信息表（Event Information Table，EIT）、时间和日期表（Time and Data Table，TDT）是必须包括的。其他可选的 6 种为业务群关联表（Bouquet Association Table，BAT）、运行状态表（Running Status Table，RST）、时间

偏移表（Time Offset Table，TOT）、填充表（Stuff Table，ST）、选择信息表（Selection Information Table，SIT）和间断信息表（Discontinuity Information Table，DIT）。

从分层通信协议的角度来看，TS 流相当于一个传输层的协议，它可以承载不同格式媒体内容的传输，如 MPEG、WMV、H.264/AVC、HEVC 等，或者其他数据。在 TS 流中 TS 包的结构由节目专用信息表格描述。

（2）PSI 表格简介

PSI 表格信息在 TS 流中以字段（Section）的形式进行传输，也可以理解为对这些表格信息进行特殊的打包处理，即先将一个表格信息以字段的方式进行封装，然后将字段插入 TS 包的载荷中。因为 TS 包的载荷只有 184 字节，所以一般情况下，一个字段要分成几部分存放在连续的 TS 包中。如果表格信息过多，需要先进行分组，再分别封装成几个段。

① 节目关联表（PAT）：每个传输流必须有一个 PAT，它作为一个独立的码流装载在 TS 包的载荷中传输，承载 PAT 信息的 TS 包的 PID 固定，即 PAT 所在数据包的 PID=0X0000。PAT 包含与多路节目复用有关的控制信息，指定传输流中每个节目号及其对应 PMT 所在包的 PID，如图 6-7 所示。PAT 的第一条数据指定网络信息表所在包的 PID，其他数据指定各路节目 PMT 所在分组的 PID。PAT 允许对多路节目进行灵活复用，若其中某些节目流发生变化，只需要将 PAT 和 PMT 做相应修改即可。

② 节目映射表（PMT）：传输流中所有节目都具有一个 PMT，该表描述每个基本码流的 PID，这些基本码流和一个特定节目相关联。PMT 表存放节目中包含的音频、视频、其他数据的 PID 信息。每个节目的所有信息必须包含在一个 PMT 中，但在一个 PMT 中可以包含多个节目的信息。PMT 所在包的 PID 由 PAT 指定，所以要先解出 PAT，再解 PMT。PMT 中包含属于同一节目的视频、音频和数据原始流的 PID。找到 PMT，解多路复用器就可找到一个节目对应的每个基本流的 PID。如图 6-8 所示，PID1 和 PID2 分别对应某道节目的视频基本流和音频基本流的 PID。在 MPEG-2 传送层中，传送 PMT 表的码流称为控制码流。与其 ES 流一样，PMT 在 TS 包的载荷中传送，被分配一个唯一的 PID。

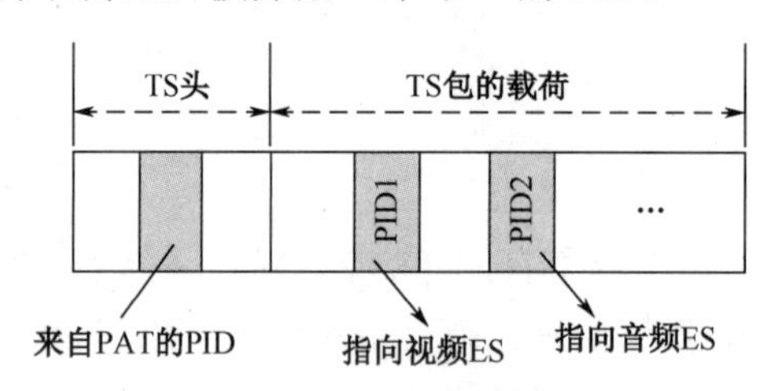

图 6-8　每个 ES 对应一个 PID

③ 条件访问表（CAT）：提供在 TS 复用流中条件访问系统的有关信息，它所在包的 PID = 0X0001，是固定的。CAT 中列出了用户授权控制信息（Entitle Control Message，ECM）和用户授权管理信息（Entitle Manage Message，EMM）所在包的 PID。CAT 用于节目的加密和解密。

④ 网络信息表（NIT）：所在包的 PID 由 PAT 指定。NIT 提供一组传输流的相关信息，以及与网络物理特性相关的信息，如网络名称、传输参数（如频率、调制方式等）。NIT 一般是解码器内部使用的数据，当然也可以作为电子节目单（Electronic Program Guide，EPG）的一个显示数据提供给用户作为参考。

上述 4 种节目专用信息表的主要功能如表 6-3 所示。

表 6-3　4 种节目专用信息表的主要功能

名称	对应的 PID	描述
节目关联表（PAT）	0X0000	各节目号以及对应 PMT 的 PID，NIT 的 PID
节目映射表（PMT）	由 PAT 提供	各节目中多种数据流的 PID
网络信息表（NIT）	由 PAT 提供	所在网络参数
条件访问表（CAT）	0X0001	一些加密数据流的 PID

（3）SI 表格简介

① 业务描述表（SDT）：描述包含在特定 TS 流中全部业务的相关信息，描述系统中业务的数据，如业务名称、业务提供者等。

② 事件信息表（EIT）：描述包含在特定业务中所有事件的相关信息，包含与事件或节目相关的数据，如事件名称、起始时间、持续时间等。不同的描述符用于不同类型事件信息的传输，如不同的业务类型。

③ 时间和日期表（TDT）：给出与当前时间和日期相关的信息。由于这些信息频繁更新，因此需要使用一个单独的表。

此外，还有可选的业务群关联表（BAT）、运行状态表（RST）、时间偏移表（TOT）、填充表（ST）、选择信息表（SIT）、间断信息表（DIT）等，不再逐一介绍。

（4）PSI/SI 表格解析

这里从数字电视解码的角度说明 PSI/SI 信息的作用。为了方便用户随时选择收看某一节目，含 PSI/SI 的数据包必须周期性地出现在传输流中，即规定 PSI/ST 表格信息需要每隔一段时间就插入 TS 流中进行传输，如图 6-9 所示。这是因为，在接收终端用户收看电视节目以及调换频道是发生在任意时刻的，如果 PSI/SI 表格信息不定期循环进行发送，解码端就会因为没有这些表格信息，无法对 TS 流中多个节目的各种数据进行区分和解码，这样就会导致用户收看不到电视节目或等待很长时间才能收看到节目。

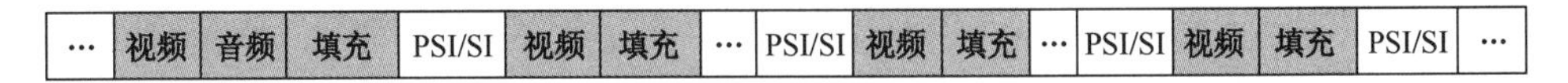

图 6-9　传输流中 PSI/SI 信息的周期插入

接收端的解码器获得多节目的 TS 流后，需要了解各个节目 TS 包的位置、每个节目中各个媒体 TS 包的 PID，以及与节目相关的若干参数，才能够顺利地解码自己所选的节目。以图 6-10 为例，说明解码器需要经历以下几个步骤。

① 从 TS 流中解析出 PID=00 包的 PAT 表格信息。

② 用 PAT 表提供的信息，从 TS 流中解析出各个节目的 PMT 表格信息，节目 1 的 PMT 表格的 PID=22，节目 2 的 PMT 表格的 PID=33……

③ 用 PMT 表格中的信息，确定各个节目中包含的视频数据、音频数据以及其他数据的 PID。例如，节目 1 视频的 PID=54，节目 1 第一路音频的 PID=48，节目 1 第二路音频的 PID=49 等。

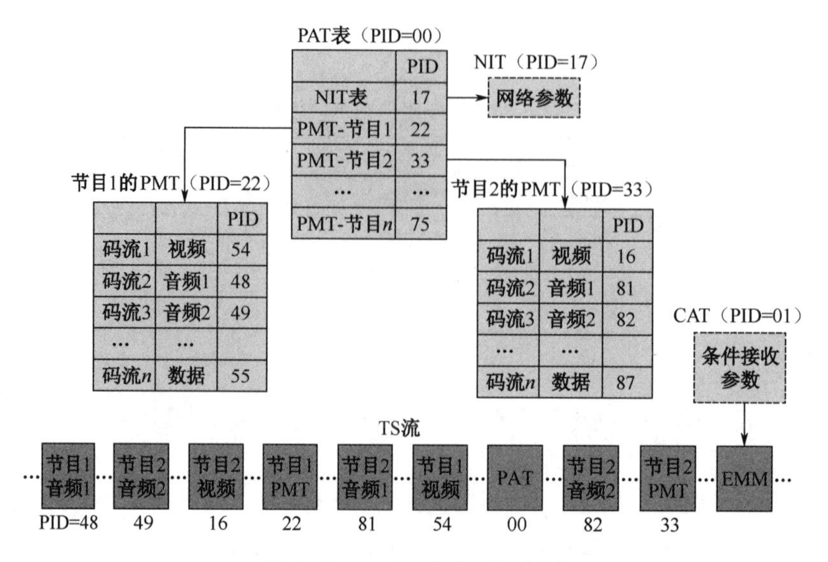

图 6-10 PSI/SI 信息解析案例

④ 根据 PID 从 TS 流中解析出各节目的视频、音频及其他数据，分别进行储存、解码。例如，为了播放节目 1，首先在码流中找到 PID=0 的 TS 包，提出里面的 PAT 信息，得到节目 1 对应的 PMT 的 PID=22；然后找到 PID=22 的 TS 包，解出 PMT，得到这个节目中包的视频流的 PID=54，一路音频流的 PID=48，另一路音频流的 PID=49，数据信息的 PID=55；再根据这些 PID 值在码流中找相应的 TS 包，获取基本流的数据，就可以送入视频、音频解码器解码后同步播放。

6.2 实时传输协议 RTP

RTP 是目前广为采用的实时流媒体传输协议，它实际上由一组 IETF 标准化协议组成，包括实时传输协议（Real-time Transport Protocol，RTP）、实时传输控制协议（Real-time Transport Control Protocol，RTCP）和实时流协议（Real Time Streaming Protocol，RTSP）三个应用层协议。可根据应用需求，采用其中部分协议，共同协作构成一个流媒体协议栈。该协议栈及其扩展已被互联网国际流媒体联盟（ISMA）和移动通信领域的第三代合作伙伴计划（3GPP）等组织采纳为互联网和移动互联网的流媒体传输标准。

RTP 位于传输层（通常是 UDP）之上，应用程序之下，实时语音、视频数据经过模数转换和压缩编码处理后，先封装成 RTP 数据单元，再封装为 UDP 数据包，然后再向下递交给 IP 封装为 IP 数据包。RTP 族中三个应用层协议的具体作用是，RTP 负责实时传输流媒体数据；RTCP 负责对 RTP 的传输状态进行监测和控制；RTSP 负责发起、控制和终结流媒体传输。

6.2.1 承载数据的 RTP

实时传输协议由因特网工程任务组（IETF）的音频和视频传输工作组设计开发，1996 年推出后得到广泛使用。RTP 用于承载媒体数据，即实际传输媒体数据的协议，并为实时媒体数据交互提供端到端的传输服务，如音频和视频直播、多点视频会议、远程视频监控等。流媒体系统在传输层通常使用 UDP 承载 RTP 的数据包，从而提高媒体数据传输的实时性和吞吐量。当网络拥塞时，RTP 出现丢包，服务器可以根据媒体编码的特性，智能地选择重要的数据包重传，丢弃一些不重要的数据；客户端还可以跳过未按时到达的数据继续播放，从而使媒体播放更平滑流畅。客户端仅需要维持一个很小的解码缓冲区用于缓存视频解码所需的少量参考帧数据，从而大大缩短实播放延迟。在应用中，还有一个与 RTP 密切相关的协议，即 RTP 控制协议（RTCP），它们几乎都是配合工作的，因此常称为 RTP/RTCP。

1．RTP 发送过程

当用户要发送多媒体信息时，将发端多媒体应用程序生成的压缩音频和视频数据流加上 RTP 包头信息，封装成 RTP 数据包（数据报、音频和视频数据则成为 RTP 包的载荷部分。接着将每个 RTP 数据包送至传输层 UDP，加上 UDP 包头信息后被封装成 UDP 用户数据包。将每个 UDP 用户数据报送至 IP 层，加上 IP 包头后被封装成 IP 数据包，交给路由器送出，RTP 包格式如图 6-11 所示。

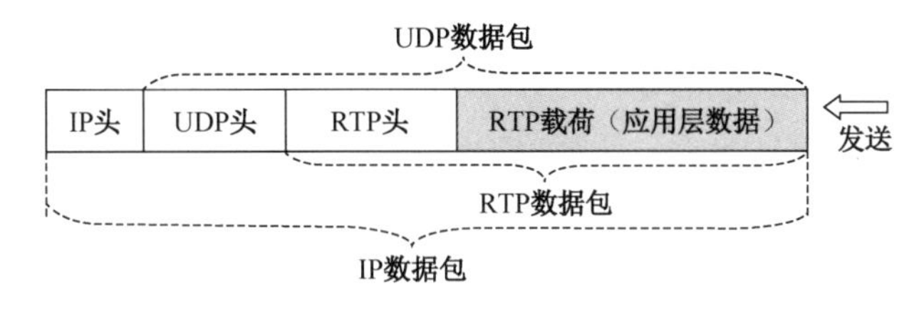

图 6-11　RTP 包格式

2．RTP 包头信息

RTP 包头格式如图 6-12 所示。

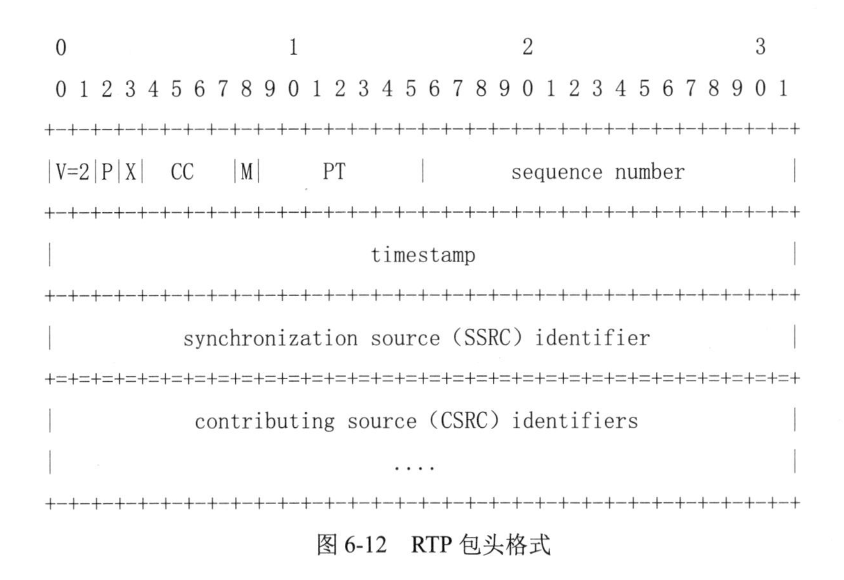

图 6-12　RTP 包头格式

前 12 个字节出现在每个 RTP 包中，只有在被混合器插入时，才出现 CSRC 识别符列表。这些域有以下意义。

版本（V）：2 比特，此域定义了 RTP 的版本。当前协议定义的版本是 2。值 1 被 RTP 草案版本使用，值 0 用在最初“vat”语音工具使用的协议中。

填充（P）：1 比特，若填充比特被设置，则此包包含一到多个附加在末端的填充比特，填充比特不算作负载的一部分。填充的最后一个字节指明可以忽略多少个填充比特。填充可能用于某些具有固定长度的加密算法，或者用于在底层数据单元中传输多个 RTP 包。

扩展（X）：1 比特，若设置扩展比特，固定头（仅）后面跟随一个头扩展。

CSRC 计数（CC）：4 比特，CSRC 计数包含了跟在固定头后面 CSRC 识别符的数目。

标志（M）：1 比特，标志的解释由具体协议规定。它用来允许在比特流中标记重要的事件，如帧边界。

负载类型（PT）：7 比特，此域定义了负载格式，由具体应用决定其解释。协议可以规定负载类型码和负载格式之间一个默认的匹配。其他的负载类型码可以通过非 RTP 方法动态定义。RTP 发送端在任意给定时间发出一个单独的 RTP 负载类型，此域不用来复用不同的媒体流。

序列号（sequence number）：16 比特，每发送一个 RTP 数据包，序列号加 1，接收端可以据此检测丢包和重建包序列。序列号的初始值是随机的，以使即便在源本身不加密时，对加密算法泛知的普通文本攻击也会更加困难。

时间戳（timestamp）：32 比特，时间戳反映了 RTP 数据包中第一个字节的采样时间。（采样时间必须来源于一个随时间单调、线性递增的时钟，以便允许同步和去除网络引起的数据包抖动。该时钟的分辨率必须满足理想的同步精度和测量数据包到来时抖动的需要。

SSRC：32 比特，用以识别同步源。标识符随机生成，使得同一个 RTP 会话期中没有任何两个同步源有相同的 SSRC 标识符。尽管多个源选择同一个 SSRC 标识符的概率很低，所有 RTP 实现工具都必须具备检测和解决冲突的功能。若一个源改变源传输地址，必须选择新的 SSRC 标识符，以避免被当作一个环路源。

CSRC 列表：0～15 项，每项 32 比特，CSRC 列表指出了对此包中负载内容的所有贡献源。标识符的数目在 CC 域中给定。若有贡献源多于 15 个，仅标识 15 个。CSRC 标识符由混合器插入，并列出所有贡献源的 SSRC 标识符。例如语音包，混合产生新包的所有源的 SSRC 标识符都被列出，以便在接收端正确指示参与者。

由上述 RTP 包结构可以看到，RTP 协议中添加了很多专为流媒体传输所使用的特性，使得 RTP 更有利于流媒体的传输。例如，负载类型字段，用来告诉接收端（或播放器）传输的是哪种类型的媒体（如 G.729、H.264、MPEG-4 等），这样接收端（或播放器）就知道数据流是什么格式的，然后使用对应的解码器去解码或播放；又如，时间戳字段，标识了数据流的时间戳，接收端可以利用这个时间戳来去除由网络引起的信息包的抖动，并且在接收端为播放提供同步功能等。

3. RTP 协议特点

RTP 协议是针对流媒体传输的协议，与传统协议注重高可靠性不同，它注重数据传输的实时性，是一种基于 UDP 的传输协议。RTP 本身并不能为按顺序传输的数据包提供可靠的传送机制，也不提供流量控制或拥塞控制，它依赖于 RTCP 提供这些服务。因此，对于丢失的数据包，不存在由于超时检测而带来的延迟。同时，对于丢弃的数据包，也可以由上层根据其重要性来选择性地进行重传。所以，对于客户端来说，虽然可能会有短暂的画面不清晰的状况，但是保证了实时性的体验和要求。RTP 具有以下特点。

① 面向非连接。RTP 的目标是提供实时媒体流数据的端到端传输服务，因此在 RTP 中

没有连接的概念，它可以建立在底层的面向连接或面向非连接的传输协议之上。RTP 也不依赖于特别的网络地址格式，而只需要底层传输协议支持组帧（Framing）和分段（Segmentation）即可。另外，RTP 本身还不提供任何可靠的保障机制，这些都要由传输协议或应用程序自己保证。在很多应用场合，RTP 是在传输协议之上作为应用程序的一部分实现的。

② 简洁。RTP 通常建立在 UDP 上，其本身不支持资源预留，不具备传输层的完整功能，也不提供任何机制保证数据进行实时传输，不保证服务质量 QoS，而是依赖低层 UDP 提供的服务完成这些任务。它不保证提交或防止乱序提交，也不假设下层网络是可靠的并且提交的分组是有序的。RTP 报文甚至不包括长度和报文边界的描述，而是依靠低层协议提供长度标识和长度限制。另外，RTP 将部分传输层协议功能（如流量控制）上移到应用层完成，简化了传输层处理，提高了该层效率。此外，RTP 的数据报文和控制协议 RTCP 的报文使用相邻的不同端口，数据流和控制流分离，这样可以大大提高协议的灵活性，处理也简单。

③ 支持组播。如果下层网络支持组播，那么 RTP 可支持采用组播的传送方式将实时数据传送到多个目的地，满足多媒体会话的需要。

④ 可扩展。RTP 不对下层协议做任何规定，同时 RTP 对新的负载类型和多媒体软件也是完全开放的。RTP 不作为 OSI 体系结构中单独的一层实现，通常为一个具体的应用提供服务，通过一个具体的应用进程实现，RTP 只提供协议框架，开发者可以根据应用的具体要求对协议进行充分扩展。

⑤ 由传送地址实现复用。在 RTP 中，复用是由目的传送地址（网络地址和端口号）提供的，一个传送地址定义一个 RTP 会话。例如，在一个视频会议中包含有编码的音频码流和视频码流，它们分别用不同的 RTP 会话传送。但两个会话用同一个目的地的网络地址和不同的端口号实现复用传送，而不是用载荷类别（PT）或同步源标（SSRC）作区分在单个 RTP 会话中进行复用传送。

6.2.2　检测传输的 RTCP

实时传输控制协议（RTCP）是与实时传输协议（RTP）一起配合使用的协议，或者说 RTCP 是 RTP 不可分割的一部分，它们 IETF 的编号分别为 RFC 3550 和 RFC 3551。RTP 本身并不能为按序传输数据包提供可靠的保证，也不提供流量控制和拥塞控制。这要靠 RTCP 与 RTP 共同合作，对顺序传输数据包提供可靠的传送机制，并对网络流量和拥塞进行控制。

RTCP 的主要功能包括：服务质量反馈，如丢失包的数目、往返时间、抖动等，这样发送端就可以根据这些信息调整它们的数据率；会话控制，使用 RTCP 的终止标识（BYE）分组告知参与者会话的结束；标识，包括参与者的名字、E-mail 地址及电话号码；媒体间同步，同步独立传输的音频和视频流。

由于 RTP 承载的是媒体数据，其数据量远大于承载控制信息的 RTCP 包，一般情况下，网络中传输的 RTCP 数据总量不超过 RTP 数据总量的 5%。由于 RTCP 报文很短，因此可以将多个 RTCP 分组封装在一个 UDP 用户数据报中。这些带有发送端和接收端有关服务质量信息报告的 RTCP 分组周期性地在网上传输。

当应用程序启动一个 RTP 会话时，将同时占用两个相邻的端口，分别供 RTP 和 RTCP 使用。在同一次会话中，RTP 使用偶数 UDP 端口号，默认为 5004；RTCP 则使用下一个奇数 UDP 端口号，默认为 5005。

1．RTCP 的报文类型

RTCP 的功能是通过不同类型的 RTCP 数据报实现的，各 RTCP 报文类型如表 6-4 所示。

表 6-4　不同 RTCP 报文类型

缩写	含义	类型值
SR	sender report	200
RR	receiver report	201
SDES	source description	202
BYE	goodbye	203
APP	application-defined	204

几个不同的 RTCP 包类型，可以传送不同的控制信息。

SR：发送端报告，描述作为活跃发送者成员的发送和接收统计数字。

RR：接收端报告，描述非活跃发送者成员的接收统计数字。

SDES：源描述项，其中包括规范名（Canonical NAME，CNAME）。

BYE：表明参与者将结束会话。

APP：应用描述功能。它是由应用程序自己定义的应用，主要解决 RTCP 的扩展性问题，并且为协议的实现者提供很大的灵活性。

RTCP 的质量反馈主要是通过 SR 报文和 RR 报文实现的，其发送端和接收端数据包及报文发送如图 6-13 所示。

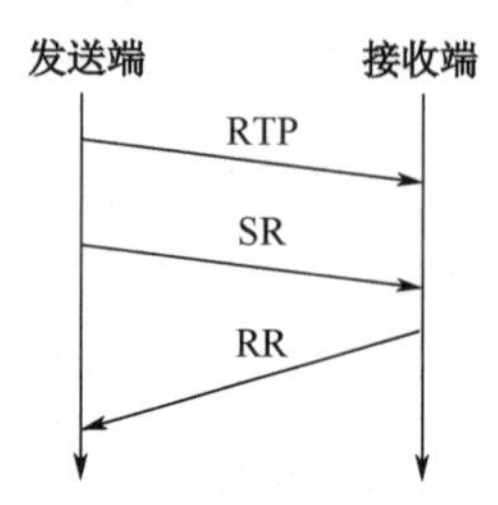

图 6-13　RTCP 的 SR 和 RR 的报文发送

2．RTCP 的主要功能

由前面的介绍可知，作为 RTP 不可分割的一部分，RTCP 采用与数据包同样的配送机制向 RTP 会话中的所有参与者周期性地传送控制分组，从而提供数据传送 QoS 的监测手段，并获知参与者的身份信息。其主要功能如下。

① 提供数据传送质量的反馈信息。RTCP 提供的有关传输质量的反馈信息包括包丢失率、抖动、延迟、接收到的最大顺序号等。这是 RTP 作为传输层协议不可或缺的一项功能，也与其他传输层协议的流量控制和拥塞控制功能密切相关。例如，这个反馈信息可直接用于控制视频的自适应编码，以调节编码输出的数据量。

此外，反馈信息对于诊断数据故障也十分有用。向所有站点发送接收反馈 RR 报告有助于判断故障是局部的还是全局的。这些信息还可以发送给不参与会话的业务提供者，作为第三方对网络进行监测和故障诊断的参考依据。完成这项反馈功能的就是 RTCP 发送端报告

（SR）和接收端报告（RR）。

② 传送 RTP 源的固定标识信息。RTP 使用同步源标识符（SSRC）区别不同的参与者，但无法获得参与者其他的一些信息，如名称、电子邮件地址、电话号码等。RTCP 可以用 SDES 的规范名称 CNAME 标识传送这些信息。由于 SSRC 标识在发生冲突或程序重启时会发生改变，因此接收方需要使用不变的 CNAME 跟踪每个参与者。CNAME 的另一个作用是关联同一参与者由一组 RTP 会话发出的多个相关数据流，如视频会议中的语音流和视频流，虽然分属于两个不同的 RTP 会话，但它们 RTCP 包中的 CNAME 相同，接收者据此可以知道需要对它们进行同步处理。

③ 提供媒体流间同步的时间戳。媒体流之间的同步需要精确的定时关系，RTP 包中的时间戳只是反映取样周期的信息，并不是指示绝对时间的系统时钟，因此不同媒体流的时间戳可能是不同步的。由数据发送者发出的 RTCP 包中既包含 RTP 时间戳，又包含 64 比特的绝对时间戳，又称网络时间协议（Network Time Protocol，NTP）时间戳，接收者据此可以实现多种媒体流间的同步，如同一场景视频和音频的同步。

④ 确定 RTCP 包的发送速率。由于 RTCP 包需要定期发送，在大型会话的情况下，网络上会产生可观的控制数据量，因此必须根据可用带宽和会话规模确定 RTCP 包的发送速率。由于每个参与者都向其他所有人发送控制分组，因此每个人都知道参与者的数目，据此可以计算 RTCP 包的发送速率。

⑤ 传送最少会话控制信息。这一项是可选功能，如标识参与者，可在用户界面中显示，也可用在“松散控制”连接中，参与者通过 RTCP 自由进入或离开，没有成员控制或参数协调。RTCP 充当通往所有参与者的方便通道，而不必支持应用的所有控制通信要求。对于参与者可以自由进出的松弛型控制会话最为常用。

3．RTCP 的数据包格式

类型号为 200～204，RTCP 共有 5 种不同类型的包，类似于 RTP 数据包，每种 RTCP 包以固定部分开始，紧接可变长结构元素，但以一个 32 比特边界结束。这样安排使 RTCP 包可堆叠，不需要插入任何分隔符，将多个 RTCP 包连接起来形成一个 RTCP 组合包，低层协议将组合包打包成单一包发送出去。

组合包中第一个 RTCP 包必须为一个 RR 或 SR 包，方便包头信息的确认。即使没有数据发送，也没有接收到数据，也要发送一个空 RR，即避免组合包中 RTCP 包为终止标识（BYE）。其他 RTCP 包类型可以任意顺序排列，除了 BYE 应作为最后一个包发送，其他类型的包可以不止一次出现。

下面以发送端报告（SR）为例介绍它的数据格式，如图 6-14 所示。其他类型的 RTCP 包也大体类似，这里不再列出。

发送端报告包的类型号为 200，由三部分组成：第一部分为 SR 头信息（Header）8B，包括版本、SSRC 等内容；第二部分为发送端信息（Sender Info）20B，出现在每个发送者报告包中，包括表示绝对时间值的网络时间协议（NTP）时间戳、RTP 时间戳等内容；第三部分为接收端报告块（Report Block），块的个数为该发送端收到其他站点发来 SR 的数目，各个块长度不固定。每个接收端报告块传输关于从某个同步源来的数据包的接收统计信息。

接收端报告包格式与 SR 包类似，包类型号为 201。除包类型代码外，发送端报告与接收端报告间唯一的差别是发送端报告都包含一个 20B 发送者信息段。

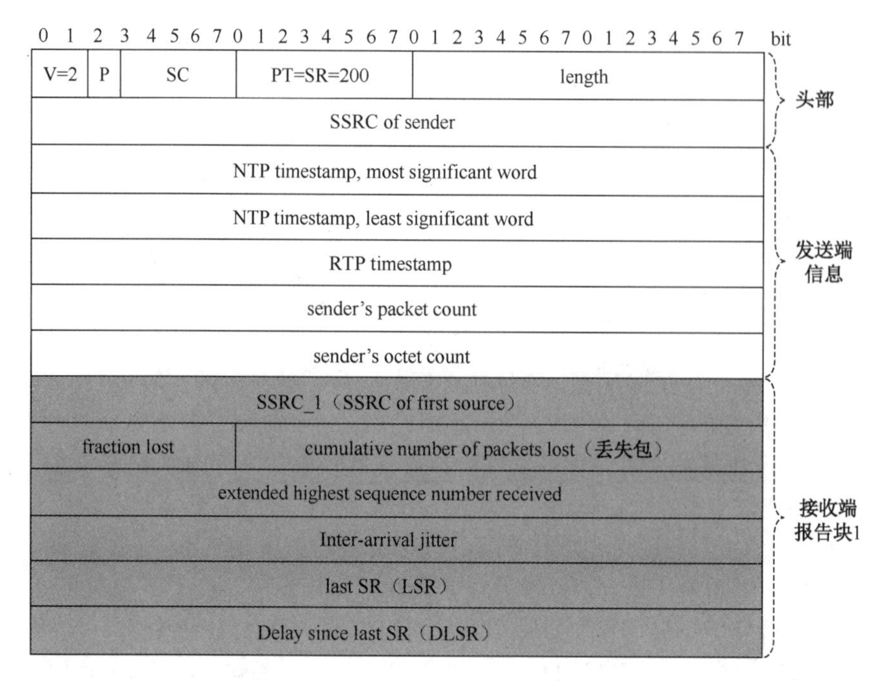

图 6-14 RTCP 的发送端报告（SR）

6.2.3 控制会话的 RTSP

实时流协议（RTSP）是由 Real Networks、Netscape 等公司共同开发的，1996 年正式成为因特网协议（RFC2326）。作为一个应用层协议，工作于 TCP 或 UDP 之上，它的作用在于控制 RTP/RTCP 实时流媒体数据的交互，但它本身并不传输媒体数据。因此，依照传统电信传输的概念，RTSP 又称为带外协议，因为它的数据不在主流媒体数据带宽内，而称传输多媒体流所使用的 RTP 为带内协议。

1．RTSP 概况

RTSP 是一个基于文本（Text-Oriented）的协议，以客户机/服务器方式工作。它在客户机和服务器间建立和协商实时会话，主要用于控制具有实时特性的数据传送，使用户在播放从因特网下载的实时数据时能够进行控制，如暂停、继续、后退、前进等，为多媒体数据流提供远程控制功能。

RTSP 在制定时较多地参考了 HTTP/1.1，甚至许多描述与 HTTP/1.1 完全相同。RTSP 之所以特意使用与 HTTP/1.1 类似的语法和操作，在很大程度上是为了兼容现有的 Web 基础结构，正因如此，HTTP/1.1 的扩展机制大都可以直接引入 RTSP 中。HTTP 与 RTSP 相比，HTTP 请求由客户机发出，服务器做出响应；使用 RTSP 时，客户机和服务器都可以发出请求，即 RTSP 可以是双向的。不同于 HTTP，RTSP 是有状态（State）的，这就意味着从客户端开始连接到服务器，一直到客户端与服务器断开连接，服务器都会一直监听客户端的状态，客户端通过 RTSP 向服务器传送控制命令，如播放、停止、快进等。

由 RTSP 控制的媒体流集合可以用表示描述（Presentation Description）定义，“表示”是指流媒体服务器提供给客户机的一个或多个媒体流的集合，而表示描述则包含对这个表示中各个媒体流相关信息的描述，而不是媒体流信息本身，如数据编码/解码算法、网络地址、媒体流的内容等。

虽然 RTSP 服务器也使用标识符区别每一个连接会话（Session），但是 RTSP 连接并没有被绑定到传输层连接（如 TCP 等），即在整个 RTSP 连接期间，RTSP 用户可打开或关闭多个到 RTSP 服务器的可传输连接，以发出 RTSP 请求。此外，虽然 RTSP 会话一般情况是建立在可靠的 TCP 连接上的，但也可以承载于 UDP 等面向无连接的传输协议之上。

要实现 RTSP 的控制功能，不仅要有协议，而且要有专门支持 RTSP 的媒体播放器（Media Player）和媒体服务器（Media Server）。

2. RTSP 支持的操作

RTSP 可以对流媒体提供播放控制操作，负责定义具体的控制消息、操作方法、状态码等，此外还描述了与 RTP 间的交互操作。

（1）三种主要操作

① 检索媒体：允许用户通过 HTTP 或其他方法向媒体服务器提交一个表示描述。如果表示是组播的，那么表示描述就包含用于该媒体流的组播地址和端口号；如果表示是单播的，为了安全起见，在表示描述中应只提供目的地址。这样，从媒体服务器上取得多媒体数据的客户端可以要求服务器建立会话，并传送被请求的数据。

② 邀请加入：可以邀请媒体服务器参加正在进行的会话，或者在表示中回放媒体，或者在表示中录制全部媒体或其子集。此功能非常适合于分布式教学、多点视频会议等应用场合。

③ 添加媒体：向已经存在的表示中加入媒体。任何附加的媒体变为可用时，客户端和服务器之间要相互通报。此功能对现场讲座等场合显得尤其有用。

（2）请求指令

RTSP 的请求指令主要有 DESCRIBE、SETUP、PLAY、PAUSE、TEARDOWN、OPTIONS 等，顾名思义，可以知道这些命令起对话和控制作用。例如，在对话过程中，RTSP 的 SETUP 指令可以确定 RTP/RTCP 使用的端口，使服务器开始分配媒体资源，开启一个 RTSP 会话；再如，在对话过程中，RTSP 的 PLAY、PAUSE、TEARDOWN 可以开始、暂停或停止 RTP 的数据发送。

（3）连接

RTSP 请求可用几种不同方式连接传送：一是持久的传输连接，用于多个请求/响应传输；二是每个请求/响应传输一个连接；三是无连接模式。传输连接类型由 RTSP URL 定义。RTSP 允许媒体服务器向媒体用户端发送请求，但这种方式仅在持久连接时才支持，否则媒体服务器没有可靠途径到达用户。

3. RTSP 的报文结构

RTSP 有两类报文：请求报文和响应报文。请求报文是指从客户端向服务器发送请求的报文；响应报文是指从服务器到客户端的回答报文。由于 RTSP 是基于文本的协议，在报文中的每一个字段都是一些 ASCII 码串，因此每个字段的长度都是不确定的，每个语句行都以回车换行（Carriage-Return Line-Feed，CRLF）结束。RTSP 报文由 3 部分组成，即开始行、头部行和实体。

（1）请求报文

在请求报文中，开始行就是请求行，RTSP 请求报文的结构如图 6-15（a）所示。RTSP 请求报文的方法包括 OPTIONS、DESCRIBE、SETUP、TEARDOWN、PLAY、PAUSE.GET_PARAMETER 和 SET_PARAMETER。RTSP 请求报文的常用方法及作用如表 6-5 所示。

表 6-5 RTSP 请求报文的常用方法及作用

方法	作用
OPTIONS	客户端获得服务器提供的可用方法
DESCRIBE	客户端得到会话描述信息
SETUP	客户端提醒服务器建立会话，确定传输模式
TEARDOWN	客户端发起关闭请求
PLAY	客户端发送播放请求

（2）响应报文

RTSP 响应报文的结构如图 6-15（b）所示，它的开始行是状态行。

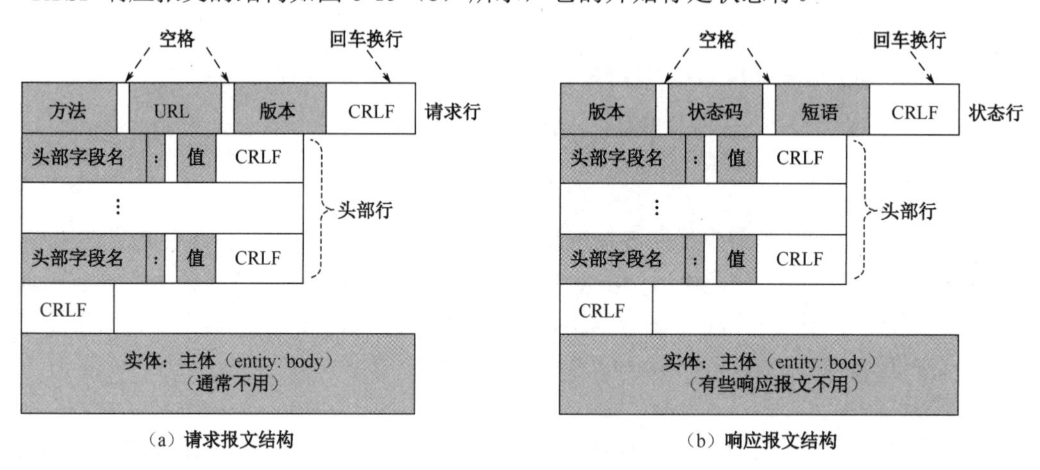

图 6-15 RTSP 的报文结构

6.3 自适应流媒体传输协议

6.3.1 DASH 协议

DASH（Dynamic Adaptive Streaming over HTTP）是一种自适应流媒体协议，它通过短下载完成流式传输。与传统流媒体协议相比，DASH 具有适应动态条件和设备的能力，适用于在互联网或家庭网的动态条件，适应不同的显示分辨率、CPU 和客户端内存，在任何设备、任何地点、任何时间都可以使用。与渐进式下载相比，动态自适应流媒体（DASH）可以更快地启动和查找内容，并减少了跳跃、冻结和卡顿等现象的发生。

基于 HTTP 的实时流媒体协议研究开始较晚，但进展很快。目前在各移动终端和服务厂商推出的产品和平台相关的流媒体解决方案中，大部分都是基于 HTTP 协议实现的。其中较成熟的有苹果公司提出的 HLS（HTTP Live Streaming）协议，微软提出的 Smooth Streaming 协议，Adobe 提出的 HDS（HTTP Dynamic Streaming）协议等。但是以上协议均有一个共同点，即只能在本厂商生产的设备上应用，不具有跨平台的通用性。MPEG 组织自 2009 年起就致力于基于 HTTP 的流媒体传输协议的标准研究。经过两年多的工作，MPEG 组织综合了十几种提交的标准草案，参考了其他标准组织的意见和研究成果，最终与 3GPP 联合提出了 MPEG-DASH 协议，该协议于 2011 年年底正式被批准为 ISO 标准，即 ISO/IEC 23009-1。该协议综合了现有主流移动流媒体协议的基本架构，对所有平台提供了良好的兼容性。自此，国际上对该协议的研究进入了一个新的阶段，研究内容多种多样，包括架构研究、协议优化、应用实现等多个方面。

1．MPD **相关定义**

MPEG-DASH 协议提出了一个层次化的文件组织结构，用于对储存在服务器上的多媒体资源文件进行描述。

① Segment：媒体切片或分块。采用 HTTP 协议，媒体内容都被切割成一系列的媒体分块进行传输，在视频编码层，每个分块都由若干个完整的视频 GOP 组成，以此保证每个分块都与过去及将来的媒体分块无关联。

② Presentation：MPEG-DASH 协议将一组包含不同比特率视音频的多媒体资源定义为一个媒体文件展示（Presentation）。

③ MPD：为了描述以上架构，MPEG-DASH 定义了专门的描述文件，称为 MPD（Media Presentation Description）文件，基于 XML 格式。MPD 文件模型如图 6-16（取自 ISO/IEC 23009-1 白皮书）所示。由图 6-16 可知，一个或多个数据周期（Period）组成 XML 文件，一个 Period 代表一段时间长度的节目。图中 MPD 包含三段时间长度为 60s 的 Period，每个 Period 有一个节目开始时间及节目长度，由一个或多个自适应集合（Adaptation Set）组成。例如，可能有针对主要视频组件和音频组件的 Adaptation Set。如果有字幕或音频描述，那么它们将分别有一个独立的 Adaptation Set。每个 Adaptation Set 可以提供单一或多个图像表示（Representation），图中 Adaptation Set1 为同一个媒体内容，但分别是 5M、2M、500kbit/s 及 Trick Mode 的图像。一个图像代表同一个媒体元素来源，但因传输速率、分辨率、通道数目，或者其他特征不同所产生的替代方案，每个图像将由一个或多个 Segment 组成，每个 Segment 则是一段时间长度的媒体串流。图中每个 Segment 将包含一个 URL，实际上位于服务器上，终端可通过 HTTP GET 下载。

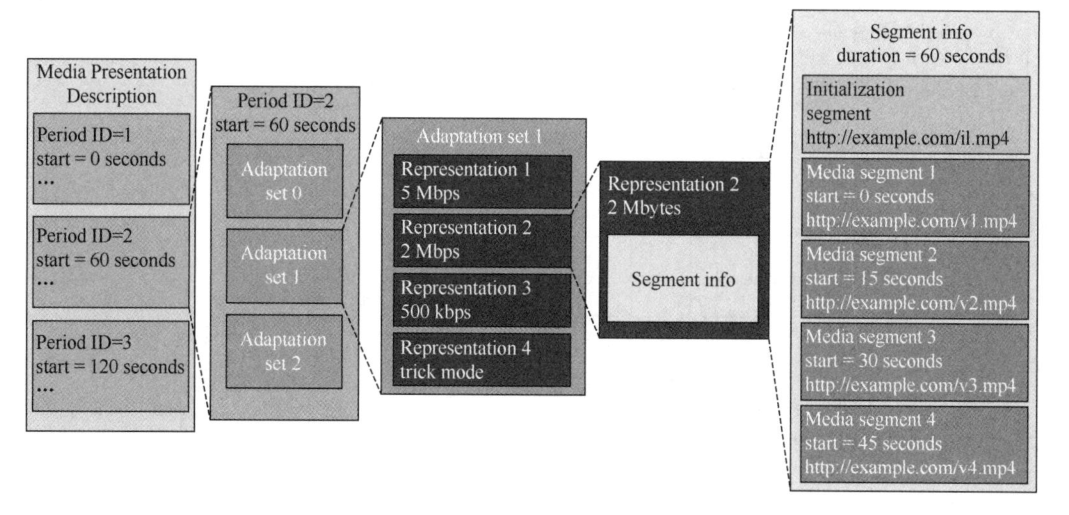

图 6-16　MPD 文件模型

2．**基于 MPEG-DASH 协议的流媒体传输**

图 6-17（取自 ISO/IEC 23009-1 白皮书）描述了基于 MPEG-DASH 协议的流媒体传输系统的基本架构。由图 6-17 可知，服务器端存放了多个切片文件和 MPD 文件，MPD 文件描述

了此服务器上所有视频内容以及不同码率视频的 URL 地址和其他特性。MPEG-DASH 标准定义了 MPD 及流媒体切片格式，流媒体切片的编码、不同码率的切片的选取逻辑以及内容播放等，均不在 MPEG-DASH 标准的范围内。

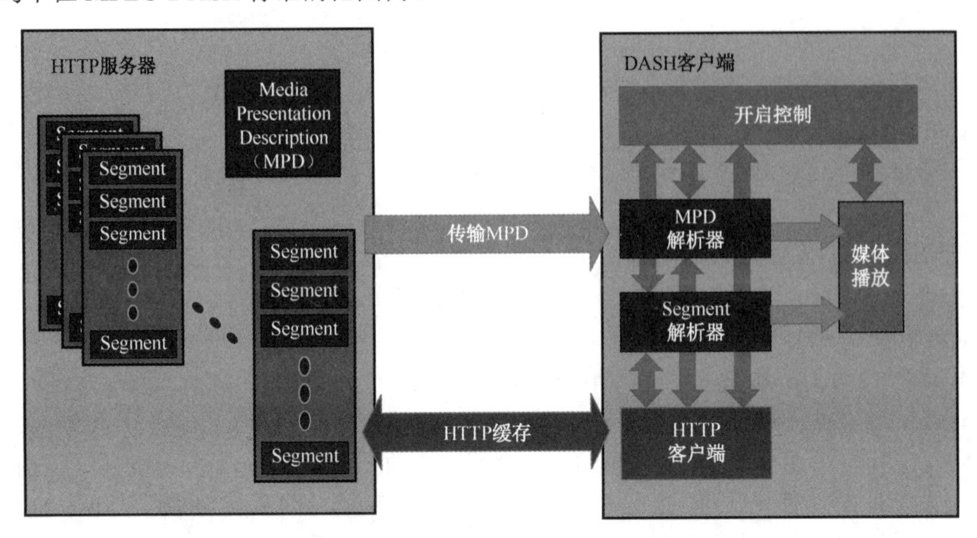

图 6-17　基于 MPEG-DASH 协议的流媒体传输系统的基本架构

3．媒体切片格式

MPEG-DASH 提出了一个层次化的文件组织结构，多媒体文件在 DASH 中被划为切片文件的集合。一个媒体流被划分为多个内容上连续且不重复的切片（Segment）文件，每个切片都有一个 URL，这意味着切片是可以通过单一的 HTTP 请求重新取回的最大数据单元。切片是一个临时的媒体流序列块，是 MPD 的基本单元。图 6-18 是 MPD 的模型结构，基本组成部分为切片（Segment）。

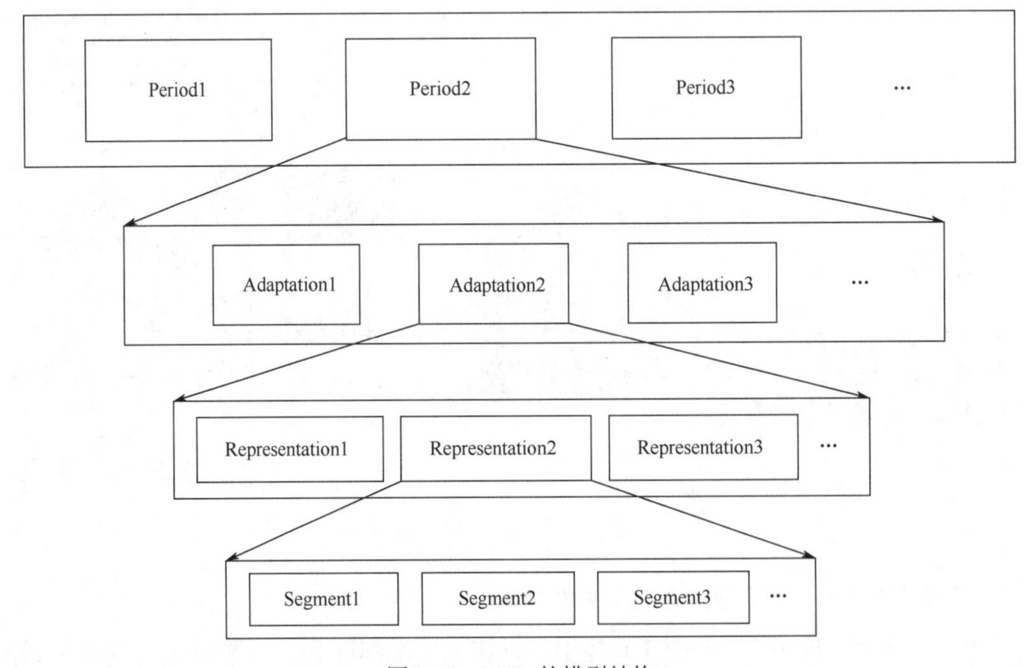

图 6-18　MPD 的模型结构

客户端可以在媒体的任意点在同一适应集下的 Representation 之间进行切换。但是因 Representation 中的编码依赖性等因素让这种切换变得复杂，并避免下载重叠数据，即来自不同 Representation 的相同时间周期的媒体。为此，DASH 定义了一个依赖于编解码器的流访问点，并标识了不同类型的流访问点。比如，每个切片或子切片以一个随机访问点开始，切片或子切片的边界在同一适应集的表示中是一致的。

4．**基于 MPEG-DASH 协议的终端优化策略**

在一个移动多媒体传输系统中，终端采用的判断策略的核心任务是：充分利用信道带宽，保证用户观看视频的质量和流畅的观看体验。总体而言，该判断策略应遵循以下 4 个准则。

① 尽量避免播放停滞。

② 在带宽允许的情况下，尽量提供高质量的视频切片，即平均视频质量和最小视频质量尽量高。

③ 尽量不要使视频切换过于频繁，因为从用户体验出发，一段保持在低码率的视频比一段码率在高低之间不断变化的视频带来的观看体验更好。

④ 启动时延要尽量小，即从用户选择播放某个视频到该视频的第一个切片开始播放的时间要尽量短。

在这 4 个准则中，第 1 个准则应当具有最高的优先级，因为造成最差用户体验的是视频播放的停滞或中断。这意味着为了保护客户端视频播放的流畅性，一定程度上可以牺牲视频的质量。而第 2 个准则和第 3 个准则存在一定的矛盾，如果要充分利用带宽，最好的方法是每次都选择目前网络支持的最高码率的视频；但是在时变信道上，如果执行这种判断算法，可能会造成播放的视频码率随信道带宽的变化上下波动。同时，第 2 个准则和第 4 个准则也有冲突，如果要降低启动速率，就是要减少客户端下载并播放第一个视频切片的时间，因此第一个切片选择码率较低的版本会有效缩短启动时延，而这样可能造成带宽的浪费。总之，终端的判断过程，就是在以上 4 个准则中权衡选择，力求渠道最优解的过程。

6.3.2　相关企业协议

目前市场上应用 DASH 的企业方案主要有 Apple、微软和 Adobe 三家的相关方案，制定了对应的技术标准。

1．Apple HTTP Live Streaming（HLS）

HTTP Live Streaming 是 Apple 公司的基于 HTTP 的自适应流传输（HTTP Adaptive Streaming，HAS）整体解决方案，该方案设计的目标主要是通过普通的 Web 服务器将直播内容或点播内容推送至 Apple 的终端设备，如 iPhone、iPad 及苹果的台式机。

HTTP Live Streaming 由三部分组成：服务器组件、分发组件和客户端。首先，编码器接收音视频输入，并采用 H.264 等编码技术，输出 MPEG-2 TS 流，然后利用切片软件按设定的时间间隔对 TS 码流进行切割并保存为一个个 TS 文件。这些 TS 文件部署在 Web 服务器上，切片软件同时还创建了包含这些 TS 文件相关信息的索引文件。索引文件的 URL 在 Web 服务器上发布，客户端读取索引文件，然后按顺序向服务器请求媒体文件并进行持续播放。

HLS 的工作原理是把整个流分成许多基于 HTTP 的文件，每次只下载其中部分文件。由于片段之间的分段间隔时间非常短，因此看起来是一条完整的播放流，实现的重点是对于视频文件的分割。同时，HLS 还支持多码率的切换，客户端可以选择从许多不同的备用源中以不同的速率下载同样的资源，允许流媒体适应不同的数据速率。图 6-19 所示为 HLS 流媒体播放实现时序图，在开始一个流媒体会话时，客户端会下载一个包含元数据的 extended M3U（M3U8）playlist 文件，用于寻找可用的媒体流。

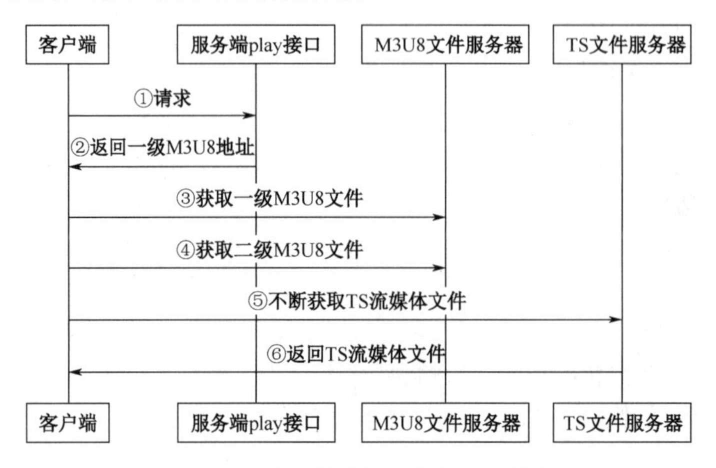

图 6-19　HLS 流媒体播放实现时序图

在苹果的动态码率自适应体系中，索引文件被保存为.M3U8 文件，这是保存 MP3 播放列表的.M3U 格式的一种扩展。HLS 支持实时广播会话和视频点播会话两种应用场景。

对于实时会话来说，当新的媒体文件被创建时，索引文件也会随之更新，旧的索引文件通常会被删除。更新的索引文件会在连续流中显示一个移动的窗口，这种类型的会话适合连续的直播内容。对于视频点播会话，媒体文件在整个会话周期内都是固定不变的。索引文件是静态的，只需在媒体开始播放前获取一次，其包含了所有媒体文件的完整列表。

2．Microsoft Smooth Streaming

Smooth Streaming 是微软提供的一套 HAS 解决方案，基于 Microsoft 的头端 Web 服务 IIS 7 以及其终端的 Silverlight 技术。微软的 Smooth Streaming 选择了 MPEG-4 格式为媒体封装格式，Smooth Streaming 将每个分片都用 MPEG-4 封装成一个 MPEG-4 的 Fragment，但是存储为一个完整连续的 MP4 文件，事实上媒体仅仅是做了虚拟的分片。当接收到终端的播放 URL 的请求时，头端服务器需要准确地分析 URL 请求，并将其转化为精准的偏离量，从而找到对应的媒体数据块分发给终端。

之所以选择 MP4 作为媒体文件格式，主要是因为 MP4 是一个轻量级的容器，更容易使用.NET 进行管理和控制，同时 MP4 基于广泛应用的 ISO Base Media 文件格式规范，设计之初就考虑支持在一个文件内实现媒体内容负荷的分片。

Smooth Streaming 采用的是一种虚拟切片的技术，并没有真实地将媒体文件进行切片，每个码率对应的内容存储成一个完整长度的文件，在实际播放过程中，根据终端的请求将每个 Fragment 独立分发给终端。Smooth Streaming 终端基于 Silverlight 进行实现，Silverlight 可完成 MPEG-4 文件格式的解析、HTTP 下载以及码率的切换。同时，微软将这些功能以.NET 代码的形式提供给开发者调用，开发者可对播放器的效果进行优化及调整。

3．Adobe HTTP Dynamic Streaming

Adobe 公司的传统流媒体解决方案 RTMP+FLV 的组合，在互联网视频行业得到了广泛的应用。RTMP 是 Real Time Messaging Protocol（实时消息传输协议）的首字母缩写，该协议基于 TCP，是一种设计用来进行实时数据通信的网络协议，主要用来在 Flash/AIR 平台和支持 RTMP 协议的流媒体/交互服务器之间进行音视频和数据通信。FLV 是 FLASH VIDEO 的简称，FLV 流媒体格式是随着 Flash MX 的推出发展而来的视频格式。针对动态码率自适应的需求，Adobe 公司首先在其传统的解决方案上实现了码率自适应，但随后不久 Adobe 公司也推出了基于 HTTP 的码率自适应解决方案 HTTP Dynamic Streaming。

Adobe HTTP Dynamic Streaming 包含了多个部件来完成内容的准备工作，并通过 HTTP 将内容传送给终端的 Flash Player。内容准备模块包括了面向 VOD 和面向 Live 直播的模块，VOD 打包模块将媒体文件分片，并以 F4F 的格式存储，Live 直播打包模块将直播流实时地写入到 F4F 文件当中。

HTTP 源模块是标准的 WebServer，存储了 F4F 文件和媒体对应的 F4M 格式的索引文件，索引文件中包含了编码、分辨率以及码率等参数信息。

在多种流媒体技术中，在传输过程中动态调整资源比特率的自适应流媒体传输技术能够为所有用户，特别是使用无线网络的智能移动终端用户，提供在其所在的网络环境下，所能达到的最优化的多媒体观赏体验。在一个自适应传输系统中，服务器端有数个不同码率的视频资源备份，客户端和服务器可以在视频传输过程中根据网络带宽、缓存大小等因素动态调整服务器所发送的视频资源，保证用户得到与自己当前的网络状况和终端性能相适应的视频服务。

通过研究各种标准组提出的技术规范以及微软、苹果等公司的企业技术方案，我们可以看出基于 HTTP 的码率自适应的实现原理是类似的，主要的区别在于媒体文件格式以及索引文件格式的不同。目前的技术体系还有许多方面有待完善及改进。

首先，上述技术体系都是基于 Client 驱动的模式，依靠 Client 对网络状况及其自身硬件平台的能力情况进行判断，通过解析索引描述文件，最终从头端 Server 中以主动“拉取”的形式获取内容。在直播应用中，终端需要频繁不断地更新描述文件来获取新的内容的相关信息。若采用 Server 驱动的模式，则不需要对描述文件进行频繁的更新，Server 不断获取到最新的内容，并且连续不断地以“推送”的方式向终端发送媒体数据，比较适应于对实时性要求较高的直播应用。

其次，上述 DASH 技术体系缺乏质量的监测与控制机制。例如，当一个用户在观看直播频道时进行频道切换，当前时间的 GOP 以及播放器需要的初始化信息要尽快传送到终端进行播放，但是目前的 DASH 技术体系中没有对重要的 HTTP 包进行加速传输的机制。

6.4　融合网络媒体传输协议

随着广播网、互联网、电信网的发展，技术功能趋于一致，业务范围趋于相同，实现三网互联互通协同传输成为新的目标。三网简单地讲，就是实现有线电视、电信以及计算机通信三者之间的融合，目的是构建一个健全、高效的通信网络，从而满足社会发展的需求。三网融合对于技术的应用实践有着较高的要求，在实际构建的过程中还需要实现各个网络层的相互连通。三网融合应用广泛，遍及智能交通、环境保护、政府工作、公共安全、平安家居等多个领域。以后的手机可以看电视、上网，电视可以打电话、上网，计算机也可以打电话、看电视。三者之间相互交叉，形成你中有我、我中有你的格局。

这里的三网融合并不是物理合一，而主要是指通过 IP 技术在内容与传送介质之间搭起一座桥梁，并设计能够适配各种不同物理网络的统一的封装传输协议，实现高层业务应用的融合。围绕这个目标，中国设计制定了智能媒体传输（Smart Media Transport，SMT）协议标准，国际上也研究设计了 MPEG 媒体传输（MPGE Media Transport，MMT）协议标准，他们具备统一的基本框架，都是一种基于 IP 协议、同时面向广播网络和双向网络的媒体传输协议，涵盖媒体数据封装、数据传输、媒体呈现等内容。此类协议可以在单一类型网络上独立使用，也可以部署在异构网络上实现不同类型网络协同分发，同时还面向未来媒体应用需求和挑战，本节以 SMT 为例介绍其格式和功能。

6.4.1 协议架构

SMT 协议是面向包交换的应用层协议，旨在为不同类型网络提供统一的封装传送协议，在异构网络中实现媒体数据传输服务。异构网络是由单向物理网络（如数字广播网络）和双向物理网络（如 IP 网络）组成的混合网络。媒体数据包括时序媒体数据（如视频、音频）、非时序媒体数据（如文本、图片），以及用户反馈数据（如实时指令）。SMT 协议基于 IP 协议，能动态适配各种不同网络条件。

SMT 协议从逻辑上可以分为三个逻辑功能区，分别为封装功能区、传送功能区和信令功能区，如图 6-20 所示。

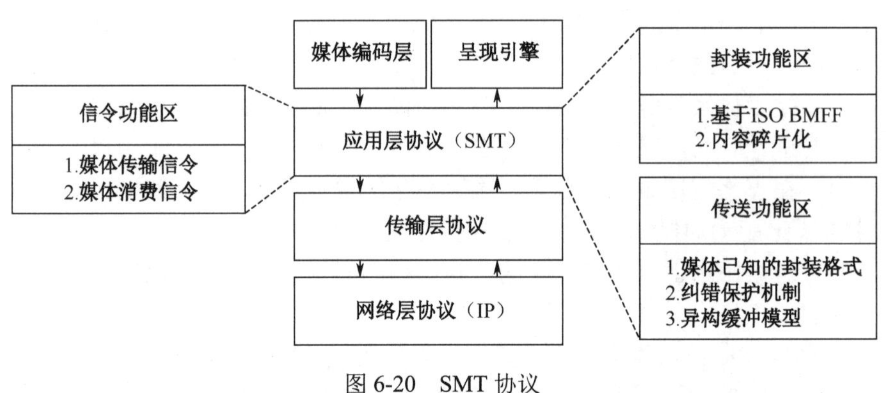

图 6-20 SMT 协议

封装功能区定义媒体服务的逻辑组织结构，将数据内容和数据描述分离，并进行数据碎片化处理。这种封装格式通过数据描述表达了数据内容的多种关联，实现服务的灵活组织和动态配置。

传送功能区定义不同网络条件下多媒体内容的传输方法，包括多媒体数据打包和流式传送。传送功能区支持媒体数据的分级机制、存储格式与传输格式的快速转换、数据内容的摘要和检索，同时加入应用层纠错保护机制，建立用于处理时延和抖动的接收端缓冲模型，在动态变化的网络状态下可以自适应适配。

信令功能区主要定义了媒体内容消费和传送控制两方面的信令信息，可根据需求定制信令消息，实现动态配置服务，支持多种 QoS（Quality of Service）类型、网络时钟同步以及多屏设备之间的交互等功能。

6.4.2　数据模型

一个服务（如一场赛事）由多个媒体资源（如多个机位的视频，多个语种解说的音频）组成，多个媒体资源可以灵活组合从而满足不同用户个性化需求，从而实现不同用户观看同一个服务时既有共性内容又有差异化的个性内容的需求。为满足媒体资源灵活组织的技术需求，SMT 服务中媒体资源的关联关系由描述信息给出，不同媒体资源关系发生改变时不需要改变数据流层级，只需要更新描述信息。同时为适配不同的网络环境，需要有单独的媒体传输控制信息，它能够根据网络环境的变化动态更新。分离信令消息与媒体数据，可以保证内容组织的动态灵活性，提供更好的优化方法。

1．**数据包**

数据模型如图 6-21 所示。SMT 数据包是一个逻辑实体，可以看作一种服务，它主要由信令描述文件和媒体资源组成。信令信息包括前向信令和反馈信令，可以分为两种类型：一种是消费信令，一种是传输信令。消费信令主要包含该服务的描述信息，如媒体资源的构成、存放位置、类型、呈现策略等；传输信令主要包含传输过程中的控制信息，如 QoS 参数、缓冲区设置信息等。媒体资源也可分为两种类型：一种是时序的媒体，如视音频内容；另一种是非时序的媒体，如文本、图片等。为支持异构网络条件下媒体资源的有效传输，以及传输过程中内容动态的配置，SMT 设计了媒体资源的通用封装单元，该单元具有碎片化、自包含性、统一性等特点，从而支持内容动态组织和传输动态适配的需求。

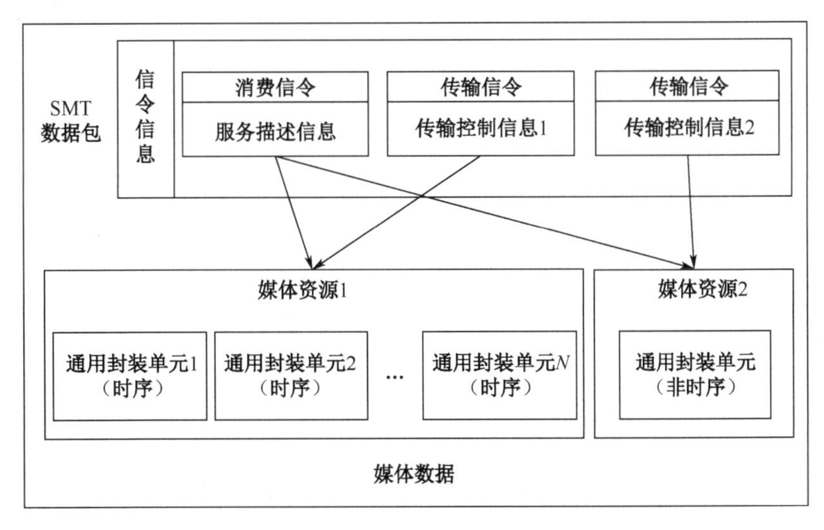

图 6-21　数据模型

2．**媒体资源**

媒体资源是指组成多媒体呈现所用到的各种媒体数据，一个媒体资源具有相同媒体资源标识符，并分割成一系列数据切片，称为通用封装单元（Common Encapsulation Unit，CEU），其数据结构如图 6-22 所示。

一个独立媒体资源的媒体数据类型可以是音频、视频或网页等。STM 协议可以通过 Edit_list 描述不同版本的数据映射关系，标注出该 Edit_list 包含的数据切片。属于同一媒体资源的不同 Edit_list 层级可以包含完全不同的媒体数据切片，也可含有相同的媒体数据切片。

基于该方法可以由一个媒体资源产生多个版本，如一个赛事视频的完整版、摘要版、针对某个体育明星的直拍版等。

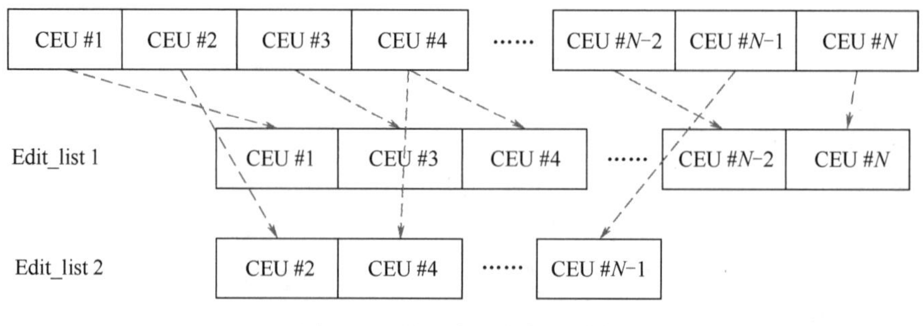

图 6-22　媒体资源的数据结构

3．**通用封装单元**

通用封装单元是基于 ISO 媒体文件格式（ISO Base Media File Format，ISO BMFF）扩展定义的。ISO BMFF 文件格式是以面向对象的架构来描述文件的，它的对象被称作盒子 Box。每个盒子的结构都由其 Box Header 和 Box Data 组成。一个盒子内部可以包含其他的盒子，这种嵌套式的分层结构以及 Box 的结构特点使得它的插入和删除操作都十分方便。图 6-23 展示了盒子的基本结构，其中 size 指明了整个盒子的大小。

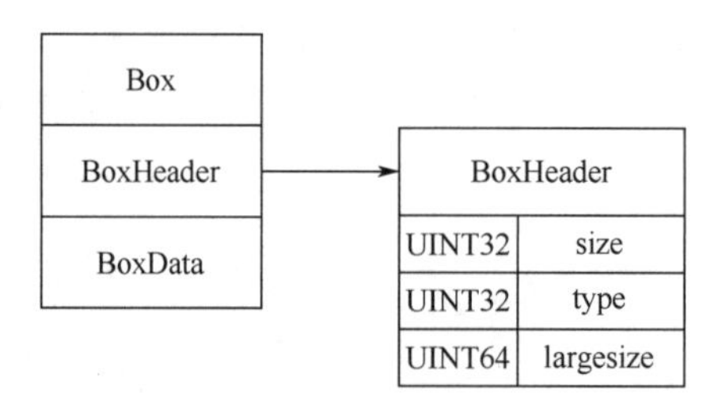

图 6-23　盒子的基本结构

ISO BMFF 文件的所有数据都装在盒子中，即文件由若干个盒子组成。每个盒子有各自的类型和长度，可以将 Box 理解为一个数据对象块。一个 ISO BMFF 文件中，有且仅有一个“ftyp”类型的盒子，指明文件的一些基本信息，如文件类型以及它的兼容性。“moov”类型的盒子，主要功能是说明媒体数据的类型、数据存放的位置、解码时间等元数据信息。每个音视频流在文件中对应不同的轨道（Track），这些轨道彼此独立，可以通过索引轨道关联。在文件结构中，系统元数据信息和具体的音视频数据是在不同的 box 中分开存放的，媒体数据都包含在“mdat”类型的 Box 中，其中媒体数据的结构由“moov”中的元数据进行描述。图 6-24 是一个常规 ISO BMFF 文件的基本结构。

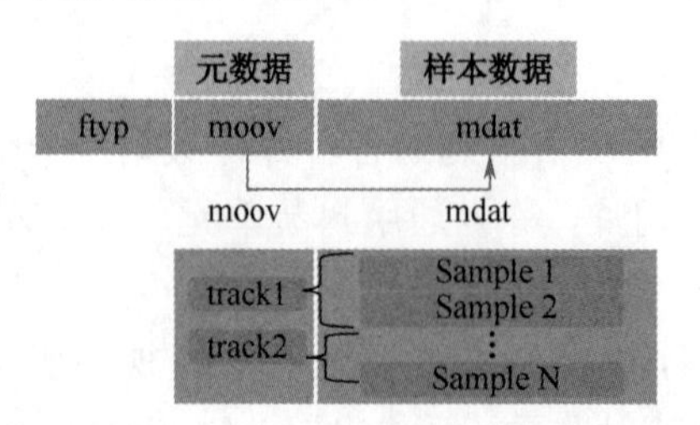

图 6-24　常规 ISO BMFF 文件的基本结构

SMT 通用封装单元在 ISO BMFF 的基础上进行扩展，CEU 封装结构如图 6-25 所示。“cceu”盒子提供了媒体资源 Asset 标识、CEU 序列号以及其他相关信息，标识出封装进 CEU 文件中的媒体数据。“moov”盒子包含所有编码器配置信息，以解码和呈现媒体数据。

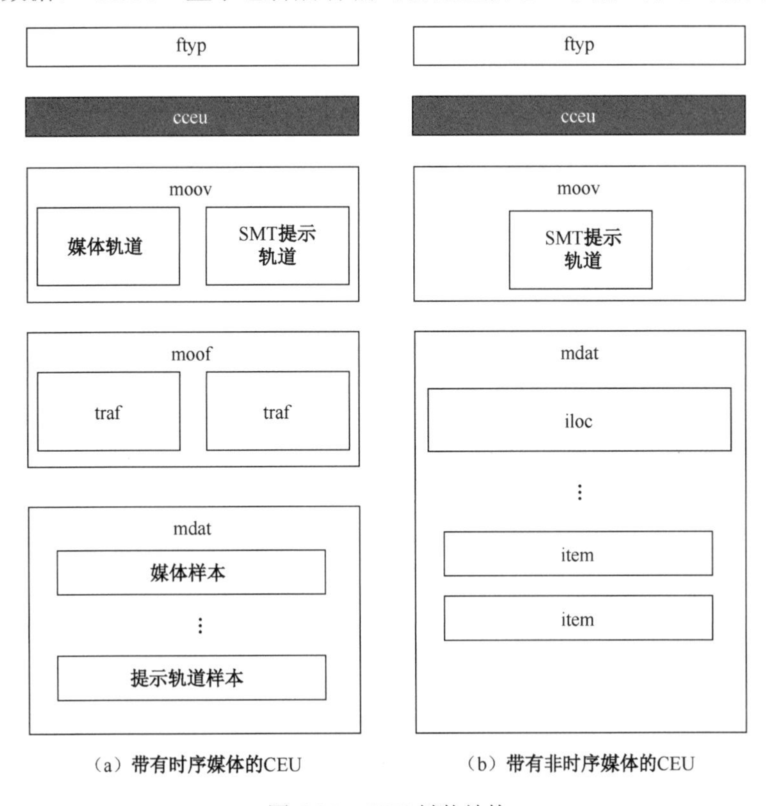

图 6-25　CEU 封装结构

6.4.3　数据传输

SMT 传输模型能够解决多方面问题，如不同网络通道 QoS 参数各异情况下如何保证数据的可靠传输、异构网络条件下如何设计终端缓存模型使多源媒体数据同步呈现，以及当网络条件糟糕时提供基于数据重要等级的保护机制差异化等。

为支持 SMT 传输需求，提出图 6-26 所示的传输模型。SMT 文件和传输包均根据媒体服务逻辑包进行组织，媒体组织和传输都与媒体服务相关，有利于根据不同服务类型实现媒体内容组织和传输的自适应性。

SMT 逻辑包可以序列化为 SMT 文件，支持媒体文件式的存储和下载；也可以打包为 SMT 传输包，以支持媒体的流化传输。由于文件格式和传输包格式内容上的高相关性，SMT 支持两者的便捷转换，便于中继转发，同时传输模型也可以高效响应服务内容的动态配置。传输过程中服务描述和传输控制等信令文件可以采用与媒体内容不同的传输模式，既能满足带外传输需求，又能对信令文件加以更高等级的保护措施。

媒体通用封装单元的碎片化、自包含性也决定了 SMT 传输模型能够应对传输过程中的各种问题。每个通用封装单元及其切片单元都被唯一标识，头部信息与信令消息相结合，指定数据范围、优先级、QoS 要求、保护方式、呈现时间等不同层级的参数设置，对于媒体内容的分级、异构、多通道、可靠性传输有重要参考意义。

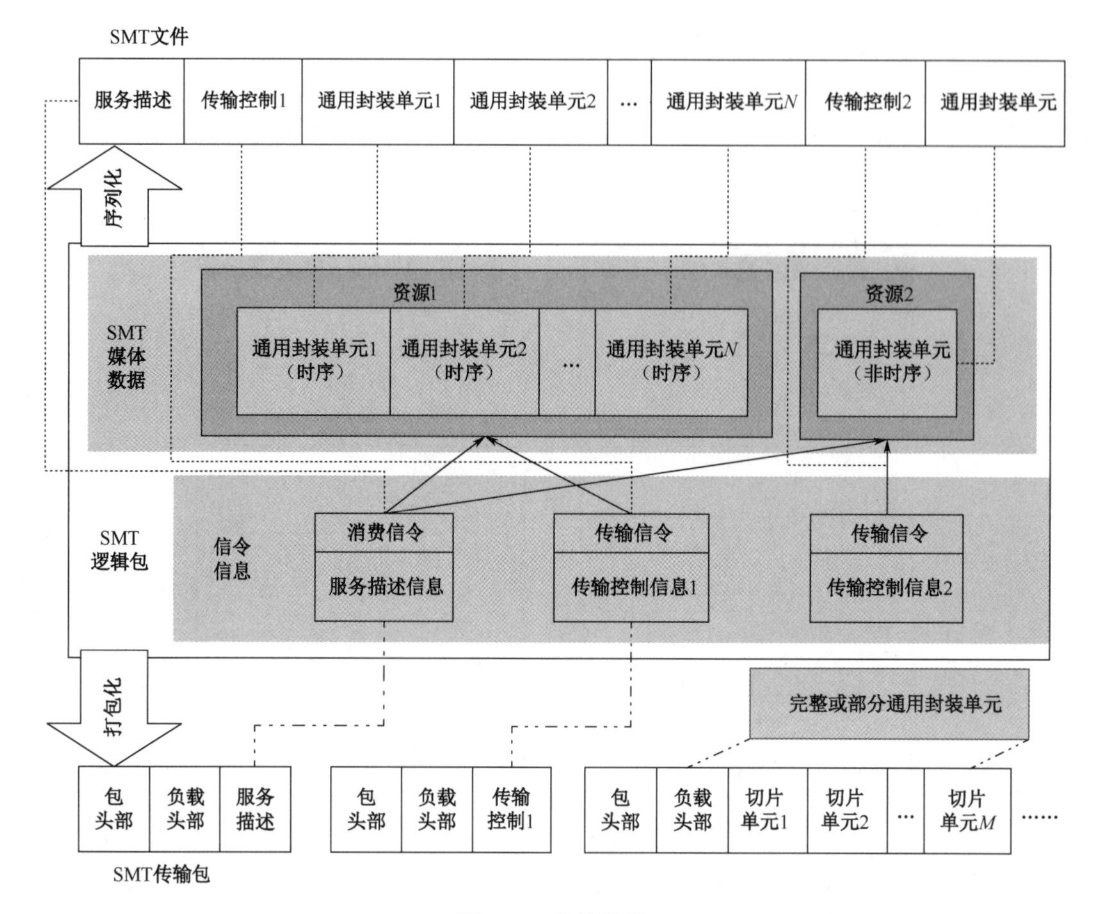

图 6-26 传输模型

SMTP 包负载是一种通用负载，使用 SMT 协议封包并携带 SMT 媒体数据。SMTP 包负载可以是一个或多个完整 CEU 或 CEU 片段，或者信令消息等。每一种负载类型都有独立的传输数据单元以及针对该类型负载的负载头。例如，SMTP 负载携带 CEU 片段时 CEU 片段被视为一个数据单元。SMT 协议能够整合多个同类型的数据单元到一个 SMTP 负载中，也能够将数据单元分割至多个 SMTP 包中。

习　　题

1．简述 MPEG-2 TS 协议的基本层次结构以及复用机制。
2．简述 MPEG-2 TS 系统中 4 种节目专用信息表格的主要功能。
3．阐述 RTP 与 RTCP 协议的关系及它们如何用于流媒体传输。
4．智能媒体传输协议（SMT）从逻辑上可以分为哪几个功能区？各有什么作用？

参 考 文 献

[1] 朱秀昌，唐贵进. IP 网络视频传输—技术、标准和应用[M]. 北京：人民邮电出版社，2017.

[2] 朱明海. 流媒体服务器 TS 流封装的实现及流控的研究[D]. 北京：北京邮电大学，2011.
[3] 周瑾，支珓，宋利. 流媒体应用中 TS 和 MP4 格式分析[J]. 信息技术，2007，31（7）:16-19.
[4] 郑翔，周秉峰，叶志远，等. 流文件 MP4 文件的核心技术[J]. 计算机应用，2004，24（5）:76-79.
[5] 周瑾. 转码服务系统码率变换与同步技术的研究[D]. 上海：上海交通大学, 2007.
[6] Schulzrinne H, Casner S, Frederick R, et al. RFC3550: RTP: A transport protocol for real-time applications[J]. 2003.
[7] Schulzrinne H, Rao A, Lanphier R. RFC2326: Real time streaming protocol (RTSP) [J]. 1998.
[8] ISO/IEC 23009-1: Information technology — Dynamic adaptive streaming over HTTP (DASH) — Part 1: Media presentation description and segment formats, 2022.
[9] May W. RFC 8216: HTTP Live Streaming[J]. 2017.
[10] GB/T 33475.6-2024 信息技术　高效多媒体编码　第 6 部分：智能媒体传输, 2024/5.
[11] Information technology — High efficiency coding and media delivery in heterogeneous environments — Part 1: MPEG media transport (MMT), ISO/IEC 23008-1, 2nd Edition, Jun. 2015.

第7章　地面电视广播系统

电视广播系统是发展最早并获得全球广泛应用的视频通信系统。随着数字通信、计算机和网络技术的不断发展，电视广播已完成从模拟电视到数字电视的全面转换，正在进入数字高清和超高清电视广播时代。单向的、使用专用频谱的电视广播传输方式主要包括有线、卫星和地面三种，有线传输主要用于城镇家庭的大容量稳定接收，卫星传输主要用于实现广域覆盖，地面传输则更侧重于便携和移动接收。在这三种传输方式中，地面电视广播系统的信道环境最为恶劣，对广播传输技术要求最高。因此，本章将以地面电视广播系统为代表进行介绍。

根据国际电信联盟（ITU）无线电通信部规定，地面数字电视广播系统（Digital Television Terrestrial Broadcasting，DTTB）由图7-1所示的信源编码和压缩子系统、服务复用和传递子系统、传输子系统这三个子系统组成。信源编码和压缩子系统将视频与音频信号通过压缩编码，加入控制和辅助数据，转换成数字码流（参见第4章所介绍的视频编码标准等内容）；服务复用和传递子系统将压缩后的视频、音频及辅助数据流联合构成分组，复用构成单个数据流（参见第6章所介绍的视频传输协议等内容）；然后传输子系统对复用数据流进行信道编码和调制，通过信道传输到接收机，完成数据传输任务。其中传输子系统采用的技术方案体现了地面、卫星、有线三种不同传输方式的主要区别，同时代表了各个国家所采用的不同的地面电视广播系统（标准）。

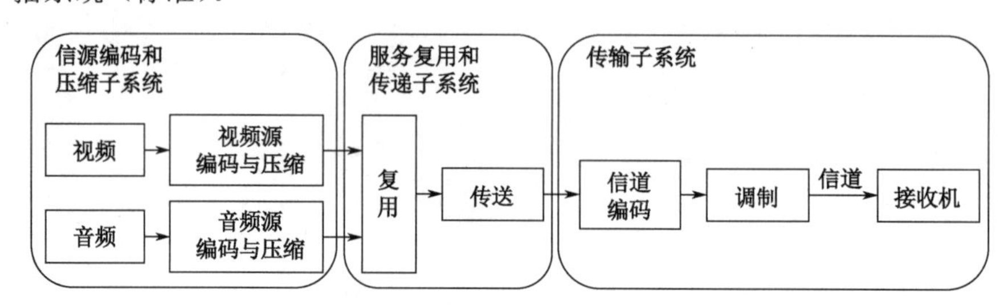

图7-1　地面数字电视广播系统

目前，国际上已形成4个各具特点的地面电视广播系统：美国的高级电视系统委员会（Advanced Television Systems Committee，ATSC）系列标准、欧洲的数字视频广播（Digital Video Broadcasting，DVB）系列标准、日本的综合业务数字广播（Integrated Services Digital Broadcasting，ISDB）系列标准和我国的数字地面多媒体广播（Digital Terrestrial Multimedia Broadcasting，DTMB）系列标准。按照历史发展进程，最早出现的美国ATSC 1.0地面数字电视广播系统的传输子系统采用单载波技术，欧洲DVB-T地面数字电视广播系统采用多载波技术，我国的DTMB地面数字电视广播系统兼备美欧单、多载波技术特点，最新一代地面数字电视广播系统以欧洲DVB-T2和美国ATSC 3.0为代表。

近年来，视频技术不断革新，4K/8K、3D、高帧率（HFR）、高动态范围（HDR）、广色域（WCG）等高新技术的发展，使得视频业务对于电视广播系统的承载能力提出了更高的要求。为了支持未来高新电视广播业务的发展，多网络融合的解决方案将成为未来电视广播系统的发展方向，包括 ATSC 以及移动通信的第三代合作伙伴计划（Third Generation Partnership Project，3GPP）在内的各标准组织都在这一方向上积极探索，以期更快、更好、更稳定地为用户提供更高质量的视频电视广播公共服务。

本章将依照历史发展顺序，回顾 ATSC 1.0、DVB-T、DTMB、DVB-T2 和 ATSC 3.0 等典型地面数字电视广播系统（标准），对比分析视频通信技术在实际广播应用中的参数选择及工程考虑，从中体会地面电视广播这一基础性视频通信系统近 30 年来的技术迭代与系统演进。

7.1　单载波地面电视广播系统

在数字信号的带通传输方式中，调制根据使用载波的数目可以分为单载波调制（Single-Carrier Modulation，SCM）技术和多载波调制（Multi-Carrier Modulation，MCM）技术。单载波和多载波调制技术各有优缺点，单载波系统更适合大范围固定接收，因此在未考虑太多移动应用场景的早期标准中被广泛应用，20 世纪 90 年代初，美国率先基于单载波调制技术研制出 ATSC 1.0 地面数字电视广播系统。

7.1.1　单载波调制技术

在 OFDM 技术和系统成熟之前，大部分通信系统都使用单载波调制技术。单载波调制技术的优点是接收端处理较为简单；另外，同等发射功率条件下单载波信号的峰均比（PAPR）较低，高功率发射时对信号放大器要求低，因此在高功率/功率受限的信号传输系统中得到了广泛应用。

单载波调制系统发射端信号处理模块如图 7-2 所示。单载波调制是指在任意时刻只利用一个载波来进行信号发送与接收。载波随基带信号的变化主要体现在幅度、相位和频率上，相应基本的数字调制方式为振幅键控（Amplitude Shift Keying，ASK）、相移键控（Phase Shift Keying，PSK）和频移键控（Frequency Shift Keying，FSK）三种。随着数字调制系统的不断发展，应用于各种场景的调制方式也被提出，常用的有正交振幅（Quadrature Amplitude Modulation，QAM）调制、残留边带（Vestigial Side-Band，VSB）调制和正交相移键控（Quadrature Phase Shift Keying，QPSK）调制。

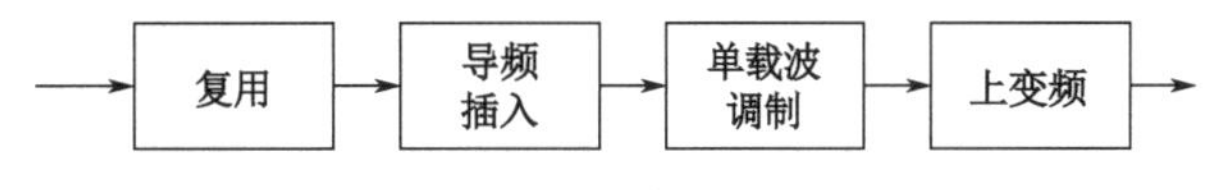

图 7-2　单载波调制系统发射端信号处理模块

1．VSB 调制

残留边带（VSB）调制是介于单边带（SSB）调制与双边带（DSB）调制之间的一种调制方式，它既克服了 DSB 信号占用频带宽的问题，又解决了单边带滤波器不易实现的难题。残留边带调制原理如图 7-3 所示，式（7-1）是其频域生成式。

$$S_{\mathrm{VSB}} = S_{\mathrm{DSB}} \cdot H_{\mathrm{VSB}}(\omega) = \frac{1}{2}[M(\omega+\omega\ ) + M(\omega-\omega\ )]H_{\mathrm{VSB}}(\omega) \tag{7-1}$$

在残留边带调制中，除了传送一个边带，还保留了另一个边带的一部分。对于具有低频及直流分量的调制信号，用滤波法实现单边带调制时需要过渡带非常陡峭的理想滤波器，而在残留边带调制中已不再需要，只需要具有滚降特性的滤波器即可，图 7-4 就是残留上边带的滤波器特性，这样就能避免较高的实现复杂度。

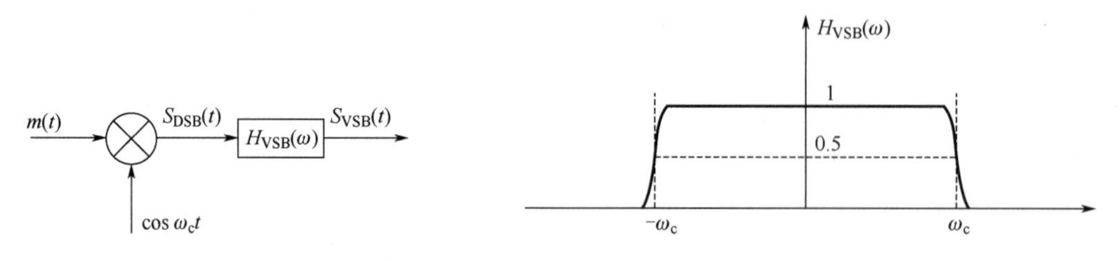

图 7-3 残留边带调制原理　　图 7-4 残留上边带的滤波器特性

数字 VSB 调制方式输出的是一种使用单个载波、采用幅度调制的、抑制载波的残留边带（Vestigial Side Band）信号。VSB 系统实际上提供了一系列调制阶数，如 2VSB、4VSB、8VSB、16VSB 调制等，这些前缀对应了调制所采用的电平数，也反映了每比特所包含的信息量。

由于 VSB 基本性能接近 SSB，但 VSB 调制的边带滤波器比 SSB 调制的边带滤波器容易实现，因此可用于地面广播和有线电视，美国 ATSC 1.0 数字电视标准采用的就是 8VSB 调制方式。

2．QAM 调制

QAM 调制中幅度和相位同时变化，属于非恒包络二维调制。它同时利用了载波的幅度和相位来传递信息比特，在最小距离相同的条件下实现了更高的频带利用率。QAM 调制阶数越高，传输效率越高。例如，具有 16 个样点的 16QAM 信号，每个样点表示一种矢量状态，16QAM 有 16 态，每 4 位二进制数对应于 16 态中的一态，16QAM 中规定了 16 种载波、幅度和相位组合，16QAM 的每个符号周期可传送 4 比特，地面数字电视传输系统使用的 QAM 方案出现了 4096QAM，使得每个符号周期可传送 12 比特。关于 QAM 调制技术的具体细节已在第 5 章中详细阐述，在此不做赘述。

7.1.2 典型单载波地面电视广播系统

ATSC 1.0 是世界首个采用全数字方式压缩处理和单载波广播传输高清电视的系统。其系统框架是在经过信道编码等步骤处理后的载荷数据中插入导频，再经过 VSB 调制后进行上变频，如图 7-5 所示。

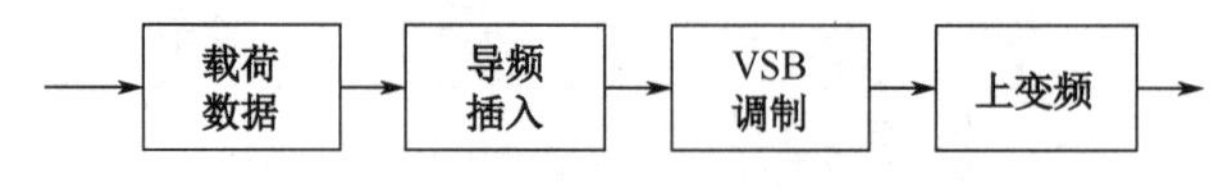

图 7-5 ATSC 1.0 系统发射机框图

除载荷数据之外，ATSC 1.0 在零均值的基带数据中还加入了一个直流值来实现导频信号插入。经过 VSB 调制之后，该直流值会生成一个加入数据频谱的同步导频用于传输，整个信号能量只增加了 0.3dB。然而，这一小导频可以在接收端不依靠数据而直接恢复载波，降低了实现复杂度，并且可以保证低于数据的接收门限，在低于 0dB 信噪比的环境中也可提供可靠的载波恢复。

ATSC 1.0 系统支持标清/高清视频、5.1 声道环绕立体声、电子节目导览等功能。在信源编码部分，采用 MPEG-2 和 AC-3 分别对视频、音频进行编码、压缩。在传输部分，采用 6 MHz

带宽作为传输视频与音频的基本带宽单位，采用 8 级残留边带调制（8VSB）的单载波调制技术，接收门限为 15dB，具备有效覆盖区域，抵御电气干扰能力强，能较好支持固定接收。其理论传输码率可以达到 19.38Mbit/s，这在当时的信源压缩技术配合下，可以用来传输 1 套高清电视节目或 3～5 套标清电视节目，实现了普通用户利用室外天线能够稳定收看数字高清电视节目的基本需求。

7.2　多载波地面电视广播系统

多载波调制是将信道分成若干子信道，将高速数据信号转换成并行的低速子数据流，然后调制到每个子信道上进行传输。随着多载波调制技术的逐步实用化，以及移动接收应用需求的不断明确，电视广播标准中开始出现多载波传输方案，如紧随 ATSC 1.0 系统提出的欧洲 DVB-T 地面数字电视广播系统，就是基于正交频分复用（Orthogonal Frequency Division Multiplexing，OFDM）多载波调制技术，它也是全球最早采用 OFDM 技术的无线通信系统。

7.2.1　多载波调制技术

多载波系统是 20 世纪 50 年代首先在 Kineplex 无线数据传输中实现验证的。该系统使用 20 路并行发送子载波，每个子载波速率可达 150bit/s。由于该系统的本振与信号处理部分含有大量滤波器组与振荡器组，因此体积庞大且实现困难。若信息传输速率进一步提高，以上方法在实现复杂度和性能方面都面临着诸多困难。随着数字集成电路技术的快速发展，多载波调制技术越来越受到研究者关注，OFDM 以频谱利用率高的特点与传统的频分复用方案有所区别，又由于其分析便捷、硬件实现简单等优势，被地面数字电视传输系统所广泛采用。OFDM 多载波部分框图如图 7-6 所示，OFDM 传输系统方案一般可分为频域处理和时域处理两部分。频域处理一般包含数据映射和导频插入，时域处理主要用于插入保护间隔。从频域到时域的转换一般使用 IFFT 运算。

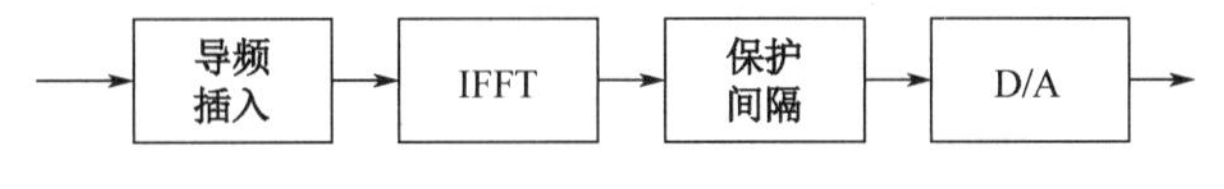

图 7-6　OFDM 多载波部分框图

图 7-7 所示为 OFDM 的基本原理框图。串行的高速数据流通过串并转换后变为多路较低速率的数据流，继而各自用不同的正交子载波（图 7-7 中将第 i 路子载波表示为 $\mathrm{e}^{\mathrm{j}2\pi f_i t}$ ）调制后相加，且每路子载波采用的调制方式可以不同。而接收端则用相互正交的各路子载波进行解调，解调后多路低速的并行数据流经过并串转换恢复为串行的高速数据流。

OFDM 技术有以下两个关键特征。

① 子载波的正交性。这是 OFDM 和传统的频分复用（Frequency Division Multiplexing，FDM）最显而易见的差别。OFDM 系统中必须保证子载波的彼此正交才能使各子载波互相重叠且不产生相互干扰，获得比传统 FDM 更高的频带利用率。为了保证子载波互相正交，从频域上说也就是在每个子载波的中心频率点上其他子载波的频率响应都为零，OFDM 的做法是使子载波之间的间隔都为符号周期的倒数。具体的做法就是：在 OFDM 系统使用串并转换把高速数据流转换为低速并行数据流之后，假设每个并行的 OFDM 符号的符号周期为 T_s ，则子

载波之间的间隔就是$1/T_s$，虽然频域上子载波之间有着明显的重叠部分，但是在每个子载波的频域采样点上都没有其他子载波的频域分量，因此OFDM信号能在接收端被完全解调出来。如式(7-2)所示f_m和f_n分别代表发送端的子载波频率和接收端的解调器所使用的频率。当f_m和f_n相等时，式（7-2）的输出自然是 1；但当f_m和f_n不相等时，由于它们有频率差i/T_s，因此积分后的值为0。

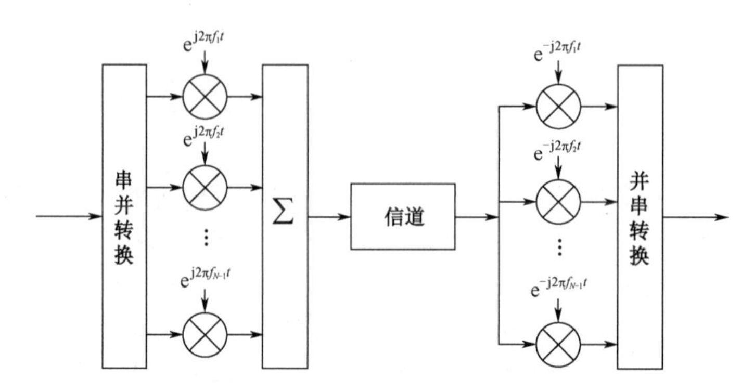

图 7-7　OFDM 的基本原理框图

$$\frac{1}{T_s}\int_{\tau}^{\tau+T_s} \mathrm{e}^{\mathrm{j}2\pi f_m t}\cdot \mathrm{e}^{-\mathrm{j}2\pi f_n t}\mathrm{d}t=\begin{cases}1,\ m=n\\0,\ m\neq n\end{cases} \tag{7-2}$$

如式（7-3）所示，OFDM 信号经过接收端的解调之后能够正确地恢复出每个子载波的发送信号，不会受到其他载波信号的影响。

$$\hat{d}_j=\frac{1}{T_s}\int_{\tau}^{\tau+T_s} \mathrm{e}^{\mathrm{j}2\pi f_j t}\cdot\sum_{i=1}^{N-1}(d_i\,\mathrm{e}^{-\mathrm{j}2\pi f_j t})\,\mathrm{d}t=\frac{1}{T_s}\int_{\tau}^{\tau+T_s}\sum_{i=1}^{N-1}(d_i\,\mathrm{e}^{-\mathrm{j}2\pi\frac{i-j}{T_s}t})\,\mathrm{d}t=d_j \tag{7-3}$$

② OFDM 的实现复杂度。在原理框图中所示的系统在实际中是无法直接应用的，因为OFDM 需要相当数量的子载波，如果对于每个子载波都要配套一个完整的调制解调器，系统实现复杂度极高。而 Weinstein 和 Ebert 在 1971 年提出了一种利用离散傅里叶变换（Discrete Fourier Transform，DFT）来实现正交频分复用的方案，其采用离散傅里叶变换进行 OFDM 信号的调制和解调，使得 OFDM 各子载波信号生成只需要一个信号振荡器，从而使 OFDM 调制实现更为简便。离散傅里叶变换实现正交频分复用如图 7-8 所示。

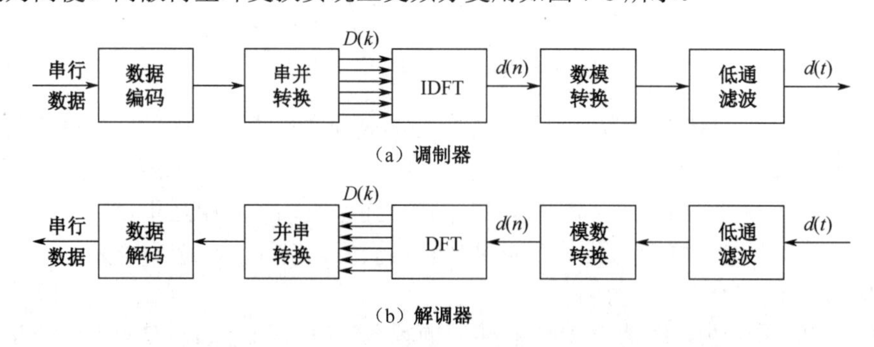

图 7-8　离散傅里叶变换实现正交频分复用

通过模型的简化，可以设 OFDM 信号发射周期为 T，在一个周期内传输的 N 个符号为（$D_0,D_1,\cdots,D_{N-1}$），每个符号都是复数。第 k 个载波为$\mathrm{e}^{\mathrm{j}2\pi f_k t}$，则得到合成的 OFDM 信号为

$$X(t)=\mathrm{Re}\left\{\sum_{k=0}^{N-1}D_k \mathrm{e}^{\mathrm{j}2\pi f_k t}\right\}, t\in[0,T] \tag{7-4}$$

式中，$f_k=f_c+k\Delta f$，其中 f_c 为系统的发送载波，Δf 为子载波间的最小间隔 $1/T_S$，$T_S=T/N$。因此

$$X(t)=\mathrm{Re}\left\{\sum_{k=0}^{N-1}D_k \mathrm{e}^{\mathrm{j}2\pi(f_c+\frac{k}{T})t}\right\}=\mathrm{Re}\left\{(\sum_{k=0}^{N-1}D_k \mathrm{e}^{\mathrm{j}2\pi\frac{k}{T}t})\mathrm{e}^{\mathrm{j}2\pi f_c t}\right\}\mathrm{Re}\left\{(d(t))\mathrm{e}^{\mathrm{j}2\pi f_c t}\right\} \tag{7-5}$$

式中，$d(t)$为 $X(t)$经过低通滤波后的复包络信号，也就是所需要的 OFDM 信号。

$$d(t)=\sum_{k=0}^{N-1}D_k \mathrm{e}^{\mathrm{j}2\pi\frac{k}{T}t} \tag{7-6}$$

同时再看以 $1/T_S$ 对 $d(t)$采样：

$$d(n)=d(t)\big|_{t=nT_S}=\sum_{k=0}^{N-1}D_k \mathrm{e}^{\mathrm{j}2\pi\frac{k}{NT_S}nT_S}=\sum_{k=0}^{N-1}D_k W_N^{-nk} \tag{7-7}$$

可以看出，以 $1/T_S$ 的采样频率对 $d(t)$采样所得到的 N 个采样值$\{d(n)\}$正是$\{D_k\}$的 IDFT（离散傅里叶逆变换）。因此，OFDM 系统可以通过如下方式实现：在发送端，先由$\{D_k\}$的 IDFT 求得$\{d(n)\}$，再经过数模转换之后经过低通滤波器得到所需的 OFDM 信号 $d(t)$。在接收端，先对 $d(t)$采样得到$\{d(n)\}$，再对$\{d(n)\}$求 DFT 即得到$\{D_k\}$。

OFDM 系统在实际应用中，可以采用更加快捷的快速傅里叶变换（IFFT/FFT）。N 点 IDFT 运算需要实施 N^2 次复数乘法，而 IFFT 可以显著降低运算复杂度。对于常用基 2 IFFT 乘法次数仅为 $(N/2)\log_2(N)$，但是随着子载波个数 N 的增加，这种方法的复杂度也会显著增加。对于子载波数量非常大的 OFDM 系统来说，可以进一步采用基 4 的 IFFT 算法来实施傅里叶变换。

7.2.2　典型多载波地面电视广播系统

DVB-T 是欧洲于 1997 年正式发布的地面数字电视广播系统，采用了编码正交频分复用（Coded Orthogonal Frequency Division Multiplexing，COFDM）的多载波调制技术，是全球最早采用 OFDM 技术的无线通信系统。OFDM 技术不仅增加了信道带宽利用率，而且很好地解决了多径环境中信道选择性衰落问题。加之应用了较多频域连续导频和离散导频，与美国 ATSC1.0 无法实现移动接收不同，DVB-T 能够支持多种接收环境下的固定接收和移动接收。如图 7-9 所示，DVB-T 系统作为多载波系统，与单载波系统的不同主要体现在频域的数据映射和插入导频的处理后，还需要加入频域转换为时域的 IFFT 操作并在时域插入保护间隔。

DVB-T 多载波方案有两种 OFDM 工作模式：2K 模式 OFDM 符号包含 1705 个载波，适用于单发射机模式或小范围单频网；8K 模式包含 6817 个载波，既能应用于单发射机模式，又适用于大范围单频网。与 ATSC 单载波技术插入导频不同，DVB-T 的导频以一定规则分布在 OFDM 帧中。作为接收机和发射机均已知的信号，参考信息 w_k 由多项式 $G(x)=1+X^2+X^{11}$ 生成，其在离散导频和连续导频中传输用于同步与信道估计。其离散导频插入的周期在频域上为 12，时域上为 4，而连续导频分布的位置是固定的，在 2K 模式下有 45 个连续导频，而在 8K 模式下有 177 个连续导频。对于保护间隔的插入，在 DVB-T 标准中设置了 4 种不同的方式，分别是 1/4、1/8、1/16、1/32 个 OFDM 周期，可以在不同信道条件下使用。

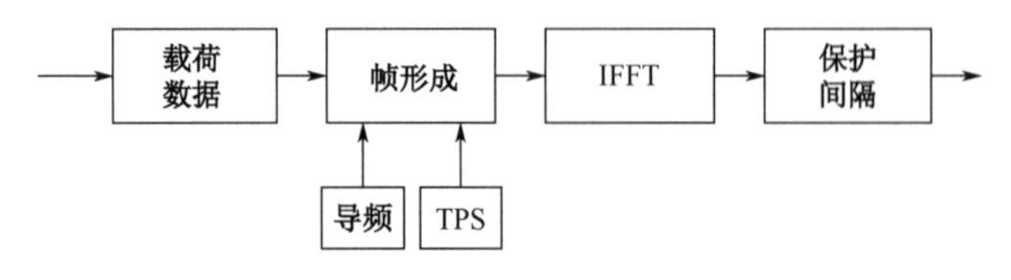

图 7-9 DVB-T 多载波系统

在 DVB-T 标准中，音频与视频数据源均采用 MPEG-2 标准进行编码压缩。之后，系统对各路数据进行复用，做适当处理后送入单频网（SFN）适配器。该适配器的作用是将来自全球定位系统（GPS）的标准频率与时间插入数字电视传输流中，为单频网（SFN）提供标准频率及时间信号。当系统采用多频网（MFN）时该设备可以省略。从单频网适配器出来的信号一分为二，以便实现等级调制，即 DVB-T 可以根据不同应用环境，实施不同的信道纠错保护与调制方式。

7.3 我国地面电视广播系统

20 世纪末，我国在成功研制数字高清晰度电视功能样机系统的基础上，决定自主制定地面数字电视广播标准。2006 年，国家标准化管理委员会正式发布了我国《数字电视地面广播传输系统帧结构、信道编码和调制》（GB 20600—2006，DTMB）标准。它是基于高级数字电视地面广播系统（Advanced Digital Television Broadcasting-Terrestrial，ADTB-T）和地面数字多媒体电视广播（Terrestrial Digital Multimedia-Television Broadcasting，DMB-T）融合形成的方案。考虑到当时的多载波方案并不完善，单、多载波调制技术各有优缺点，因此我国 DTMB 标准希望能够结合单、多载波两者的优势来解决单一方案存在的问题，从而形成了一种独特的单、多载波调制技术融合方案。2011 年，DTMB 标准被国际电信联盟（ITU）正式认定为数字电视国际广播标准之一。

7.3.1 系统构成

信源编码层面，DTMB 系统只规定数据传输标准为 MPEG-TS，没有规定广播串流编码制式。视频编码标准推行 AVS 及其升级版本 AVS+，也可使用 MPEG-2；音频标准一般采用 DRA（电视伴音）和 MPEG-1（广播电台），有少部分地区使用 AC3 或其他音频解码标准。DTMB 不仅可用于无线传输，还可用于有线传输系统。

传输层面，DTMB 系统发射端如图 7-10 所示。该系统首先采用扰码序列对输入的数据码流进行加扰，即随机化。加扰后的数据流需要进行前向纠错编码，由 BCH 码和 LDPC 码串联组成。其中 LDPC 码采用三种码率。纠错编码之后是星座映射与交织，标准规定了多种符号映射关系，不同的符号映射对应不同的业务需求。例如，4QAM 与 4QAM+NR 的符号映射可用于高速移动接收，能兼顾覆盖范围与接收质量。DTMB 标准采用时域符号卷积交织技术来提高抗干扰能力。同时，DTMB 标准采用了 WALSH 序列扩频保护的系统信息传输方式，用于识别载波模式、LDPC 码率、映射方式、交织深度。在数据与系统信息复用之后，就进入到成帧阶段。

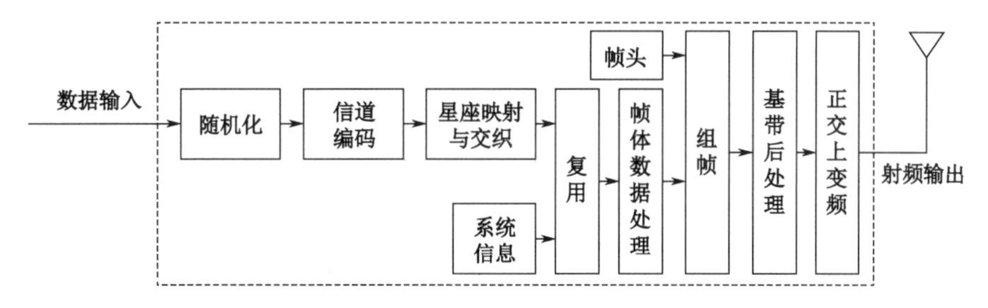

图 7-10　DTMB 系统发射端

DTMB 标准采用了相同的时域帧头和相同的帧体采样率，统一了单载波调制或多载波调制的帧体。另外，这种帧结构是周期性的，以信号帧为基本单位，多个信号帧可以依次组成超帧、分帧和日帧。DTMB 系统信号帧结构如图 7-11 所示。

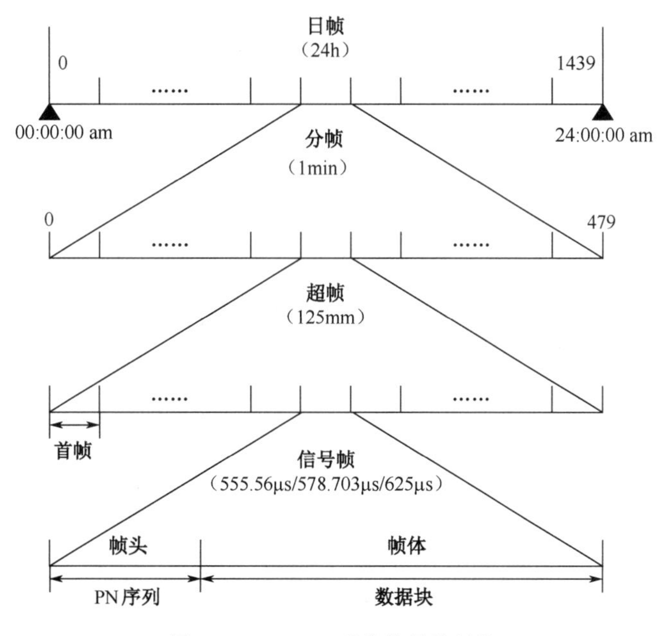

图 7-11　DTMB 系统信号帧结构

最后，采用平方根升余弦（SRRC）滤波器进行基带脉冲成形，再通过上变频将数据发射出去。

DTMB 系统发射端单/多载波共存方案如图 7-12 所示。帧体的调制模式可以设定为单载波或多载波模式，由子载波数 C 来决定，C 有两种模式：C=1 或 C=3780。当 C=1 时，系统被设定为单载波模式，在单载波模式下采用 PN 序列帧头，选用实部和虚部相同的 4QAM 调制。作为可选项，在单载波模式下可以对经过组帧后形成的基带数据在±0.5 符号速率位置插入双导频，两个导频的总功率相对数据的总功率为-16dB，插入方式为从图 7-11 所示的日帧的第一个符号（编号为 0）开始，在奇数符号上实部加 1、虚部加 0，在偶数符号上实部加-1、虚部加 0。当 C=3780 时，系统被设定为多载波模式，载波数为 3780，相邻子载波间隔为 2kHz，帧体信号生成后，采用 QAM 或 PSK 调制，然后进行 IFFT。与传统 OFDM 方式不同，DTMB 为了减小导频开销和保护间隔开销，使用伪随机或伪噪声 PN 序列作为帧头来满足恢复时钟、恢复载波和估计信道的需要。

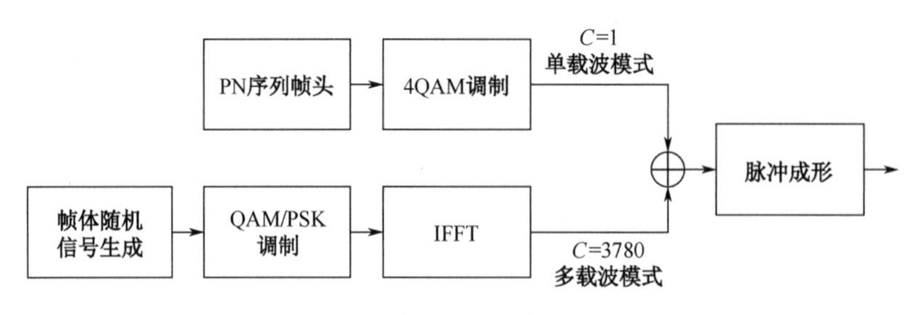

图 7-12 DTMB 系统发射端单/多载波共存方案

7.3.2 技术特点

DTMB 在充分理解国外 ATSC 1.0 和 DVB-T 系统的基础上，采纳信息传输领域的新技术，具有如下技术特点。

1．使用能实现快速同步和高效信道估计的 PN 序列帧头

为了实现系统同步和信道估计，ATSC 1.0 系统使用一段 PN 序列训练均衡器，DVB-T 系统使用时域循环前缀和频域导频。DTMB 系统采用特殊设计的 PN 序列填充保护间隔，利用该 PN 序列实现快速稳健的同步和高效的信道估计。该 PN 序列既可以用作时域均衡器的训练序列，也可以充分发挥判决反馈的作用。DVB-T 系统用 10%的子载波作为同步和信道估计等导频信号，同时存在着循环前缀的保护间隔，DTMB 技术方案由于去掉了导频，既提高了频谱利用率，又易于单载波和多载波两种模式的集成。

2．使用先进的信道编码

欧美 ATSC 1.0 和 DVB-T 地面数字电视广播系统均使用级联码，其中 ATSC 1.0 系统的外码使用 RS 码，内码使用 TCM 码；DVB-T 系统的外码使用 RS 码，内码使用卷积码。DTMB 系统的外码使用 BCH 码，内码使用 LDPC 码，因此 DTMB 系统在相同频谱利用率条件下接收门限比欧美地面数字电视广播系统方案接收门限低，更利于固定和移动接收。

3．抗衰落的系统信息保护

DTMB 系统中创新采用 Walsh 正交序列联合扩频序列的方式来保护传输中的系统信息，使得系统信息在多径时变信道时有很强的抗衰落特性。像 GSM 中根据语音信息不同部分的重要性来分层保护一样，通过该方式保护的系统信息具有很强的鲁棒性。

4．支持单载波和多载波调制两种模式

DTMB 系统中的单载波模式由于采用了较小数据帧结构块和特殊设计的信道估计与均衡技术，从而能跟踪上时变信道变化，能支持高速移动接收。DTMB 系统中的多载波模式由于采用了 PN 作为时域训练序列，同步性能得到很大改善。本标准中的单/多载波模式并存可以为不同业务需要的运营者提供更丰富的技术手段，适应我国地域广阔、人口众多和各地广播需求变化大的特点。单/多载波并存对发射机的复杂性影响很小。与单载波模式接收芯片相比，单/多载波并存会给支持双模兼容接收芯片带来一定的成本增加。因此，相关研究人员提出了一种收发方案：将预制信息与系统信息和数据信息形成一阶循环结构，并通过两个预制信息块组成处理单元的循环前缀，为 DTMB 系统采用单/多载波并存的信号收发提供了统一且高性能的信号收发处理方法，既提高了系统传输效率，又提升了信号接收处理性能，且降低了接收芯片的实现成本，解决了单/多载波调制信号的同构信道均衡处理难题，为 DTMB 系统的广泛应用发挥了关键作用。

5. **支持单频网运用**

DTMB 系统利用复帧数据结构既可以实现物理层时间同步，也可以实现 TS 流发送时间同步。DTMB 系统也可以采用不依赖于 GPS 的主从结构方案，全系统自动调节各自相对于主发射机的时延，实现了整个单频网的发送时间同步。

7.4　新一代欧洲地面电视广播系统

随着新的电视业务和需求的不断涌现，2009 年欧洲颁布了第二代数字电视广播标准 DVB-T2，它在 DVB-T 的基础上，扩充了参数，改进了技术，其频谱利用率和有效传输码率得到较大提高。

7.4.1　系统构成

信源编码部分，DVB 采用了 HEVC 视频压缩标准。2022 年 7 月，DVB 进一步宣布批准中国的 AVS3 成为其下一代超高清视频编码标准之一，以推动其 4K/8K 广播和宽带电视产业应用和发展。

DVB-T2 系统框图如图 7-13 所示，DVB-T2 传输系统顶层由 4 个模块组成：输入处理模块、比特交织编码调制（BICM）模块、帧生成模块和 OFDM 符号生成模块。

在输入处理模块中，与第一代系统不同的是，T2 系统引入了多物理层管道（Physical Layer Package，PLP）概念，可以将多个逻辑数据流通过时分复用的方式加载在同一帧中进行传输。因此，T2 系统的输入允许由一个或多个逻辑数据流组成，每个数据流由一个 PLP 承载。首先将数据流送入模式适配器中进行分割，生成与 BICM 模式对应的数据块。然后将模式适配后的数据送入码流适配器中进行多个 PLP 数据到基带数据的调度。为了生成动态信令信息，该调度器需要安排 T2 信号的资源块与 PLP 的对应关系。由于 FEC 编码器的信息比特长度固定，因此流适配器还需要对数据进行填充以满足 FEC 编码对信息比特的要求。

输入处理完成后的基带数据需要在比特交织编码调制模块中，通过编码调制对数据进行保护，保证一定的接收信噪比门限。其中 FEC 编码模块由 BCH 内编码器和 LDPC 外编码器组成。加入校验比特的编码后，数据根据接收信噪比和传输速率的需求按规定的方式映射为单元（Cell），通过时间交织后送入帧生成模块。由于编码调制后的数据单元与 PLP 类型一一对应，因此发射机需要利用帧生成器将多个 PLP 数据单元按照时分复用规则映射到 OFDM 时频资源块上以实现多路 PLP 的灵活高效传输。有效载荷数据按需加载到时频资源块上后，发射机通过在适当的位置加入导频数据来提高接收端的接收性能。将组合完成后的频域数据利用 IFFT 运算加载到子载波上并生成时域数据，然后以循环前缀的方式插入保护间隔以对抗 ICI。DVB-T2 系统在每物理帧的起始位置加入了特殊设计的帧头符号（P1 符号），使其能在各种恶劣信道环境下被正确检测和解析。生成的完整 OFDM 数据通过数模转换器后将数字信号转换为基带模拟信号，基带模拟信号经过上变频后利用射频单元发送到空中进行无线传输。

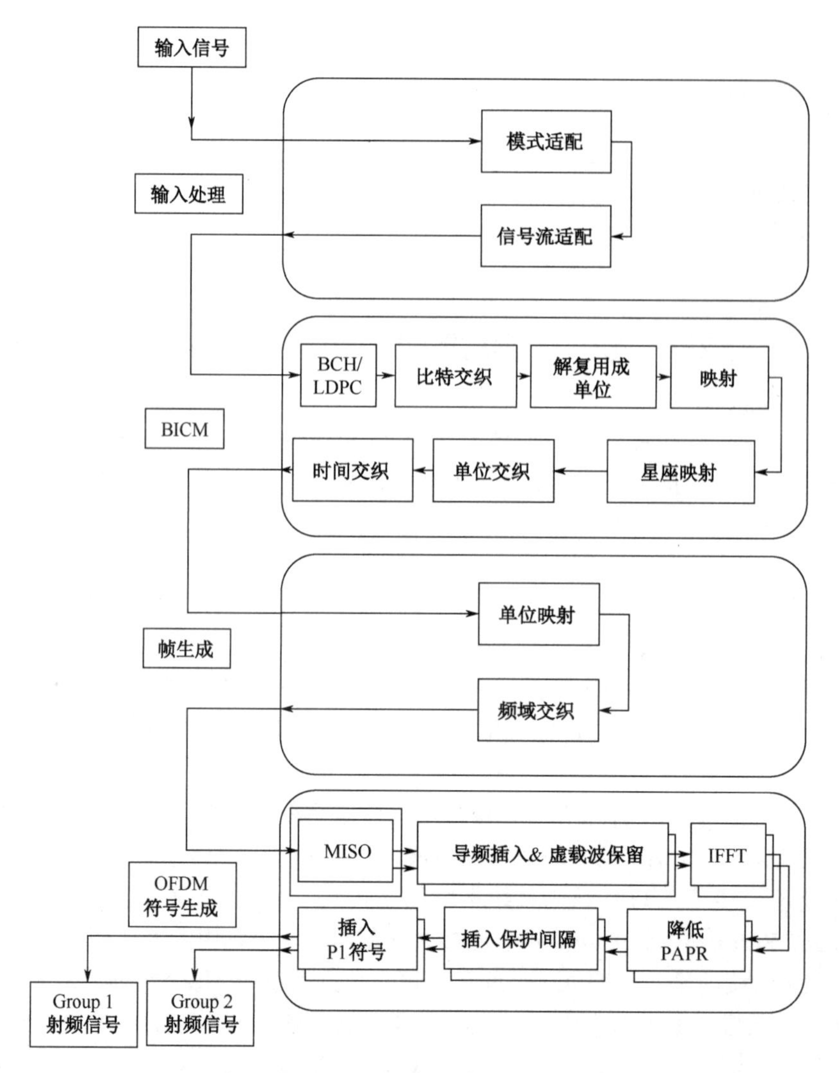

图 7-13　DVB-T2 系统框图

7.4.2　技术特点

DVB-T2 与 DVB-T 两者的共同点是 CP-OFDM、频域导频和 QAM 调制技术。相对于 DVB-T，DVB-T2 的主要技术改进包括以下几个方面。

1．支持物理层多业务功能

DVB-T2 引入由超帧、T2 帧和 OFDM 符号组成的三层帧结构，引入子片（Sub-Slice）概念，提供时间分片功能；DVB-T2 引入物理层管道概念，多个 PLP 在物理层时分复用整个物理信道；DVB-T2 增强 L1 信令，包括 L1 动态信令，支持物理层多业务的灵活传输；DVB-T2 支持更多的输入流格式，支持输入流的灵活处理，包括空包删除和恢复、多个数据 PLP 共享公共 PLP、多个传输流的统计复用等；DVB-T2 的帧结构支持未来扩展帧（FEF），支持未来业务扩展。

2．采用各种技术提高传输速率

DVB-T2 支持更高阶调制达 256QAM；采用更优的 LDPC+BCH 级联纠错编码；支持更多

FFT 点数，高达 32768，并增加了扩展子载波模式；支持更多的保护间隔选项，最小保护间隔为 1/128；采用优化的连续和离散导频，降低导频开销。

3. **采用多种提高地面传输性能的技术**

DVB-T2 引入 P1 符号，支持快速帧同步对抗大载波频偏能力；采用改进 Alamouti 空频编码的双发射天线多入单出（Multiple- Input Single Output，MISO）技术；采用 ACE 和/或预留子载波的峰均比降低技术；支持多个射频信道的时频分片功能；支持多种灵活的交织方式，包括比特交织、单元交织、时间交织和频域交织等，以增强对低、中、高多种传输速率业务的支持。

7.5　新一代美国地面电视广播系统

随着地面数字电视移动应用场景的增多和与蜂窝移动网融合发展的需要，考虑到多载波调制技术相较单载波调制技术在移动接收和多用户接入方面的优势，新一代美国地面电视广播系统 ATSC 3.0 采用了基于 OFDM 技术的多载波传输方案。

美国在 2013 年启动了 ATSC 3.0 标准的制定工作并于 2016 年基本完成了该代技术标准的收集，最终在 2017 年该标准被正式发布。在此之前，ATSC 还曾发布了 ATSC 2.0 标准，ATSC 2.0 能够后向兼容 ATSC 1.0，并且支持非实时传输、高级音频/视频压缩，增强了交互性，但由于改动较小，未在国际上形成较大影响。

值得一提的是，在 ATSC 3.0 标准向全球征集技术提案期间，国内多家研究机构组成了联合工作组，向 ATSC 3.0 专家组提交了代表中国技术的提案，并积极参与相关标准提案的各项评估工作，通过多次的方案修订、技术研讨、结果论证和性能测试，我国提案中包括信令码、星座映射、比特交织、Bootstrap 和回传信道 5 个技术模块被 ATSC 3.0 标准采纳。

7.5.1　系统构成

信源编码部分，ATSC 3.0 采用 HEVC 视频压缩和杜比 AC-4 音频压缩编码标准，提供对 4K 超高清以及实现更广色域、更高帧率和高动态范围的未来视频信息传输能力支持。

借鉴互联网分层传输概念，ATSC 3.0 系统是一个分层结构，主要是为了利用分层结构易于升级和扩展的特点。ATSC 3.0 系统分层结构如图 7-14 所示，包含三个功能层，即物理层、传输层和应用层。更具体地说，物理层包括广播和宽带物理层。传输层实现数据流和对象流传输功能。应用层可实现各种类型服务，包括数字电视或 HTML5 应用。

ATSC 3.0 的传输层集成了 MPEG 媒体传输协议（MPEG Media Transport Protocol，MMTP）和单向实时对象传输协议（Real time Object delivery over Unidirectional Transport，ROUTE），它们都通过广播传输层的 UDP / IP 进行广播服务。其中，MMTP 用来传送媒体处理单元（Media Processing Unit，MPU），而 ROUTE 基于分层编码传输（Layered Coding Transport，LCT）来传送 DASH 段（DASH Segment）。另外，DASH 段也可用 HTTP 协议承载。非实时（Non-Real Time，NRT）媒体以及其他文件等非实时内容可以通过 ROUTE 或直接通过 UDP 传送。信令信息可以通过 MMTP 和/或 ROUTE 发送，而 Bootstrap 信令表以服务列表（Service List Table，SLT）的形式提供。为了支持通过宽带网络传输一个或多个节目的

混合服务传送，ATSC 3.0 的传输层还配备了 HTTP 协议，在宽带传输层采用 TCP / IP 进行单播服务，使用基于 HTTP / TCP / IP 的 MPEG DASH。ISO BMFF 中的媒体文件作为广播和宽带传输时传送、媒体封装以及同步的统一格式。

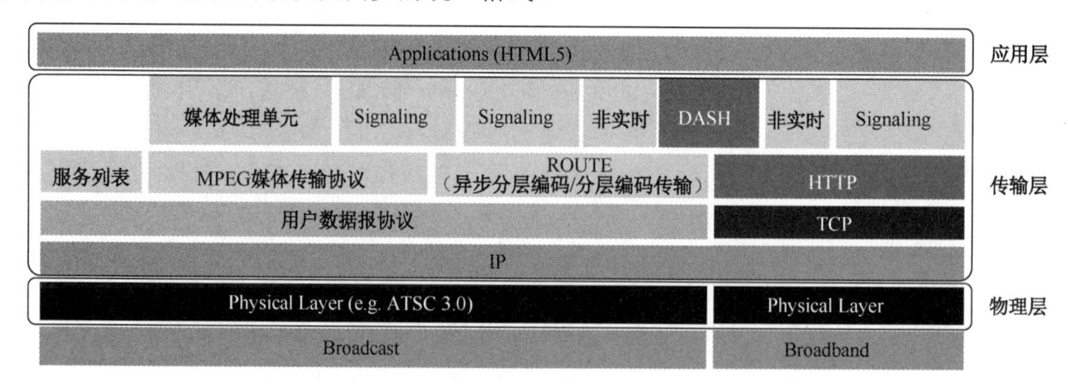

图 7-14 ATSC 3.0 系统分层结构

ATSC 3.0 物理层系统框图如图 7-15 所示。它主要分为输入数据格式化、BICM、LDM 联合、成帧和交织、OFDM 符号生成 5 个部分。输入数据格式化过程主要对数据进行随机化和分组，形成基带数据。其中，随机化保证数据中 0 和 1 的出现概率是相等的，分组保证数据长度符合后续系统的要求。随后，对格式化后的基带数据进行 BICM 处理，BICM 处理模块通过 BCH 编码、LDPC 编码和 NUC 调制操作对输入的基带数据进行保护，确保在一定的信道条件下能够无差错传输。在这个模块中，ATSC 3.0 提供了可选的 MIMO 复用的操作，可与后续的 MIMO 相关技术互相配合。在 BICM 之后，ATSC 3.0 系统提供了一个可选的 LDM 联合操作，该操作可以将上下两路数据进行分层叠加，进一步提高频谱利用效率，但由于该操作造成了接收机的额外开销，因此系统可根据实际需求决定是否进行该操作。在得到完整的基带数据符号后（单层或双层数据），系统通过成帧操作将经过各种处理的载荷数据和信令数据进行拼接，并为后续处理预留一些空间形成帧结构，ATSC 3.0 系统对成帧前后的数据分别进行了大范围的时间和频率交织，以对抗信道衰落。同时，在成帧之前，ATSC 3.0 系统还加入了可选的 MIMO 预编码操作，可与系统中其他的 MIMO 相关技术互相配合。最后，系统对完整的帧进行加入导频、MIMO 相关技术、IFFT、PAPR、加入保护间隔、加入 Bootstrap 等操作，形成完整的 OFDM 符号数据流，并经由天线发射出去。

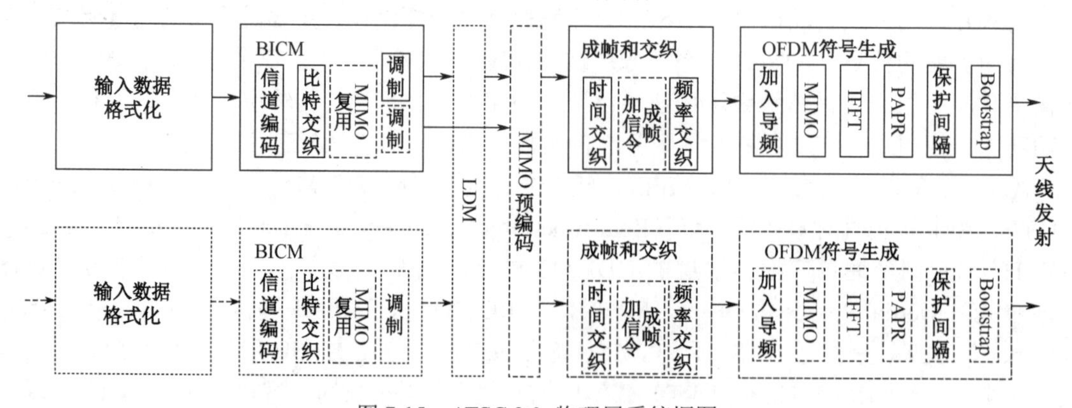

图 7-15 ATSC 3.0 物理层系统框图

7.5.2　技术特点

ATSC 3.0 是目前全球最新版本的地面电视广播系统，与之前各个传输标准相比，具备以下特点。

1．提供各种灵活的系统配置，提高系统性能

ATSC 3.0 系统支持 2 个码长、12 个码率 LDPC 编码，6 个阶数的调制方式，支持 3 个维度的 PLP 复用，包括时间复用（TDM）、频率复用（FDM）、层分复用（LDM），这三种复用方式可以单独使用，也可以互相结合进行使用，并且还可与 SISO、MISO、MIMO 技术联合一起进行使用。ATSC 3.0 系统支持 12 种保护间隔长度、3 种 FFT 大小，这些参数互相配合，可以为一个 6MHz 信道带宽提供强有力的多径保护。ATSC 3.0 系统支持 16 种离散导频、5 种离散导频功率和 1 种连续导频模式，这些模式可以保证接收端具有很好的同步、信道估计和均衡性能。

2．显著提高系统传输容量

与 ATSC 1.0 系统相比，ATSC 3.0 系统在相同 SNR 的情况下，提高了 30%的信道传输容量，并且其实际性能优于已有的地面广播标准。可以有效地提供超高清电视传输服务，显著提高室内接收鲁棒性。

3．使用各种最新技术提高频谱利用效率

这些技术包括层分复用（LDM）技术、信道绑定、极化 MIMO 等。层分复用（LDM）技术为 PLP 的复用方式提供了除时间复用、频率复用之外的第三种复用方式，进一步提高了其频谱利用效率。信道绑定技术可以联合两个射频信道传输同一个服务，以达到更高的数据传输速率。极化 MIMO 技术在同一个射频信道内使用双极化技术传输两个独立的数据流，提高了数据传输速率。

4．支持多种类型的接收设备

ATSC 3.0 系统支持各类固定和移动接收，包括传统的室内接收以及新型的手持接收、车载接收和便携式接收等。

5．提供多样化的服务内容

ATSC 3.0 系统可以在每个射频信道内同时传输多个 PLP，每个 PLP 传输不同类型的服务，如视频、音频、多媒体数据等，可以采用不同的鲁棒性配置。允许广播商灵活权衡系统的覆盖范围和传输数据量。

6．为扩展广播服务应用场景、添加新的广播服务商业模式提供了可能

ATSC 3.0 系统的输入数据格式可以与 IP 等其他格式数据流兼容，并且其帧结构可以与 LTE 系统进行时分复用。

7.6　系统对比

表 7-1 给出上述 5 个地面数字电视广播系统的主要技术参数对比，有以下技术特点和发

展趋势。

① 数字电视广播与网络视频流媒体融合发展，呈现全面 IP 化趋势。最新的地面电视广播系统支持了网络流媒体协议，充分说明了电视广播的全面 IP 化趋势。

② 地面电视广播系统应用层不断采用最新的音视频压缩编码标准技术。

③ 地面电视广播系统传输层从专用 MPEG-TS 转向通用 IP 网络分层协议栈，并形成兼顾单向广播和双向宽带的网络传输层新协议。

④ 地面电视广播系统物理层传输，采用高性能 LDPC 信道纠错编码，尝试利用广域多天线技术和大功率信号叠加技术，进一步提高传输效率，提供业务多样性。

⑤ 针对传统广播传输需求，单载波调制和多载波调制两种方式各有优缺点。面向广播与通信两网协同传输发展需求，采用 OFDM 多载波可以更加充分且灵活地利用网络的时频传输资源。

表 7-1　5 个系统的主要技术参数对比

	ATSC 1.0	DVB-T	DTMB	DVB-T2	ATSC 3.0
视频编码	MPEG-2	MPEG-2	MPEG-2/ H.264/AVS2	HEVC/ VVC/AVS3	HEVC
音频编码	AC-3	MPEG-2	AC-3/ MPEG-2/ AVS	MPEG-2	AC-4
网络协议	MPEG-TS	MPEG-TS	MPEG-TS	MPEG-TS	MMT/ROUTE
系统带宽	6 MHz	8 MHz	8 MHz	8 MHz	6 MHz
调制	单载波	多载波	单/多载波	多载波	多载波
信道编码	RS+TCM	RS	BCH+LDPC	BCH+LDPC	BCH+LDPC
星座映射	8VSB	QPSK/ 16QAM/ 64QAM	4QAM/ 4QAM+NR/ 16QAM/ 32QAM/ 64QAM	QPSK/ 16QAM/ 64QAM/ 256QAM	QPSK/ 16NUC/ 64NUC/ 256NUC/ 1024NUC/ 4096NUC
多天线技术	—	—	—	支持 MISO	支持 MISO/MIMO
非正交复用技术	—	—	—	—	LDM

习　　题

1．地面数字电视广播系统由哪些子系统组成？请描述各个子系统的功能和它们之间的关系。

2．请阐述我国 DTMB 系统在单/多载波调制技术上的特点。

3．哪个地面数字电视广播系统实现了对网络流媒体的支持？具体包括哪些技术？

参 考 文 献

[1] 李震梅，王金丽. 数字电视地面广播系统的三种标准制式[J]. 电视技术，2000(6): 9-10, 13.

[2] Crinon Regis. ATSC data broadcast services: protocols, application signaling, buffer models, profiles and levels[C]. International Conference on Consumer Electronics. Los Angeles, CA, USA , 1999: 4-5.

[3] Sgrignoli Gary, Bretl Wayne, Citta Richard. VSB modulation used for terrestrial and cable broadcasts[J]. IEEE Transactions on Consumer Electronics, 1995, 41(3):367-382.

[4] Yang Lin, Yang Zhi-Xing. Terrestrial Digital Multimedia/Television Broadcasting System: WO, WO 2002017615 A3[P]. 2002.

[5] European Telecommunications Standards Institute(ETSI). Digital video broadcasting (DVB): Frame structure, channel coding and modulation for digital terrestrial television (DVB-T) [S]. Sophia Antipolis, France: ETSI, 1997.

[6] Mosier R R, Clabaugh R G. A bandwidth efficient binary transmission system[J]. Transactions of the American Institute of Electrical Engineers, Part I: Communication and Electronics, 1958, 76(6): 723-728.

[7] Weinstein Stephen, Ebert Paul. Data Transmission by Frequency Division Multiplexing Using the Discrete Fourier Transform[J]. IEEE Transactions on Communication Technology, 1971, 19(5):628-634.

[8] Lawrey Eric. The suitability of OFDM as a modulation technique for wireless telecommunications, with a CDMA[D]. Queensland, Australia: James Cook University, 2001.

[9] 中华人民共和国国家质量监督检验检疫总局，中国国家标准化管理委员会. 数字电视地面广播传输系统帧结构，信道编码和调制：GB 20600—2006 [S]. 北京：中国标准出版社，2006.

[10] 张文军，夏劲松，王匡，等. 高级数字电视广播系统传输方案[J]. 电视技术，2002, 26(1):6-12.

[11] 王军，韩猛，门爱东，等. 新一代数字电视传输标准 DMB-T 的关键技术[J]. 电讯技术，2001，(4):62-66.

[12] Eizmendi Iñaki, Velez Manuel, Gomez-Barquero David, et al. DVB-T2: The Second Generation of Terrestrial Digital Video Broadcasting System[J]. IEEE Transactions on Broadcasting, 2014, 60(2):258-271.

[13] Fay Luke, Michael Lachlan, Gómez-Barquero David, et al. An Overview of the ATSC 3.0 Physical Layer Specification[J]. IEEE Transactions on Broadcasting, 2016, 62(1):159-171.

[14] 何大治，赵康，徐异凌，等. ATSC 3.0 关键技术介绍[J]. 电视技术，2015，39(16):104-114，128.

[15] Xu Yiling, Xie Shaowei, Chen Hao, et al. DASH and MMT and Their Applications in ATSC 3.0[J]. 中兴通讯技术（英文版），2016, 14(1): 39-49.

第 8 章　流媒体系统

流媒体系统是指在互联网上传输以音频、视频等类型的数据流的媒体通信系统。该系统在传输数据的同时播放数据，一般采用客户端/服务器模式。由服务器所储存的音视频流可被客户端实时接收解码并播放，无须等待文件传输完毕。

随着互联网、通信网的宽带化发展，流媒体系统得到了不断改良和升级，播放效果不断提高。通过互联网看电视和视频逐渐发展起来，既可以收看直播、点播和回看，也可以玩游戏、植入个性化用户界面，甚至可以定制视频节目等。流媒体系统在在线视频播放、音乐播放、电视直播等领域应用日益广泛。通过互联网流化传输，无论是传统的广播电视，还是后来出现的互联网媒体，可统称为视频流媒体服务。

与传输资源专用管理的广播传输技术相比，互联网公网传输具有不稳定性。特别是随着高带宽消耗的网络流媒体服务不断涌现，单纯依赖高性能数据中心的网络结构已经无法为广泛分布于全球的用户提供可靠的服务。当时，互联网的技术和传输速率限制了“流畅地观看视频”这个目标的实现。为此 20 世纪 90 年代后期出现了内容分发网络（Content Delivery Network，CDN）技术，通过增加多个分布式代理服务器，降低源服务器负载，缩短传输路径，减少链路中的重复流量，从而缓解互联网流量压力，提升网络流媒体服务质量与可靠性。

基于 CDN 技术，视频流媒体服务主要有两种：IPTV（Internet Protocol Television）和 OTT（Over The Top）。IPTV 是电信运营商通过 IP 专网和专用 IPTV 机顶盒开展的一项视频业务，其显示终端通常是电视机。OTT 通过公共互联网提供视频流媒体服务，其显示终端可以是电视机、计算机和手机等联网显示终端。通俗来讲，IPTV 信号通过专网传输，需要购买运营商盒子或宽带；OTT 是在公网上连接家庭 Wi-Fi 即可获得 OTT TV 和短视频等互联网视频服务。本章首先介绍内容分发网络的典型架构和关键技术，在此基础上，重点介绍 IPTV 和 OTT TV 这两种主流的互联网电视系统。

8.1　内容分发网络

内容分发网络（Content Delivery Network，CDN）的基本思路是尽可能避开互联网上有可能影响数据传输速率和稳定性的瓶颈与环节，使内容传输得更快、更稳定。通过在网络各处放置服务节点服务器，构成在现有互联网基础之上的一层智能虚拟网络，CDN 能够实时地根据网络流量与各节点的连接、负载状况以及到用户的距离和响应时间等综合信息，将用户的请求重新导向离用户最近的服务节点上，其目的是使用户可就近取得所需内容，提高用户访问网站的响应速率。

8.1.1　典型 CDN 架构

CDN 的出现主要是因为宽带网的骨干带宽小，接入带宽大，它本质上是通过一种分布式服务器构成的网络，把热点内容存储在网络靠近接入侧的服务器上，从而使用户访问热点内容时不用再访问骨干侧的服务器，减小骨干网流量并提高服务质量。为了更形象地理解这一概念，我们通过增加 CDN 前后用户请求服务流程的变更来说明。

图 8-1 所示为传统浏览器/服务器（Browser/Server，B/S）架构用户请求流程。当用户向网站发起请求时，本机 DNS 或网站授权 DNS 服务器解析返回的均是网站源服务器的地址，由源服务器向用户提供服务。当用户数量较多时易造成源服务器瘫痪，此外，直接返回源服务器地址也存在一定安全隐患。

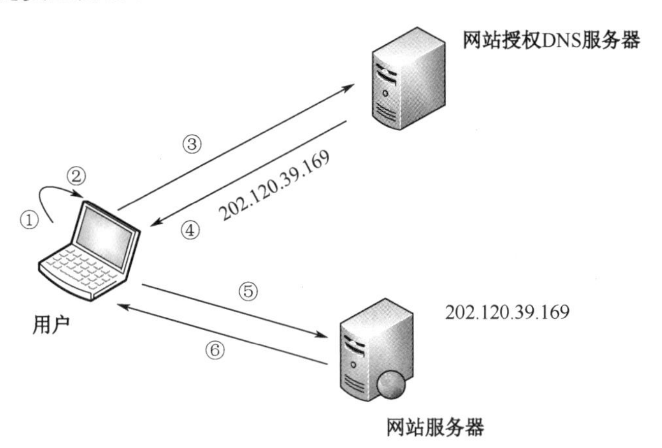

图 8-1　传统浏览器/服务器架构用户请求流程

如图 8-2 所示，加入 CDN 服务后，当用户向网站发起请求时，网站 DNS 服务器或 CDN DNS 服务器并不会返回源服务器地址，而是经过全局负载均衡系统/区域负载均衡系统的计算之后，返回一个最优 CDN 缓存服务器地址，由该服务器向用户提供服务。通过把内容发送到离用户更近的缓存服务器上的方式，提升了服务响应速率，减少了骨干网流量。

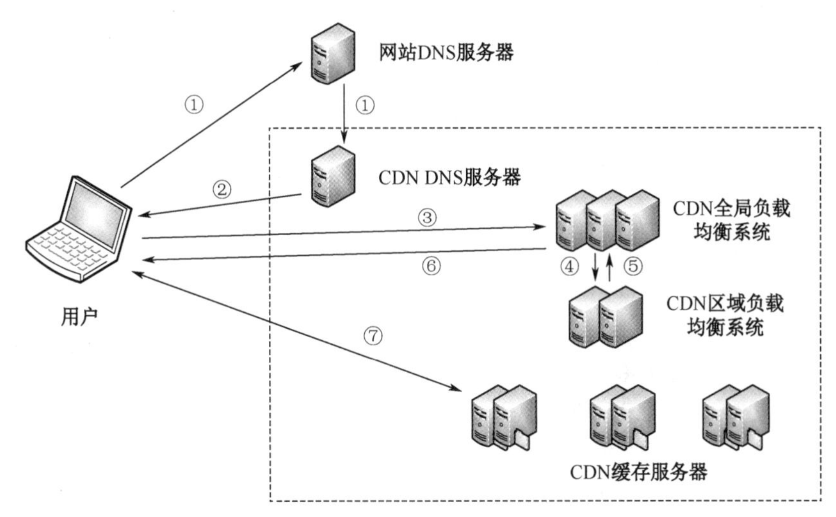

图 8-2　加入 CDN 后用户请求流程

加入了 CDN 之后浏览器的网络请求如下。

① 浏览器发起媒体 URL 请求，经过本地 DNS 解析，会将域名解析权交给域名 CNAME 指向的 CDN 专用 DNS 服务器。

② CDN 的 DNS 服务器将 CDN 的全局负载均衡设备 IP 地址返回给浏览器。

③ 浏览器向 CDN 全局负载均衡设备发起 URL 请求。

④ CDN 全局负载均衡设备根据用户 IP 地址，以及用户请求的 URL，选择一台用户所属区域的区域负载均衡设备，向其发起请求。

⑤ 区域负载均衡设备会为用户选择最合适的 CDN 缓存服务器（考虑的依据包括服务器负载情况、距用户的距离等），并返回给全局负载均衡设备。

⑥ 全局负载均衡设备将选中的 CDN 缓存服务器 IP 地址返回给用户。

⑦ 用户向 CDN 缓存服务器发起请求，缓存服务器响应用户请求，最终将用户所需要的内容返回给浏览器。

⑧ 使用 CDN 服务的网站，只需要将域名解析权交给 CDN 服务商，接着将需要分发的内容上传到 CDN，就可以实现内容加速了。

8.1.2 CDN 关键技术

为顺利完成 8.1.1 节所介绍的用户向网站发起请求的流程，如下几个问题需要解决：CDN 如何识别用户请求服务的内容、分配哪一个缓存服务器向用户提供服务，以及在存储空间有限的情况下应该将哪些内容存储到缓存服务器。这 3 个问题即为接下来要介绍的 CDN 的 3 个关键技术：内容统一标识、负载均衡策略，以及缓存替换算法。

1. 内容统一标识

CDN 需要依靠内容标识来定位内容，并为用户提供服务。CDN 的内容标识的唯一性很重要，如果内容标识出现重复，那么 CDN 就不能保证将正确的内容返回给用户。

在互联网中，统一资源定位符（Uniform Resource Locator，URL）用于标识互联网上的每个网页、每个资源，保证了内容标识的唯一性，使用 URL 来作为内容的统一标识，CDN 不再需要进行设置，但是这种方法也存在如下主要缺点。

① URL 中没有 CDN 可进一步利用的信息。在实际应用中，CDN 对内容加速时如果能根据内容的一些属性提供一些特殊功能，对提升 CDN 总体性能将十分有用。

② 在许多场景下，内容接入 CDN 通过内容管理系统（Content Management System，CMS）注入，通常这些内容使用内容管理系统功能进行唯一标识，没有使用 URL 作为标识。

考虑到 CDN 需要支持多源 CMS 和在同一 CMS 上存在多屏内容注入需求，可考虑引入二元组来唯一标识不同 CMS 注入不同内容域的唯一的内容文件。

定义二元组 UniContentID（ProviderID，ContentID）为 CDN 全网中进行全局调度的唯一内容标识。其中 ProviderID 为每个 CMS 的不同内容域在 CDN 中的唯一标识，需在 CDN 全网中进行配置。CDN 为每个 CMS 的内容域开户时，需要在接入点设置配置表。ContentID 为内容域中每个内容的唯一标识，在内容注入时分配。

2. 负载均衡策略

所谓负载，一般指处理节点的 CPU 负载、MEM 利用率、网络负载、可用缓冲区、应用系统负载、用户数量以及其他各种系统资源的当前状态信息。所谓负载均衡，是指处理节点的负载信息通过某代理软件传递给均衡器，由均衡器做出决策并对负载进行动态分配，从而使集群中各处理节点的负载相对趋于平衡。

由于 CDN 同一节点内往往包含多台服务器，为取得服务器性能的最优，需要应用负载均衡技术。当用户访问量较大时，单台缓存设备在处理繁重的内容分发任务时会在处理能力、吞吐能力等方面形成严重的性能瓶颈。在这种情况下，缓存服务器集群就是解决相关问题的有效手段。在用户和内容服务器之间部署缓存服务器集群，能够充分利用集群中各个节点形成的强大计算能力，同时各节点可以被并行访问，能够有效改善系统吞吐率。

负载均衡有两方面意义：首先，将大量的并发访问或数据流量分担到多台节点设备上分别处理，减少用户等待响应的时间；其次，单个重负载的运算分担到多台节点设备上做并行处理，每个节点设备处理结束后，将结果汇总，返回给用户，系统处理能力得到大幅度提高。负载均衡能够均衡所有的服务器和应用之间的通信负载，根据实时响应时间进行判断，将任务交由负载最轻的服务器来处理，以实现真正的智能通信管理和最佳的服务性能。目前有许多不同的负载均衡技术用以满足不同的应用需求，如软/硬件负载均衡、本地/全局负载均衡、链路聚合技术等。

负载均衡算法是负载均衡技术的核心内容。负载均衡的研究分为两个方向，即静态负载均衡和动态负载均衡。静态负载均衡是采用某种分配算法在任务执行前即确定分配到各个节点的方案，其分配基于系统平均情况，不考虑系统瞬时状态变化，基于对负载的计算量、通信关系和依赖关系，以及计算机集群本身的状况等先验知识或预测形成远程执行进程表。动态负载均衡可根据当前运行状态自适应决定负载均衡策略，动态方法是通过集群系统的实时负载信息，动态地将负载在各个计算节点之间进行分配和调整。

考虑到服务请求的不同类型、服务器的不同处理能力、网络状况以及随机选择造成的负载分配不均匀等问题，为了更加合理地把负载分配给内部的多个服务器，就需要应用相应的、能够正确反映各个服务器处理能力及网络状态的负载均衡算法，如轮转调度算法、随机均衡调度算法、最小连接调度算法等。

3. 缓存替换算法

从操作系统内存置换到 CPU 内存读取，缓存应用无处不在，在 CDN 中运用缓存技术同样可以提高 CDN 的运行效率。基于 CDN 的架构，不可能把所有资源都放在一个低层服务器上，需要对资源进行选择，并将选择出来的资源放到缓存中，缓存算法便是对这些资源进行选择和更新的过程。缓存，相当于部分原始数据的一个池，这些数据会通过缓存算法适时进行更新，以便很好地响应用户的请求。CDN 缓存的工作过程如下：用户发出一个请求，如果请求被命中，缓存将对用户的请求进行响应，返回其请求的数据；如果未被命中，缓存向上拉取用户需要的数据，并对其存储的数据进行替换。无论是否命中，缓存算法都应该更新每个资源对应的“分数”，这个分数将决定该资源能否继续待在缓存中。缓存算法的意义在于，根据用户的请求习惯，对缓存中的数据进行更新，使用户请求的命中率提高，或者从另一种角度看，缩短整体响应用户请求延迟，并同时极大地提高高峰时间网络所能承受的访问容量。一个良好的缓存算法，不仅重视命中率，还考虑相应的存储成本、运行效率等众多因素。总之，缓存算法是基于用户请求情况，对缓存中的数据进行筛选的过程，其目的在于提高响应用户请求的效率。

缓存算法发展至今，已经取得了一些令人满意的成果，从一开始的包括基于访问频率的算法到基于访问时间的算法正在不断完善。基于访问频率的算法，通过在某段时间内对资源被访问的次数进行统计，以此来判断该资源接下来会不会被访问。这类算法理所当然最容易理解，因此也最容易被接受，包括 LFU（Least Frequently Used）以及在此基础上发展起来的 2Q（2 Queues）、LIRS（Low Inter-reference Regency Set）等算法；基于访问时间的算法，通过记录资源访问的时间，以时间作为判断依据，包括 LRU（Least Recently Used）

算法；访问时间和访问频率相结合的算法，包括 LRFU（Least Recently Frequently Used）、FBR（Frequently Based Replacement）等算法。这些算法实现起来相对比较简单，因此快速被工业界接受。在学界，一个重要的方向是基于内容流行度的缓存替换算法，其目的是显著地提高缓存内容命中率。其核心思想是通过对大量用户观看数据的采集，采用一定指标量化流行度，对流行度进行建模。

8.2 互联网电视

互联网电视是一种融互联网、多媒体、通信等多种技术为一体，向用户提供包括数字电视在内的多种交互式视频流媒体服务的系统，主要包括流媒体服务、节目采编、存储及认证计费等子系统。一般情况下，互联网电视业务由网络视频运营商、电信运营商或广电运营商提供。用户在家中可采用两种固定有线方式获得服务：一是连接在宽带网上的计算机；二是普通电视机上家用网络电视机顶盒。在移动状态下，用户还可以通过移动网络用智能手机获得服务。网络视频运营商、广电运营商能够充分利用电视节目的内容优势，电信运营商可以充分利用网络资源的优势，两者结合可以为用户提供多种形式的电视节目。

互联网电视主要有以下 4 个特点。

① 承载在 IP 网络上，能够为用户提供高质量的数字媒体信息服务。

② 实现媒体提供者和消费者的实质性互动，用户可以互动点播喜欢的内容。

③ 电信、广电运营商在网络可管理条件下提供 IPTV 个性化网络视频业务。

④ OTT 视频运营商基于公共互联网，利用电信运行商的宽带传输和无线接入能力，为用户随时随地提供高质量视频流媒体服务。

本节将首先概述互联网电视的系统结构、关键技术、接入方式、产业生态及商业模式，在此基础上，分别针对 IPTV 和 OTT 两种主流的互联网电视商业模式展开介绍。

8.2.1 互联网电视概述

1. 系统结构

互联网电视在总体结构上分为 5 层：内容运营平台、业务运营平台、业务网络、承载网络和家庭网络。互联网电视系统结构如图 8-3 所示，整个系统首先由内容和业务运营平台进行内容、服务以及用户的接入、管理和控制；通过 CDN 对内容和服务进行视频处理、存储、均衡调度和分发；然后利用已有的承载网络传输内容和服务；最后由机顶盒解码、播放媒体文件，显示到用户视频终端上，并响应和上传用户服务请求，完成用户所需的服务。

（1）内容运营平台

内容运营平台主要包括由内容运营商以及第三方业务提供商建设的相关应用平台。内容运营平台主要由业务处理系统、运营支撑系统、内容管理系统、话单服务系统等组成。

内容运营平台主要负责相关音视频节目播放系统和监管系统的建设与管理，包含业务逻辑管理和处理、业务数据处理等基本业务处理功能；音视频节目内容的组织、转播、制作、审核、存储、管理和发布、播出控制、相关视听节目内容的安全等内容管理功能；系统管理、用户管理、服务管理、业务管理、DRM 管理、统计分析、认证鉴权、计费账务、对账结算等有关用户资料及业务资料管理的运营支撑功能；互联网电视话单的查询和统计等话单服务功能；与其他系统的相关接口功能。

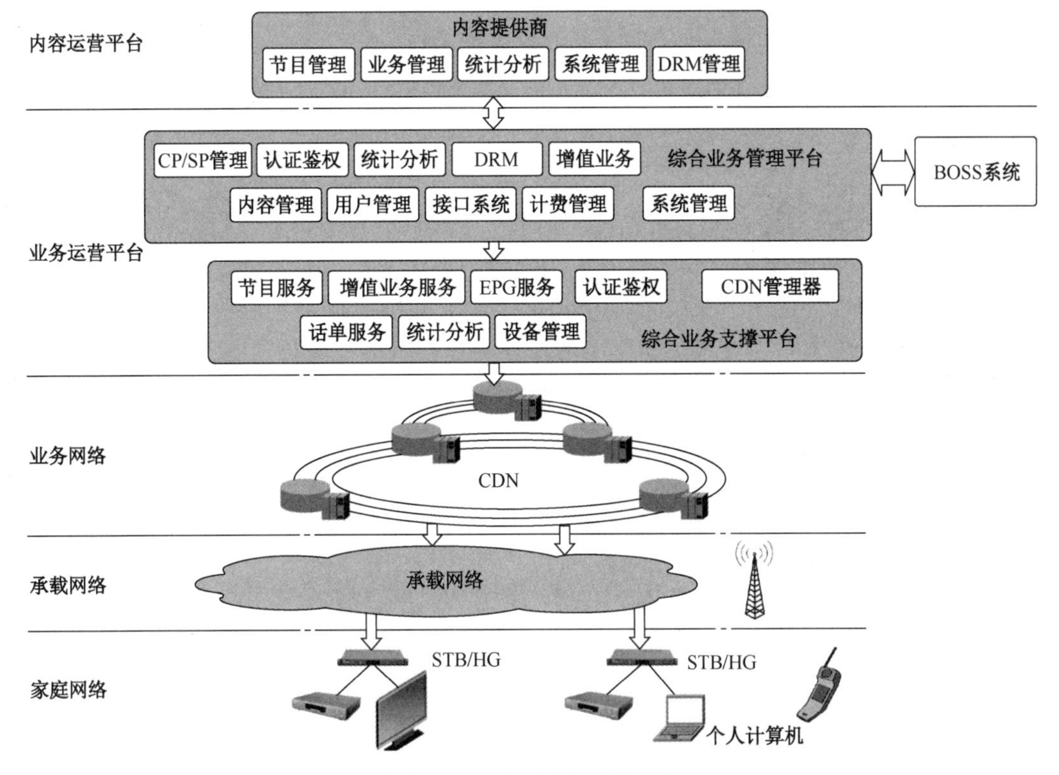

图 8-3　互联网电视系统结构

第三方业务提供相关平台的应用，包括游戏、信息服务、电子商务、互动节目等，这些应用需要发布到互联网电视平台上，供用户订购后使用。

（2）业务运营平台

业务运营平台用于业务运营商对互联网电视用户、内容提供商和业务提供商及其业务提供统一管理，包括认证鉴权、内容计费等，并实现与 BOSS（Business and Operation Support System）系统等的互通。业务运营平台主要由业务处理系统、内容管理系统、运营支撑系统、内容分发系统、EPG 功能软件、机顶盒版本管理系统、话单服务系统、接口系统以及各种业务功能模块等组成。

业务运营平台提供以下功能。

① 业务处理：实现系统管理、计费实现、业务逻辑管理和处理、业务数据处理、话单管理、接口等功能。

② 内容管理：提供内容操作、内容审批、内容发布、计划安排、广告管理、资费管理等功能。

③ 运营支撑：实现用户管理、SP 管理、服务管理、DRM 管理、系统管理、统计分析、认证鉴权、计费账务、对账结算、外部接口等功能。

④ 内容分发：主要包括内容分发、内容路由、均衡调度、媒体服务等功能。

⑤ EPG：包括 EPG 模板制作、信息收集与生成等功能。

⑥ 机顶盒版本管理软件：实现对终端用户机顶盒的版本管理功能。

⑦ 话单服务：提供互联网电视话单的查询和统计。

⑧ 直播中继：在不支持全网多播的情况下，将直播节目通过 VDN 由省中心节点经过区域中心节点层层中继到边缘节点，边缘节点再结合网络具体情况以单播或多播的方式为最终用户提供直播服务。

⑨ 接口：实现与其他系统的对接。

（3）业务网络

业务网络（Video Delivery Network，VDN）是在现有宽带网络基础上，通过层次化部署流媒体服务器的方式构建而成的一个分发网络，位于视频源系统和宽带接入网之间，完成视频数据的导入、存储、分发和服务等功能。设备主要包括流媒体服务器和存储设备。

VDN 把视频内容推送到网络边缘，为用户就近提供服务，从而有效提高了服务质量，降低了骨干网络的传输压力，为互联网电视业务规模应用提供了基础。同时，通过灵活配置边缘流媒体服务器的方式有效地解决了伸缩性问题。点播业务（Video on Demand，VoD）就是借助 VDN 网络的内容分发调度功能实现的，它能使用户从最合适的流媒体服务器获取服务。

VDN 实现了下列功能。

① 内容调度：根据策略快速调度内容，使内容分布合理化，目的是均衡内容和提高业务质量。调度对象包括直播内容、点播内容。

② 内容定位：提供内容定位服务。

③ 服务调度：根据内容位置、距离、带宽、负载实时调度用户服务请求。

（4）承载网络

承载网络主要基于宽带网络构建，包括骨干网、城域网和接入网。当大规模布点时，IPTV 平台需要综合考虑如下要素，以实现承载网络对互联网电视业务的全面支持。

① QoS（Quality of Service）保障：包括低丢包率、时延、抖动；不同业务的优先级保证；高带宽保障。根据用户的接收习惯，不同业务可接受的 QoS 要求如表 8-1 所示。

表 8-1 视频业务 QoS 要求

业务	时延	抖动	丢包率
视频直播	1s	1s	1/1000
视频点播	2s	1s	1/1000
可视电话/视频会议	150ms	20ms	1/1000

② 多播能力：包括多播协议支持；多播控制管理；频道快速切换；多播转发能力。由于互联网电视直播业务适宜采用多播方式向用户提供，因此承载网络必须提供对多播网络的支持。网络骨干层设备必须要支持 PIM（Protocal Independent Multicast）协议，接入层和汇聚层要支持 IGMP（Internet Group Management Protocol）、IGMP Snooping/Proxy，以便实现可控多播。广播节目内容首先推送到城域网内，由城域网内的多播源通过城域网多播发送到汇聚层边缘业务接入控制点（Broadband Remote Access Server/Service Router，BRAS/SR），再由业务接入控制点通过接入层提供给用户。

③ 安全要素：实现信源合法性及传输安全性等方面的控制；实现对用户及业务提供商的管理；实现视频业务的隔离。

④ 可靠性要求：节目源的可靠连接以及网络的可靠性。

（5）家庭网络

当前宽带用户中主流接入方式为非对称数字用户线路（Asymmetric Digital Subscriber Line，ADSL）和局域网（Local Access Network，LAN），其中尤其以 ADSL 用户为多。下面以 ADSL 接入用户为例说明当前 IPTV 发展中家庭网络的实现方式。

为了满足以后多业务需求，可以部署多用户端口的 ADSLModem 或 HGW 家庭智能终端设备，连接多台 PC 和机顶盒，或者其他家庭智能终端设备，实现互联网电视、Internet 浏览、VoIP（Voice over IP）等业务；可以使用支持无线以及以太网接入的机顶盒实现多业务享受；对于高端用户，可以使用综合家庭网关设备来实现家庭网络部署和互联网电视业务。

2．**关键技术**

互联网电视涉及的主要技术包括视频编解码技术、视频分发技术、视频切片技术、动态主机配置协议（Dynamic Host Configuration Protocol，DHCP）技术、组播和存储区域网络（Storage Area Network，SAN）存储技术等。

（1）视频编解码技术

流媒体是指当一段音视频数据到达用户的接收客户端时，播放器就会开始播放文件，在播放的同时，后续的视频数据会不断地进行加载，缩短了等待加载的时间，方便了用户观看。流媒体技术建设和发展的核心是音视频编码技术，其主要的作用是将不适合当前网络传输使用的大体积音视频文件进行压缩，以便于进行网络传输。文件在传输至用户的客户端之后需要进行解码，将小体积文件恢复为原先的音视频文件。这种技术的出现减轻了网络视频观看过程中的网络压力，是实现视频在线观看的关键。

视频编解码技术是互联网电视的关键技术之一，相应的解码技术则是在用户终端对压缩的视频码流进行解压缩、重建图像的过程。一般用于互联网电视的编码标准主要有 MPEG-2、MPEG-4、H.264/AVC、H.265/HEVC、AVS、VC-1、VC-9 等。至于具体编解码的实现方式，可以采用硬件实现，也可以在通用处理器上用软件实现，当然还可以采用软件与硬件相结合的实现方式。

（2）流媒体传输技术

互联网流媒体发送采用服务器/客户端模式，服务器负责媒体内容的存储、播放和管理，客户端负责接收、解压和播放所需的媒体内容。互联网电视服务流程如图 8-4 所示。IPTV 中心服务器把媒体文件或实时视频流编码成流文件格式存储待发；用户通过电子节目指南 EPG 菜单获得 IPTV 中心的电视节目信息，并发起点播请求；IPTV 中心流媒体服务器收到请求并响应，将用户请求的流文件采用第 6 章中介绍的流媒体传输协议 RTP、DASH 等，发送给用户机顶盒或其他客户端。客户端启动媒体播放器，接收视频流文件包并放置本地缓冲区后即可开始播放。

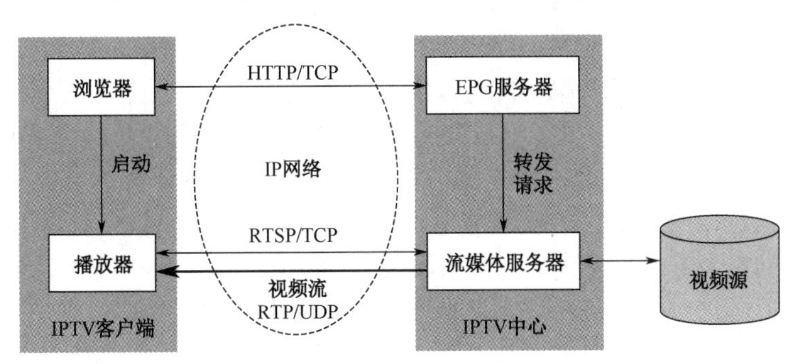

图 8-4　互联网电视服务流程

（3）网络传播模式

互联网电视的媒体数据是在 IP 网络中传输的，因此它也支持 IP 网络的 3 种传播模式：广播、组播和单播。广播方式比较简单，很容易实现，用户的收看体验和以往的电视广播差别不大。互联网比较有特点的是单播和组播。单播方式具有个性和交互性，接收的内容和时间取决于用户，相当于视频点播 VoD。组播方式是把数据包发送到特定组播组，只有属于该组播组地址的用户才能收到组播数据流。互联网电视的广播类节目比较适合利用组播技术传输，这样可以节省网络带宽及服务器资源，改善网络流量结构，提高数据传送效率，减少主干网出现拥塞的可能性，减轻网络传输的压力。当然，组播方式是非交互型的，用户对内容的选择是被动的，只限于所提供的频道和节目。

（4）内容分发网络（CDN）

8.1 节介绍的内容分发网络是一种新型的网络构建方式，是经过特别优化的网络覆盖层。通过对用户就近性和服务器负载的判断，CDN 确保系统以一种极为高效的方式为用户提供服务。

3．接入方式

IPTV 用户端可以采用多种接入方式，最常用的方式是 ADSL，也可以采用光纤电路的接入方式。用户在家中只要安装了宽带，通过电视机和机顶盒就可享受互联网上的全部精彩内容。如果用户端有计算机，还可以在看电视的同时进行网上“冲浪”。互联网平台通常有以下几种接入方式，用户可根据实际情况灵活选择适合的接入方式。

① 采用“宽带+电视+计算机+机顶盒”接入。“宽带+电视+计算机+机顶盒”接入方式适合拥有计算机和电视的家庭用户，采用 PPPoE 认证方式，能够在看电视的同时使用计算机上网（BRAS 来划分带宽，在宽带 MODEM 和 DSLAM 上划分 2 个不同的 VPI/VCI，分别对应机顶盒和计算机）。另外，家中无计算机仅有电视的用户也可以通过这种方式接入 IPTV 平台，同样可以观看到精彩的 IPTV 电视节目。

② 采用“LAN+机顶盒”接入。“LAN+机顶盒”接入方式适合企业用户，采用 DHCP 认证方式，能够实现看电视的同时使用计算机上网。

4．产业生态及商业模式

IPTV 的一个最主要特点是实时宽带交互性，使其既不同于传统的有线电视，也不同于正在兴起的常规数字电视。IPTV 能使用户不受时间限制，随时选择形式多样化、操作简易及个性化的互动多媒体服务，并采取多种有效的宽带接入，以最大限度地方便用户个性化宽带应用。

就用户欣赏视频节目的个性化需求而言，互联网可为用户创造明显的新价值，可按自身需求随时选择自己愿意欣赏的节目，从而一方面可节省时间，提高效率；另一方面可根本摆脱在电视机前等待想看节目的播出，而由于某种原因未看到某一节目而产生遗憾，以及面对不想看的广告的无休止冲击等情况。此外，互联网电视创造的更重要的新价值在于其整体产业链及产业生态环境。其直接层面涉及节目制作、内容提供、多样化接入、可靠有效的宽带 IP 网络、增强流媒体的 CDN、数字版权保护管理的 DRM、包括计费及维护在内的网络运营，以及包括通用机顶盒或网卡在内的互联网电视终端设备等；其间接增值层面还包括信息电子行业的软硬件、网络及终端安全运行、媒体节目运作、网站内容服务，以及信息电信增值服务等方面。而且以用户为中心来观察，这是一个有巨大创新空间的产业生态环境。

目前，互联网电视技术应用主要有 2 种商业模式。一种模式是互联网电视的服务和基础设施由同一方提供，称为 IPTV 模式。网络运营商利用互联网电视系统技术提供全套电视业务，既提供点播 VoD 业务，又提供频道化的节目。业务覆盖目前的广播式节目频道业务与 VoD 节目业务的全部功能，将 IPTV 业务与它们提供的语音和宽带数据业务进行捆绑，对新的业务提供价格补贴和支持。IPTV 业务对广播式节目频道业务按月收费，对 IPTV VoD 业务则按节目及收看的时间长短或次数收费。

另一种模式是仅利用运营商的网络，而应用服务则由运营商之外的第三方提供，称为 OTT 互联网电视模式。运营商利用互联网系统技术，用自己的 OTT 前端连接到互联网上，或者与相应网络运营商的网相连。用户可用 PC 或 IP STB，通过所在的宽带接入网实现 OTT 终端点播和下载 OTT 节目功能。总的来说，OTT 互联网电视在点播资源上更丰富，更新也更及时；而 IPTV 互联网电视有政策方面的先天优势，多数用户已经习惯使用 IPTV 盒子看直播，使用 OTT 盒子看点播，这种情况应该会持续一段时间。

8.2.2　IPTV

IPTV 即 IP 网络电视，是一种利用宽带有线电视网，融互联网、多媒体、通信等多种技术为一体，向家庭用户提供包括数字电视在内的多种交互式服务的崭新技术。用户在家中可以享受 IPTV 服务。IPTV 既不同于传统的模拟式有线电视，也不同于经典的数字电视，因为传统的模拟电视和经典的数字电视都具有频分制、定时、单向广播等特点。尽管经典的数字电视相对于模拟电视有许多技术革新，但只是信号形式的改变，而没有触及媒体内容的传播方式。

对于 IPTV 的电视服务、通信服务，服务和基础设施由同一方提供。IPTV 服务形式如图 8-5 所示。

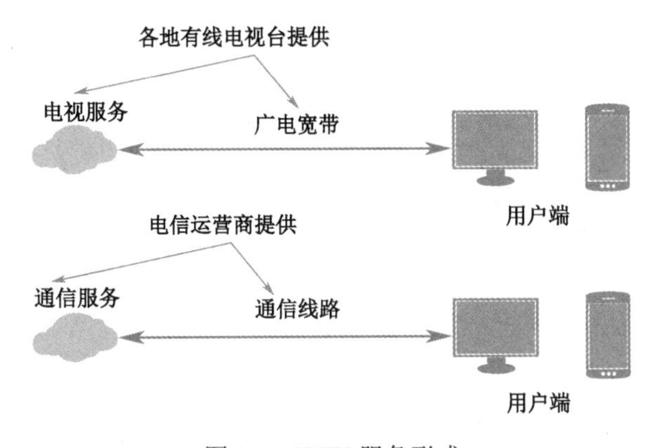

图 8-5　IPTV 服务形式

图 8-6 所示为 IPTV 系统的功能性架构。从直播电视或 DVD 等渠道获取内容资源，经编码处理后发送至内容制作单元。具体的编码格式符合 IPTV 平台业务编码标准，如转为 MEPG-2、MEPG-4、H.264 等编码格式。经内容制作单元处理后生成流媒体文件传输至内容加密存储单元。内容加密存储单元在获取内容资源后，首先由数字版权管理系统进行统一的加密处理以保护内容版权。数字版权管理系统利用生成的密钥加密内容资源后，将解密密钥传送至用户端的机顶盒中以便于播放解密。加密处理后的内容资源经内容分发单元进行发布，内容分发单元采用内容分发网络（CDN）将用户点播的内容资源实时分发到用户附件的边缘服务器，以提高响应速率。内容播出单元从内容分发单元接收到内容资源后经用户端的机顶盒进行内容播放。当用户在使用机顶盒时，首先进行业务认证，经认证管理系统认证通过后，用户根据节目内容发起内容请求。机顶盒利用获取到的解密密钥对接收的内容资源解密后输

出至用户电视或PC端播放。

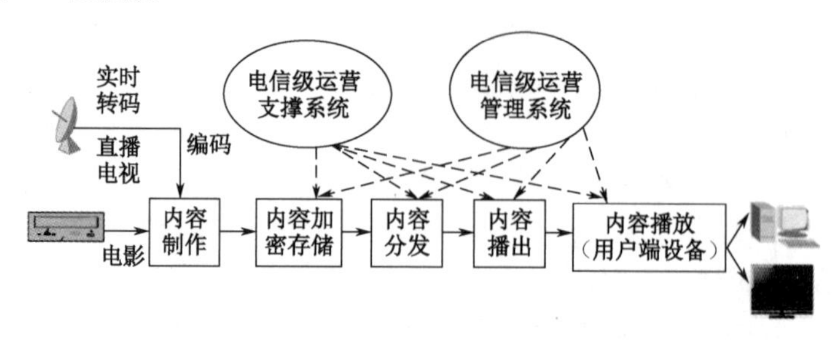

图8-6 IPTV系统的功能性架构

IPTV系统中终端用户有点播和广播两种接收方式。流媒体传送系统的主要设备是中心边缘流媒体服务器与存储分发网络。流媒体服务器具有较高的稳定性，支持多个并发流和直播流的需求，而存储分发网络由多个服务器组成，通过负载均衡（如CDN）来大规模组网。

在点播接收方式下，为避免消耗大量骨干网带宽，又要保证QoS，就必须使得IP网络能有效地将用户接入网络，尽最大可能使用户就近访问，而内容分发网络可以提供支持，并且在一定程度上保证QoS并提高响应速率。CDN通过互联网高效传递多媒体业务内容，把流媒体内容从源服务器复制并分发到最靠近用户的缓存服务器上，当终端用户请求某个业务时，由最靠近请求来源地的缓存服务器提供服务。如果缓存服务器没有用户想要访问的内容，CDN会自动到源服务器中提取相应的内容提供给用户。

在广播接收方式下，用户对内容的选择仅限于所提供的频道。用户看到的广播的内容是相同的，为了减少网络带宽的浪费，IP网络应具备多播功能。多播能够控制网络流量、提高数据传输效率，能够消除流量冗余、优化性能，使多点分布式成为可能。

下面以典型IPTV为例，介绍其编码和传输技术。

1. IPTV**的编码技术**

视频编码技术是决定视频质量和资源消耗的关键技术。所谓视频编码技术，是指通过特定的压缩技术，将某个视频格式的文件转换成另一种视频格式文件的技术实现方式。好的视频编码技术可以在尽量不损失视频质量的情况下，采用较高的压缩比，将原始视频文件变小，从而降低资源存储要求和传输网络的带宽消耗。

如表8-2所示，IPTV业务的视频编码大多采用H.264方式，一般要求采用固定比特率（Constant Bit Rate，CBR）的编码方式，以避免传输时带来的带宽波动，同时视频编码要求支持场编码及帧编码方式，并采用ITU-T H.222.0中定义的TS流进行封装。IPTV通过CBR编码方式和RTP实时流传输机制，在网络QoS有保障的基础上，提供可运营的QoE服务。

表8-2 IPTV的编码技术

编码方式	H.264
码率控制	编码器工作在中高码率状态下，采用一次编码的CBR方式
封装格式	TS文件
编码复杂度	计算资源消耗较少，实时性高
网络依赖性	传输采用RTP方式，通过以传输码率等于编码码率换取播放的实时性，代价是要求网络QoS稳定

2. IPTV**的流传输技术**

如表8-3所示，在承载网络上，IPTV用专网承载，网络轻载、质量稳定；在传输机制上，

IPTV 以实时流媒体方式传输，采用 RTP/UDP，所以对网络分组丢失敏感且网络带宽必须稳定，网络适应能力较差。IPTV 采用固定码率编码，对网络带宽要求较高。IPTV 一般采用实时流媒体传输的方式，实时流媒体传输总是实时传送的，可以实现实况转播，支持随机访问，用户可快进或后退以观看前面或后面的内容。实时流式传输必须匹配连接带宽，也就是说，如果文件比特率超过连接速率，观看将会断续。而且，由于出错丢失的信息会被服务器忽略，当网络拥挤或出现问题时，视频质量会下降，因此要想保证视频质量，选择顺序流式传输会更好。实时流式传输需要特定的服务器，如 Quick Time Streaming Server、Real System IQ 与 Windows Media Server。这些服务器允许对媒体发送进行更多级别的控制，因而系统设置、管理比标准 HTTP 服务器更复杂。实时流式传输使用与之适应的网络传输协议，如 RTSP（Real-Time Stream Protocol）或 MMS（Microsoft Media Server），在有防火墙时这些协议有时会出现问题，导致用户不能看到某些地区的实时内容。

表 8-3　IPTV 的流传输技术

业务类型	直播、单播均支持
承载网络	运营商专网
视频传输形式	实时流媒体
视频承载协议	RTSP 承载信令，RTP 承载视频内容，通过 UDP 传输
视频传输特征	服务端按编码速率推送码流
播放时延	较小缓存立即启动播放
网络适应能力	不支持码率自适应，对网络分组丢失敏感，对网络时延不敏感

IPTV 与以下传输技术的进展直接相关。

（1）宽带接入技术：流媒体传送的有效通路。在目前所使用的宽带接入技术中，DSL 是一种能够通过普通电话线提供宽带数据业务的技术。大家常用的非对称数字用户环路（Asymmetrical Digital Subscriber Line，ADSL）技术可以提供下行 8Mbps 的带宽，ITU-T 的 G.992.1 中对 ADSL 的标准已经有详细的定义。而随着技术的快速发展，ITU-T 又分别在 2002 年 6 月和 2003 年 1 月推出了两个新一代 ADSL 标准：ADSL2（G.992.3）和 ADSL2+（G.992.5）。ADSL2 支持的最大上下行速率为 1.3Mbps/15Mbps，而 ADSL2+支持的最大上下行速率可达 1.3Mbps/24Mbps。更高的带宽使传输大量的流媒体成为可能。

（2）IP 组播路由技术：流媒体分发的强大支持。IP 组播路由技术实现了 IP 网络中点到多点的高效数据传输，可以有效节约网络带宽、降低网络负载。组播是一种允许一个或多个发送者（组播源）同时发送相同的数据包给多个接收者的一种网络技术，是一种能够在不增加骨干网负载的情况下，成倍增加业务用户数量的有效方案，因此成为当前大流量视频业务的首选方案。在 IPTV 的应用中，利用 IP 组播路由技术，可以有效地分发媒体流，减少网络流量。目前接入设备通过 IGMP Proxy 功能，实现了用户的按需加入、离开等功能，这样既实现了媒体流的按需分发，又减少了组播对带宽的过度占用。随着 IP 组播技术在综合接入设备上的应用，大多数的设备都支持 IGMP Snooping 和 IGMP Proxy 功能。

IGMP Snooping 是解决 IP 组播在二层网络设备上广播泛滥的一种基本解决方法。通过在二层网络设备上监听用户端和组播路由设备间的 IGMP 协议消息，获取组播业务的用户列表信息，将组播数据根据当前的用户信息进行转发，从而达到抑制二层组播泛滥的目的。

IGMP Proxy 通过代理机制为二层设备的组播业务提供了一种完整的解决方案，实现了 IGMP Proxy 的二层网络设备，对用户侧承担服务器的角色，定期查询用户信息，对于网络路由侧又承担客户端的角色，在需要时将当前的用户信息发送给网络。不仅能够达到抑制二层组播泛滥的目的，还能有效地获取和控制用户信息，同时在减少网络侧协议消息以降低网络负荷方面起到一定作用。

8.2.3 OTT TV

20 世纪 60 年代末，源自美国军方的阿帕网（Advanced Research Projects Agency Network，ARPAnet）正式启用，当时仅连接了 4 台计算机，供科学家们进行计算机联网实验用，ARPAnet 即因特网的前身。到 20 世纪 80 年代末，万维网（World Wide Web，WWW）的出现，使互联网的面貌发生了根本变化，互联网获得了急速发展，使其从单纯的数据通信网络发展成能够在世界范围内共享和发送信息的分布式网络。到 20 世纪末，内容分发网络 CDN 技术的提出使得“World Wide Wait”的状态有了很好的解决方案，为流媒体服务的高速发展奠定了基础。

OTT，即 Over The Top，是指通过互联网向用户提供各种应用服务。OTT 这一词汇源于篮球运动，是过顶传球的意思，指运动员在他们头顶上来回传送篮球而到达目的地，其意指在网络之上提供服务，强调服务与物理网络的无关性。OTT 也是国际互联网运营商对互联网电视业务的一种称呼，全称是 OTT TV，其本质是利用统一的内容管理与分发平台，通过开放的互联网，向智能机顶盒提供高清的视频、游戏和其他多媒体应用。从消费者的角度出发，OTT TV 就是互联网电视，满足消费者的需求，集成互动电视功能的全功能的互联网电视。目前，典型的 OTT 业务有互联网电视业务、苹果应用商店等。OTT TV 指基于开放互联网的视频服务，终端为 OTT 机顶盒+显示屏、电视机、计算机、机顶盒、PAD、智能手机等，有的电视机内置了 OTT 机顶盒。在国际上，OTT TV 指通过公共互联网面向电视传输的 IP 视频和互联网应用融合的服务。其接收终端为互联网电视一体机或机顶盒+电视机。

OTT 提供的应用服务区别于运营商所提供的通信业务，OTT 应用服务仅利用运营商的网络，而服务则由运营商之外的第三方提供。OTT 服务形式如图 8-7 所示。

举一个例子，用户在家通过电信宽带网络上优酷观看视频，优酷（第三方）向电信（运营商）购买了带宽/流量（内容提供商也需要向网络运营商购买带宽/流量），电信并不知道优酷给用户提供的服务内容是什么，优酷仅仅是利用电信的基础设施向用户提供服务，这种服务类型就是 OTT 服务。打一个比方，物流公司的货车（第三方）在基建部门设立的高速公路收费站（运营商）需要根据运行距离缴纳使用高速公路的费用，但收费站并不知道货车中运送的具体货物是什么，这时物流公司的货车就是使用了 OTT 服务。

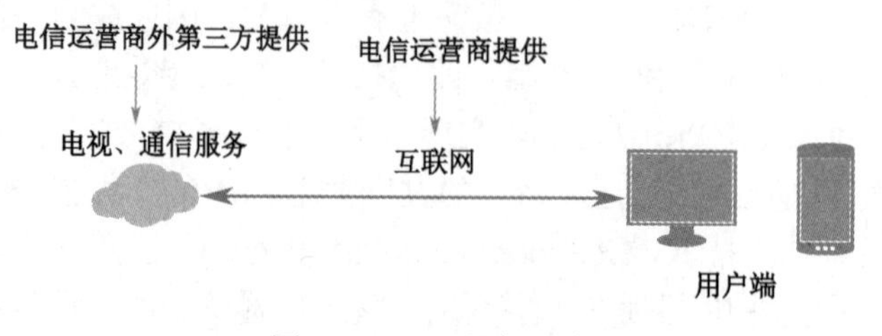

图 8-7 OTT 服务形式

OTT TV 运作产业链如图 8-8 所示。OTT 电视的运营链条中主要包含 5 种。① 电视内容制作方：负责电视内容和视频平台的内容生产和制作。② 内容服务牌照商：对互联网电视内容汇集、审核、编排和版权管理，提供符合播出要求的内容服务平台。截至 2020 年 12 月，国内 OTT 电视内容服务牌照商共有 16 家。③ OTT 电视集成平台牌照商：对互联网电视业务进行集成和管理，提供节目集成和播出、EPG 管理、用户管理、数字版权保护、计费管理等服务的平台。④ 电信运营商：负责电视内容的传输和用户侧服务平台的搭建。⑤ 硬件设备制造厂商：负责大屏电视和 OTT 机顶盒的供应。

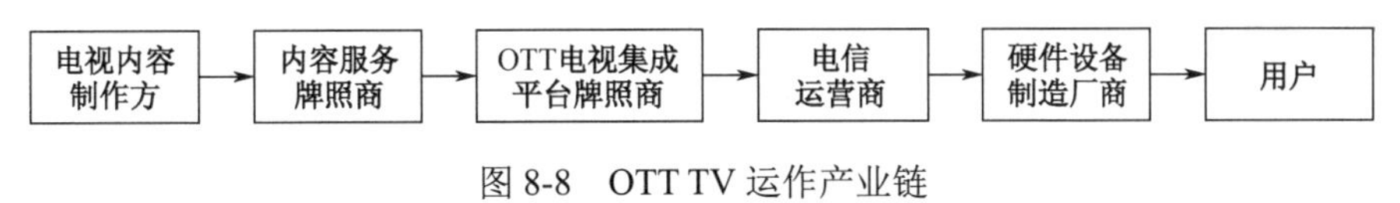

图 8-8　OTT TV 运作产业链

OTT 的系统框架与 IPTV 几乎相同，两者的主要区别在于 OTT 的内容提供者是第三方，如表 8-4 所示。OTT 可以使用任何网络接入，其内容和服务可以跳过运营商通过网络直接面向用户提供。

表 8-4　IPTV 与 OTT TV 主要属性对比

项目	OTT TV	IPTV
业务类型	以单播为主	直播、单播均支持
承载网络	互联网	运营商专网
视频传输形式	渐进式下载	实时流媒体
视频承载协议	HTTP 承载信令和视频内容，通过 TCP 传输	RTSP 承载信令，RTP 承载视频内容，通过 UDP 传输
视频传输特征	客户端按网络带宽拉取码流	服务端按编码速率推送码流
播放时延	较大缓存后启动播放	较小缓存立即启动播放
网络适应能力	支持码率自适应，对网络分组丢失不敏感，对网络时延、抖动敏感	不支持码率自适应，对网络分组丢失敏感，对网络时延不敏感

1．OTT TV 的编码技术

如表 8-5 所示，OTT TV 业务的视频编码以 H.264 方式为主（其他有 VP8、H.265）并采用 TS 流或 MP4 格式流进行封装。一般采用 H.264 多次编码的可变比特率（Variable Bit Rate，VBR）编码方式，以尽量低的平均码率获取尽可能高的视频质量，围绕此目的所采用的编码参数也相对复杂，包括采用离线多次编码方式、更复杂的运动估计算法、VBR 控制算法、下变换降低分辨率、更高的编码级别、更长的图像组（Group of Picture，GOP）长度、更多的参考帧等。

OTT TV 视频编码采用 VBR 编码方式和 HTTP 下载传输方式，通过增加终端缓存平滑传输机制，以应对开放互联网的网络 QoS 状况。OTT TV 采用的 VBR 编码方式相比于 IPTV 采用的 CBR 编码方式，更适合 OTT TV 视频所处的网络环境、视频质量要求和业务性质。对于网络带宽稳定性无保障以及对视频实时性要求不高的情况，一般采用 VBR 编码。VBR 编码能根据网络当前情况采用不同码率的编码，但是在网络拥塞的情况下视频质量下降明显。与 CBR 技术相比，VBR 的优点是显著地减少了“填充比特”，大大提高了传输和存储媒体的资源利用率，并且就主观图像质量而言，它可以明显地消除在固定码率压缩中出现的高速运动和色彩鲜艳的图像中的锯齿；缺点是编码器的技术难度大、压缩速率慢，以及最终影片的平均码率不好控制。

表 8-5 OTT TV 的编码技术

编码方式	以 H.264 为主（其他有 VP8、H.265）
码率控制	编码器工作在低码率状态下，采用多次编码的 VBR 方式
封装格式	TS、MP4 文件（HTTP 下载） TS、MP4 切片（HTTP 流）
编码复杂度	多次编码，计算资源消耗较多，实时性差
网络依赖性	传输采用 HTTP 下载方式时，通过增大终端缓存换取对网络 QoS 依赖的降低

2．OTT TV 的流传输技术

OTT TV 一般采用顺序流式传输技术，即 HTTP 流媒体技术。在下载文件的同时用户可观看在线媒体。顺序流式传输在高带宽（带宽大于流媒体文件的比特率）的情况下，可以实现边下载边播放，网络分组丢失会重新传输直至用户收到，所以能够保证视频播放的最终质量，因此，它一般被用来传输高质量的短片段，如片头、片尾和广告。顺序流式传输不适用广播实况流，不能跳过头部，必须先下完前面的才可以看后面的，必须经历时延。为了充分利用网络的带宽，OTT TV 也引入了自适应机制，发送端根据接收端的反馈信息预测网络状况，并据此采用某种策略实现对发送码率的动态调整。随机、突发的分组丢失和过大的时延、抖动对视频质量具有极大的破坏性，通过采用优良的自适应传输策略，可以充分利用网络带宽，提高视频数据的传输效率，保证流媒体服务的传输质量。

习 题

1．简述 CDN 发展历程及主要特点。
2．一个典型的内容分发网络应包括哪些构件？
3．OTT 中有哪些关键技术？主要解决什么问题？
4．简述网络单播和网络组播的优缺点。

参 考 文 献

[1] 朱秀昌，唐贵进. IP 网络视频传输——技术、标准和应用[M]. 北京：人民邮电出版社，2017.
[2] 梁洁，陈戈，庄一嵘，等. 内容分发网络（CDN）关键技术、架构与应用[M]. 北京：人民邮电出版社，2013.
[3] 雷葆华. CDN 技术详解[M]. 北京：电子工业出版社，2012.
[4] 强明军. IPTV 网络的研究与应用[D]. 湖北：华中师范大学，2007.
[5] 张旭博，曲君国，何继进. IPTV 网络安全分析[J]. 通信技术，201952（10）：2507-2513.
[6] 崔星星，肖明坤. 浅谈电信新型城域网架构下 IPTV CDN 演进趋势[J]. 通信世界，2021（5）：46-48.
[7] 施唯佳，蒋力，贾立鼎. OTT TV 和 IPTV 的技术比较分析[J]. 电信科学，2014，30（5）：15-19.

第 9 章　视频会议系统

视频会议系统是一种可以实现远程实时视听交流的视频通信系统。作为当今流行的远程协作技术之一，视频会议系统最早起源于模拟可视电话，也称为会议电视；随着数字技术和计算机技术的发展，一些大公司开始研发性能更好的专用视频会议系统；网络技术的发展，促使采用 IP 技术的网络视频会议系统开始逐渐取代传统的专用视频会议系统；移动终端和云计算技术的不断发展，使得人们可以通过手机和平板电脑等便携设备在任何地方实现视频会议。视频会议系统已成为网络化时代新兴的视频通信方式之一。

H.323 是由国际电信联盟建立的第一个基于 IP 的实时多媒体通信的通信协议。WebRTC 是 W3C（World Wide Web Consortium）和 IETF（Internet Engineering Task Force）标准组织建立的面向浏览器终端的互联网实时通信标准。本章重点围绕这两类当前主流的支持视频会议系统的国际标准，分别介绍其技术框架和关键要素。

9.1　国际电信联盟会议系统（H.323）

H.323 提供了定义良好的系统架构，涵盖通信各阶段媒体使用的实施指南。H.323 自身也是一个协议簇，主要包括 H.225、H.245、H.332 及 H.450 等重要协议。H.225 主要用于建立呼叫，H.332 主要用于大型会议服务，H.450 则用于补充服务。H.245 为多媒体通信控制协议，定义了请求、应答、信令和指示 4 种信息，通过在各种终端间进行通信能力协商、打开/关闭逻辑信道、发送命令或指示等操作，完成对通信的控制，提供端到端信令。以上协议共同规定了在基于分组交换的网络上提供多媒体通信的部件、协议和规程，保证了 H.323 各项工作进程能够相互协调运行。

9.1.1　H.323 系统概述

H.323 整体架构如图 9-1 所示，其关键组件包括终端（Terminal）、网关（Gateway）、网守（Gatekeeper）、多点控制器单元（MC Units，MCU），组件之间通过信息流进行通信。其中 MCU 可以分解为多点控制器（Multipoint Controllers，MC）和多点处理器（Multipoint Processor，MP）。

信息流本质是传输过程中的视频、音频、数据、通信控制信号和呼叫控制信号。音频信号包括数字化和编码后的语音，视频信号包括数字化和编码后的动态视频，数据信号包括图片、传真、文档、计算机文件和其他数据流。其中音频和视频信号通常伴随有对应的通信控制信号，这些通信控制信号用于容量信息交换、打开和关闭逻辑通道、通信模式控制和其他通信控制。呼叫控制信号则用于建立、断开连接和其他呼叫控制。上述信息流按 H.323 标准格式封装后发送到网络接口。本节将对这些关键组件一一介绍。

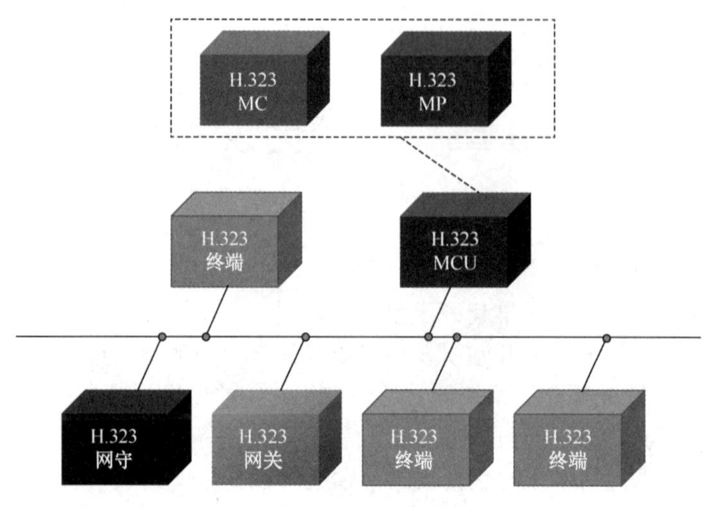

图 9-1　H.323 整体架构

1．**终端**

通常，终端包括视频 I/O 设备、音频 I/O 设备，以及承载用户应用程序和系统控制界面的设备。系统控制方面要求所有终端必须支持多媒体通信控制协议 H.245，并支持基于 H.225.0 进行音视频数据的处理和传输。

终端可用于实时双向多媒体通信，取决于数据应用的要求，数据通道可以是单向的或双向的，也可以选择一个或多个数据通道。H.323 终端在 IP 电话服务中起着关键作用，因为它是其音频通信的基本单元。

图 9-2 是 H.323 标准第 8 版建议书中给出的一个终端部署示例。该图显示了用户设备接口、视频编码器、音频编码器、远程信息处理设备、H.225.0 层、系统控制功能模块以及网络接口。H.323 是一个非常复杂的系统，具有用于多媒体通信的各种特性，但在构建强大且有用的系统时，并非必须实现 H.323 的每个部分。建议书指出所有的 H.323 终端都应具有系统控制单元、H.225.0 层、网络接口和音频编解码器单元，而视频编解码器单元和用户数据应用程序是可选部分。

2．**网关**

网关为 H.323 提供自身终端和其他标准终端之间的兼容能力，可以在传输格式（如 H.225.0 到/从 H.221）和通信过程之间（如 H.245 到/从 H.242）提供适当的转换，转换规则依从 H.245。图 9-3 所示为 H.323 系统与 PSTN 连接情况下的网关示例。在 H.323 终端和公共交互电话网络（Public Switched Telephone Network，PSTN）终端双方需要互联通信时，就需要一个网关进行数据处理和转换。视频、音频和数据格式之间的转换也可以在网关中执行。

网关最初可作为终端运行，但之后会使用 H.245 信令作为 MCU 运行。网守知道哪些终端是网关，因为这在终端/网关向网守注册时作为信息保留在网关中。但网关的存在并不是必需的。一个 H.323 端点可以直接与同一网络上的另一个 H.323 端点通信，而不涉及网关。如果不需要与电路交互网络终端（Switch Circuit Network，SCN）通信，可以省略网关。为了绕过路由器或在低带宽链路中，网络的一个分段上的终端也可以通过一个网关呼叫并通过另一个网关返回网络。

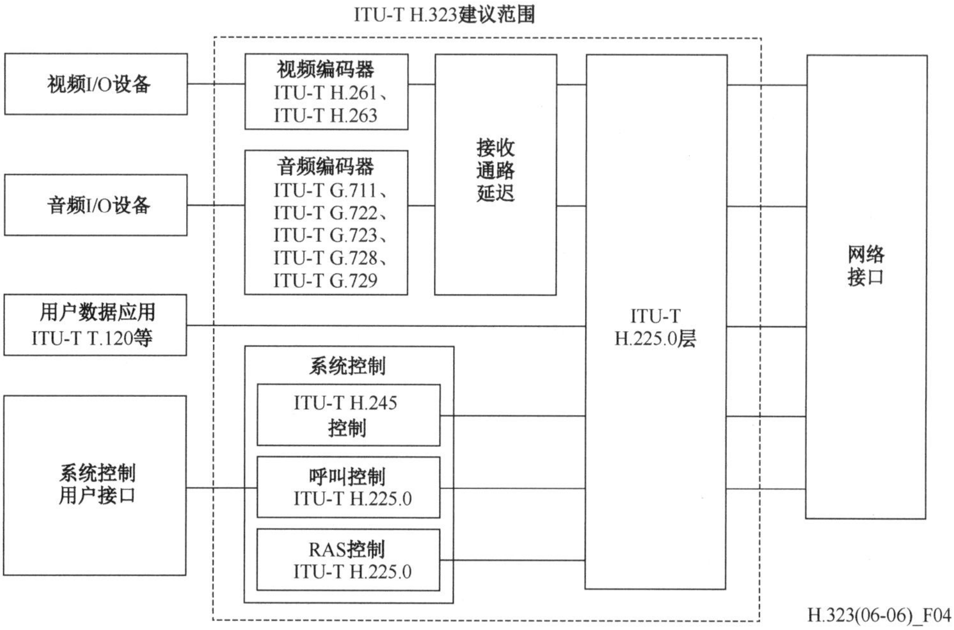

ITU-T H.323建议范围
视频I/O设备
视频编码器
ITU-T H.261、
ITU-T H.263
音频I/O设备
音频编码器
ITU-T G.711、
ITU-T G.722、
ITU-T G.723、
ITU-T G.728、
ITU-T G.729
接收
通路
延迟
用户数据应用
ITU-T T.120等
系统控制
ITU-T H.245
控制
系统控制
用户接口
呼叫控制
ITU-T H.225.0
RAS控制
ITU-T H.225.0
ITU-T
H.225.0层
网络
接口
H.323(06-06)_F04

图 9-2　H.323 标准第 8 版建议书中给出的一个终端部署示例

H.323
终端处理
协议转换
及转码
PSTN
终端处理
IP
PSTN
H.323终端
手机终端

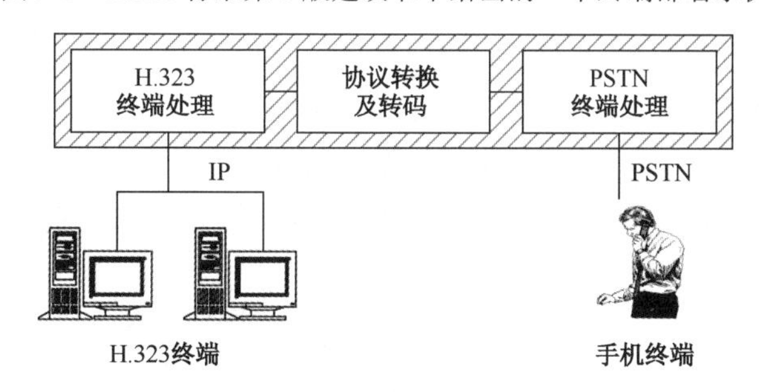

图 9-3　H.323 系统与 PSTN 连接情况下的网关示例

3. 网守

网守在 H.323 系统中是可选项，对 H.323 终端提供所有的控制服务。网守可以充当一个平台，在该平台上可以构建和提供强大的基于 IP 的新服务，能提供的服务如下。

① 地址翻译：网守应执行别名地址到传输地址的转换。

② 权限控制：网守应使用 ARQ/ACF/ARJ H.225.0 消息授权网络访问。它也可以是一个允许所有请求的空函数。

③ 带宽控制：网守可以基于带宽管理支持 BRQ/BRJ/BCF 消息。它也可能是一个空函数，接收所有带宽更改的请求。

④ 区域管理：网守应为区域内注册的终端、MCU 和网关提供上述功能。

网守在逻辑上与端点是分开的，但是它的物理部署可能与终端、MCU、网关、MC 或其他非 H.323 网络设备共存。H.323 系统中可以没有网守，如果有，那么一个区域中只能有一个网守，并且本区域内所有 H.323 节点都必须在此网守上注册。

4. 多点控制器（MC）

多点控制器（MC）是视频会议系统中一个提供控制功能的实体，以支持多点会议中 3 个或更多端点之间的会议。MC 在多点会议中与每个端点进行信息交换，并向会议中的端点发送一个信息集，指示它们可以传输的操作模式。由于终端加入或离开会议或其他原因，MC可能会修改它发送给终端的信息集合。以这种方式，MC 可以确定会议的选定通信模式（Selected Communication Method，SCM）。

5．**多点处理器**（MP）

多点处理器（MP）是视频会议系统中接收音视频或数据流并处理返回至终端的实体。MP 可以处理一种或多种媒体流类型。处理视频的 MP 应提供视频切换或视频混合服务，视频切换是选择 MP 输出到终端的视频从一个源到另一个源的过程，视频混合是将多个视频源格式化为 MP 输出到终端的视频流的过程。处理音频的 MP 应通过切换、混合或这些方法的组合，从 M 音频输入转变为 N 音频输出。音频混合需要将输入音频解码为线性信号（PCM或模拟），执行信号的线性组合并将结果重新编码为适当的音频格式。MP 可以消除或衰减某些输入信号，以减少噪声和其他不需要的信号。

6．**多点控制器单元**（MCU）

MCU 是视频会议系统的核心部分，负责管理三个或更多 H.323 终端的多点会议，帮助用户建立连接，控制多方通信、处理音视频和数据信号。MCU 由必备的多点控制器（MC）和可选的多点处理器（MP）组成。

MCU 可以控制以下 3 种类型的多点会议。

① 集中式多点会议：所有参会终端都与 MCU 点对点通信。MC 管理会议，MP 接收、处理和发送与参与终端之间的语音、视频或数据流。

② 分散式多点会议：MCU 不参与此操作。相反，终端通过它们自己的 MC 直接相互通信。如果有必要，终端承担对接收到的音频流进行整合，并选择接收到的视频信号进行显示的任务。

③ 混合多点会议：集中式和分散式的混合，MCU 保持操作对终端透明。

9.1.2 呼叫信令

呼叫信令是用于建立呼叫、请求更改呼叫带宽、获取呼叫中端点的状态以及断开呼叫的消息和过程，这个过程也是多媒体通信中的重要环节。呼叫信令使用 ITU-T H.225.0 中定义的消息，本节将描述呼叫过程中需要的关键信息。

1．**地址**

在 H.323 系统中，每个实体至少有一个网络地址（如 IP 地址），此地址唯一标识网络上的 H.323 实体。一些实体可能共享一个网络地址，即一个终端和一个在相同位置的 MC。对于每个网络地址，每个 H.323 实体可能有几个传输层服务接入点（Transport Service Access Point，TSAP）标识符。这些 TSAP 标识符允许多路复用、共享同一网络地址的多个通道。一个端点也可能有一个或多个与之关联的别名地址。别名地址可以代表端点，也可以代表端点主持的会议。别名地址提供了另一种寻址端点的方法。

2．RAS

注册、登录和状态（Registration，Admission and Status，RAS）是一种 H.323 端点（终端或网关）和网守之间进行信息交换所使用的协议。RAS 消息在不可靠的 RAS 通道上传送，RAS 信道采用动态 TSAP 标识。在 IP 网络中就是利用 UDP 报文传送 RAS 消息，其 TSAP 标识就是 UDP 端口号。RAS 具备以下几种控制能力。

① 网守发现。网守发现是端点用来确定向哪个网守注册的过程。H.323 网守发现过程如图 9-4 所示，网守发现可以用静态或动态方式完成。在静态方式中，端点预先获知了所属网守的传输地址；而在动态方式中，端点在网守发现的多播地址上多播网守请求（Gatekeeper ReQuest，GRQ）消息，一个或多个网守可以用网守确认（Gatekeeper ConFirm，GCF）消息进行响应。

② 端点注册。端点注册是端点加入区域并通知网守其传输地址和别名地址的过程。作为配置过程的一部分，所有端点都要向网守注册。注册发生在尝试呼叫之前，并根据需要定期进行注册。H.323 终端注册过程如图 9-5 所示。

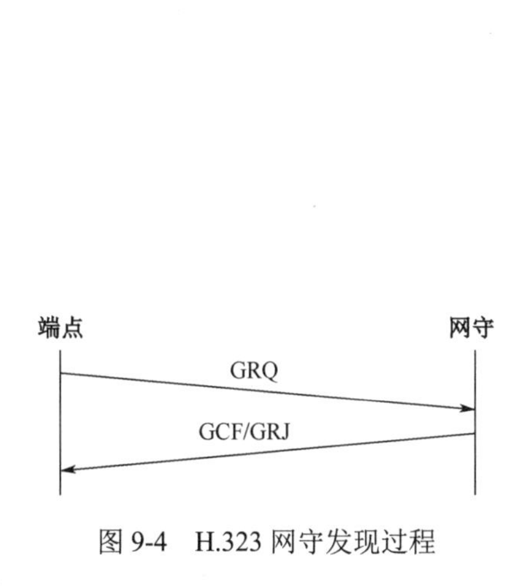

图 9-4　H.323 网守发现过程

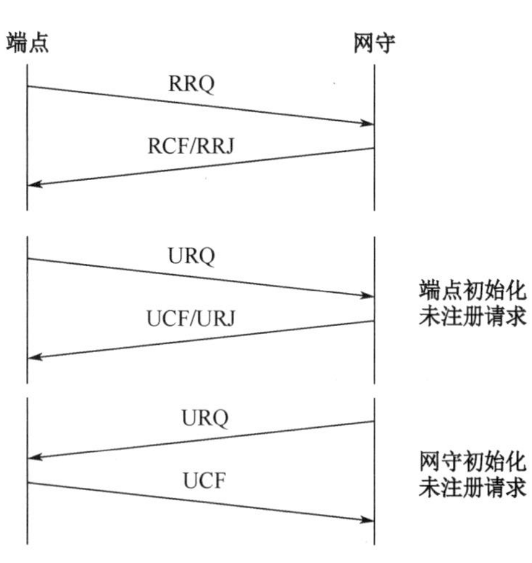

图 9-5　H.323 端点注册过程

③ 端点定位。端点定位是一个过程，通过该过程确定端点的传输地址并为其赋予别名或 E.164 地址。

④ 其他控制。RAS 还常用于其他控制。例如，准入控制，以限制端点进入区域；带宽管理，支持端点在通话过程中修改通话带宽；脱离控制，以解除端点与网守及其区域的关联；状态查询，可以向网守请求端点的开关状态等。

3. 呼叫信令信道

呼叫信令信道将用于承载 H.225 呼叫控制消息。呼叫信令信道应是可靠信道。在不包含网守的网络中，呼叫信令消息使用呼叫信令传输地址在主叫和被叫端点之间直接传递。在这些网络中，假设主叫端点知道被叫端点的呼叫信令传输地址，则可以直接通信。在包含网守的网络中，初始准入消息交换发生在主叫端点和网守之间，使用网守的 RAS 信道传输地址。在建立呼叫的过程中，端点到网守之间的信息传递走 RAS 信道，而端点到端点之间就是通过呼叫信令信道。

4. 呼叫参考值

所有呼叫信令和 RAS 消息都包含呼叫参考值（Call Reference Value，CRV）。呼叫信令信道和 RAS 信道都有各自独立的 CRV，前者用于关联呼叫信令消息，将用于与同一呼叫相关的两个实体（端点到网守、端点到端点等）之间的所有呼叫信令消息；后者 CRV 用于关联 RAS 消息。此 CRV 将用于与同一呼叫相关的两个实体之间的所有 RAS 消息中。新的 CRV 将用于新的呼叫。来自端点的第二次呼叫邀请另一个端点加入同一会议应使用新的 CRV。

5．呼叫 ID

呼叫 ID 是由呼叫端点创建并在各种 H.225.0 消息中传递的全局唯一非零值。呼叫 ID 标识与消息相关联的呼叫。它用于关联与同一呼叫相关的所有 RAS 和呼叫信令消息。与 CRV 不同，呼叫 ID 在呼叫中不会改变。从主叫端点到它的网守、主叫端点到被叫端点和被叫端点到它的网守的所有与同一呼叫相关的消息都应包含相同的呼叫 ID。

6．会议 ID 和会议目标

会议 ID（CID）是由呼叫端点创建并在各种 H.225.0 消息中传递的唯一非零值。CID 标识与消息相关联的会议。因此，来自同一会议内所有端点的消息将具有相同的 CID。会议目标指示呼叫的意图，选项包括创建新会议、加入现有会议、邀请新端点加入现有会议、会议协商能力，以及传输补充服务。

总结上述 3 种信息不同的作用域：CRV 关联同一呼叫内两个实体之间的呼叫信令或 RAS 消息，呼叫 ID 关联同一呼叫内所有实体之间的所有消息，CID 关联同一会议所有呼叫内所有实体之间的所有消息。

7．终端呼叫容量

呼叫容量表示端点对端点支持的每种呼叫类型（如语音、数据等）的可接受容量。端点的最大容量和当前容量可以在注册时指示。此外，还可以在每次呼叫的基础上指示当前容量。

8．呼叫者身份识别服务信息

呼叫者身份识别包括主叫方号码显示和限制、连接方号码显示和限制、被叫（警报）方号码显示和限制、占线方号码显示和限制 4 种基本服务。因此，需要 H.323 设备提供地址表示和限制服务的各种消息和信息元素，包括主叫方地址信息、连接方地址信息、被叫（警报）方地址信息和占线方地址信息。

9.1.3 连接过程

H.323 系统通信的连接过程分为呼叫建立、初始沟通和容量信息交换、建立视听通信、呼叫服务和呼叫终止等步骤。本节使用一个包含连接到网守的两个端点的通信示例来说明整个连接步骤。

1．呼叫建立

呼叫建立往往是所有通信的第一步。根据参与的实体不同，H.323 的呼叫建立可以分为只存在两个端点的基本呼叫建立、有网守参与的呼叫建立、含有 MCU 的呼叫建立等多种类型。图 9-6 是一个有网守参与的呼叫建立过程示例，需要通信的两个端点注册到同一个网守。主叫端点率先通过 RAS 信道向网守发送到被叫端点的建连请求，网守同意请求后会将被叫端点的注册信息发送给主叫端点。此时主叫端点可以建立与被叫端点之间的呼叫信令信道，发送注册配置信息，被叫端点会返回 Call Proceeding 信息告知对方呼叫请求已经接收，正在处理。如果被叫端点同意此次呼叫，那么会像主叫端点一样通过 RAS 信道向网守发送消息，请求接受本次呼叫，网守会反馈同意/拒绝信息，被叫端点以此决定结束呼叫还是可以成功建立 H.245 通信信道。

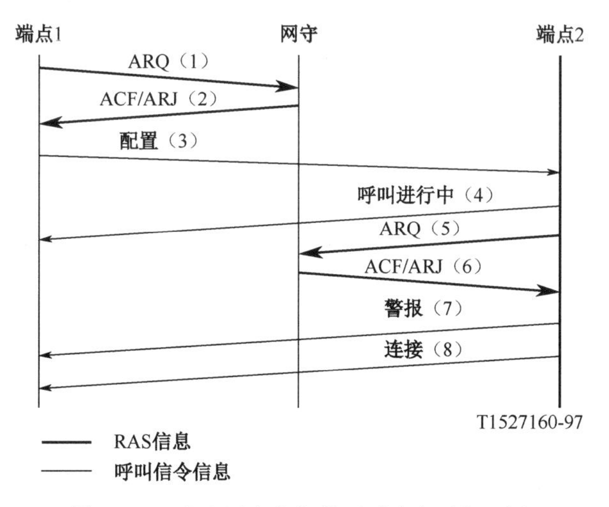

图 9-6　一个有网守参与的呼叫建立过程示例

2. 初始沟通和容量信息交换

此步骤包括容量信息交换、主/从确定和 H.245 信道建立的过程。一旦双方交换了呼叫建立消息，且收到了 Connect 消息，端点将建立 H.245 控制信道。该信道建立后，会进行两个端点之间的容量信息交换，以确保可以满足对方发送/接收信号的能力。图 9-7 是 H.323 控制信令流的示例。H.245 主从确定过程用于解决两个端点之间的冲突，如果两个端点都有 MC 能力，也将通过主从确定过程来决定主 MC，此外也会确定双向数据信道的主从关系。

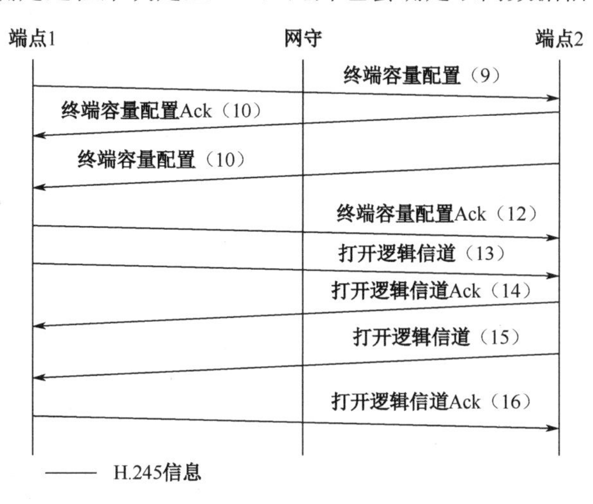

图 9-7　H.323 控制信令流的示例

3. 建立视听通信

在交换能力、主从确定之后，端点就要为各种信息流打开逻辑通道。这个过程要考虑对方的接收能力和传送信息的类型。音频和视频流通过单向的不可靠逻辑信道传输，数据信号则是通过双向的可靠信道传输。图 9-8 是说明 H.323 中媒体流和媒体控制流的示例。

4. 呼叫服务

呼叫服务包括带宽更改、管理状态信息请求、会议扩展、多播级联和 H.450 补充服务。

① 带宽更改：呼叫带宽最初是在准入交换期间由网守建立和批准的。在会议期间的任何

时间，端点或网守都可以请求增加或减少呼叫带宽。

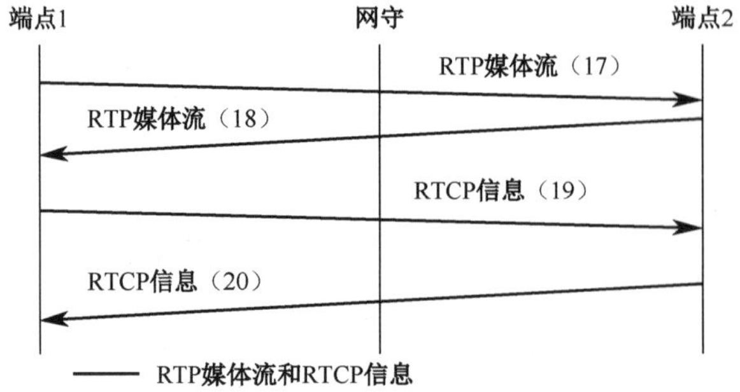

图 9-8 说明 H.323 中媒体流和媒体控制流的示例

② 管理状态信息请求：这是网守确定端点工作状态、开/关或故障的过程。网守可以使用 H.225 信息请求/信息请求响应消息定期轮询端点。

③ 会议扩展：这是将涉及 MC 的点对点会议扩展为多点会议的过程。首先，在两个端点之间创建点对点会议，至少一个端点或网守必须包含一个 MC。会议创建完成后，会议中的任何端点都可以通过 MC 邀请另一个端点加入会议，或者端点通过呼叫会议中的端点加入现有的会议，从而将会议扩展为多点会议。

④ 多播级联：多播级联包括在包含 MC 的实体之间建立呼叫，并且在打开 H.245 控制信道时由主 MC 激活连接实体中的 MC。一个会议只有一个主 MC，从 MC 只能级联到主 MC。一旦建立了级联会议，主 MC 或从 MC 都可以邀请其他端点加入会议。

⑤ H.450 补充服务：H.450 补充服务对于 H.323 系统是可选的。这些服务包括呼叫转移、呼叫保持、呼叫等待、消息等待指示和姓名识别等。

5. 呼叫终止

当视频、音频或数据传输结束时，任何端点都可以终止呼叫。相应地，视频、音频或数据的所有逻辑通道都被关闭。终止呼叫可能不会终止会议，但 MC 可以下达指令完成会议的终止。

9.2 互联网实时通信系统（WebRTC）

WebRTC（Web Real-Time Communication）是面向浏览器的开源视频传输框架，为在不需要额外的插件情况下支持直接使用浏览器实现实时音视频通信。WebRTC 框架包含完整的音视频传输框架，包括接口、会话、音视频引擎、传输和硬件设备的管理与控制技术，实现了性能优秀、可基于浏览器或原生平台、可跨平台、插件化、稳定的视频传输系统，也为多媒体开发者提供了强大的音频和视频通信的解决方案与工具。所有的主流浏览器都已经根据开源浏览器标准支持了 WebRTC 技术，并且 WebRTC 背后的技术栈也已经作为常用的 JavaScript API 获得支持。而对于原生客户端而言，如安卓和 iOS，也可以找到相应的 WebRTC 开源库支持。WebRTC 项目是由 Apple、Google、Microsoft 和 Mozilla 等公司共同维护的，并且已经作为标准发布于 W3C（World Wide Web Consortium）和 IETF（Internet Engineering Task Force）。

WebRTC 的主要特点是可以集成到 Web 中直接通信，不需要额外插件或第三方软件，提供了一套完整的音视频传输系统。WebRTC 具有如下优点：提供低延迟传输支持；STUN+TURN+ICE 的结构使 WebRTC 有着强大的穿越能力，能够建立可靠连接；WebRTC 自身的拥塞控制算法实时对网络拥塞情况进行估计，灵活调整编码器码率和发送端的发送速率。但 WebRTC 也存在一些缺点。由于 WebRTC 主要是为视频会议和实时通话等应用场景而设计的，因此质量不是其主要目标，UDP 丢包的问题对 WebRTC 通信质量的影响是显而易见的，一般来说，使用 WebRTC 进行流媒体传输的最高分辨率是 720P。另外，由于 WebRTC 的设计没有考虑到可扩展性，因此对于高并发集群，一般要引入第三方服务器以 MCU/SFU 结构运行来缓解客户端的带宽压力。

9.2.1　连接架构

1. 一对一连接

WebRTC 一对一连接架构由 4 个部分组成，位于用户终端的 WebRTC 客户端，与用户终端相连的 NAT 防火墙，位于 NAT 网外、属于外网的信令服务器和位于 NAT 网外、属于外网的中继服务器[STUN（Session Traversal Utilities）/ TURN（Traversal Using Relays Around NATs）]。WebRTC 一对一连接架构如图 9-9 所示。

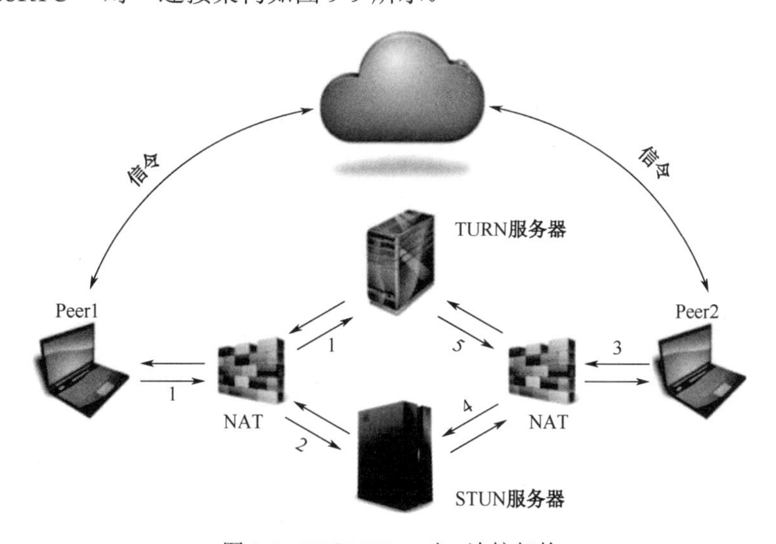

图 9-9　WebRTC 一对一连接架构

（1）信令和信令服务器

信令是用于配置、控制以及结束两个 WebRTC 终端间通信的消息和控制指令。两个 WebRTC 终端要进行通信，需要信令服务器来进行信令交互，来建立连接。

① SDP 协议。WebRTC 的信令基于 SDP（Session Description Protocol）协议。SDP 是一种于 2006 年发布的基于文本的会话描述协议，不属于传输协议，用于交换必要的媒体和协商信息。WebRTC 中使用的 SDP 与标准 SDP 有一些不同，由一个会话元数据头和一些媒体描述部分组成（可以没有媒体级别部分），其中媒体描述部分包含网络描述、流媒体描述、安全描述和服务质量描述。SDP 分解结构如图 9-10 所示。

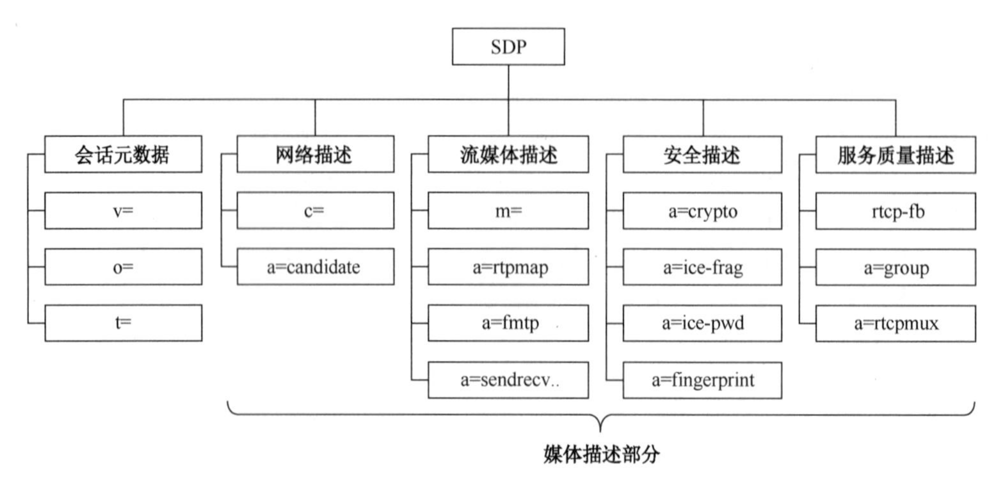

图 9-10　SDP 分解结构

② 信令内容。信令交互主要包括以下三种内容。

- 通过信令分享会话控制信息，用于控制端到端连接的所有建连、断连以及发送信息。
- 通过信令分享 IP 以及端口等网络层信息，用于 STUN 协议来尝试内网穿透建立端到端连接，或者通过 TURN 协议以中转方式实现端到端通信。
- 通过信令分享用户的编解码器以及媒体格式，用于在用户间协商多媒体编解码器设置、安全协议选择和服务质量反馈等。

③ 信令服务器。如果两个用户希望端到端通信，那么两端之间需要一个额外的服务器来交换初始数据设置 WebRTC 连接，这个服务器就称为信令服务器。信令服务器只用于帮助 WebRTC 交换元数据来建立连接，并不影响 WebRTC 通信过程。信令服务器会交换双端 offer/answer 以及 candidate 信息，并负责创建房间、离开房间等通信状态的管理。信令服务器可以交换 WebRTC 终端的外网 IP 地址和端口等信息，通过 STUN/TURN 服务器实现内网穿透来建立连接。信令服务器还会进行媒体协商，通过交换 offer 和 answer 来沟通媒体传输时选用的音视频编解码器和协议等细节信息。此外，在连接建立完成后，创建聊天室、退出聊天室、更新聊天室信息等都会通过信令服务器来控制，信令服务器可以由任意的服务器技术搭建，如 WebSocket、Socket.IO、SIP 等。由于信令服务器本身的功能特性，信令服务器通常选择 TCP 或 HTTP/HTTPS、WS/WSS 等协议作为传输协议，来保证信令传输的可靠性。

（2）交互式连接建立（ICE）

在与信令服务器建立连接并进行媒体协商后，就会开始交互式连接建立（Interactive Connectivity Establishment，ICE）过程，两个终端需要获取对端的公网 IP，并尝试实现端到端通信。ICE 首先会收集一些网络信息，如 IP 地址、端口号和传输协议等。这些网络信息在 ICE 中被称为 Candidate，包含了 WebRTC 要连接远端所需要的所有网络信息。ICE 首先会同时使用 STUN/TURN 服务器，尝试完成 NAT 穿越，来搜寻所有可能的 Candidate。

① NAT。NAT（Network Address Translation）是一种 IP 地址映射技术，可以将一个 NAT 内所有设备的地址都映射为同一个公网 IP，将内网的用户全部隐藏在 NAT 之后，实现网络的安全保护。但是由于 NAT 不允许其他终端主动向本 NAT 中客户端发起连接，因此在视频通话中其他终端就无法直接发起视频通信请求，导致媒体传输连接的建立出现了很多困难。由于不同的 NAT 内部公网内网地址映射方式不同，因此对于不同类型的 NAT 穿透方法也不相同。NAT 有 4 种类型：完全锥型、IP 限制锥型、端口限制锥型和对称型，从前往后穿透难度

递增。

完全锥型：完全锥型 NAT 的 IP、端口都不受限。内网客户端访问外网时，便会在 NAT 上开启一个洞，所有外网主机都可以通过此洞直接访问内网客户端。

IP 限制锥型：IP 限制锥型 NAT 的 IP 受限，端口不受限。内网客户端访问外网主机 A 时，便会在 NAT 上开启一个洞，所有外网主机 A 可以用其任意端口通过此洞直接访问内网客户端，但是外网主机 B 不被允许通过 NAT。

端口限制锥型：端口限制锥型 NAT 的 IP、端口都受限。内网客户端访问外网主机 A 后，与 IP 限制锥型不同，仅有主机 A 和其访问的对应端口才能通过此洞直接访问内网客户端，其余均被阻挡。

对称型：对称型 NAT 的 IP、端口都受限，并且每次内网客户端访问一个外网主机时，与端口限制锥型不同，都会重新开启一个洞。仅有内网客户端主动访问的 IP 和端口才可以通过此洞访问内网客户端。

② STUN。在判断出 NAT 类型后，就可以使用 STUN/TURN 协议进行内网穿透。

NAT 会话穿越应用程序（Session Traversal Utilities for NAT，STUN）是一种网络协议，可以帮助网络设备判断 NAT 类型，找出各通信端点经 NAT 设备后的 IP 地址和端口号，并利用这些信息在通信双方之间建立一条可以穿越 NAT 设备的数据通道，实现 P2P 通信。图 9-11 所示为 STUN 工作原理图。

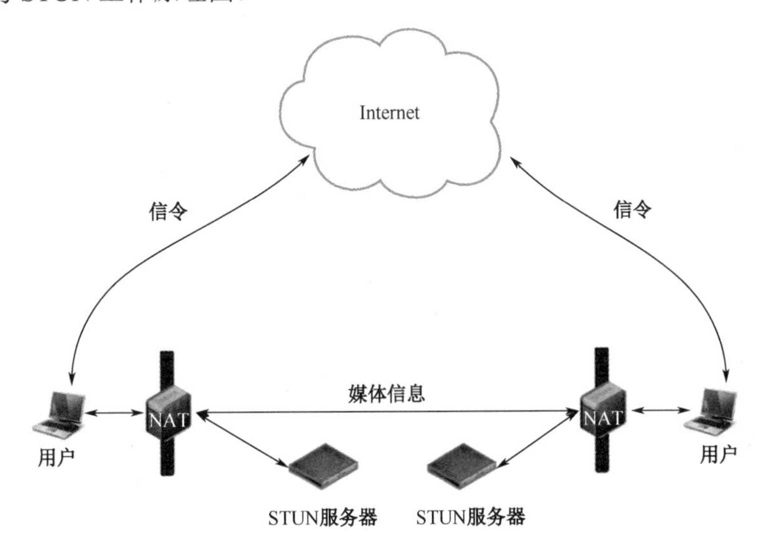

图 9-11　STUN 工作原理图

STUN 技术在面对完全锥型、IP 限制锥型、端口限制锥型 NAT 都可以生效，但是仅有一种情况无法使用，即双端都为对称型 NAT 情况。对称型 NAT 中，发送端内网每次发送的报文，即使发送 IP 端口相同但是目标 IP 和端口不同，也会在 NAT 中创建不同的映射。双端都为对称型 NAT 情况下会采用 TURN 来实现通信。

③ TURN。中继穿透 NAT（Traversal Using Relays around NAT，TURN）是 STUN/RFC5389 的一个拓展。当两个客户端由于对称型 NAT 不能建立连接时，可以使用一个 TURN 服务器作为中继，两个客户端分别和 TURN 服务器建立连接，TURN 服务器返回它自己的 IP 和端口给两个客户端。在此情景下，TURN 服务器作为中继，使用 UDP 协议给两个客户端直接转发报文。图 9-12 所示为 TURN 工作原理图。但由于 TURN 不是直接端到端传输，因此对 TURN

服务器带宽要求较高，且会引入额外延迟，因此仅在 STUN 协议无法使用时才会选择。

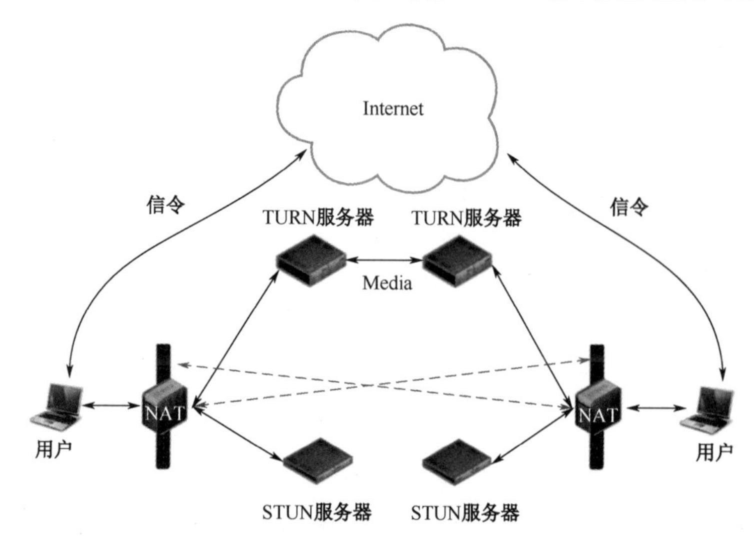

图 9-12　TURN 工作原理图

④ ICE 进程。ICE 在收集 Candidates 时，会通过 STUN/TURN 服务器获得 4 种不同的连接 Candidate，分别为 Host（Host candidates）、Srflx（Server-reflexive candidates）、Prflx（Peer-reflexive candidates）和 Relay（Relayed candidates）。

Host：ICE 通过绑定到主机上网络接口（物理网卡或虚拟网卡，包括 VPN）的 IP 地址和端口来获取 Host。

Srflx：通过 STUN/TURN 服务器获得，由主机穿过 NAT 向服务器发包时，获取到的 NAT 上映射的 IP 和端口。

Prflx：是 Srflx 的一种变体，不是在收集 Candidates 时获取的，而是在建立连接后，由对端收集。当连通已经建立后，如果检测到当前连接的 Candidate 连接性失效，就可以使用 Prflx 进行连接。

Relay：由 TURN 服务器获得，即中继服务器的 IP 和端口。

在获取到 Candidates 之后，发起端会将这些 Candidates 信息携带在 Offer 消息中，发送给接收端。在接收端收到 Offer 后，会再收集接收端 Candidates 并放入 Answer 消息中回应。随后双方各自进行 Candidates 的连通性测试，并根据优先级选择 Candidates 进行连接。4 种 Candidate 的优先级从大到小为：Host、Prflx、Srflx、Relay。

⑤ Trickle ICE。Trickle ICE 是对于 ICE 协议的一个扩展，允许在端之间进行增性的寻找以及连接检查。主机不需要再等待 ICE 收集 Candidates 结束，就可以通过信令服务器向另一端发送已获取到的 Candidates，另一端就不需要在连接的过程中等待。因此两端就可以在没有 ICE 的情况下交换 SDP 请求。尽管 Trickle ICE 会在信令服务器上产生更多的网络流量，但是可以帮助在端到端连接初始化时节省很多时间。

2. 多用户连接

当连接场景不再是一对一，而是多对多的视频会议场景时，主机之间的连接拓扑结构就很重要。视频会议场景下，必须选择一个合适的拓扑结构来适应场景，用户如何连接在一起对于会议能够扩大到什么规模非常关键，因此必须权衡拓扑结构的优缺点。WebRTC 中有 3 种最常用的拓扑结构：P2P/Mesh、MCU 和 SFU。

（1）P2P/Mesh

Mesh 是一种基于点对点（Peer to Peer，P2P）连接的网络结构，每个用户都会把其内容发送给剩余所有其他用户。Mesh 是最简单的实现多方会议的结构方式，对于小规模的多方会议十分合适，点对点的连接方式使得延迟很低。但 Mesh 也仅对于规模较小的多方会议适用，这种结构会消耗非常多的 CPU 和网络资源。在 Mesh 网络中用户越多，每个用户的带宽压力就越大。

（2）MCU

多方会议单元（Multipoint Conferencing Unit，MCU）需要一个中心服务器来整合用户数据，由于所有的工作都是在服务器上完成的，因此其对客户端机器要求不高。每个用户端都先和服务器建立连接，再将其数据发送给服务器。服务器获取到所有参与者的媒体流之后，就会将其整合为单个媒体流并发回给各个端。MCU 确保每个端只获取到一套音视频流。MCU 解码每个收到的媒体流并对其适应分辨率。MCU 可以保证更高和更稳定的音视频质量，适用于较大规模的会议，对于用户端需求较小。但 MCU 方式下需要服务器重新把每个流编解码，同时需要中心服务器具有强大的性能，也带来了额外的延迟。

（3）SFU

选择性转发单元（Selective Forwarding Unit，SFU）是目前最常用的现代拓扑结构。每个用户发送其媒体流到中心服务器，并收到从同一个中心服务器转发的其他用户端的媒体流，因此对用户端存在一定的设备需求。SFU 可以从其他端收到多个媒体流，SFU 也可以决定转发哪些媒体流，且仅负责转发工作，不负责编解码，这点与 MCU 不同。因此 SFU 架构具有很强的可扩展性。SFU 仅是一个转发器，服务端负载很小，并且由于每个用户都可以发送媒体流，因此 SFU 可以支持不同的屏幕输出。但 SFU 是直接转发，没有集中处理的过程，很可能导致客户端多路视频出现不同步的问题，并且在规模较大的视频会议中，多路视频的显示、渲染、录制等也会存在较大困难。

9.2.2　工程框架

WebRTC 是一套完整的视频会议系统，涵盖了众多实时音视频的核心技术，包括音视频的采集、编解码、网络传输、显示等功能，并提供了丰富、方便的 API 接口供网页开发人员使用。WebRTC 的内部组件框架如图 9-13 所示。最上层为浏览器的 Web API，并通过这些 API 来调用 WebRTC 中核心模块 C++API。核心模块主要被分为以下几部分：WebRTC C++ API、会话管理、音频引擎、视频引擎和传输模块。以下逐个介绍这些部分。

1．WebRTC C++ API

WebRTC 为开发人员提供了一套完整的 C++ API，其中对端连接是 WebRTC C++ API 中最核心、最主要的对象，其定义的 API 几乎封装了所有 WebRTC 的功能。例如，在建立连接步骤中，RTCPeerConnection 中会自动完成 ICE 过程，与 STUN/TURN 服务器交互，并获取本地音视频编码分辨率等信息。在媒体流中也要通过该部分 API 增减媒体流作为多媒体信息源。除这些之外，还包含了数据通道建立、传输质量统计数据、音视频采集等重要 API。

2．会话管理

会话层用来管理音视频、非音视频数据传输，处理相关逻辑。这层协议更多留给应用开发者自定义实现。

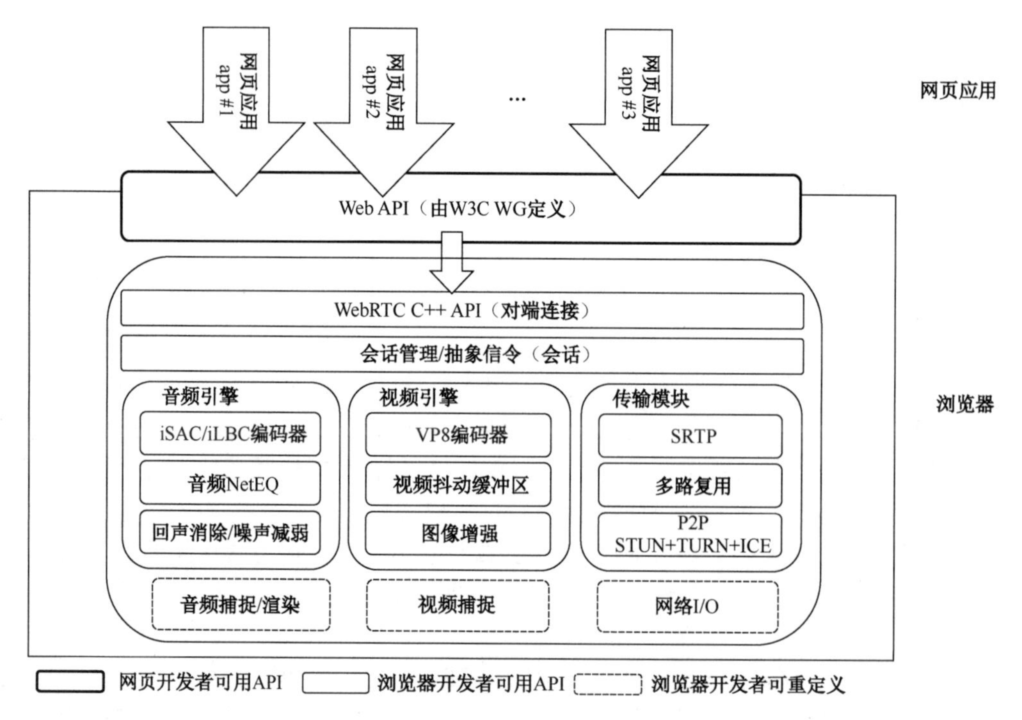

图 9-13 WebRTC 的内部组件框架

3. 音频引擎

音频引擎是一个音频媒体链的框架，提供音频从声卡到网络传输，再从网络传输到播放的完整处理服务。

① 音频编码器。iSAC 是用于 VoIP 和流式音频的宽带与超宽带音频编码器。iSAC 使用 16 kHz 或 32 kHz 采样频率以及 12～52 kbit/s 的自适应和可变比特率。iLBC 是用于 VoIP 和流式音频的窄带语音编码器。iLBC 使用 8 kHz 采样频率，20ms 帧的比特率为 15.2 kbit/s，30ms 帧的比特率为 13.33 kbit/s。除此之外，还支持 Opus，支持 6～510 kbit/s 的恒定和可变比特率编码、2.5～60 ms 的帧大小，以及从 8 kHz（4 kHz 带宽）到 48 kHz（20 kHz 带宽）的各种采样率，其中可以再现人类听觉系统的整个听力范围。

② NetEQ。NetEQ 是一种动态抖动缓冲区和错误隐藏算法，用于解决网络抖动和丢包的负面影响，来保持最好的语音质量的同时保持尽可能低的延迟。

③ 回声消除/噪声减弱。回声消除是一个基于软件的信号处理组件，它可以实时消除由于正在播放的声音进入有源麦克风而产生的回声。降噪组件是基于软件的信号处理组件，可消除通常与 VoIP 相关的某些类型的背景噪声，如电流底噪、风扇噪声等。这两个组件共同完成对音频信号的处理，显著提高音频质量。

4. 视频引擎

视频引擎是视频媒体链的框架，提供视频从摄像头采集到网络传输的整个控制过程的接口。

① 视频编码器。WebRTC 支持经典编码标准 H.264 和谷歌推广的 VP*x* 编码器。VP8 是来自 WebM 项目的视频编码器，设计之初就是为满足 RTC 应用需求。VP9 编码器也是 Google 提供的开源视频编码器，是 VP8 的升级版本。

② 视频抖动缓冲区。视频对应的动态抖动缓冲器，有助于隐藏抖动和丢包对整体视频质量的影响，使用户获得流畅、平滑的观看体验。

③ 图像增强。WebRTC 工程中还包含了图像质量增强模块，可以对视频帧进行处理并提升质量，如从网络摄像头捕获的图像中去除视频噪声、编码后的图像明暗度检测、颜色增强等。

5．**传输模块**

WebRTC 中的传输通过协议栈内的不同标准协议配合完成。数据传输部分的传输层协议为 UDP，音视频数据传输采用 RTP/RTCP（SRTP/SRTCP）打包，其他数据类型采用 SCTP 进行传输。整个 WebRTC 传输协议栈如图 9-14 所示。

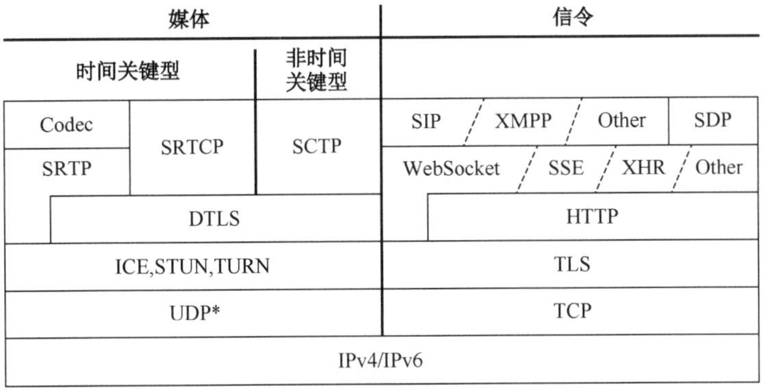

<table>
<tr><th colspan="3">媒体</th><th colspan="2">信令</th></tr>
<tr><td colspan="2">时间关键型</td><td>非时间关键型</td><td colspan="2"></td></tr>
<tr><td>Codec</td><td rowspan="2">SRTCP</td><td rowspan="2">SCTP</td><td>SIP / XMPP / Other</td><td>SDP</td></tr>
<tr><td>SRTP</td><td colspan="2">WebSocket / SSE / XHR / Other</td></tr>
<tr><td colspan="3">DTLS</td><td colspan="2">HTTP</td></tr>
<tr><td colspan="3">ICE,STUN,TURN</td><td colspan="2">TLS</td></tr>
<tr><td colspan="3">UDP*</td><td colspan="2">TCP</td></tr>
<tr><td colspan="5">IPv4/IPv6</td></tr>
</table>

*在某些情况下，如由于防火墙限制，可能会使用TCP。

图 9-14　整个 WebRTC 传输协议栈

9.2.3　工作流程

WebRTC 的协议流程可以分为两个阶段：首先从音视频设备获取本地媒体，再进行处理；然后通过 ICE 框架，结合 STUN/TURN 等 NAT 协议，建立对等连接并进行数据传输。

1．**获取本地媒体**

通过 getUserMedia 访问设备的摄像头、话筒等，得到音视频媒体流，每个源与一个 MediaStreamTrack 相连，多个 Track 组成一个 MediaStream，通过这个类对流的状态进行控制，进行编解码、同步、渲染等。

2．**建立对等连接并进行数据传输**

WebRTC 通过 PeerConnection 类实现 P2P 连接和媒体流传输。

① 交换会话描述信息 SDP。对等的两个对象 Peer A 与 Peer B 通过信令服务器交换彼此的 SDP 信息，包括自身所支持的编解码器、采样率等信息，取交集得到彼此所支持的会话属性。

② 交换 Candidate。在交换 SDP 信息的同时，Peer A 和 Peer B 也在搜寻能访问到对方的通路，若二者在同一个局域网下，则是自身 IP 和端口；若需要走公网，则通过 STUN 服务器得到公网 IP 和端口；若 STUN 失效，则使用 TURN 服务器进行中继转发。因此，二者之间可能有多条通路，也就是有多个 ICE Candidate。Peer A 和 Peer B 同样需要通过信令服务器进行交换，找到彼此都能接受的通路，建立 P2P 连接。

③ 对等传输。此时对等连接已经建立，二者可以直接通信。传输过程中接收到的媒体流加入 MediaStream，再进行后续处理。

9.2.4 开源实现

WebRTC 项目主页提供了基础的参考实现，包括详细示例（含源码），能帮助开发者更好地理解各个模块的作用。但该参考实现仅提供实时通信中客户端 Peer 之间的通信过程，在多方通信的场景中，两两对等连接的网状结构不再适用，WebRTC 需要媒体服务器协调信令和数据的流转。表 9-1 列举了一些比较受欢迎的服务器开源方案。在这些较为完整的项目方案中，不仅包含开源服务器的实现，一般也提供配套的客户端方案，在此基础上还可能包含完整的会议方案、SIP 电话方案等。

表 9-1 WebRTC 服务器开源项目对比

项目	SFU	MCU	开发语言	特点
Jitsi	√		上层开发使用 Java，下层使用 C++，通过 JNI 进行通信	（1）接口方便简洁，可以快速建立和运行一个多方通信应用； （2）开发活跃、功能强大的开源视频会议平台
Janus	√	√	使用 C 语言，基于 libsrtp 和 libnice 进行开发	（1）支持多种信令协议； （2）业务管理使用插件的方式，如聊天室插件、录播插件等
Mediasoup	√		核心使用 C++实现，提供 node 和 rust api	（1）有强大、高效的 SFU 功能； （2）node 模块方便集成
OWT	√	√	提供 JS/安卓/iOS SDK，Windows 平台提供 C++ API 的 SDK	（1）Intel 开发的工作套件，可使用 Intel 硬件加速编解码； （2）融合了一些先进技术，如 SVT； （3）可以进行实时音视频分析

习　题

1．简述多媒体会议电视系统的发展过程和多媒体会议标准。

2．简述 MCU 和 SFU 的功能与区别。

3．画出并说明 H.323 会议终端的结构图。

4．假设两个处在不同局域网的用户采用 WebRTC 进行视频会议，简述他们穿越外网建立连接的方法。

5．调研文献，简述 WebRTC 框架实现中的拥塞控制实现 GCC 的原理和步骤。

参考文献

[1] Kantola R. IP Telephony protocols, architectures and issues[J]. 2001.

[2] ETSI T R. 101 326 Telecommunications and Internet Protocol Harmonization Over Networks (TIPHON) [J]. The procedure for determining IP addresses for routing packets on interconnected IP networks that support public telephony, 2002 (2).

[3] 李超. WebRTC 音视频实时互动技术：原理、实战与源码分析[M]. 北京：机械工业出版社, 2021.

[4] Sredojev B, Samardzija D, Posarac D. WebRTC technology overview and signaling solution design and implementation[C]. 2015 38th international convention on information and communication technology, electronics and microelectronics (MIPRO). IEEE, 2015: 1006-1009.

[5] Dutton S. WebRTC in the real world: STUN, TURN and signaling[J]. Google, Nov, 2013: 1-22.

[6] Meszaros M, Trojahn F. Definition and Analysis of WebRTC Performance Parameters as well as Conception and Realization of an End-to-End Audio Quality Monitoring Solution for WebRTC-Based “immmr” Call Scenarios[D]. Hochschule für Telekommunikation Leipzig, 2017.

第 10 章 视频通信新进展

视频通信技术已经成为人们日常生活和工作中必不可少的一项技术。得益于 5G、AR/VR、视频编解码、云计算、AI 等领域技术的迅速发展和交叉融合，视频通信在数据表达和呈现、压缩编码和处理、流化传输和通信等技术模块，乃至整个视频通信体系和架构方面都在不断演进和发展。如今，已经涌现出裸眼 3D、自由视点、全息、扩展现实视频等众多未来沉浸式视频新形态；云边端协作计算通信和多模态网络协同传输等新型网络架构正逐渐兴起；基于机器学习的高效视频编码技术日臻成熟，特别是基于 AI 技术的视频语义通信有望突破传统视频通信方法和结构，开创智能化视频通信新体系，视频通信的质量和体验将得到持续增强。本章将介绍和展望视频通信系统的媒体新形态、网络新架构和智能化新体系。面向未来，视频通信技术将拥有更广阔的发展前景，应用于更多领域，为人类交流和发展提供强大助力。

10.1 沉浸式视频

近年来，随着成像技术和显示技术的不断进步，高规格、高体验的新型视频形态逐渐进入大众视野，勾画出未来视频通信的新图景。本节概要介绍包括立体视频和裸眼 3D、自由视点和容积视频、全息视频、扩展现实视频、点云与网格、神经辐射场等新型视频采集及处理技术，为读者进一步深入了解视频新技术提供入门导引。

10.1.1 立体视频和裸眼 3D

立体视频（Stereo Video）利用人类双眼的视差效应，将两个不同角度拍摄的视频图像以特定方式组合，使观众能够感受到物体的深度和距离，从而产生沉浸式体验。立体视频通常需要借助穿戴设备（如 3D 眼镜）进行观看。

常见的立体视频包括以下几种。

① 红蓝立体视频：也称为“双色镜”立体视频。它将画面分成红色和蓝色两个部分，通过红蓝色滤镜使观众的左右眼看到不同颜色的画面，从而产生立体效果。

② 偏振立体视频：也称为“线性偏振镜”或“圆偏振镜”立体视频。它将画面分成两个部分，分别经过不同方向的偏振滤镜，观众佩戴相应方向的偏振眼镜，从而产生立体效果。

③ 全息立体视频：这种立体视频利用激光干涉技术，将物体的全息图分别在观众的左右眼的视网膜上产生干涉条纹，从而产生立体效果。

④ 自适应立体视频：通过对观众的眼睛位置和头部姿势进行跟踪，动态调整画面的角度和大小，以保证观众在不同位置和角度下都能获得最佳的立体效果。

这些立体视频之间的主要异同在于视觉效果的真实性、观看的便捷性以及制作的复杂程度。红蓝立体视频制作简单，但视觉效果不够真实；偏振立体视频视觉效果较好，但需要特殊的眼镜观看；全息立体视频视觉效果非常真实，但制作非常复杂，需要特殊设备和技术。

自适应立体视频技术尚未完全成熟，但如果能够得到进一步发展，可能会成为未来最具前景的立体视频技术之一。

裸眼 3D 是一种立体图像的显示方法，它增加了双眼对 3D 深度的感知，无须使用特殊的头套、眼镜或影响视力的器具。因为不需要头套，所以它也被称为“无眼镜 3D”或“无玻璃 3D”。

裸眼 3D 利用视觉位移来“欺骗”视觉神经。它采用了多视点渲染技术，即在同一时间内生成多张具有不同视角的图像，然后将这些图像以特定的方式交替显示在屏幕上。观众的左右眼分别看到不同的图像，由此产生了视差效应，从而产生了立体感。为了达到更好的立体效果，裸眼 3D 技术还需要考虑到焦距调节。因为人眼在观看不同距离的物体时会自动调节焦距，而裸眼 3D 技术中的立体图像通常需要观众在相对较近的距离内观看，所以需要将屏幕和立体图像放置在适当的位置和距离上，以模拟观看近距离物体时眼睛的自然调节。

空间复用技术（Spatial Multiplexing）是一种利用多个天线同时传输不同的数据流的技术，常用于无线通信中以提高频谱利用效率和数据传输速率。它也是实现裸眼 3D 的常用技术方案之一。使用空间复用技术，可以通过将左眼图像和右眼图像分别传输到屏幕的不同区域来实现裸眼 3D。为了实现这一点，屏幕上需要使用多个小型天线，每个天线都可以发送不同的信号，从而控制不同的区域。首先将左眼图像和右眼图像分别转换成数字信号，然后将每个数字信号分成多个子信号。使用空间复用技术，将左眼图像的子信号发送到一个子区域，将右眼图像的子信号发送到另一个子区域。屏幕上的多个小型天线根据接收到的信号，将它们转换成相应的左眼图像和右眼图像，并将它们显示在屏幕的对应区域。当观众看屏幕时，他们的左眼和右眼会分别接收到不同的图像，从而产生裸眼 3D 效果。

户外大屏幕 LED 裸眼 3D 是在多角度的二维画面中借助物体的远近、大小、阴影效果、三维透视关系构建出立体的观看效果。目前，户外大屏所看到的裸眼 3D 内容都是以视频文件播放形式来呈现的。这种视频是根据 LED 屏量身定做的视差视频内容。在制作这种视频之前，需要根据实际场地进行最佳观看位置的设定和评估，然后经 3D 软件建模和渲染后，将输出视频与真实屏幕形状进行投影变换处理。观众需要在最佳位置进行观看，距离观看位置越近效果越好；距离越远，由于折角和图像拉伸，观看效果会变差。

10.1.2　自由视点视频和容积视频

在传统的视频观看形式下，用户只能够跟随导播镜头观看视频，或者通过场景周围布置的固定点位的相机，在有限视角间进行选择，用户对视频的观看视角不能进行自由的选择。自由视点视频（Free Viewpoint Video，FVV）突破了传统视频观看形式的限制，能够允许用户选择更多的观看视角，进一步提供更加真实的体验，并为观众与视频内容的交互提供了更加自由的选择和更大的想象空间。

自由视点视频基于摄像机拍摄到的实际物理视点，以多路同步视频数据为基础，生成虚拟视点处的场景视频，以支持用户自由且快速地切换场景的观看视角。对于一个自由视点视频系统，从采集到传输、播放、用户交互的过程中，主要包括多路视频流采集相机系统、多路视频流传输系统、自由视点视频渲染处理等部分，其中 FVV 的渲染处理与传统视频通信系统相比，是新引入的一个关键技术模块。

基于深度图的渲染技术（Depth Image Based Rendering，DIBR）是虚拟视点视频生成的经典方法。主要是通过利用多相机的深度图信息和纹理图信息，来对虚拟视点图像进行渲染的技术。深度图已经描述了图像上每个像素点对应的空间 3D 点距相机平面的距离，已知虚拟视角的相机参数时也可以把空间 3D 点映射到虚拟视角，因此每个真实视角的 RGB-D 图像都可以映射到虚拟视角下。多个参考视角向虚拟视角的映射结果合并后就得到虚拟视角的图像。DIBR 算法合成虚拟视角示意图如图 10-1 所示。

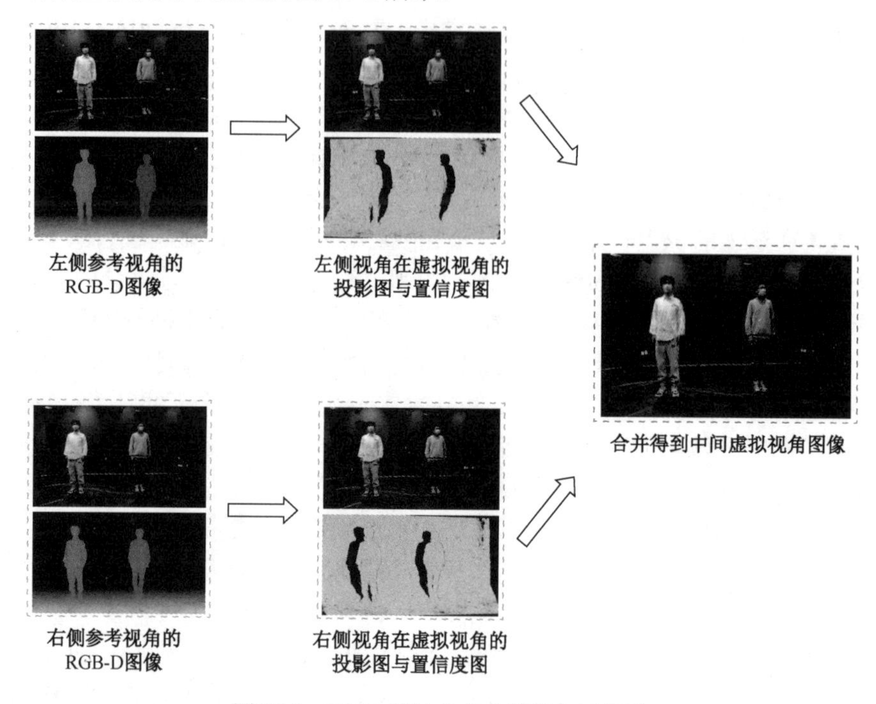

图 10-1 DIBR 算法合成虚拟视角示意图

完整的 DIBR 算法的主要步骤包括深度图反向量化、原始参考相机选择、深度图预处理、得到虚拟视点深度图、得到虚拟视点纹理、多相机纹理映射、纹理图空洞填补、纹理图前景边处理等。在已知高质量的深度图像时，DIBR 可以轻松借助 GPU 加速实现实时渲染自由视角。

容积视频或体视频（Volumetric Video）在三维空间中捕捉实时画面，并且将其转换为 3D 模型，该模型可以放在任何 3D 环境中，如虚拟现实环境、元宇宙或增强现实等。体视频渲染的核心思想就是恢复物体或场景的三维结构和纹理信息。为了实现这一目标，最直接的想法则是使用点云、体素、网格等显式的三维表征方式直接将场景中的三维信息数字化为相应的空间坐标或方向以及颜色、材质等物理性质。除此之外，恢复重建得到的三维场景还可以与其他已有的虚拟物体及场景进行融合，通过一定的编辑交互操作进行调整融合，并基于现实世界的物理成像原理渲染合成体视频。

采用结构光（Structured-light）深度相机或飞行时间测距（Time of Flight，ToF）深度相机是当前容积视频成像系统中获得三维对象几何信息的两类主流方法。结构光深度相机通过近红外激光器，将具有一定结构特征的光线投射到被拍摄物体上，再由专门的红外摄像头进行采集；发射出来的光经过一定的编码投影在物体上，再通过特定算法计算返回的编码图案的畸变，得到物体的位置和深度信息。ToF 深度相机则通过红外发射器发射调制过的光脉冲，遇到物体反射后，用接收器接收反射回来的光脉冲，并根据光脉冲的往返时间计算与物体之间的距离。

目前工业界主流的体视频离线渲染方法是先用相机阵列进行密集采集，再做较为复杂的离线建模和渲染，得到动态的 3D 视频，然后嵌入到其他 3D 场景模型中，渲染得到最终体视频。相机采集系统要求较高分辨率和帧率，相机之间要求高精度的同步效果，从多个角度对场景中心的人和物进行拍摄，在拍摄的过程中要求相机稳定，光照条件稳定。拍摄结束后，会对动态人物进行建模、纹理贴图、纹理渲染等，得到高精度的动态模型。然后更换背景，渲染得到视频。

在自由视点和容积视频的编码方面，代表性方法是 2021 年完成的 ISO/IEC 23090 MPEG-I 标准系列中的 MIV 标准（MPEG Immersive Video），该编码框架内嵌主流视频编码标准（H.265 或 H.266），定义了包括多视角多属性视频流的映射拼接、编码过程和码流组织方式。

10.1.3 全息视频

全息视频是一种可以呈现出真实物体三维影像的技术，它利用光学原理将光波经过复杂的干涉与衍射过程形成图像，从而呈现出物体的三维形态。目前全息视频已经广泛应用于广告、三维艺术、科普、文体娱乐活动、在线购物等，也常与虚拟现实技术相结合，创造出更加逼真的虚拟现实体验。

制作全息视频需要特定的设备和技术，对光源、记录媒介和重现设备的要求都很高，因此制作过程比较复杂。制作全息视频首先需要将要制作全息视频的物体以适当的距离放在摄像机面前，利用激光器等光源照射到物体上，形成光波的反射或折射。然后通过将记录媒介放在物体和光源之间，记录下光波的干涉和衍射图像形成全息图。记录媒介可以是玻璃板或照相底片等。最后将记录好的全息图放在激光光源的照射下，光波经过干涉和衍射过程形成物体的三维图像。录制视频之后使用专用软件创建对象的 3D 模型，如 Blender、3D Studio Max 或 Maya。全息视频在创建之后可以使用全息显示器显示。

全息视频显示器是一种能够实现真实全息图像显示的设备，是一种基于光学干涉原理的高科技显示设备，具有实时性、高分辨率、立体感强等优点。根据不同的光学元件和成像方式，全息视频显示器可以分为多种类型，主要包括投影全息视频显示器、空间全息视频显示器、数字全息视频显示器等。投影全息视频显示器使用激光光源和光学系统将全息图像投射到屏幕上，这种显示器通常需要在黑暗的环境下使用，以减少周围光线的干扰；空间全息视频显示器使用立体光栅将光束分解成多个角度，以形成立体全息图像，通常需要使用光栅、可调制光学器件和其他光学元件；数字全息视频显示器使用图像处理技术生成数字全息图像，并使用光学系统将其投影到屏幕上，可以实现快速实时的全息图像显示。

全息视频显示器的基本原理都大同小异，都是把全息图像由一束激光光束分成两部分：一部分经过物体反射或透过后形成参考光；另一部分直接到达全息记录介质，形成物光。物光和参考光交汇后，在全息记录介质上形成了一种干涉图样。在回放时，使用与记录时相同的激光光源和光学系统，将干涉图样中保存的信息恢复出来，形成立体全息图像。

10.1.4 扩展现实视频

扩展现实（eXtended Reality，XR）是虚拟现实（Virtual Reality，VR）、增强现实（Augment

Reality，AR）和混合现实（Mixed Reality，MR）的统称，旨在通过计算机将真实与虚拟相结合，打造一个可人机交互的虚拟环境，通过将三者的视觉交互技术相融合，为体验者带来虚拟世界与现实世界之间无缝转换的“沉浸感”。XR 视频类服务代表未来媒体网络的高级形态，已成为内容、网络、终端技术不断演进升级的关键驱动力。

XR 一方面要求关于现实环境的 3D 化视频建模，另一个重要方面是需要充分地感知交互。交互感知来对用户的不同决策与行为进行采集，包括用户的运动、语言、操作、手势及观察方向等，从而提供用户一个观测与该虚拟世界交互的三维界面，使用户可直接参与并探索仿真对象在所处环境中的作用与变化，产生沉浸感，并进而获得思维及想象的自由。

1．数据采集及控制设备

目前主流的数据采集及控制设备包括手势控制器、可穿戴控制器、万向跑步机、眼动控制器、3D 相机等。

① 手势控制器：最为常见的为手柄，其主要通过按钮方式进行人机交互，并通过振动马达实现反馈，增强用户的沉浸感，通过采用惯性传感器可以测量出人手角速率和加速率，或者通过外部摄像头实现手柄的位置追踪，从而辅助完成相应的虚拟场景动作。手柄具有结构简单、性能稳定、成本低廉、使用方便的优点；但手柄也有着明显的缺陷：对于手部关节的精细动作无法还原、无法进行手部动作的精准定位、容易受周围环境铁磁体的影响而降低精度。因此人们也推出了数据手套以及手势识别技术。数据手套不仅能将人手的姿态准确地实时地传递给虚拟环境，而且能够在接触虚拟物体时，把触觉信息反馈给用户，从而令用户与虚拟环境之间以更自然更具沉浸感的方式进行交互。除此之外，许多 AR 设备更多的是通过手势识别技术进行交互，从而更好地将现实世界与虚拟物体/场景相结合。

② 可穿戴控制器：能够实时采集穿戴者及其周围环境的感知信息，在医疗、体育、机器人、国防等领域都具有广阔的发展空间，但其也面临着穿戴舒适性、传感精度差等问题。

③ 万向跑步机：是虚拟现实控制领域中的一个新技术，普通的跑步机只包括速率和距离这两个维度的数据，但万向跑步机在此基础上，还加入了方位这一维度，让用户可以自由地转向，朝任何一个方向前进。从而保证即使用户身处的空间较小，也能在虚拟世界中自由前行。

④ 眼动控制器：是虚拟现实交互领域的一个新方向，通过采集用户的眼动信息进行交互控制，从而用眼睛操控万物，此项技术在 AR 智能眼镜上的重要性不言而喻。

⑤ 3D 相机：实现 AR 和 MR 的一个很重要的前提是要能获取现实世界的信息，只有获取了现实世界的三维信息，才能再现、增强以及混合“现实”，因此 3D 相机是 AR 和 MR 行业重要的一部分。

2．空间定位技术

除了数据采集设备，空间定位技术也在用户体验度上占据重要位置，其能利用算法和传感器感知到用户的移动，从而确定用户在空间里的相对位置。一款具有空间定位系统的虚拟现实设备不仅能更好地提供沉浸感，而且能减少因为位移所产生的画面不同步感，从而大幅降低用户的眩晕感，让虚拟世界可以与用户的身体保持一致的移动性。目前空间定位技术主要分为“Inside-out”和“Outside-in”两类，前者主要利用设备本身，不依靠外部的传感器配件，实现虚拟场景里的空间定位以及更多人机交互功能；后者则需要依靠外置的定位点设备，设备发出红外线等通过三角定位的方法确定佩戴者的位置和移动方向。相比 Inside-out 方式，Outside-in 方式具有定位准确度更高、延迟相对低等优点，但也面临着放置外部设备烦琐、易受空间和遮挡影响等缺点。

① Inside-out 空间定位技术：从设备内部检测当前位置的过程，类似人类眼睛对空间位置的感知过程，因此被称为 Inside-out 空间定位技术。主流方法是基于 SLAM（Simultaneous Localization and Mapping）技术进行空间定位，即设备本身在未知环境中从一个未知位置开始移动，在移动过程中通过重复观测到的环境特征进行自身定位，同时在自身定位的基础上构建周围环境的增量式地图，实现设备本身自主检测和定位导航。目前大部分的 AR 产品都采用 Inside-out 空间定位技术。AR 中主要是现实物体与虚拟物体的有效交互，其注重虚拟信息与真实世界的无缝融合，如虚拟图像出现的平面位置与景深等。这就需要利用 SLAM 算法，准确叠加虚拟坐标系和真实坐标系。同时，真实环境会出现高低起伏、障碍物、遮挡关系等各种环境因素，SLAM 不受空间和遮挡的限制，可以让虚拟信息与这些真实环境中的物理信息进行交互。

② Outside-in 空间定位技术：需要在环境中布置定位器，实现从外到内的位置计算，其主要可以分为被动式定位和主动式定位两种。被动式定位由事先放置的定位点采集信息进行反馈。例如，基于红外摄像头的空间定位系统通过红外摄像头发射红外射线照射到用户所佩戴的反光标记，捕获反射的红外信号进行位置计算。主动式定位由头盔主动收集信息进行反馈。例如，通过利用配套定位光塔对定位空间发射横竖两个方向扫射的激光，再通过头盔上的接收器接收光束，之后计算两束光线到达定位物体的角度差，计算出待测的位置坐标。

3．**显示设备**

XR 显示设备之一是头戴式显示器（Head Mounted Display，HMD）。不同于传统的视频，HMD 在接收到全景视频后，需要将视频进行渲染。渲染是指根据用户头部姿态从全景视频中截取出用户当前应看到的画面，并根据 HMD 的透镜特性，对画面进行的变形处理。整个流程可以大致概括为：全景视频应用软件预先对图像进行桶形失真变形处理，图像经透镜折射后，桶形失真与透镜折射引入的枕形畸变相互抵消，最终展示给用户可看到的正常画面。桶形失真和枕形畸变如图 10-2 和图 10-3 所示。

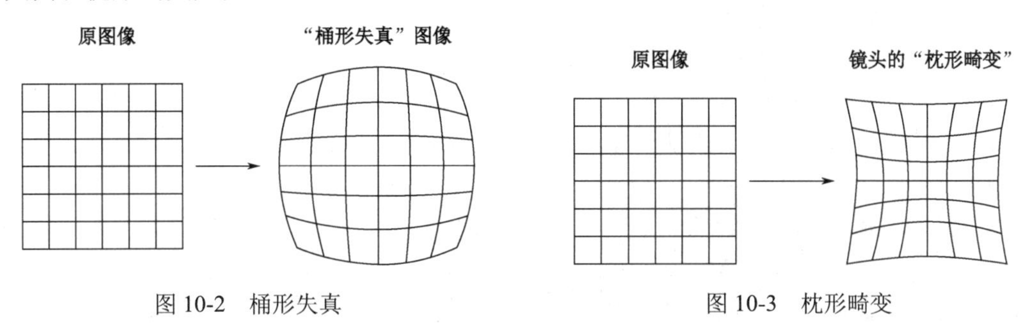

图 10-2　桶形失真　　　图 10-3　枕形畸变

10.1.5　点云与网格

点云（Points Cloud）是在一个空间坐标系下表达真实物体或场景的空间几何结构和属性特征的海量离散数据点集合，其中的每个数据点均带有空间坐标和属性信息，从而构成对物体或场景的数字描述。空间坐标描述其几何结构和分布，属性信息描述其表面特征，这些特征包括颜色、光泽度、材质、法向量、反射系数等。点云数据示例如图 10-4 所示。

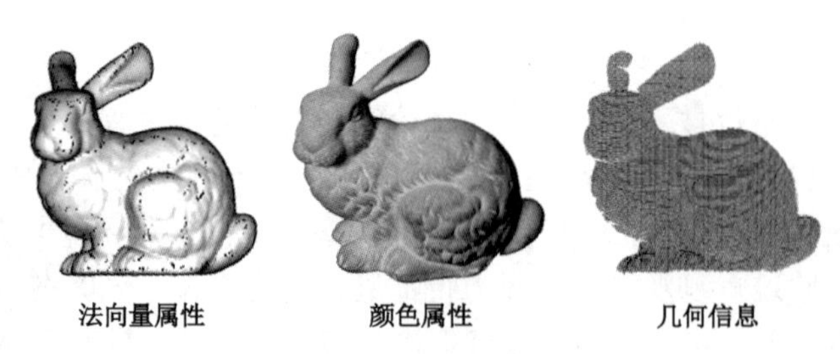

图 10-4 点云数据示例

点云数据的采集主要通过对物体进行多方位 3D 扫描，并将扫描数据信息量化，然后以相应文件格式进行存储。扫描方法分为接触式和非接触式两种。接触式方法常用于简单 3D 模型的测量和建模，通过人为调整探头朝向和位置来测量物体外形，效率较低而且可能存在盲区；非接触式方法则依靠激光、电磁波、声波等介质反射，并通过相关算法将所得物理数据转换为点云数据。相比之下，非接触测量方法的自动化程度较高，获取的数据可直接用于计算机软件建模和处理，便于开展后续研究工作。国内外研究机构正在 3D 扫描技术上进行各种创新和改进，一方面数据质量从低精度向高精度迈进，另一方面采集设备向小型化便携式方向发展。

点云是三维空间中一系列无序点的集合，每个点具有以（x, y, z）三维坐标形式表示的几何位置信息，还可能带有与几何位置相关联的颜色、反射率、法向量等属性信息。大多数点云数据是由 3D 扫描设备产生的，如激光雷达（2D/3D）、立体摄像头（Stereo Camera）、飞行时间相机（Time-of-Flight Camera）等。这些设备用自动化的方式测量几何实体的空间结构信息及相应的特征信息，然后以某种格式保存为点云数据。

点云能够直接而高效地表示物体或场景的三维结构和外表面信息，是一种新的三维模型数据格式，其作为沉浸式多媒体场景表达信息的主要载体，可有效地表示沉浸式媒体服务中的静态实物和场景，进而描述相应的动态实物和实时的场景，用于物体或场景的重建。随着采集设备的快速发展，相应点集的表面信息和深度信息等特征逐渐丰富，使得重建场景能够更加趋于真实。相对传统的 3D 网格呈现技术而言，3D 点云技术以其直观性和较小的计算复杂度得到了广泛的关注。得益于计算机处理能力的大幅提升，点云数据可实时采集和渲染使得其能应用于计算机图形表示中，且点云数据比传统的网格数据在计算上更为快捷。近年来，点云被广泛应用于虚拟现实、自动驾驶、地理信息系统、数字文化遗产重建、三维沉浸式通信等场景中。

为了精确地描述场景，一个点云可包含几十万甚至几百万个点，点云庞大的数据量成为制约点云应用的一大挑战，压缩点云数据、减少点云媒体的数据量以适应有限的网络带宽与存储空间是非常必要的。不同于普通的视频媒体，点云数据具有稀疏性和无规律性，在三维空间中只有很少一部分位置存在点，仅编码被占用的部分信息比编码整个 3D 空间更加高效；另外，点云的点与点之间不存在拓扑关系，分布不规则、无顺序，使得不同点之间的相关性难以被有效去除，点云数据的压缩具有挑战性。

网格（Mesh）是由三角形、四边形或其他多边形组成的 3D 模型，常用于计算机图形学、计算机辅助设计（CAD）、虚拟现实（VR）和游戏开发等领域。Mesh 是在点云基础上，加入了多边形顶点和多边形的集合。Mesh 通常由三角形组成，因为三角形是最简单的多边形形状，也可以通过三角形构建出更复杂的几何体。与点云的稀疏性相比，Mesh 真正有了表面的概念，因此表示的物体通常具有更高的视觉质量。事实上，在三维重建应用中，Mesh 模型通常由点云模型进行表面重建得到。体素是体积像素的简称，是二维图像中的像素概念在三维空间中的扩展，将三维空间划分为离散的立方体网格，也即体素，每个体素结构保存当前空间的数据化信息。

在点云上进行表面重建是将点云转换为 Mesh 的关键步骤。常见的表面重建算法包括基于网格的方法（如 Poisson 重建、Marching Cubes 等）和基于隐式函数的方法（如 Signed Distance Function、Moving Least Squares 等）。这些算法的目标是通过点云数据计算出一组表示表面形状的三角形或四边形网格。得到的网格可能存在三角形过大、过小和形状不规则等问题，需要进行网格平滑和细化操作。通常使用 Laplacian 平滑、边缘折叠等方法来优化网格的质量。

在点云压缩方面，国际标准化组织 MPEG 从 2017 年开始相关标准化工作，目前已形成两条主要的技术路线：基于视频的点云压缩（Video-based Point Cloud Compression，V-PCC）和基于几何的点云压缩（Geometry-based Point Cloud Compression，G-PCC）。我国音视频编码标准组织从 2019 年开始也积极开展点云编码标准化工作，采取了与 G-PCC 相似的技术路线。

10.1.6　神经辐射场

神经辐射场（Neural Radiance Field，NeRF）是一种隐式的空间三维表示，也可以用于自由视点视频和体视频渲染。该隐式形状表示将形状空间参数化为带有密度的神经辐射场，神经辐射场的密度属性被隐式地编码在多层感知机（MLP）中，向多层感知机输入空间中某点的坐标，网络输出该点对应的空间密度。NeRF 的主要特征包括体视频渲染、新视角渲染、可分解嵌入空间、多视角一致性、加权重要性采样。

在 NeRF 中神经体素的参数化表示可被描述为：$F_\Theta:(x,d)\to(c,\sigma)$。其中 x 为可学习空间中点的坐标，σ 为该空间点对应的密度，c 为空间点 x 从 d 方向被观察到的颜色。NeRF 训练所需的训练数据为物体的多角度图片，并且已知每张图片的相机参数，对从相机出发的对应每条像素的光线使用神经体素渲染进行颜色渲染。图 10-5 所示为 NeRF 训练与渲染示意。

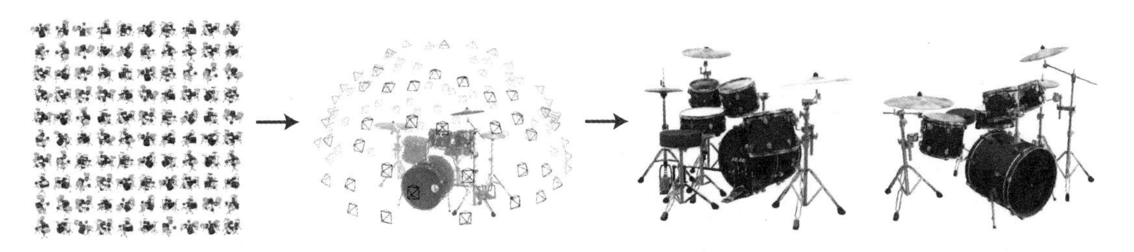

图 10-5　NeRF 训练与渲染示意

考虑空间一条从相机中心出发的光线$\{r(t)=o+td\mid t\geqslant 0\}$，其中 o 是该相机的位置，d 是该光线的方向，该光线对应的像素点的颜色为$L(o,d)$，那么该光线对应的像素颜色可由下式得到。

$$L(o,d)=\int_0^{+\infty} w(t)c(r(t),d)\mathrm{d}t \tag{10-1}$$

式中，$w(t)$为光线上采样颜色$c(r(t),d)$对像素最终颜色的贡献权重。可以进一步被扩展为

$$w(t)=T(t)\sigma(r(t)),\ \ T(t)=\exp\left(-\int_0^t\sigma(r(u))\mathrm{d}u\right) \tag{10-2}$$

式中，$T(t)$为光线从起点传播到$r(t)$不被阻挡的概率，表示光线在位置o被吸收的概率。因此，光线路径上的采样点$r(t)$的颜色对像素颜色的贡献可以理解为：光线被传播到该点不被吸收的概率与在该点被吸收的概率的乘积。这种渲染方式被称为体素渲染，因为渲染过程充分考虑光线路径上每一点对二维图像的影响，所有二维图像中被观察的自由空间均会被优化，三维形状需要在训练图片对应的各个视角保持与真实情况的一致，所以体素渲染经过优化后的空间具备良好的多视一致性。该表征及渲染过程将环境光场与场景及物体颜色场耦合，结合环境光场的建模，可以进一步渲染获得真实环境与虚拟物体交互的光影真实成像。

通常的计算机图形学引擎将计算机三维形状渲染得到特定视角下二维图像的渲染计算方法不具备可微分性，这意味着该计算方式不能用于深度学习梯度传播。而神经辐射场结合神经体素积分的可微分渲染方法，使得被随机初始化的简单结构的多层感知机表征的隐式三维形状可以被渲染出特定视角下的二维图像，由于渲染过程全可导，二维图像真值可以用监督MLP的参数优化，MLP学习训练图片对应的空间颜色和形状。NeRF及神经渲染方法仅需要物体或场景对应的多角度图片和每张图片对应的相机内外参数，即可学习空间的几何信息和颜色信息，并且保持良好鲁棒的空间多视一致性，在给定的新视角下进行渲染，可以得到物体或场景的全新角度图片，并且新视角图片的质量高且达到非常真实的效果。将神经辐射场及其衍生结合神经渲染方法应用在体视频内容呈现方面，可以在获得高效渲染的效率的同时，获得轻量级的模型表示和高质量的鲁棒的渲染成像结果。

NeRF渲染效果优秀，主要缺点在于非常耗时，而且难以适应动态场景，目前已有许多工作致力于解决这些问题。基于NeRF近年来出现了很多研究方向，包括训练速率更快的NeRF、推理速率更快的NeRF、适用于稀疏输入视角的NeRF、深度监督的NeRF、用于对大场景渲染的NeRF、动态NeRF、场景编辑NeRF等，也有很多研究将NeRF用于SLAM、3D重建、机器人等领域。

10.2 新型媒体网络架构

10.2.1 云边端协作计算

边缘计算技术的核心思想是在移动网络边缘节点（如基站）部署具有强大算力和大存储空间的服务器，用户的业务可以转移卸载给边缘计算服务器来完成，从而将互联网内容和核心网功能下沉到网络边缘以提高网络性能。

图10-6所示为边缘计算系统。边缘计算技术是一种在基站侧部署边缘服务器来提供计算和存储能力，用于加速网络中各项应用的快速运行的架构。具体而言，边缘缓存是指将流行度较高的内容提前缓存在边缘节点处，从而减少内容的重复传输与回程链路负载并且降低空口链路开销。边缘计算是指将计算复杂度较低的任务在边缘节点上计算，从而减少核心网数据量，降低传输时延以及大大提高用户体验。在边缘计算系统中，通信、计算、存储三种资源构成了系统的三个基本要素。云端服务器、边缘服务器、移动设备的计算存储资源以及边缘计算系统中的通信资源能够以一定规则相互置换，来保证用户在使用某个业务时能满足其

业务的需求，能让用户享有不间断的高质量网络体验，具备超低时延、超高带宽、实时性强等特性。在未来的移动网络中，计算、存储、通信都是必不可少的，并且只有同时使用这三维基础资源才能支持移动通信网络的可持续性发展。

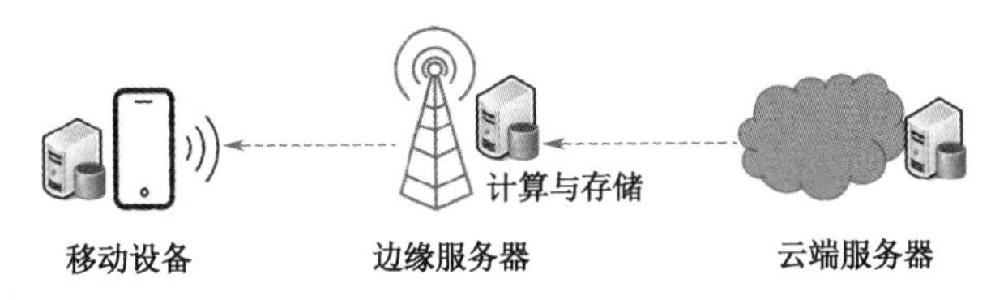

图 10-6　边缘计算系统

在边缘计算系统中，多元化新型移动业务所特有的内容与计算属性被充分发掘。相比于传统点对点数据型通信业务，新型移动业务中多媒体内容具有明显的复用特性，即同一多媒体内容可能会被单个用户或者多个用户在同一时段或多个时段请求。例如，某一用户对自己喜爱的音乐或视频会反复请求；多个用户在不同时间段可能会请求同一热播视频。一般而言，不同多媒体内容的流行度不一样，即某些多媒体内容被用户请求次数相对较多，而某些内容被请求次数相对较少。通过发掘多元化新型移动业务所特有的内容与计算属性，将高流行度的内容提前缓存在边缘节点处，能够有效减少视频等业务数据重复传输带来的网络拥塞，缓解无线带宽资源短缺问题。

将用户所需求的业务转移卸载给基站侧的边缘计算服务器，利用移动通信网络边缘服务器的计算和缓存能力对用户所需求的数据进行计算和存储，能显著降低该业务对用户终端计算存储能力的要求，并且可以降低用户的时延，减少回程链路的数据量，以此提升移动通信系统的性能。尤其是在针对移动虚拟现实技术和移动增强现实技术以及未来的扩展现实时，边缘计算能转移卸载这些业务的高运算量，使得用户能较好地体验到这种高负载业务。

此外，边缘计算与云计算是协同互补的关系。云计算的计算能力更强，但是距离用户更远，时延更大，适用于实时性要求不高、计算性能要求极高的业务，如高清视频渲染编码、大数据人工智能训练等。边缘计算由于距离用户更近，时延较小，适用于实时性要求较高、计算能力要求较高的业务，如实时游戏画面渲染、无人驾驶车联网数据处理等。因此边缘计算相较于云计算能更好地解决实时性的问题，在高清直播、虚拟现实、增强现实、云游戏、智慧交通、无人驾驶、无人机等领域有很大的应用前景。

2014 年，欧洲电信标准化协会（European Telecommunications Standards Institute，ETSI）成立了移动边缘计算（Mobile Edge Computing，MEC）行业规范工作组（Industry Specification Group，ISG），正式宣布推动移动边缘计算标准化。最初的核心理念为转移任务至移动接入网络边缘侧，通过计算和存储资源的弹性利用为云计算平台提供更强的服务能力。同时由于边缘侧与用户之间的距离更短，因此可以提高以低延迟、高带宽为主的服务质量。近年来，随着业务形式和技术研究的不断演进，ETSI 也进一步扩展了 MEC 中“M”的定义。2017 年 3 月，ESTI 将其重新定义为“Multi-Access”，因此 MEC 的概念升级为“多接入边缘计算”。多接入边缘计算的接入点不再局限于移动接入的基站、手机发射塔等，而是包括 Wi-Fi 的网络控制器、路由器、交换机、有线电视电缆 Cable 接入的同轴电缆调制解调器端接系统（Cable Modem Termination Systems，CMTS）等多种接入点。

1. 边缘缓存技术

如图 10-7 所示，边缘缓存系统由远端服务器、靠近用户的边缘基站和移动终端组成。面向以高清视频传输为代表的数据密集型移动业务，边缘缓存基于对业务内容的感知能力，从远端服务器预先下载用户可能请求的高流行度内容文件（如视频、音乐等），这些文件被存储在边缘服务器或移动终端的存储资源中。

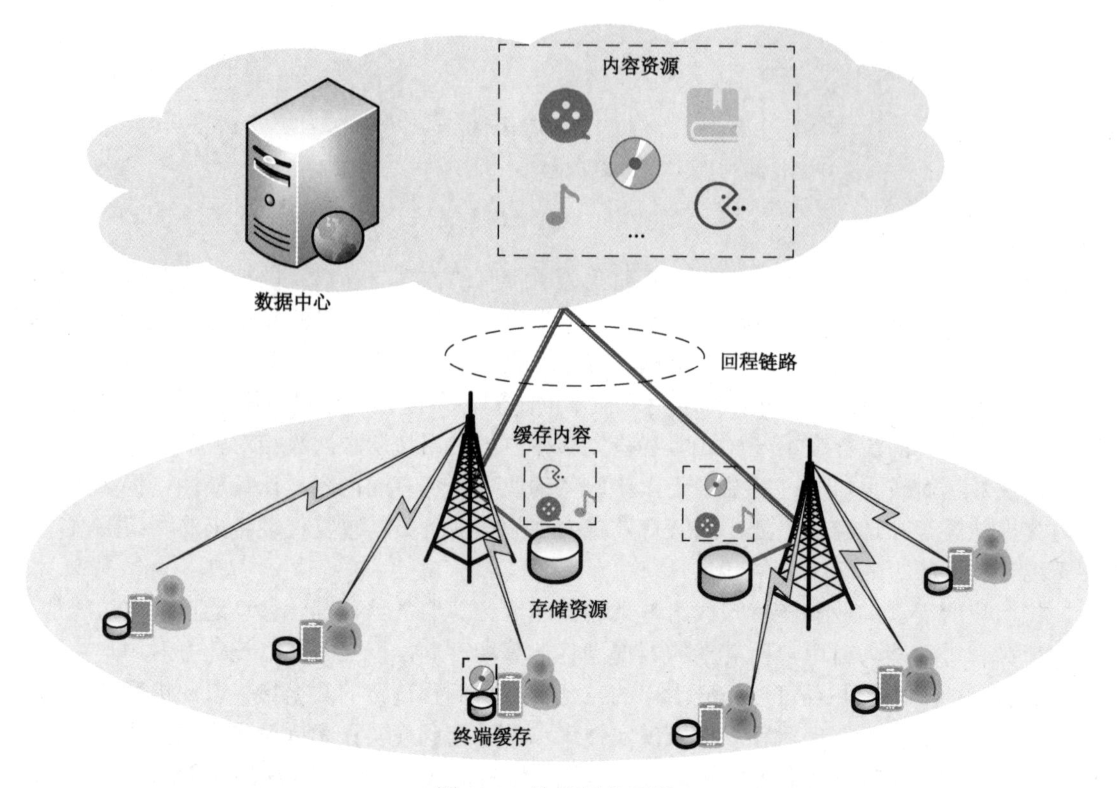

图 10-7 边缘缓存系统

当用户发出文件请求时，根据缓存的文件列表查找请求的文件是否已经被缓存。若用户需求的文件已被缓存在该用户的移动终端，则请求内容可直接呈现给用户，不需要占用通信资源，同时大大减少传输时延。如果请求文件没有被缓存在用户本地，但是基站缓存文件列表中包含用户请求的文件，基站直接将该文件发送给提出该文件请求的用户，减少了回程链路的传输时延。如果请求文件没有被预先缓存，基站从远端服务器下载请求文件，然后发送给对应的用户。由于同一多媒体内容可能会被多个用户在同一时段或多个时段请求，采用单播与多播技术结合的方式传输用户请求内容，能够进一步扩大缓存增益。具体地，将同一时间段内多个用户重复请求的内容进行多播，能够显著减少无线带宽占用。

对于边缘计算网络中缓存策略的研究，在何处缓存、缓存哪些内容以及如何更新缓存状态是边缘计算网络设计者需要考虑的核心问题。通过联合考虑基站端与终端的缓存协作，优化缓存内容放置及更新策略，能够发掘业务请求的内容属性，充分利用边缘计算系统中的存储和通信资源，不仅能降低回传链路负载，还能减少无线带宽需求与传输时延。

1）编码缓存

为了衡量缓存带来的理论增益，考虑一个基站服务 K 个用户的边缘计算系统。K 个用户通过一个共享的、无错的链路连接到基站。基站连接的数据中心具有 N 个相同大小的文件，每个文件大小为 F 比特。K 个用户的本地缓存空间大小为 MF 比特。在内容传输阶段，每个用户都请求 N 个文件中的任意一个。在不使用终端存储资源预先缓存内容的情况下，基站至用户间链路的传输负载总和为$T=K$（使用文件大小进行标准化）。在使用终端缓存资源的情况下，每个终端都缓存N个文件中每个文件的M/N份，当用户请求一个文件时，需要传输剩余的$(1-M/N)$份给用户，所以基站至用户间链路的传输负载总和为$T=K(1-M/N)$。

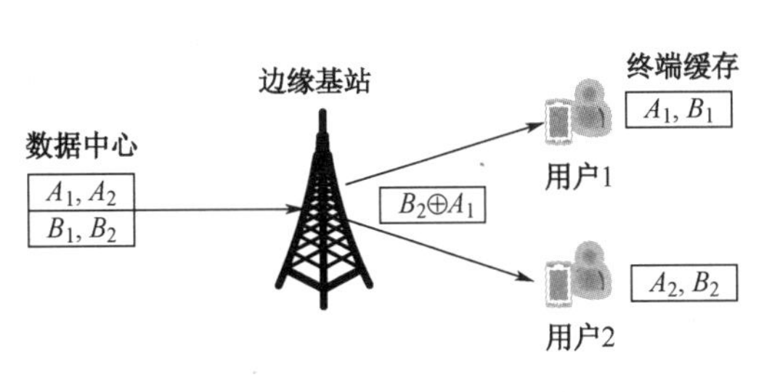

图 10-8　编码缓存机制示例

在使用终端缓存资源的基础上，对传输内容进行编码，能够进一步降低传输负载。图 10-8 所示为编码缓存机制示例。数据中心具有两个相同大小的文件，分别为文件A和文件B。这两个文件被拆分为大小相等的两部分，即(A_1,A_2)和(B_1,B_2)。在两个终端分别缓存(A_1,B_1)、(A_2,B_2)的前提下，基站发送B_2或A_1即可保证两个终端都能获得全部的文件A和文件B。使用编码缓存技术，基站至用户间链路的传输负载总和降为$T=K(1-M/N)/(1+KM/N)$。

（2）内容放置与更新

① 基站缓存与用户缓存。根据缓存内容放置的位置，缓存策略可分为基站端缓存与用户端缓存。具体而言，一方面基站端流行文件的缓存可降低与核心网连接的回传链路上的负载以及减小传输时延。通过联合考虑小型基站端缓存与多播技术，能够进一步降低回传链路上的传输负载。此外，通过联合考虑基站端缓存与协作策略，用户请求的内容可以由其相连的基站缓存处、其他协作的基站缓存处或者核心网获得，能够降低系统整体的传输时延及回传链路上的传输负载。另一方面用户端流行文件的缓存不仅降低了回传链路负载，还降低了空口链路负载与传输时延。通过设计用户端编码缓存策略，能够引入传统缓存方案所没有利用的全局缓存增益。

② 静态缓存与动态缓存。根据缓存状态是否会更新，缓存策略可分为静态缓存与动态缓存。具体而言，静态缓存是指缓存状态在很长一段时间内保持不变。静态缓存策略由于仅基于文件流行度而设计，尚未充分利用同一类型文件库中文件流行度之间的相关性以及考虑流行度随时间或空间的动态变化特性。例如，当用户观看完第 2 集电视剧时，大概率会请求观看第 3 集电视剧，而较小概率重复观看第 2 集视频内容。因此，静态缓存策略在提高系统性能上具有一定的局限性。

动态缓存是指根据用户请求的即时信息，时刻保持更新缓存状态。最近最少使用（Least Recently Used，LRU）与最不常使用（Least Frequently Used，LFU）是目前最常见的两种动态缓存策略。具体而言，LRU 与 LFU 分别保持从缓存空间中剔除最近最久未请求的文件以及最不经常请求的文件。然而，LRU 和 LFU 最初均是以提高有线网络中缓存命中率为目的而提出的启发式算法，从而无法保证在启用缓存的无线网络中可以非常有效地提高带宽利用率。因此，机器学习方法（如强化学习、长短期记忆网络）被用于设计动态缓存策略以应对无线网络环境（如信道状态、文件库等）随时间的动态变化。

③ 被动缓存与主动缓存。根据缓存状态如何更新，缓存策略可分为被动缓存与主动缓存。具体而言，被动缓存是指在被请求的文件中进行选择并且缓存。主动缓存是指联合推送与缓存，即在低流量时刻利用空闲带宽主动/提前推送内容至网络边缘节点的缓存空间中以满足未来请求，从而进一步提高带宽利用率。

（3）智能缓存策略

流行度排名越高的内容，被请求的概率越大。通过预测内容流行度，能够将流行度较高的内容提前缓存在基站及终端。通过预测内容流行度的变化，对缓存内容进行更新，能够提高缓存命中率。此外，全局流行度不能反映单个用户的偏好。为了提高缓存内容的命中率，终端内容缓存需要预测用户的个人偏好。

内容流行度预测技术主要在基站侧进行，通过收集基站连接用户的行为特征（如位置、信道状态等），结合内容特征（如电影评级、电影类型、影评等）以及用户间请求内容的关联特征作为神经网络的输入。使用 LSTM、logistic 回归、在线学习、联邦学习等算法预测文件库中内容流行度的估计。

用户个人偏好预测在移动终端侧进行，将用户过去一段时间内的内容请求数据作为算法输入，通过机器学习算法拟合用户个人使用习惯、内容偏好等特征，再将学习到的特征与内容流行度来决定协同缓存策略。

除了内容流行度预测及用户个人偏好预测技术，强化学习算法能够通过与环境交互直接学习内容缓存策略。根据每个时隙的缓存状态、用户请求、信道状态等状态信息，决定当前内容缓存策略，跳过流行度预测。使用基于强化学习的动态缓存策略，能够有效提高缓存命中率。

2. 边缘计算技术

以移动 VR/AR 视频传输等为代表的新型移动业务除了对数据传输有极大需求，对计算处理也有超高需求。通过将计算复杂度相对较低的移动业务在移动边缘节点处进行处理，可以有效提高服务质量。与传统的基于数据中心的移动云计算（MCC）相比，边缘计算拥有如下几方面明显优势。

低延迟：MCC 中用户数据到达远程服务器的距离可以达数千千米，数据传输过程中要经历漫长的往返网络链路传输。而在边缘计算过程中，由于用户与云边缘距离很近，庞大的数据不需要穿越核心网，而是可以在边缘直接进行计算处理，因此大大降低了传输延迟，可以满足十毫米级的超低延迟。此外，虽然 MCC 可以提供规模更大的计算资源，但也有更多的用户进行分享。

低能耗：MEC 用户可选择将高能耗型的计算任务迁移到边缘云中，从而避免本地计算带来的巨大能耗。以物联网设备为例，由于其能源存储能力有限，又常应用于安全监控、健康检测、人群感知等计算任务频繁的场景中，因此物联网设备的主要缺点是充电或更换电池的频率。通过在边缘实现计算卸载的解决方案 MEC，可以提高物联网设备的电池寿命。

强感知：利用近距离优势，MEC 服务器可以通过用户关于位置、环境和行为等实时信息，更加准确地预测和判断用户的行为和需求，从而提供更及时有效的计算和存储服务。

高安全：在 MCC 系统中，云平台是大型公共数据中心，有大量的用户信息资源，被攻击的危险系数很高。而边缘服务器的用户数目更少，MEC 服务器不会有太多的信息，减少了可能的攻击。而且 MEC 中用户数据信息不需要经过复杂的核心网到达数据中心，可以有效缓解数据在多跳网络传输中的信息泄露问题。

（1）核心问题

对于 MEC 网络中计算策略的研究，针对何种计算任务类型、在何处计算以及计算哪些任务是网络设计者需要考虑的核心问题。

① 计算任务数据产生位置。根据计算任务的输入数据主要在何处产生，计算任务类型可

以分为云端输入型计算任务、本地输入型计算任务以及双向输入型计算任务。

云端输入型计算任务：指计算任务的主要输入内容由云端服务器产生。以 VR 视频为例，相比于传统视频，其以沉浸性、交互性以及想象性的特点得到越来越广泛的关注。然而其超高分辨率与超低时延的技术要求以及巨大数据量与计算量的需求给移动网络带来巨大的传输与计算压力。因此，如何实现移动 VR 视频传输非常具有挑战性。

本地输入型计算任务：指计算任务的主要输入内容由本地移动设备产生。以无人机（Unmanned Aerial Vehicle，UAV）为例，通过结合通信技术和无人机的优势，UAV 可以基于由自身安装的传感器和摄像头收集的数据在灾区进行快速反应；在音乐会场地、体育场馆等带宽需求较高的地方作为移动基站进行数据传输。这些服务通常需要大数据处理与传输。然而由于计算资源与电池能量的限制，无人机无法充分处理这些应用，因此如何在移动边缘网络中发挥无人机功能也是网络设计者面临的巨大挑战之一。

双向输入型计算任务：指计算任务的主要输入内容包括由本地产生的输入数据以及由云端服务器产生的输入数据。以美颜相机为例，当用户希望对本地拍摄的照片或视频添加贴纸特效时，本地输入的数据即为本地拍摄的照片或视频，云端输入的数据即为贴纸数据库。只有当两者均存在时，美颜软件才能进行特效制作以满足用户需求。

② 计算任务数据处理位置。根据计算任务在何处计算，计算策略可以分为 MEC 服务器端计算与用户端计算。具体如下。

对于云端输入型计算任务，MEC 服务器端计算需要 MEC 服务器首先从云端服务器下载输入数据，然后进行计算处理，最后将计算结果发送给移动用户。用户端计算需要移动设备终端首先通过 MEC 服务器将云端输入数据下载至本地，然后进行本地计算，从而得到计算结果。

对于本地输入型计算任务，MEC 服务器端计算需要移动设备终端首先上传本地产生的输入数据至 MEC 服务器，然后 MEC 服务器进行计算处理并且将计算结果发送给移动用户。用户端计算可由移动用户终端直接根据本地产生的输入数据进行计算从而获得计算结果。

对于双向输入型计算任务，MEC 服务器端计算需要 MEC 服务器首先通过移动终端设备上传获取本地产生的输入数据以及通过回传链路从云端服务器端下载云端产生的输入数据，然后进行计算处理，最后将计算结果发送给移动用户。用户端计算需要移动用户首先通过无线链路从 MEC 服务器端或者云端服务器处下载得到云端产生的输入数据，然后进行计算处理得到计算结果。

（2）核心技术

① 计算卸载。MEC 服务器和本地的移动设备都具有计算的能力，但本地设备受限于自身的体积以及电池容量等硬件配置，其计算能力往往远小于 MEC 服务器的计算能力。计算卸载是将本地设备产生的计算任务的全部或部分卸载给其所连接的一个或多个 MEC 服务器上进行计算，服务器则通过其强大的计算能力来满足用户的计算需求，同时降低计算时延和本地的电池能量损耗。但计算任务的上传及计算结果的下发都会带来额外的传输时延和传输能耗，这对网络的传输能力提出挑战。因此任务的计算卸载方案，包括是否卸载、卸载多少等，直接影响 MEC 下无线网络的系统性能。

基于 MEC 的计算卸载方案，关键技术包括卸载策略和计算资源分配策略等方面。计算卸载基本流程如图 10-9 所示。

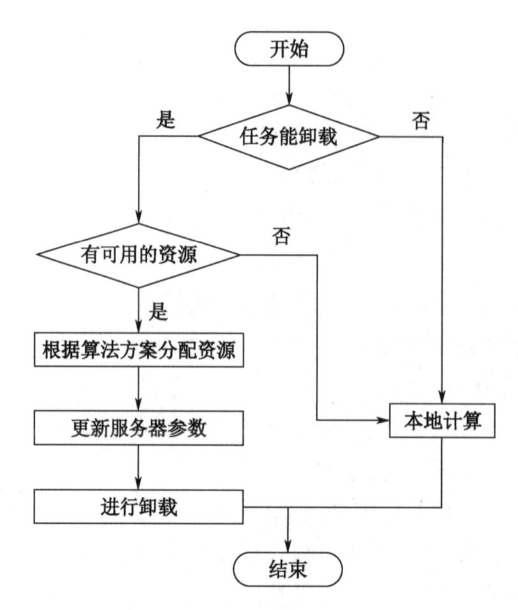

图 10-9 计算卸载基本流程

根据卸载目标的不同，卸载策略也分为最小化执行时延、最小化能量损耗、基于时延和能耗权衡等不同类型。计算卸载的决策也可以分成三种方案，一是本地执行（Local Execution），即全部计算任务都在本地完成；二是完全卸载（Full Offloading），即所有计算均由 MEC 卸载和处理；三是部分卸载（Partial Offloading），计算的部分在本地处理，另一部分卸载到 MEC 服务器处理。计算资源分配主要是探寻单节点最优的计算资源分配方式，或者多节点计算资源协同优化分配。

② 边缘视频智能处理。边缘视频智能处理能力主要针对边缘节点上的视频信息进行 AI 加工处理和 AI 算法的管理，并通过编排功能支撑多算法组合、调度等。

视频基因：将视频的特征转换成信息字符串的新一代信息技术，具有稳定性，不会随音视频文件的格式转换、剪辑拼接、压缩旋转等变换而发生变化；同时具备高精度识别能力，可适配视频压缩、视频镜像、视频旋转等。视频基因可支撑多种业务场景，如视频查重、相似度识别、原创识别等。

视频大数据：依托人脸识别、光学字符识别（Optical Character Recognition，OCR）、视频图像结构化分析技术，可以快速定位视频中的内容，形成视频大数据，对视频节目进行智能打点，实现快速检索与定位。另外，可通过视频大数据，为观众提供语音交互服务，识别人脸，展示人员简介信息，并关联推荐相关内容。

边缘视频智能分析：支持视频流上云、存储、转发、视频 AI 等功能，提供视频算法以及云边协同（算法云端训练、云端下发、边缘计算推理）服务。用户可以在云端对视频内容进行高效分析和审核，从视频、语音、文字、公众人物、物体、场景等多个维度进行识别后，通过交叉比对、自然语言处理等技术处理，输出对视频的场景、公众人物、地点、实体和关键词的结构化标签信息，从而提高搜索准确度和用户推荐视频的曝光量。支持对直播视频、直播音频、直播弹幕评论、视频、语音、图片的审核，从违禁、广告等多个纬度进行审核，快速发现违规内容，同时利用 OCR 技术对图片中的文字内容进行审核，支持自定义人脸识别。

边缘 AI 模型训练：由于设备端存在 CPU、内存、时延等方面的限制，许多解决方案（如无人驾驶、预测性机械维护、机器人等）仍需要实时分析能力。云端 AI 模型的训练和实时传输可降低对设备的要求，简化模型训练和更新，无须进行复杂的设备部署。例如，无人驾驶车可以基于云端的实时预测来确定位置，避免碰撞；电梯可以将数据、模型实时上传，做到故障实时反馈和预警等。

3．**产业应用**

欧洲电信标准化协会（ETSI）定义了 MEC 七大应用场景：智能移动视频加速、监控视频流分析、AR、密集计算辅助、在企业专网之中的应用、车联网、物联网（Internet of Things，IoT）网关服务，更好地支撑 MEC 的落地。基于 MEC 架构低延迟、低能耗等优势，目前在视频网络服务方面已获得广泛应用。

（1）5G 边缘+CDN 下沉：直播场景

利用 MEC 技术，内容源可以直接将内容上传至部署在网络边缘的 MEC 服务器上的 CDN，然后通过该边缘 CDN 响应用户的视频请求，这样可以大大降低用户观看视频时的延迟。此外，MEC 自身具备的计算能力增强技术（如高性能处理器、GPU/智能网卡等硬件加速），无线链路的状态可以被实时感知到，同时在线感知链路状态对视频进行转码，以保证视频流畅播放，做到对视频的智能加速。一个典型的 MEC 协助智能移动视频加速的应用实例如图 10-10 所示。

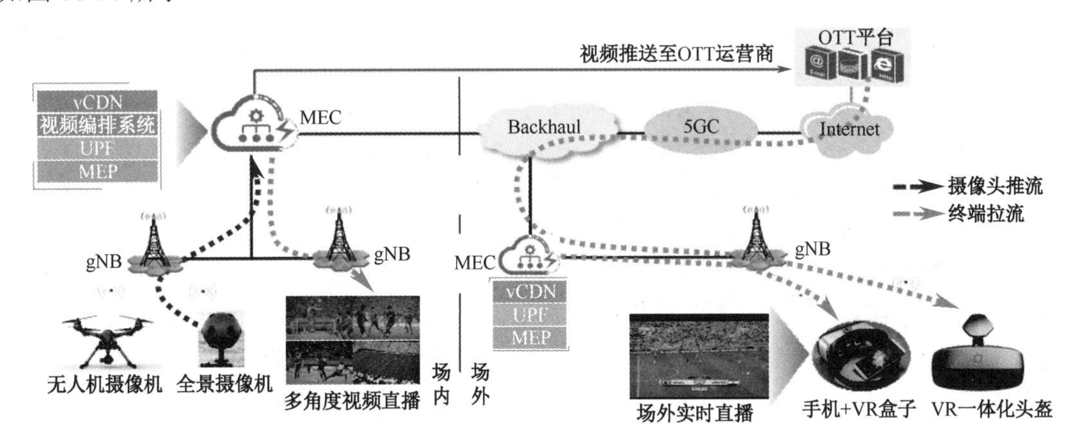

图 10-10　一个典型的 MEC 协助智能移动视频加速的应用实例

在 5G 联合边缘计算的自由视角直播中，通过在现场布置 40 台摄像机进行同步拍摄，现场编解码器将多路视频拼合后通过 RTMP 上传给云端计算集群，接着通过 3D 重建算法实现 6Dof 视频的生产，然后将视频经由 RTMP 上行到直播中心。当终端用户选择进入 6DoF 视频播放，距离最近的 MEC 边缘计算节点由边缘云调度服务找到，然后接收用户直播 ID 和观看视角信息。MEC 边缘节点拉取对应的 6Dof 直播 HLS 流，下载解码后，根据用户信息通过算法插值计算出用户所需角度的视频流，最后通过 5G 网络发送给用户。

在整个视频处理链路中，利用边缘计算的方式对视频数据进行就近云处理，提升数据计算能力，减少对用户终端设备性能的依赖，并进一步优化用户访问网络的延迟，更好地应对大流量、高并发的业务需求，同时减轻中心服务器的压力。这种技术能够更好地满足互联网场景下的高带宽、低时延需求，如赛事直播、综艺直播、在线教育等业务。

（2）云游戏

云游戏是一种强交互的实时音视频技术。云游戏将原本由用户终端设备进行的渲染工作，转移到了边缘计算节点上进行。边缘计算节点会对渲染结果进行音视频编码，然后通过网络传输到用户的显示设备上进行解码和展示。云游戏边缘计算服务能够显著提升分发效率和用户体验。基于 MEC 的云游戏架构如图 10-11 所示。

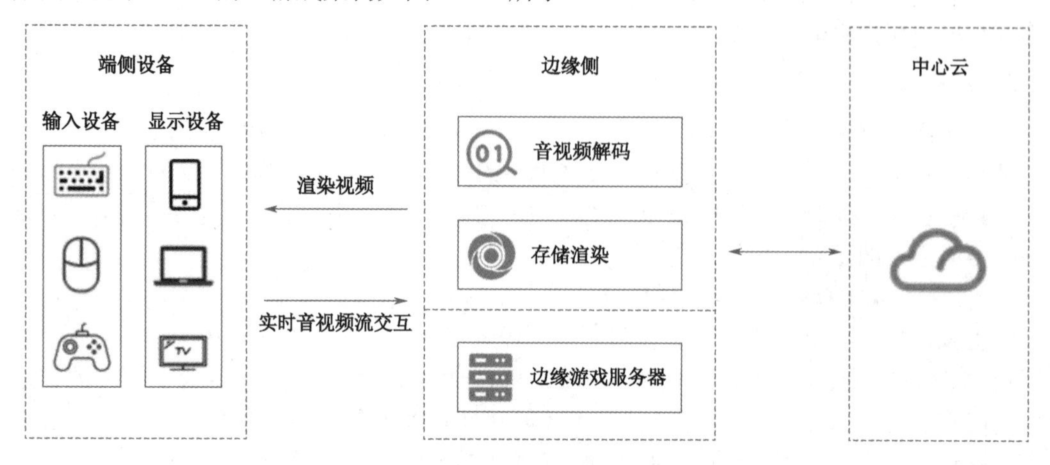

图 10-11　基于 MEC 的云游戏架构

（3）监控视频流分析

高清摄像头和工业相机能够采集 4K 甚至 8K 的图像信息，用于监控生产线上产品的实时情况。这些信息可以通过 5G 上行带宽传送，结合 MEC 平台技术保障很短的业务路径。而 MEC 平台可以部署机器视觉 AI 算法对传输上来的图像进行预处理、分析，以识别不同场景下的不同目标和对象，实时监测产品质量。例如，检测外观缺陷、检测尺寸、检测图案是否完整等。这样能够实现对产品质量的高精度检测，同时能保证实时性和高效率，可以最大限度地减少人力投入，降低企业成本。

（4）增强现实 AR

云 AR 技术有效地解决了终端性能不足的问题，促进了增强现实产业的快速发展。增强现实应用对于带宽和时延的要求非常高，需要 5G 网络进行支持。增强现实应用所需的带宽约为 50Mbit/s，时延约为 20ms，而未来的带宽需求可能会达 200Mbit/s 以上，时延要求也将降低至 5ms 左右。例如，在大型直播现场，通过 MEC 平台，可以实时调取全景摄像头拍摄的视频进行清晰回放，观众可以通过增强现实设备提升其观赏体验。同时，MEC 的低时延和高带宽特性可以有效地减轻用户在观看虚拟现实内容时的眩晕感。

结合 5G 和 MEC 技术的 AR 应用中，支持通过 AR 技术对一线医护人员进行标准化指导，帮助他们在工作中高效收集数据方便现场管理。同时可通过 AR 实现远程诊疗、医护上门等服务，通过 5G MEC 将患者病历资料实时远程传给医疗专家，专家可以通过 AR 进行实时标注，指导一线医生进行检查和治疗等。

10.2.2　多网协同传输

进入 21 世纪以来，互联网不断发展，用户行为发生变化，互联网总流量中的在线视频流量已经超过 70%，视频体验已经成为互联网的主要体验，多屏灵活收看成为人们的新需求。因此，传统视频电视广播业必然走向网络融合，多网协同传输成为技术新焦点，结合互联网，提供视频电视广播互动服务能力的需求迫在眉睫。另外，互联网虽然可以满足大部分的点播互动需求，但是在如图 10-12 所示的热点直播引发流量峰值时，视频业务质量经常被迫限流和降质，无法同时满足视频质量和网络流量的“双高”需求。根据互联网中的“二八定律”，在视频业务中，80%的点播量来源于 20%的内容。通过广播分发同质内容能显著提升空口频率资源利用的效率，因此，结合广播网络和互联网的多网协同传输，能够缓解视频业务暴增背景下单播网络的带宽压力，实现优势互补，提升用户的视频体验。

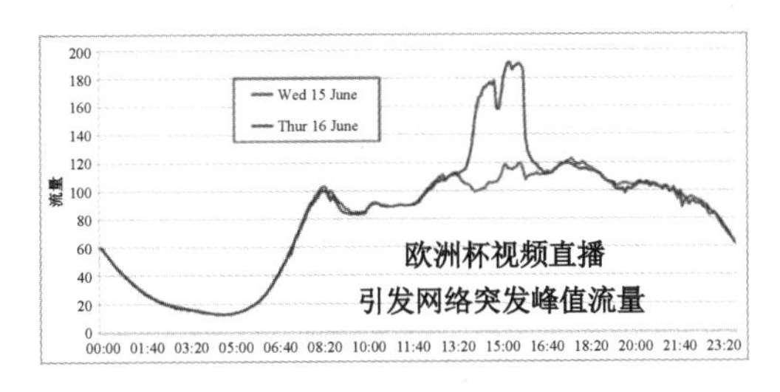

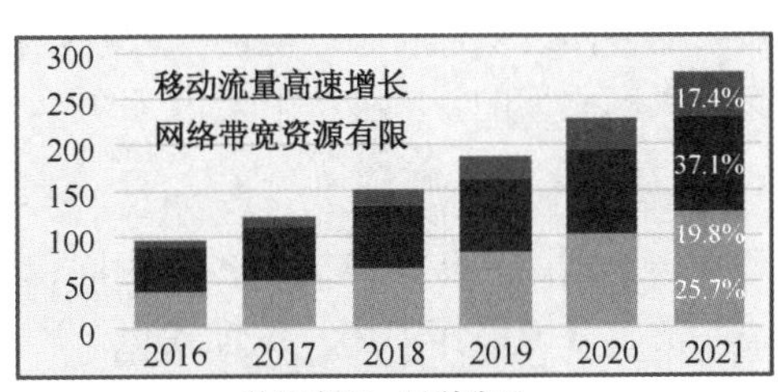

数据来源：思科公司

图 10-12 互联网中视频质量和网络流量“双高”需求难题

多网协同传输是指包括广播电视网、移动通信网和宽带网在内的不同网络之间的协同组网传输。本节主要描述视频业务的协同传输技术和方案，首先分析未来视频业务对承载网络不断增长的需求，以及广播网参与多网协同传输的必要性。其次将多网协同传输分为传输方式的协同和覆盖区域的协同两种方案：广播与单播两种传输方式在网内和网外均可实现协同传输，而覆盖区域的协同方案主要指地面广播覆盖与卫星覆盖的协同传输。

1. 未来视频业务传输需求

随着视频处理技术和无线传输技术的飞速发展，可以用“高新视频”这一新概念来概括未来视频业务发展需求，它同时强调了视频质量的“高格式”和应用场景的“新形态”。“高格式”是指融合了 4K/8K、3D、高帧率（HFR）、高动态范围（HDR）、广色域（WCG）、沉浸式声音（Immersive Sound）等高新技术格式的影像内容；“新形态”是指具有新奇影像语言和视觉体验的创新应用场景，能够引发观众兴趣并促使其产生消费的概念。典型的高新视频技术包括超高清视频、虚拟现实、云游戏等。高新视频是先进技术和应用场景的深度融合，为用户带来全新视听体验，催生更多的视听新业态。现阶段高新视频业务传输对承载网络的典型需求如表 10-1 所示。

表 10-1 高新视频业务传输对承载网络的典型需求

业务类型	4K 直播/点播	8K 直播/点播	VR	云游戏
视频总分辨率	4096×2160	7680×4320	3840×2160	3840×2160
单目分辨率	4096×2160	7680×4320	1.5K	1.5K
帧率/fps	50	100/120	50	50
色深/bit	10	12/14	10	10
色域	BT.2020	BT.2020	BT.2020	BT.2020
典型码率/（Mbit/s）	⩾36	≈200	⩾120	⩾65
下行速率/（Mbit/s）	⩾54	≈300	⩾180	⩾130
典型 RTT/ms	⩽20	⩽20	⩽20	⩽20
丢包率 PLR	⩽1E-5	⩽1E-6	⩽1E-5	⩽1E-6

未来高新视频业务的承载网络需要同时具有高通量且低延迟的特征，应用现有的单一移

动通信5G网络，需要通过消耗大量的无线频谱资源来满足其需求。应用广播网络分发同质内容能够提升资源利用效率，能够部分缓解带宽压力，广播模式下带宽仅与传输节目套数有关，而与用户数无关。以600MHz频段频率资源为例，下行广播/多播的频率为35MHz，按照无线频谱效率3bps/Hz计算，能够承载2K高清节目13～18套或4K超高清节目3～5套。但传统广播网与移动通信网相比，存在互动性差、断点续播能力差等不足之处。因此，结合广播和单播网络的多网络协同传输，能够有效融合传统媒体与新媒体，为视频业务的发展注入活力，为用户提供高质量的视频业务和公共服务。

2．传输方式的协同

广播与单播两种传输方式的多网协同传输是目前研究中最热门最易实现的传输方案。利用单播网的上行链路作为用户反馈通道，广播运营商能够提供交互式或个性化服务，从而为用户带来更好的体验。欧洲在2009年首次提出了广播宽带混合电视（Hybrid Broadcast/Broadband TV，HbbTV）的概念和系统，经过多年技术迭代，在欧洲范围内已形成了颇具规模的标准化与商业化平台。HbbTV为增强和互动的电视业务提供信令、传输和呈现机制，实现了广播和互联网两大网络的协同传输，可以在同时具有广播和互联网混合连接的终端上运行。总体来说，HbbTV是一种基于有线通信传输的广播与单播多网协同传输方案，下面主要介绍无线视频通信领域中的广播与单播多网协同传输技术和方案。

广播与单播网络的协同传输可以概括为网内协同和网外协同两种模式：网内协同传输指在同一标准体系下，广播网络与单播网络的协同传输，随着5G标准中广播标准的完善，网内协同传输方案逐渐走入现实；网外协同传输则指不同标准体系之间的跨标准跨网协同传输，如美国ATSC 3.0广播网络与公共蜂窝网络的协同传输方案。

（1）网内协同传输：5G地面广播网与5G移动通信网协同传输方案

3GPP标准组织于2020年在5G第16版本（Release 16，简称Rel-16或R16）中更新了基于移动通信的多媒体广播多播服务（Multimedia Broadcast Multicast Service，MBMS），标准化了基于LTE的5G地面广播标准方案。该标准从技术上扩大了广播网络的覆盖范围并提升了移动终端的接收能力，保证了从技术层面对移动电视业务的支持。若运营商具有统一运行、管理的600MHz和700MHz双频段的能力，未来电视内容可以通过5G地面广播网与5G移动通信网协同传输实现个性化互补的网内协同传输方案，实现对未来高新视频业务的高效承载，更好地为用户提供一个面向移动终端的全国性公共服务。

在该协同方案中，考虑到600MHz频段信号更加适合大范围的覆盖，可以利用600MHz频率资源，通过全国范围目前已有的地面广播塔站资源，以较低的实现成本快速构建一张覆盖全国的地面移动广播网，为多种形态的移动终端提供高新广播电视业务中的基本共性内容服务。由于目前600MHz频段能用于下行广播的频率有限（例如35MHz带宽），决定了不能支持大量节目传输，基于精品节目和全国适用的考虑，建议传输10套左右的高新广播电视节目的基础业务设想，如表10-2所示。

另外，考虑复杂接收环境所引起的接收中断和丢包现象，以及用户对个性互动内容的需求，将利用700MHz频段的双向传输能力对用户进行个性化丢包断续和信息补充。此时，广播、单播多网传输资源统一调度、统一管理的优势便可以凸显出来。

表 10-2　传输 10 套左右的高新广播电视节目的基础业务设想

节目内容	央视文化精品、重大事件直播	教育、纪实、体育竞技、新闻时政等
节目清晰度	4K	1080P
节目数量	2	8
传输速率需求	40Mbit/s	6Mbit/s
总速率需求	128Mbit/s	
可用带宽	35MHz	
预期频谱效率	3.6bps/Hz	

综上所述，以 5G 地面广播网为基础，以 5G 移动通信网为补充，面向高新广播电视基础业务的双频段双模式协同传输场景如图 10-13 所示。与传统的 5G 单播传输方案相比，该协同传输方案可以通过适当调整“广播”“单播”的资源占比，以低成本高效率的方式给大量用户提供灵活、稳定的未来高新广播电视服务。

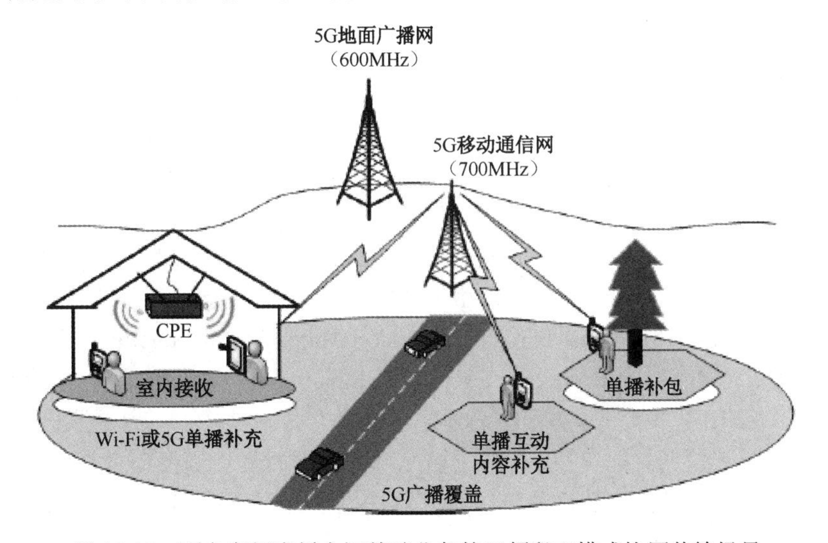

图 10-13　面向高新广播电视基础业务的双频段双模式协同传输场景

（2）网外协同传输：ATSC 3.0 地面广播网与移动蜂窝网协同传输方案

ATSC 3.0 的网络传输层采用全 IP 协议，为 ATSC 3.0 地面广播网与宽带网络的融合与协同传输带来了先天的优势。

图 10-14 所示为采用 ATSC 3.0 地面广播网络与所在地区的公共 4G LTE 网络之间的协同传输方案。该方案集成了 UDP/IP/ROUTE 封装用于广播网络进行 IP 传输，同时采用 TCP/IP/DASH 封装的 4G 蜂窝服务器用于蜂窝网络传输。该方案还采用了非正交的层分复用（Layered Division Multiplexing，LDM）技术，在基础层（Base Layer，BL）传输 720P 标清视频，在增强层（Enhanced Layer，EL）传输 4K 超高清视频的增强信息，将 BL 和 EL 传输信息结合解码后能够获得 4K-UHD 视频。

3. 覆盖范围的协同

除了地面网络中的传输方式的协同，未来非地面网络的发展也值得关注。非地面网络的发展还可以为偏远地区和海洋等无法覆盖的区域提供通信服务。目前通信界已经开始 B5G 以及 6G 的研究，非地面网络（Non- Terrestrial Network，NTN）作为其重要组成，广受业界关注。

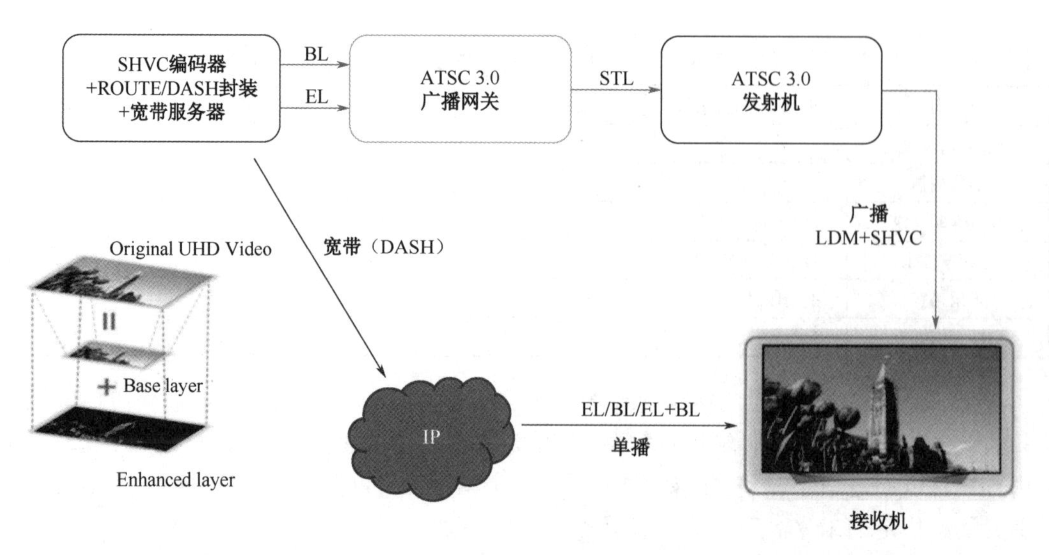

图 10-14　采用 ATSC 3.0 地面广播网络与所在地区的公共 4G LTE 网络之间的协同传输方案

卫星网络和广播网络的融合可以为地面网络提供更多的通信资源，同时可以提高网络的覆盖范围和可靠性。这种融合可以实现卫星网络和广播网络之间的互操作性，从而提高整个网络的效率和性能。3GPP TR22.822 研究报告中明确提出在 NTN 网络中引入广播/多播模式。因此在前述 5G 地面广播网与 5G 移动通信网跨网协同方案之上，应进一步研究拓展与卫星网络的协同融合技术，修改卫星接入侧协议以联合调度地面与卫星的数据业务（DRB）和媒体业务（MRB）承载，增强多播广播服务功能（Multicast Broadcast Service Function，MBSF）、多播广播会话管理功能（Multicast Broadcast Session Management Function，MB-SMF）、多播广播用户平面功能（Multicast Broadcast User Plane Function，MB-UPF）等核心网功能以支持 NTN 广播多播。图 10-15 所示为空天地一体化广播融合传输架构。在星地覆盖融合协作网络中，需要对卫星网络进行升级，以提高其传输速率和响应时间；需要研究新的信号处理算法，以优化卫星信道的利用率；需要开发新的调度算法，以确保地面和卫星之间的资源分配和管理能够实现协同工作。

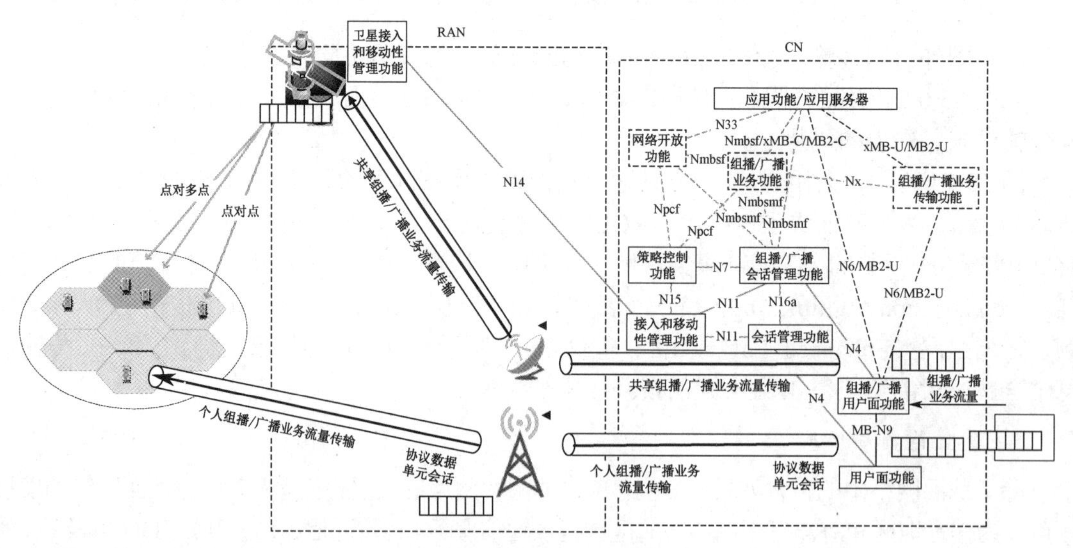

图 10-15　空天地一体化广播融合传输架构

未来电视业务需要顺应技术发展趋势，充分利用卫星广播/多播在覆盖范围上的优势，与多种不同的地面网络进行协同传输，实现高效低成本的网络无感接收。

10.3　智能视频通信

10.3.1　AI 视频编码

前文所述主流的混合编码框架中，输入图像被划分成不重叠的块，每个块经过预测、变换、量化和熵编码后产生编码码流。然而，这些编码工具大多基于统计特性手工预设参数，抑或为了得到最优参数需要进行大量的搜索和运算。预设的参数限制了混合编码框架压缩性能的提升空间，参数的大量搜索和运算过程也导致了冗长的编码时间。此外，混合编码过程必须逐个编码块进行，这限制了硬件实现时的并行编码性能。为了解决这些问题，工业界、学术界在近年来推出了许多借助人工智能（Artificial Intelligence，AI）或机器学习/深度学习的新兴编解码方案。

人工智能是利用数字计算机或者由数字计算机控制的机器，模拟、延伸和扩展人类的智能，感知环境、获取知识并使用知识获得最佳结果的理论、方法、技术和应用。近十几年来，以深度学习为代表的人工智能技术在一系列计算机视觉、自然语言处理等任务上取得了远超传统信号处理算法的优势。深度学习技术主要是采用以多层感知机、卷积神经网络为代表的网络架构，并利用大量的数据进行端到端的联合优化。受这些进展的启发，近几年已经有越来越多工作将深度学习技术应用到压缩编码中。

本节将回顾基于深度学习的代表性编码方案。深度编码方案有两种路径，即深度学习辅助的编码和端到端深度学习编码。两种路径的区别在于，深度学习辅助的编码方案中，混合编码框架中的某个或某些模块会单独进行基于深度学习的优化，而框架的数据流路、语法以及其他模块的工作方式保持不变。端到端深度学习编码方案中，混合编码框架的所有模块都被深度神经网络替代，并且数据流路和语法也会被重新定义。

1．深度学习辅助的编码

在深度学习辅助的编码路径上，大多数混合编码框架中的模块均已被探索。经过训练的神经网络模型可以充当图 10-16 中所示的混合编码模块，如帧内/帧间预测、变换量化、熵编码（概率分布估计）、块划分、环路滤波/后处理、变分辨率（上/下采样）编码等。深度学习方法具有强大的非线性变换组合能力、多尺度特征表示能力以及更强的内容适应性。深度学习与混合编码框架中的模块融合后，可以有效提升各模块性能。混合框架下的预测（像素插值）、环路滤波/后处理、变分辨率编码等模块相当于对图像/视频帧的增强处理，适合使用 CNN 网络进行解决。这些模块的深度模型往往具有良好的客观性能和主观效果，可以得到 5%甚至更多的编码增益。而对于变换量化、熵编码等更偏向于数据处理的模块，应用深度神经网络时通常要对网络的输入、输出以及结构进行针对性的调整，且可获取的性能增益相对较少，为 1%～5%。下文将重点介绍对整体编码效率有较大提升的深度学习编码方法。

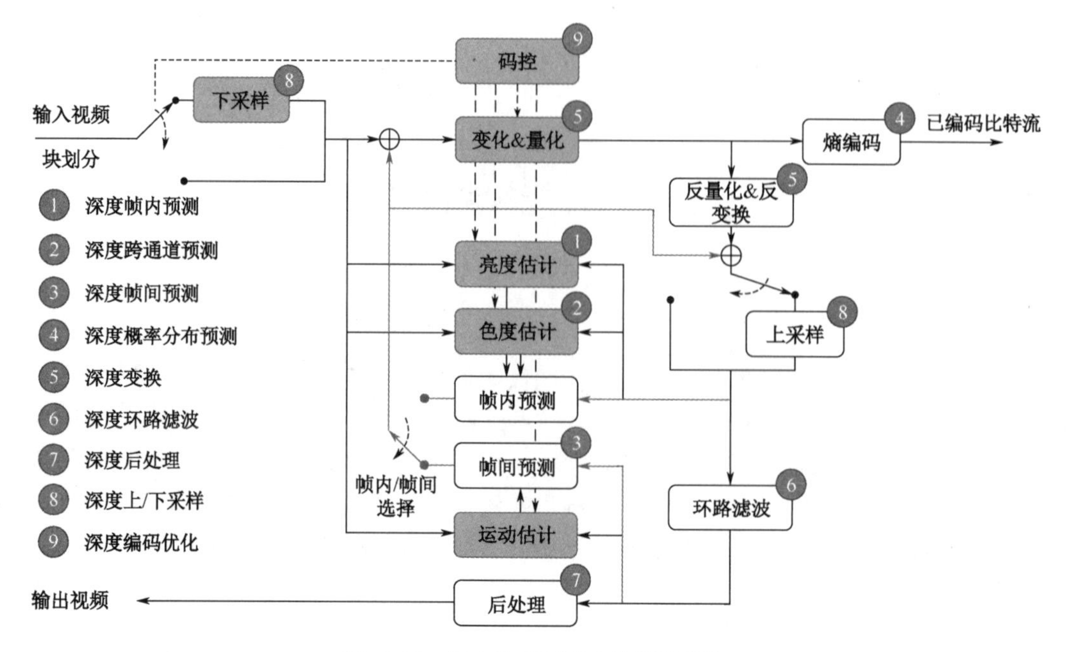

图 10-16 混合编码框架中的深度模块

（1）帧内预测

帧内预测是利用同一视频帧内图像块之间的空域相关性进行预测的工具。混合编码框架中，帧内预测设定了一系列预测模式，最佳模式由率失真优化策略确定。在基于深度学习的帧内预测方法中，典型的实现方案是：对于当前的 $N \times N$ 块，网络使用该块以及相邻的上侧 L 行和左侧 L 列像素，即预测参考像素，共同作为网络输入，输出当前块的 $N \times N$ 预测块，旨在替代原有的迭代式的帧内预测模式选择过程。此外，使用全连接网络的一个优势在于可以学习到原本预测效率较低的复杂图形（如纹理）的预测过程。

图 10-17 是一种基于 CNN 的帧内预测修正方案（IPCNN）。在 IPCNN 中，当前的 8×8 编码块首先根据 HEVC 编码器原有的帧内预测机制得到当前块的最佳预测块。预测块和当前块的三个最近邻 8×8 重建块（左块、上块和左上块）作为附加信息，合并成一个 16×16 块，作为 IPCNN 的输入。IPCNN 的目的是修正最佳预测块，减少残差的元素，有利于编码。IPCNN 使用了一个 10 层的有残差块（ResidualBlock）的 CNN 网络学习输入和原始图像的映射关系，最后网络通过将输入和学习到的残差量相加，得到修正后的最优预测块。IPCNN 可以理解为是一种比原有帧内预测具有更远参考距离的模式，利用了视频内容的空域相关性和 CNN 的拟合能力，改善了帧内预测的效率。

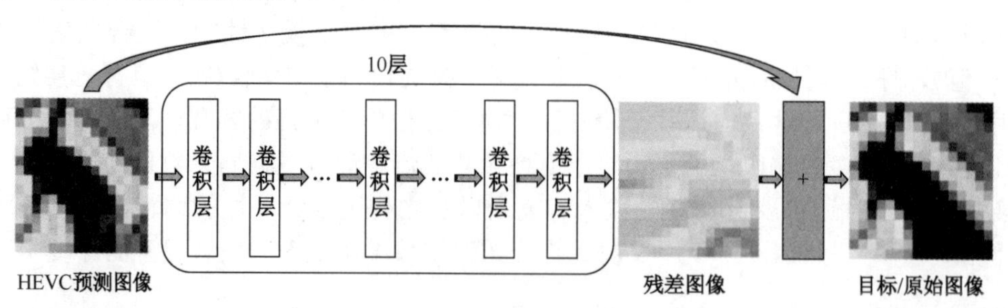

图 10-17 基于 CNN 的帧内预测修正方案

（2）帧间预测

帧间预测是利用视频帧间的时域相关性进行预测，去除时域冗余的工具。与帧内预测类似，混合编码框架中的帧间预测模式经率失真优化后确定。为了利用深度网络替代帧间预测的残差计算过程，学者们提出基于 CNN 的运动补偿修复网络（CNN-based Motion Compensation Refinement，CNNMCR）。该方法将当前块的运动补偿预测块及其相邻重建块作为网络输入，学习该输入与残差的映射关系，并将残差与输入的预测块相加作为网络输出，即重建块。这种训练残差的方法在亮度 Y 分量上得到 2%左右的 BD-rate 增益。

在帧间预测中，亚像素插值是提升预测效率的一项重要工具，许多工作设计了编码块插值或超分辨率的网络。亚像素插值网络如图 10-18 所示。在方案中，将帧间预测的参考块进行深度插值，得到高精度的虚拟参考点用于预测。网络并不是直接将参考块插值至一个高分辨率块，而是对不同位置的插值点分别训练网络，参考块经过多个插值网络（Fractional-pixel Reference generation CNN，FRCNN）得到多个预测的插值块，随后拼接为一个高精度块，基于该插值参考块得到的预测模式可以加入后续候选模式中，与原有的候选模式共同竞争。

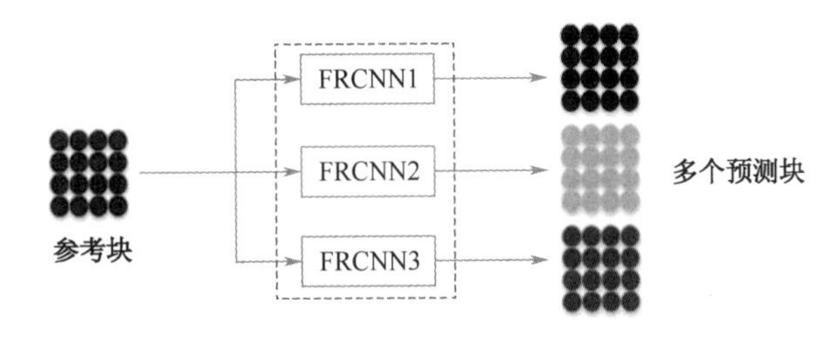

图 10-18　亚像素插值网络

此外，也有一些深度帧间预测工作提供了基于 CNN 的双向预测融合方法。此类网络的主要输入是编码器生成的两个双向预测块，输出为融合两个预测块的质量提升的预测块，作为一种额外的预测模式。实验表明，将两个双向虚拟参考帧加入到参考帧列表中用于当前帧的预测，可获得约 5%的编码增益。

（3）环路滤波/后处理

环路滤波的作用是尽可能消除重建视频中的伪影，如模糊、振铃、色移和闪烁。由于环路滤波实质上是重建图像/视频的增强任务，深度环路滤波占据了基于深度学习的视频编码工作的很大一部分。深度环路滤波网络的输入一般是当前的未滤波重建帧/块，输出为滤波后重建帧/块，而为了提升滤波效果，许多工作会增加额外输入作为滤波的辅助信息，包括量化参数 QP、块划分映射图、预测信号、残差信号等。部分工作还会根据视频内容或编码特征对模型进行分类训练，形成多模型的深度环路滤波器。内容自适应的 CNN 环路滤波器如图 10-19 所示。根据训练数据集经过单模型滤波器的性能增益区间，将训练数据集分成多个子集，多个子集分别训练出与单模型滤波器尺寸相同的滤波器子模型，最终形成多模型 CNN 滤波器。此外，还训练了一个内容分析网络以确定编码块应使用哪个子模型进行滤波。由于环路滤波非常适配 CNN 的应用场景，深度滤波方案往往可以取得 5%甚至更多的 BD-rate 增益。

后处理不是混合框架的标准模块，而是混合框架环外的常见操作，目的是提升处理后的视频质量。由于后处理的目标和处理过程与环路滤波类似，相关的深度学习方法也较多。编解码中的后处理模块处于解码器端，作用于解码后的视频。后处理深度网络的结构和输入/输出与环路滤波类似，输入解码视频，输出增强的重建视频，部分工作还会利用编码信息（如相邻重建帧、运动向量 MV）作为辅助，提升后处理效果。

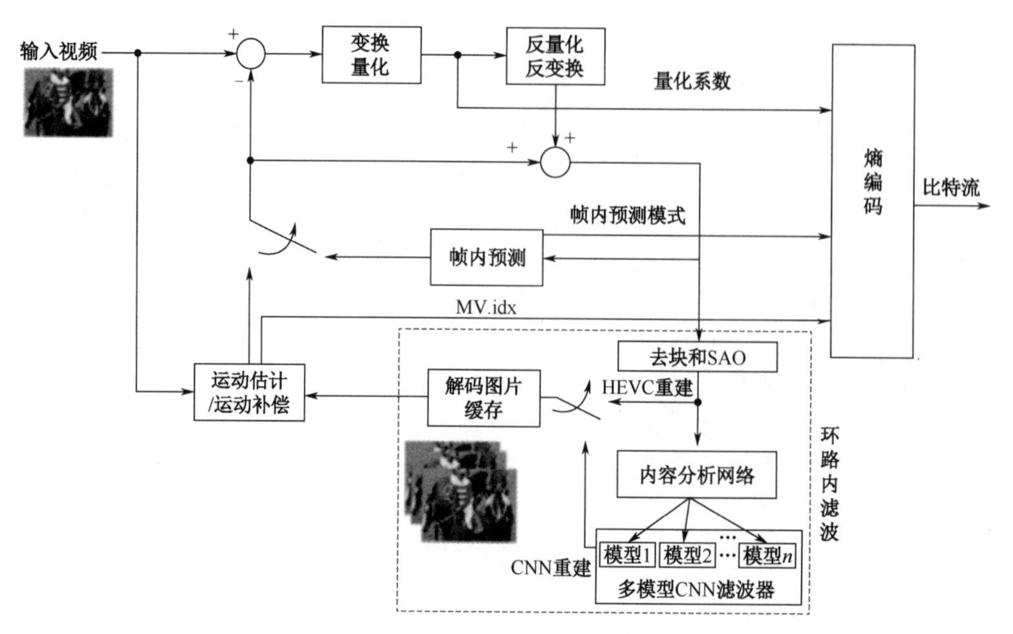

图 10-19　内容自适应的 CNN 环路滤波器

（4）变分辨率编码

变分辨率编码的常规做法是降低编码前的视频分辨率，而在解码后再将视频分辨率提升至原始大小，低分辨率编码可以起到降低码率的作用，但下采样也意味着大量信息的丢失，因而变分辨率编码的一个关键点在于如何在恢复分辨率的同时恢复出丢失的视频内容。传统的分辨率下/上采样滤波器是手工定义滤波方式的，限制了此类方案的性能。结合深度学习的降分辨率编码方案则是将下/上采样滤波器或其中的一个滤波器替换为深度滤波器。图 10-20 所示的深度变分辨率编码方案引入了两个非对称的 CNN 网络分别进行下采样和上采样。两个 CNN 通过交叉式的训练相互提升，最终可取得约 5%的码率节省。

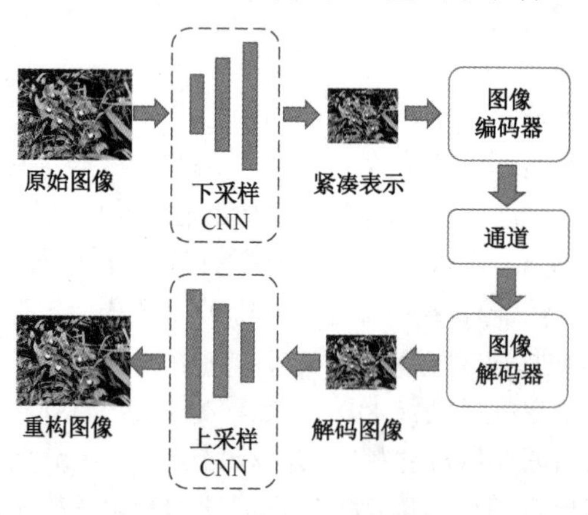

图 10-20　深度变分辨率编码方案

2．端到端深度学习编码

深度学习辅助的编码通常只对混合框架中的某个模块进行基于深度学习的优化，保持框架中其他模块不变，并且如前文所述，混合框架中的大部分模块均存在优于标准的深度模块。那么可以设想，如果这些优良的深度模块全部替代混合框架中的对应模块，即所有编码过程均由深度网络完成，性能是否会得到较大的提升？端到端视频编码框架（Deep Video

Compression Framework，DVC）2019 年被提出后，受到了广泛的关注。基于 DVC，后续产生了许多的端到端优化工作。端到端优化发展至今，已经出现了性能接近和超越最新标准的方案，发展相当迅速。

在各类端到端方案中，一个关键的组件是自编解码器，自编码器可以实现类似传统编码框架中变换、量化、熵编码的过程，自编码器的结构分为三个部分：非线性变换器、均匀量化器和算术编码器，三个组件联合优化整个模型的率失真性能。其中，非线性变换通常使用卷积线性滤波器以及非线性激活函数 GDN（Generalized Divisive Normalization），用于捕捉图像（信源）的统计特性，并将其转换为高斯分布。自解码器包含对称的逆 GDN，简称 IGDN。

具体而言，如图 10-21（a）所示，x 与 $\hat{x}$ 分别代表输入的原图和经过编解码器后的重建图像。g_a 表示非线性变换器，y 即输入图片经非线性变换后的特征，y 通过量化器 Q 后，得到量化信号 $\hat{y}$。这里需要指出的是，传统的图像编码采用分段函数进行量化，而这种形式的量化器被用于端到端方案时存在不可微分进而不可训练的问题，一种常用的解决方案是用加性均匀噪声（区间[−0.5, 0.5]）等效量化步骤用于训练。随后再通过与 g_a 对称的反变换器 g_s 得出重建图片结果。三组件自编码器的训练损失函数 L 如式（10-3）所示，其中，通过算术编码器 AE（具有对称的算数解码器 AD）对 y 进行码率估计可以得到估计码率 R，失真 D 是 $\hat{x}$ 相对 x 的某种有参考的失真表示（如 PSNR、SSIM）。L 联合 R 和 D 进行率失真优化。

$$L = \lambda \cdot D + R \tag{10-3}$$

参数 λ 用于平衡 R 和 D，实现码率的控制。λ 越大则压缩后重建图的失真越小，码率越大，反之亦然。

目前的端到端视频编码方案常采用如图 10-21（b）所示的自编解码器结构，其引入了基于上下文模型和超先验模型的熵编码模块。上下文模型主要用于估计符号元素的概率分布。而超先验模型的关键在于引入超先验参数作为边信息导入比特流，使得解码器可以共享熵模型的部分参数。如图中所示，变换特征 y 通过超先验模型的编码器/解码器可以得到超先验参数 ψ，并用于预测熵编码参数。通过这种方式，熵模型更为准确。

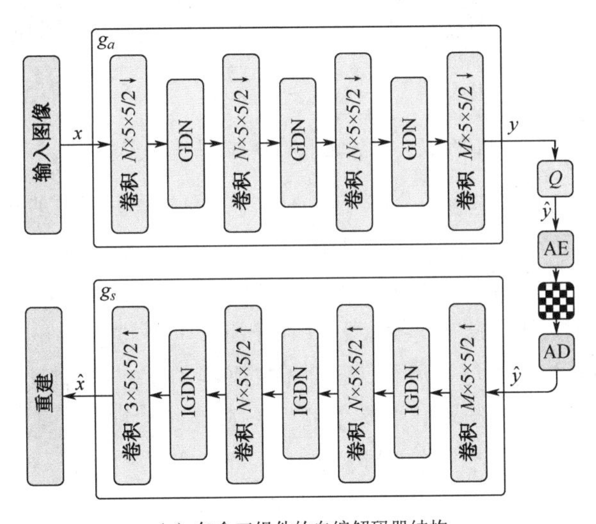

（a）包含三组件的自编解码器结构

图 10-21　自编解码器

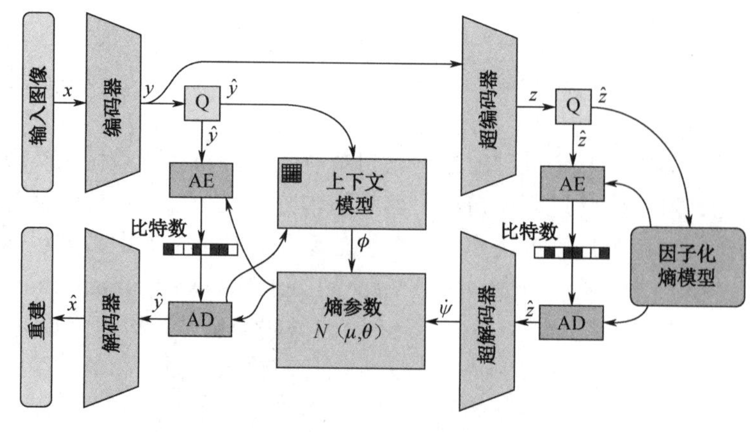

（b）改进的熵编码模型

图 10-21 自编解码器（续）

端到端视频编码方案则在自编码器的基础上，引入了运动估计、运动补偿等视频编码模块。下面将以图 10-22 给出的 DVC 为例，简述端到端方案的基本流程。

由于端到端方案是混合框架的替代方案，其输入、输出和主要模块与混合框架类似，编码端输入当前帧并生成比特流，解码器根据接收到的比特流重建视频帧。DVC 的编码流程如下。

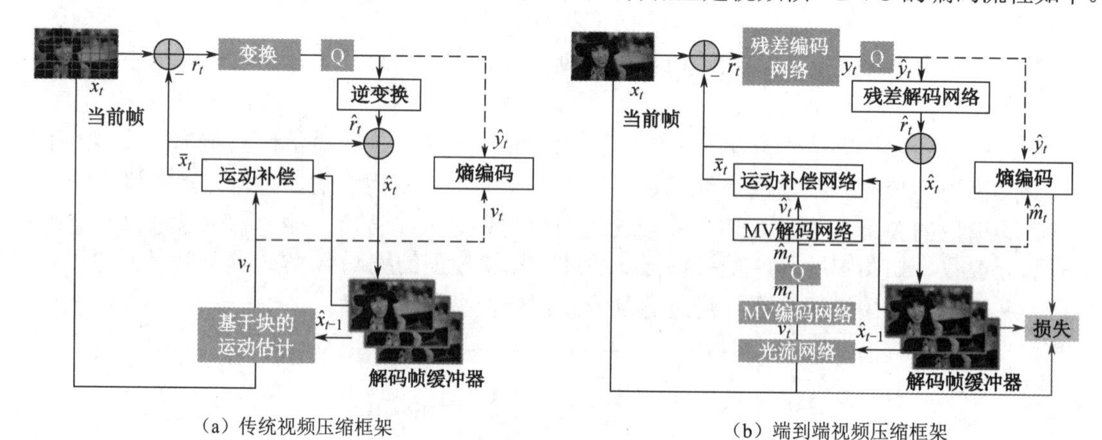

（a）传统视频压缩框架　　（b）端到端视频压缩框架

图 10-22 端到端框架 DVC 的编码流程

步骤 1：运动估计与运动向量压缩。运动估计的目的是获取当前帧 x_t 相对于上一帧的重建帧 $\hat{x}_{t-1}$ 的运动信息，即光流 $\boldsymbol{v}_t$。DVC 使用现有的 CNN 模型来估计光流信息。对于光流压缩，DVC 提出了一种如图 10-23 所示的光流编解码网络以编解码稠密的像素级光流值，光流 $\boldsymbol{v}_t$ 被送入一系列卷积核和非线性变换核后得到光流的非线性表示 m_t，并被量化为 $\hat{m}_t$。光流解码器接收量化表示 $\hat{m}_t$ 并输入与光流编码器对称的网络中，得到重建的光流 $\hat{\boldsymbol{v}}_t$。

步骤 2：运动补偿。基于步骤 1 中产生的光流 $\hat{\boldsymbol{v}}_t$，通过将前一重建帧中的对应像素复制到当前帧的对应位置，得到较为准确的预测帧 $\bar{x}_t$，当前帧的残差 $r_t = x_t - \bar{x}_t$。DVC 设计了如图 10-24 的运动补偿网络，给定重建帧 $\hat{x}_{t-1}$ 和运动向量 $\hat{\boldsymbol{v}}_t$，输出尽可能接近当前原始帧 x_t 的预测帧 $\bar{x}_t$。网络首先将前一帧 $\hat{x}_{t-1}$ 基于运动信息 $\boldsymbol{v}_t$ 进行扭曲，生成扭曲帧。为了更好地进行预测，扭曲帧与重建帧、光流共同作为输入至一个 CNN 模型以修正扭曲帧，以获取更准确的预测帧 $\bar{x}_t$。

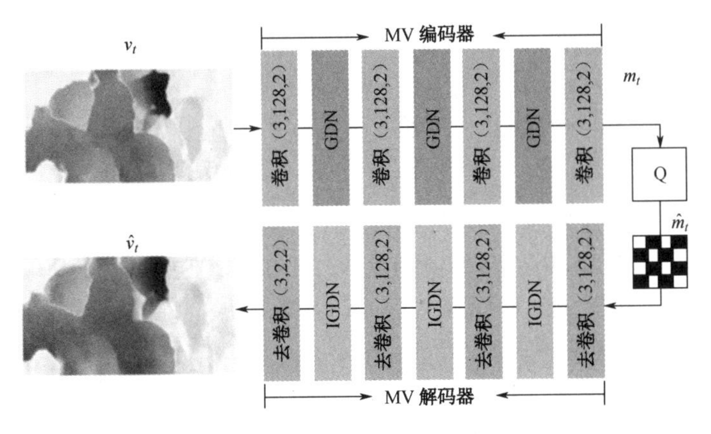

图 10-23　光流编解码网络

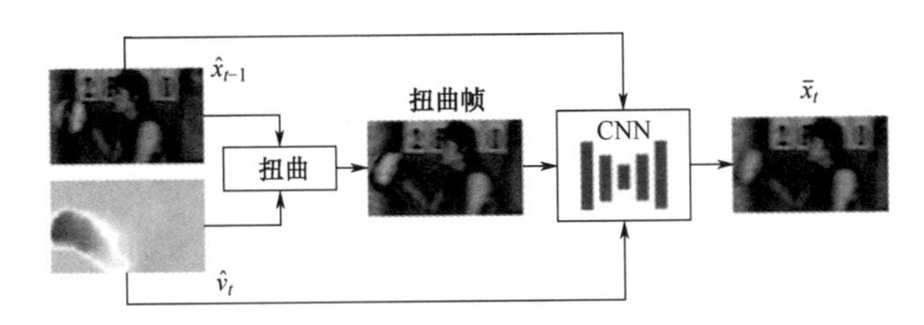

图 10-24　运动补偿网络

步骤 3：变换、量化、熵编码、反变换。为了构建端到端的训练过程，使用了如图 10-25 所示的自编解码器结构。输入的残差 x 首先通过包含卷积层和 GDN 层的非线性变换模块表示映射到 y，然后 y 被量化为 $\hat{y}$。在熵编码之前，不仅残差表示 y，还有运动表示 $\boldsymbol{m}$ 需要被量化。DVC 通过在训练阶段中加入均匀噪声来代替量化运算，使得量化可求导可训练。以 y 为例，训练阶段的量化表示 $\hat{y}$ 是通过在 y 上加上均匀噪声来近似得到的，即 $\hat{y}_t = y_t + \eta$，其中 η 是均匀噪声。而在模型实际使用或推理阶段，直接四舍五入取整，即 $\hat{y} = \text{round}(y)$。量化后的表示 $\hat{y}$ 被送入解码器网络可以获得重建的残差 $\hat{x}$。熵编码介于量化和反变换之间，是为了将量化信号进行数据压缩，得到真实的码流，而在训练阶段，熵编码还需要估计 $\hat{m}$ 和 $\hat{y}$ 的符号概率分布以估计码率成本，用于计算综合码率和失真的训练损失 Loss 约束，这一过程通过相关的 CNN 网络实现。

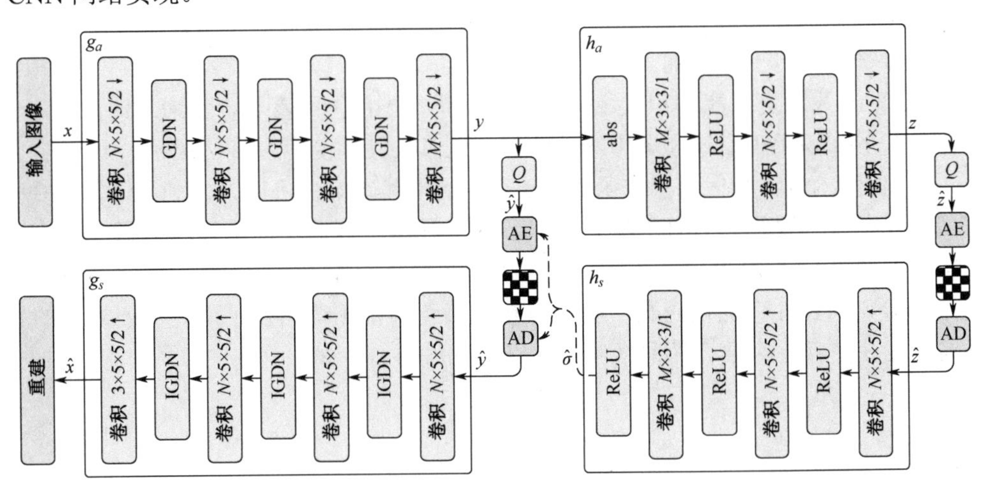

图 10-25　自编解码器结构

步骤 4：帧重建。重建帧 $\hat{x}_t$ 通过将量化残差与预测帧相加得到，即 $x_t = \hat{r}_t + \bar{x}_t$。重建帧还将用作下一帧即第 $t+1$ 帧运动估计（步骤 1）的参考帧。

上述为 DVC 编解码的主要流程。而在训练损失 Loss 约束方面，DVC 的目标是最小化编码码率，同时减少重建帧 $\hat{x}_t$ 相对于原始帧 x_t 的失真，与自编解码器的优化方向类似。

$$\lambda D + R = \lambda d\left(x_t, \hat{x}_t\right) + \left(H\left(\hat{m}_t\right) + H\left(\hat{y}_t\right)\right) \tag{10-4}$$

这种使用深度网络编解码的端到端框架，在 PSNR 和 SSIM 性能上优于较早的 H.264 标准编码器 x264，并且与流行的编码标准 H.265 编码器 x265 的性能接近。端到端框架达到如此优良的结果，也鼓励了后续端到端优化的研究。

图 10-26 所示为端到端框架 DCVC 的编码流程。该框架输入包含原始帧和上下文，上下文是对已有的重建帧提取特征并得到扭曲和修正。上下文编码器是在上下文特征条件下，对原始帧进行压缩，替代了以往端到端编码框架中预测帧的生成，DCVC 算法不与原始帧作残差而是直接根据上下文对原始帧进行编码。DCVC 的性能已经大幅超过初代框架 DVC，并且相比 H.265 能达到更好的压缩性能。

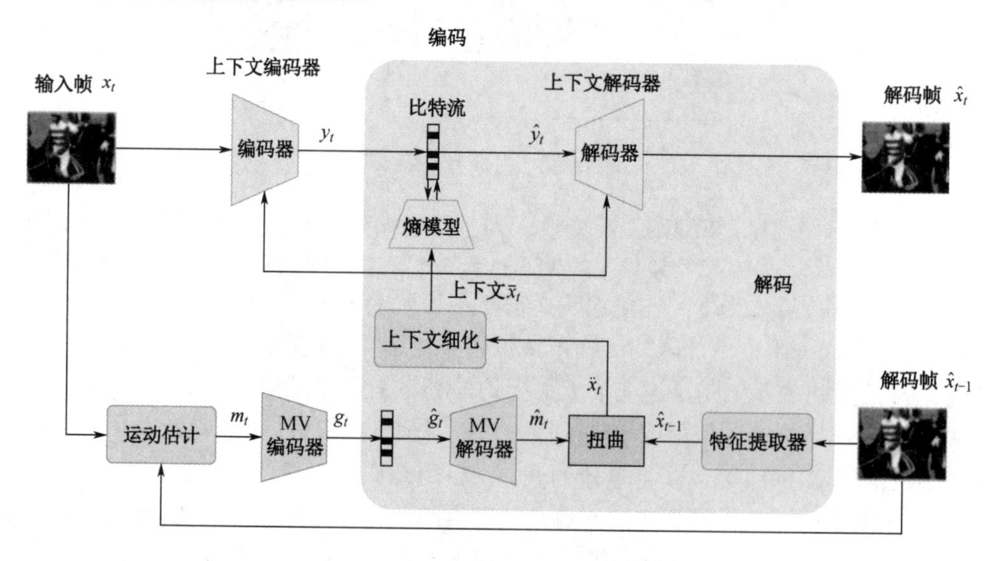

图 10-26 端到端框架 DCVC 的编码流程

深度网络可以提供更强大的变换、预测能力，继承并突破原有框架。深度学习用于编码的优越性主要体现在以下几方面。

① 强大的非线性变换能力和大量的训练数据优化下的网络参数。作为对比，现有编码标准往往基于先验知识手工设计和采用线性的编码工具，其性能容易到达瓶颈。

② 灵活的架构设计和优化损失函数。现有端到端编码架构可以方便利用计算机视觉、自然语言等领域的最新进展和设计方案，进一步提升性能。针对不同的视频数据类型（如雷达图像、医学图像等），通过更改训练数据就可以得到较为优异的压缩性能，不需要重新设计架构。更进一步，通过改变优化函数，就可以实现端到端视频编码在不同任务要求下的最优编码，这也就促进了接下来要介绍的视频语义通信的发展。

10.3.2 视频语义通信

1. 语义通信的背景、概念与典型场景

众所周知，目前现有的视频传输系统以香农（Shannon）的信息论作为基础，通信系统的目标是在给定的资源约束下最小化传输误差，而不考虑信息的具体含义。对于视频通信来讲，视频信息本身是以像素为基本单元进行表达的，因此信源编码和信道传输的主要目标也都是给定带宽的情况下尽可能去在像素层面准确重建传输的视频。在这种目标的驱动下，一系列信源编码算法（如 HEVC）和信道编码方法（如 LDPC 码）蓬勃发展，为高质量的视频通信打下了坚实基础。

然而，目前传输数据量的急速增加，给现有的视频传输系统带来了一系列新的挑战。思科等公司的报告显示，2020—2025 年，全球互联网数据流量预计将以每年 23%的复合年增长率（CAGR）增长。其中视频通信作为其中的一种重要通信手段，其数据流量将占据整个流量的 80%左右。在这种情况下，仅仅通过挖掘现有信源与信道算法的潜力已经越来越难以应对不断增长的数据量。因此对于目前的视频通信来讲，一个重要的问题就是如何更为高效地对视频信息进行表达与传输。

作为一种潜在传输方式，语义通信最近几年逐渐引起了学术界和工业界的广泛关注。语义通信的概念最早是由 Shannon 和 Weaver 在 1953 年首次提出的。语义通信是一种关注信息的含义和理解的通信范式。与传统的信息论不同，语义通信试图在传输过程中利用信息的语义内容，以实现更有效、更高质量的通信。这意味着，语义通信系统在编码和传输过程中不仅关注信息量的最优化，还要考虑信息的实际含义和接收者的需求。在这种方式下，通信系统的目标是提高接收者对信息的理解和利用，而不仅仅是最小化误差。

具体到视频语义通信，其目的就不再单纯是对图像像素表达进行准确重建，而是力求在理解图像内容的基础上，只传递图像的语义信息，在接收端就能够正确理解图像包含的内容。相比现有的表达-传递-理解的方式，语义通信在一定程度上是先理解后传递的过程。考虑到语义信息本身相比像素信息可以做到更为精简，因此其对应的编码传输效率可以有较为明显的提升，有望系统性解决现有视频通信系统在大规模数据传输下面临的挑战。

在理论上，视频语义通信的主要目的是通过提取视频的语义信息进行编码传输，从而在接收端进行理解。但是由于在实际应用中，语义信息本身的定义非常困难，现有的研究很难给出语义的具体数学定义或者统一的技术表达。其中的一个原因在于对于同一张图片，每个人理解信息的目的不同并且是变化的。即便对于同一个人，其理解到的信息在不同的上下文条件下也是不同的。例如，对于同一张自然风景照片，有的人关注的是天气如何，有的人则更关注周围动物的类别。因此广义的语义信息定义是非常难以刻画的。基于此，目前视频语义通信的相关研究主要是关注在固定目标、固定任务的情况下，如何进行语义通信的问题。比如针对常见的视频理解任务，如视频物体识别，探究信源编码和信道传输的新方案，从而在给定码率的情况下，实现较为高效的物体识别检测。因此视频语义通信的一个典型应用场景就是以视频理解作为视频通信目的，进行整个视频通信系统的设计与优化。

在过去几十年，由于缺少对视频语义理解与分析的有效工具，视频语义通信的发展相对迟缓。近几年来，人工智能技术的迅速发展，特别是深度学习技术的进步，为视频理解、视频压缩编码、视频传输等领域都提供了强大的技术工具。得益于深度学习方法的端到端联合

训练的优势，这也为视频理解与视频通信的联合优化提供了可能。对于一个典型的视频语义通信场景，视频数据是通过前端的摄像头进行获取的。这些摄像头通常计算能力比较有限，因此会对视频进行压缩编码来减小数据量和传输带宽，然后通过有线或无线信道传递到一些计算能力较强的平台进行解码。随后通过基于深度学习的技术工具对视频数据进行处理，从而可以实现各种视频分析任务，如行人识别、目标跟踪、事件检测等。在整个过程中，视频通信的主要目的不再是单纯提供满足人眼视觉的需求的解码图像，而是转变为为视频分析任务提供“有价值”的视频信息。这些信息包含了丰富的语义特征，可以用于支持各种智能应用，如安防监控、智能交通、视频检索等。

综上所述，视频语义通信的一个主要特点就是其传输数据主要是为了供机器进行智能分析，而不是直接面向人类用户。这意味着未来将面临一个范式的变化，即从以人为中心的视频通信演变为面向机器的视频通信。因此，视频通信行业需要重新设计视频编码和视频传输技术，以适应这些新的需求。目前现有的视频编码技术和传输技术主要是针对人眼视觉信息的保真进行优化，而对于机器进行智能分析的需求却没有得到充分考虑。如果直接将现有的视频编码技术和传输技术应用于面向机器的视频通信，可能会出现性能上的瓶颈，导致智能分析的准确度和效率无法得到保证。

2．现有视频语义通信框架

为了实现面向视频的语义通信，借助于深度学习技术的进展，目前国际国内的研究团队已经在视频信源编码以及视频传输方面做了一些工作。这些工作的主要目的就是在压缩编码以及传输的过程中尽可能考虑信号失真给视频分析等任务造成的精度下降（常用指标如 mAP、mIOU 等）而非单纯考虑人眼主观视觉。

目前来看主要有基于信源编码的视频语义通信和信源信道联合优化的语义通信两大类。目前基于信源编码的视频语义通信主要关注面向语义的压缩编码，即保证在压缩编码的过程中尽可能保留对视频分析任务有用的信息。这一类型的相关工作相对较多，大致可以分为三类，其中第一类算法是直接利用基于深度学习的压缩编码器与现有的图像分析算法进行联合优化；第二类算法则是基于弹性编码的思路，构建图像重建和图像分析任务的联合优化；第三类算法则主要是充分兼容现有传统编码器，通过利用深度学习技术增强现有编码方案，从而实现面向语义的压缩编码。在信源信道联合优化编码方面，目前的主要工作是通过联合信源信道的优化，实现传输过程中尽可能不丢失语义信息。

（1）端到端的图像压缩与理解联合优化算法

如图 10-27 所示，第一类的工作主要是利用基于深度学习的图像视频编码算法与分析算法进行端到端的联合优化。由于目前绝大部分图像/视频智能分析算法都是利用深度神经网络进行实现的，因此同样基于深度学习的图像/视频编码算法就非常容易和视频分析算法进行端到端的联合优化，从而更好地服务于语义通信。

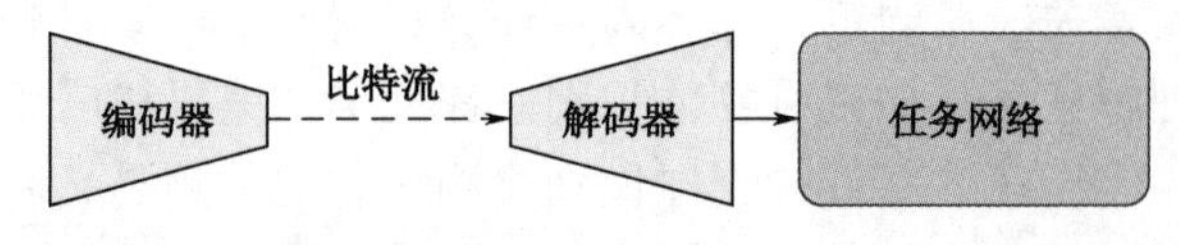

图 10-27　图像视频编码器与任务网络的联合优化框架

具体来讲，输入视频会经过基于深度学习的编码器进行编码，码流经过传输到解码端，解码得到的图像或特征可以用于图像/视频分析算法，如物体识别、物体检测。在这一过程中，联合优化的目标函数设计就非常关键。一种较为直接的思路就是直接利用智能分析算法的性能指标对包括编解码算法以及智能分析算法的整个系统进行优化。比如对于物体识别任务，就可以考虑在一定码率约束的情况下，采用平均精度（Average Precision，AP）作为衡量整个系统的失真情况，即整个系统追求在给定码率下，使视频物体识别的准确率最高。

（2）基于弹性编码架构的图像语义编码

在很多应用场景下，除了单纯获取识别结果，还要求解码重建图像能够满足一定的视觉质量标准。因此优化损失函数的设计就需要同时考虑人眼视觉指标和智能分析算法的性能指标，并在具体实现过程中将两者进行一定的加权融合。为此基于弹性架构的第二类语义编码方法就获得了越来越多的关注。如图 10-28 所示，其主要的技术方案是利用了弹性编码架构的特点，采用两个不同编码支路分别满足不同的任务要求。

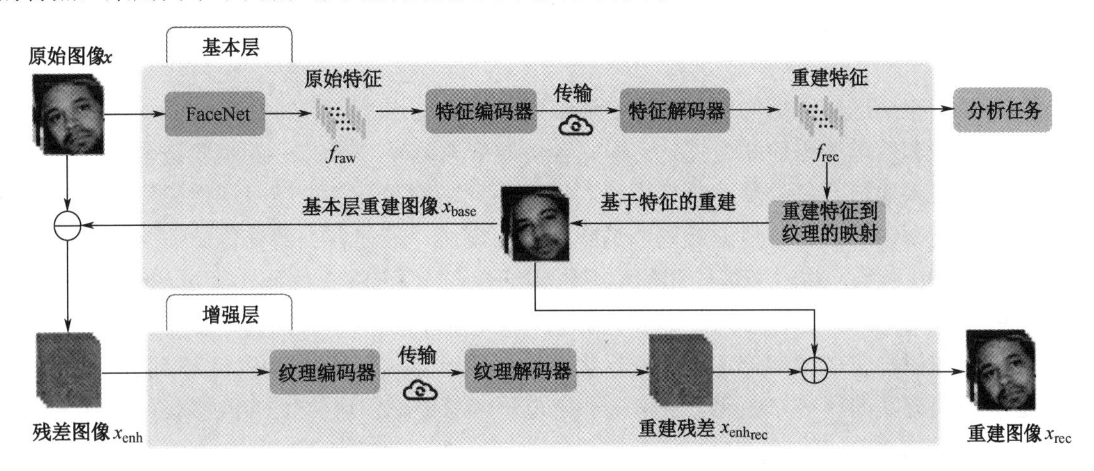

图 10-28　基于弹性编码架构的图像语义编码方案

一般来讲，第一个基础支路可以用神经网络提取用于视频分析任务的有用特征，将特征直接进行压缩编码，随后将解码后的特征用于视频分析任务。这里值得注意的是，基础支路仅仅提取有用特征而不考虑图像本身的重建，因此其码率的消耗是比较少的。在这个基础上通过增强支路额外补充新的特征并进行编码，从而在增强支路中编码更多的图像纹理信息，实现增强支路的高质量主观视觉图像重建。此类基于弹性架构的编码能够较好地同时支持人眼视觉和视频分析任务。

（3）结合传统编码的语义视频编码架构

第三类工作是结合传统编码的语义视频编码架构。前述的两种方法普遍都需要基于深度神经网络的编码器的辅助才能够实现语义编码的效果。但是由于基于深度学习的图像编码器本身并不是标准兼容且计算复杂度都比较高，这些都限制了它们在实际中的应用。如图 10-29 所示，第三类方法主要借助了传统压缩的编码器并辅助深度学习方法抽取的特征，从而实现最终的语义编码。

具体来讲，一般首先用传统编码器作为基础，对图像进行基本编码，满足人眼主观视觉的需求。在这个基础上补充额外的语义特征信息作为一种辅助，从而通过传输额外的码流让最终的重建图像具有更强的语义表达能力，从而使视频分析任务表现更强。这类方法结合了传统编码和深度学习表达能力的各自优势，能够在传统信源编码的基础上实现更为高效的语义通信，具有较强的实用价值。

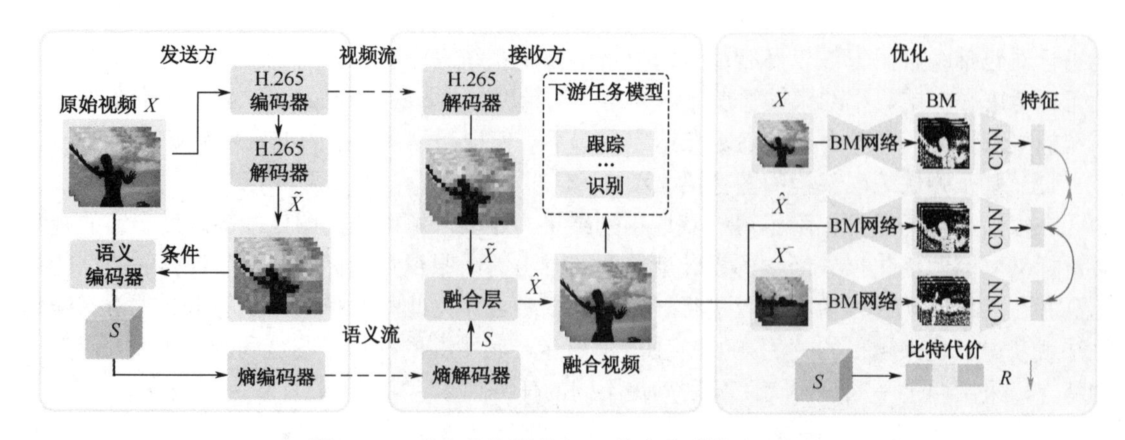

图 10-29 融合传统编码和 AI 技术的弹性编码架构

（4）面向视频语义通信的联合信源信道编码

面向信源和信道编码的联合优化，即联合信源信道编码（JSCC）的主要技术路线是将人工智能技术引入通信系统的整体设计中，利用一系列精细设计的神经网络代替传统通信系统中一系列的信源编解码、信道编解码、调制解调等模块，能在各类数据传输中获取良好的效果。如图 10-30 所示，将语义编码和信道编码相结合，作为 JSCC 编码，经过信道传输之后，以对称的神经网络结构进行 JSCC 解码，获得恢复出的语义结果。区别于传统的分离式信源编码和信道编码，将信源和信道进行联合优化，信道可获知信源编码后的分布情况，进行更加合适的编码方案的调整。相比于将信源和信道单一考虑，使用 JSCC 能够获得更高的编码增益。

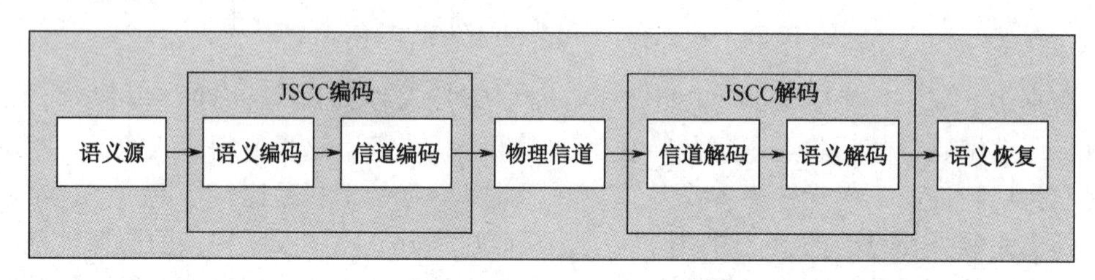

图 10-30 联合信源信道编解码语义通信传输系统

3．视频语义通信展望

近几年，视频语义通信的进展，已经证明这一新的视频通信方式在一些特定场景下具有很大的应用价值和发展潜力。未来随着人工智能技术的迅速发展，视频语义通信极有可能给通信行业带来一系列革命性的变化。

① 实现千倍乃至万倍压缩率。目前视频编码（如 HEVC、VVC 等）普遍的压缩率在百倍这一量级，作为对比，视频语义通信采用的语义信息表达更为紧凑，能够极大减少需要的传输带宽，从而实现千倍乃至万倍的压缩编码。传统视频压缩编码受限于像素准确重建的要求，其压缩率的进一步提升就尤为困难。而语义压缩提供了更为精简的表达，通过构建以语义重建为目标的压缩，为千倍乃至万倍压缩率提供了可能。

② 泛在互联的视频理解与分析。借助于视频语义通信技术，将极大减少视频理解和分析所需要的传输带宽，进一步扩宽以视频监控、自动驾驶等为代表的智能视频应用场景，摆脱传输成本的束缚，实现更为广泛的连接和信息交互。目前视频监控等场景普遍需要大规模的视频数据传输来实现城市安全的建设。在目前的视频编码架构下，由于带宽的限制，往往需

要传输较低码率的视频，这些严重压缩过的视频极有可能降低视频分析精度。未来借助于视频语义通信，在同等带宽下可以更好地保障视频分析精度甚至支持更多的分析视频，实现泛在互联分析。

③ 面向人-机的个性化视频传输。目前互联网和广播大部分还是从视频基础属性维度（分辨率、帧率等）实现个性化传输。未来视频语义通信不仅服务于人类，还将更多服务于具有智能分析能力的机器。更重要的是，除了基础属性维度的个性化传输，未来视频通信将从语义的维度来实现个性化传输，即面向不同人或机器，可以选择不同的语义传输内容。例如，在实际场景中，传输网络中分布着应用目的不同的各类视频分析平台，在这种情况下，视频语义通信将根据解码后目的的不同传输不同的语义信息，实现更为广义的个性化视频传输。

④ 大模型驱动的视频语义通信。以 ChatGPT 等为代表的深度学习大模型工具吸引了越来越多的关注。这些工具有可能是实现通用人工智能的可行路径。对于视频语义通信来讲，借助大模型表达能力，极有可能实现面向通用任务的语义提取与传输，实现更为广义的视频语义通信，彻底改变现有视频通信面临的诸多局限性。

⑤ 创新的视频内容生成与应用。视频语义通信可以为内容生成与应用带来全新的可能性。例如，可以根据用户的喜好和需求生成定制化的视频内容，或者通过将语义信息映射到虚拟现实和增强现实环境，创造沉浸式的体验。此外，视频语义通信还可以为社交媒体、广告和娱乐产业带来创新的应用模式，从而开启全新的商业机会。这些应用场景都不再单纯依赖像素的重建而是更为关注对内容生成更为有效的语义信息，丰富了未来视频应用的广度。

综上所述，视频语义通信技术在未来有着巨大的发展潜力和广泛的应用前景。通过实现高度压缩、个性化传输、动态调整等特性，它将为通信行业带来革命性的变化。为了推动视频语义通信的发展，学术界和工业界需要继续加强合作，探索创新的技术方案和应用场景。通过不断的理论和技术创新，视频语义通信已成为未来视频通信的重要发展方向。

习　题

1. 简述 2D 视频和 3D 视频在数据源格式上的异同。
2. 尝试给出一个云边端协作计算的实施应用案例。
3. 分析多网协同传输对改善热点视频服务质量的有效性。
4. 试分析基于 AI 技术的视频实时压缩编码性能。
5. 调研文献，思考视频语义的表征和传输方法。

参考文献

[1] Dufaux F. Academic Press Library in Signal Processing, Volume 6[M]. 2017

[2] Mildenhall B, Srinivasan P P, Tancik M, et al. Nerf: Representing scenes as neural radiance fields for view synthesis[J]. Communications of the ACM, 2021, 65(1): 99-106.

[3] 宋利，郭帅，王秋文，等．元宇宙视角下的沉浸式灵境媒体服务演进[J]．人工智能，2022（5）：51-60.

[4] Cui W, Zhang T, Zhang S, et al. Convolutional neural networks based intra prediction for HEVC[J]. 2017 Data Compression Conference (DCC), Snowbird, UT, USA, 2017, pp. 436.

[5] Jia C, Wang S, Zhang X, et al. Content-aware convolutional neural network for in-loop filtering in high efficiency video coding[J]. IEEE Transactions on Image Processing, 2019, 28(7): 3343-3356.

[6] Lu G, Ouyang W, Xu D, et al. Dvc: An end-to-end deep video compression framework[C]. Proceedings of the IEEE/CVF Conference on Computer Vision and Pattern Recognition. 2019: 11006-11015.

[7] Ballé J, Minnen D, Singh S, et al. Variational image compression with a scale hyperprior[C]. ICLR, 2018.

[8] Minnen D, Ballé J, Toderici G D. Joint autoregressive and hierarchical priors for learned image compression[J]. Advances in neural information processing systems, 2018, 31.

[9] Li J, Li B, Lu Y. Deep contextual video compression[J]. Advances in Neural Information Processing Systems, 2021, 34: 18114-18125.

[10] Wang S R, Wang S Q, Yang W H, et al. Towards analysis-friendly face representation with scalable feature and texture compression[J]. IEEE Transactions on Multimedia, 2021, 24: 3169-3181.

[11] Tian Y, Lu G, Yan Y, et al. Perceptual Coding for Compressed Video Understanding: A New Framework and Benchmark[J]. arXiv preprint arXiv:2202.02813, 2022.

[12] Liu D, Li Y, Lin J, et al. Deep learning-based video coding: A review and a case study[J]. ACM Computing Surveys (CSUR), 2020, 53(1): 1-35.

[13] Ma S, Zhang X, Jia C, et al. Image and video compression with neural networks: A review[J]. IEEE Transactions on Circuits and Systems for Video Technology, 2019, 30(6): 1683-1698.

[14] 孙亚萍. 移动边缘计算网络中通信、存储与计算协同机制与优化[D]. 上海：上海交通大学，2020.

[15] 中兴通讯. 5G 云 XR 应用白皮书[R/OL]（2019）. 2023.

[16] SDN/NFV/AI 标准与产业推进委员会. 面向视频领域的边缘计算白皮书[R/OL]（2020）. 2023.

[17] 张依琳，梁玉珠，尹沐君，等. 移动边缘计算中计算卸载方案研究综述[J]. 计算机学报，2021，44（12）: 2406-2430.

[18] 唐利莉，聂明，张宁. 有线宽带业务发展对运营商 IP 承载网络演进的影响[J]. 电信科学，2017，334.

[19] 李承基，梁云英，王涛. 面向 5G 的高新视频网络承载研究[C]. 中国新闻技术工作者联合会 2020 年学术年会论文集，2020.

[20] Simon M, Kofi E, Libin L, et al. ATSC 3.0 Broadcast 5G Unicast Heterogeneous Network Converged Services Starting Release 16[J]. IEEE Transactions on Broadcasting, 2020, 66(2): 449-458.

[21] Gomez Barquero D , Gimenez J J, Beutler R. 3GPP Enhancements for Television Services: LTE - Based 5G Terrestrial Broadcast [DB/OL]. (2020-05-21) [2023-06-07]. https://doi.org/10.1002/ 047134608X.W8410

[22] He D, Wang W, Xu Y, et al. Overview of physical layer enhancement for 5G broadcast in release 16[J]. IEEE Transactions on Broadcasting, 2020.
[23] 张文军，黄一航，何大治，等. 5G 高新视频的双频段协同传输[J]. 中国传媒大学学报：自然科学版，2021 (1): 6.
[24] Lee J Y, Park S I, Yim H J, et al. IP-Based Cooperative Services Using ATSC 3.0 Broadcast and Broadband[J]. IEEE Transactions on Broadcasting, 2020 (99): 1-9.
[25] He D, Xu Y, Huang Y, et al. Key Technologies for Enhanced Physical Layer Reliability in 6G NTN Networks[C]. Advanced Solutions for 6G Satellite Systems, IEEE Future Network Society, 2022.

反侵权盗版声明

举报电话：（010）88254396；（010）88258888

传　　真：（010）88254397

E-mail:　　dbqq@phei.com.cn

通信地址：北京市万寿路 173 信箱

　　　　　电子工业出版社总编办公室

邮　　编：100036